U0068812

Raspberry Pi 物聯網應用 (Python)

王玉樹　編著

全華圖書股份有限公司

國家圖書館出版品預行編目資料

Raspberry Pi 物聯網應用(Python) / 王玉樹編著.
-- 初版. -- 新北市 : 全華圖書股份有限公司,
2020.12
面 ; 公分
ISBN 978-986-503-524-2(平裝附光碟片)

1.電腦程式設計 2.物聯網

312.2 109017998

Raspberry Pi 物聯網應用(Python)

(附範例光碟)

作者 / 王玉樹
發行人 / 陳本源
執行編輯 / 呂詩雯
出版者 / 全華圖書股份有限公司
郵政帳號 / 0100836-1 號
印刷者 / 宏懋打字印刷股份有限公司
圖書編號 / 06467007
初版一刷 / 2021 年 01 月
定價 / 新台幣 380 元
ISBN / 978-986-503-524-2(平裝附光碟片)
全華圖書 / www.chwa.com.tw
全華網路書店 Open Tech / www.opentech.com.tw
若您對書籍內容、排版印刷有任何問題，歡迎來信指導 book@chwa.com.tw

臺北總公司(北區營業處)
地址：23671 新北市土城區忠義路 21 號
電話：(02) 2262-5666
傳真：(02) 6637-3695、6637-3696

中區營業處
地址：40256 臺中市南區樹義一巷 26 號
電話：(04) 2261-8485
傳真：(04) 3600-9806(高中職)
(04) 3601-8600(大專)

南區營業處
地址：80769 高雄市三民區應安街 12 號
電話：(07) 381-1377
傳真：(07) 862-5562

版權所有・翻印必究

序 言

樹莓派 (Raspberry) 硬體開發板的升級速度相當快，最近一代的產品型號是 Pi4B，目前配備的四核 CPU 運作速度已達 1.5GHz，最高可以搭備 8G 的 LPDDR4 SDRAM，1G bps 的網路介面，Wi-Fi 則有 2.4G/5G 雙頻，兩個 USB3.0 埠，開發板的尺寸則仍然不變，目前的售價為 75 美元。作業系統則已提升至 Raspberry Pi OS，作業系統安裝方式則新增 Raspberry Pi Imager 的安裝方式，使用者於 PC 上安裝 Raspberry Pi OS 一次即可到位，整個安裝過程約 30 分鐘就可以完成，過程中完全不需使用者干預，作業系統映像檔拷貝後，只需將 SD 卡移到樹莓派上，就可以開機運作。

樹莓派連接螢幕、鍵盤及滑鼠後，就是一部小型電腦，可以上網、文書作業及撰寫各種程式，例如 Python ,Java, Tcl, Pascal, Fortran, Lisp, C/C++ 等語言，而且作業系統、內建的文書作業及程式軟體都是免費的，系統穩定性極高，預算不足的程式設計者，使用樹莓派會是很好的選擇。

本書涵蓋物聯網感測裝置的 TKinter 圖形控制介面程式設計，IFTTT 及 ThingSpeak 服務平台物聯網應用，App Inventor 與樹莓派的結合應用及樹莓派 MQTT 代理人 (broker) 及客戶端 (Client) 的安裝與應用。

第一至三章為 Tkinter 的介紹及應用，第一章為 Tkinter 基本元件的使用介紹，第二、三章則為感測器或聯網裝置的圖形介面程式設計。第四章以 App Inventor 製作 APP 來控制樹莓派連接的感測器。第五、六章則為物聯網與 IFTTT 服務平台應用。第七章介紹物聯網與 ThinkSpeak 服務平台應用。第八章為 MQTT Broker 與 Client 的安裝與應用。

所有實驗均經過 Pi4B 實體驗證，讀者可以按照書內硬體連線圖接線，並依書中範例程式撰寫 Python 程式，體驗樹莓派的強大功能與物聯網的便利，並能以此為基礎，設計功能更強大的物聯網應用系統。

感謝家人的支持、樹德科大同仁的鼓勵及全華魏麗娟經理、楊素華副理、蔡奇勝襄理及呂詩雯編輯的協助，使得本書得以完成。

最後要感謝每一位讀者，選擇此書為樹莓派 Python 物聯網程式設計的參考，還盼大家能給予批評與指正。

王玉樹

2020 年 12 月于樹德科技大學

編輯部序

「系統編輯」是我們的編輯方針，我們所提供給您的，絕不只是一本書，而是關於這門學問的所有知識，它們由淺入深，循序漸進。

本書第一至三章為 Tkinter 的介紹及應用，第一章為 Tkinter 基本元件的使用介紹，第二、三章則為感測器或聯網裝置的圖形介面程式設計。第四章以 App Inventor 製作 APP 來控制樹莓派連接的感測器。第五、六章則為物聯網與 IFTTT 服務平台應用。第七章介紹物聯網與 ThinkSpeak 服務平台應用。第八章為 MQTT Broker 與 Client 的安裝與應用。

書中實驗均經過 Pi4B 實體驗證，讀者可按照硬體連線圖接線，並依書中範例程式撰寫 Python，藉以體驗樹莓派的強大功能與物聯網的便利，並能以此為基礎，設計功能更強大的物聯網應用系統。本書適用於私立大學、科大電子、電機、資工及電通系『物聯網應用實務 (使用樹莓派)』課程使用。

同時，為了使您能有系統且循序漸進研習相關方面的叢書，我們以流程圖方式，列出各有關圖書的閱讀順序，以減少您研習此門學問的摸索時間，並能對這門學問有完整的知識。若您在這方面有任何問題，歡迎來函聯繫，我們將竭誠為您服務。

目　錄

第 1 章　樹莓派 Tkinter 圖形介面設計

第 2 章　Tkinter 應用一

第 3 章　Tkinter 應用二

第 4 章 樹莓派 App Inventor 應用

第 5 章 IFTTT 應用一

第 6 章 IFTTT 應用二

第 7 章 THINKSPEAK 應用

第 8 章　MQTT 應用

附錄

相關叢書介紹

書號：0601574
書名：電子學(第五版)(精裝本)
編著：楊善國
20K/384 頁/425 元

書號：06352047
書名：跟阿志哥學 Python(第五版)(附範例光碟)
編著：蔡明志
16K/336 頁/450 元

書號：05212067
書名：單晶片微電腦 8051/8951 原理與應用(附超值光碟)(第七版)
編著：蔡朝洋
16K/872 頁/610 元

書號：10414
書名：嵌入式系統－以瑞薩 RX600 微控制器為例
編著：洪崇文.張齊文.黎柏均.
James M. Conrad.
Alexander G. Dean
16K/536 頁/500 元

書號：10391007
書名：瑞薩 R8C/1A、1B 微處理器原理與應用(附學習光碟)
編著：洪崇文.劉 正.張玉梅.徐 晶.蔡占營
16K/312 頁/350 元

書號：10443
書名：嵌入式微控制器開發 - ARM Cortex-M4F 架構及實作演練
編著：郭宗勝.曲建仲.謝瑛之
16K/352 頁/360 元

書號：06366007
書名：KNRm 智慧機器人控制實驗(C 語言)(附範例光碟)
編著：宋開泰
16K/224 頁/400 元

◎上列書價若有變動，請以最新定價為準。

流程圖

書號：06352047
書名：跟阿志哥學 Python(第五版)(附範例光碟)
編著：蔡明志

書號：05419027
書名：Raspberry Pi 最佳入門與應用(Python)(第三版)(附範例光碟)
編著：王玉樹

書號：06392007
書名：Python 程式設計：從入門到進階應用(第三版)(附範例光碟)
編著：黃建庭

書號：06329016
書名：物聯網技術理論與實作(第二版)(附實驗學習手冊)
編著：鄭福炯

書號：06467007
書名：Raspberry Pi 物聯網應用(Python)(附範例光碟)
編著：王玉樹

書號：06428
書名：物聯網概論
編著：張博一.張紹勳.張任坊

書號：10414
書名：嵌入式系統－以瑞薩 RX600 微控制器為例
編著：洪崇文.張齊文.黎柏均.
James M. Conrad.
Alexander G. Dean

書號：10391007
書名：瑞薩 R8C/1A、1B 微處理器原理與應用(附學習光碟)
編著：洪崇文.劉 正.張玉梅.徐 晶.蔡占營

書號：10443
書名：嵌入式微控制器開發 - ARM Cortex-M4F 架構及實作演練
編著：郭宗勝.曲建仲.謝瑛之

1

CHAPTER

樹莓派 Tkinter 圖形介面設計

本章重點

Tkinter 是一種圖形介面 (GUI) 設計的工具模組，並且內建於 Python 程式語言之內，是一個標準的模組；在 Python 3 版本中，其模組名稱爲 tkinter，請注意 t 是小寫而非大寫，事實上 Tkinter 的名稱來自 Tk 和 interface 這兩英文字的組合 Tk 加上 inter，他的創造者是 Fredrik Lundh 及 Guido van Rossum，Tkinter 基本上也是免費軟體。

後續的章節會依不同的主題呈現，每一個範例程式均有詳細解說。所有程式碼均以 Python 程式語言實現，並經樹莓派 Pi4 驗證，章節安排如下：

1-1 Tkinter 簡介

通常 Tkinter 不需安裝，只需直接匯入 (import tkinter) 即可，其版本則可以在終端機上輸入 Python3 進入 Python 環境，再以 import tkinter 匯入 Tkinter 模組，最後輸入 tkinter.TclVersion 檢視版本如圖 1-1 所示，此處 tkinter 版本是 8.6，而 Python 版本是 3.7.3。

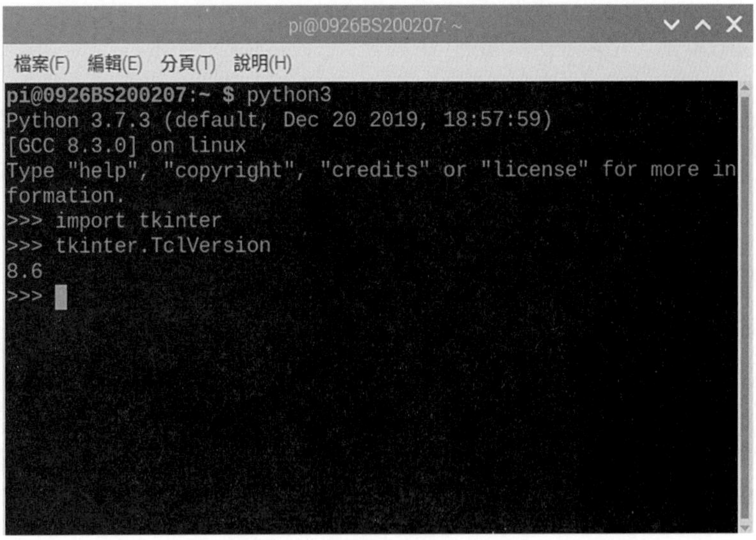

```
pi@0926BS200207: ~
檔案(F) 編輯(E) 分頁(T) 說明(H)
pi@0926BS200207:~ $ python3
Python 3.7.3 (default, Dec 20 2019, 18:57:59)
[GCC 8.3.0] on linux
Type "help", "copyright", "credits" or "license" for more in
formation.
>>> import tkinter
>>> tkinter.TclVersion
8.6
>>>
```

圖 1-1　檢查 TKINTER 版本

1-1-1　常用名詞定義

首先定義一些常用的 TKINTER 使用的名詞：

Window：代表的意義會依出現於程式中不同的位置，而有不同的意義，但是基本上它代表在螢幕上顯示的一個方形區域。

Top-level window：單獨的顯示於螢幕上，通常內部會有一些畫框及控制元件，視窗的位置是可以移動的，視窗的大小也是可以改變的，當然也可以經由程式設定視窗的位置和大小是不可以改變的。

Widget：任何一個”應用”的小區塊，例如按鈕、單選按鈕、文字輸入區、畫框及文字標籤等。

Frame：畫框在 TKINTER 中是基本的元件，可以放置複雜的布局於其中，它的形狀是一個長方形，可以放置其他的 widget。

Child, parent：當任何一個 widget 被指定後，就會產生了一個上、下層的概念，例如將文字標籤放於畫框內，畫框就是文字標籤的上層 (parent)。

1-1-2　widget 屬性選項

每個 widget 都有特定的屬性選項，例如文字的字型、大小、形狀及顏色等，在指定時只要鍵入類似 text = “HELLO” 或 height = 10 等敘述就可以。

尺寸大小：通常 widget 的長寬都是以畫素 (pixel) 爲單位。

座標系統：以左上角爲原點 (0, 0)，往右則 x 座標值增加，往下則 y 座標值增加，通常是以畫素 (pixel) 爲單位。

顏色：若以 4 位元代表 rgb 其中一個顏色，則’#fff’代表白色，’#000 代表黑色。此外，也可以直接指定顏色，例如 'white', 'black', 'red', 'green', 'blue', 'cyan', 'yellow', and 'magenta' 等顏色。

字型：若指定 ('Times New Roman', '20', 'bold italic') 則代表字型是 Times New Roman，20 號字，斜 + 粗體，使用前須先”import tkFont”，接著輸入” font = tkFont.Font('Times New Roman', '20', 'bold italic')”。

定位：敘述 anchor=tk.NE 代表 widget 會放在右上角，其餘定位點如圖 1-2 所示：

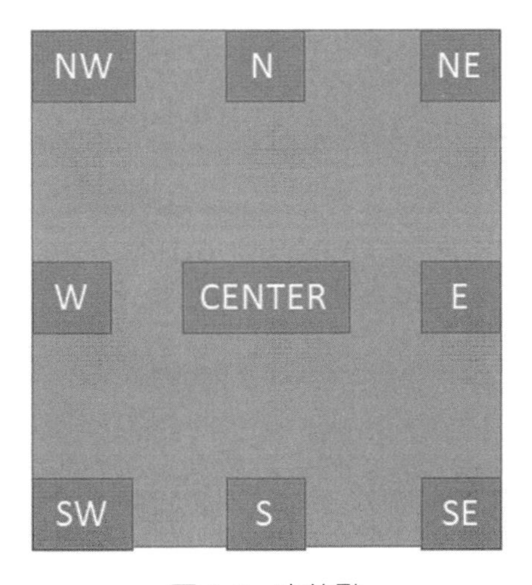

圖 1-2　定位點

圖片：以 bitmap 圖片檔 abc.xbm 當做標籤可以使用以下兩個指令完成：

```
img_f = tk.BitmapImage('abc.xbm', foreground='green')
Label(image=img_f).grid()
```

其他圖片檔如 c123.gif 等，可以使用 tk.PhotoImage(file=a123.gif) 建構。

幾何形狀：幾何形狀文字串，可以用來指定最上層的視窗資訊，通常字串的格式為” wxh±x±y”，例如 geometry='140x60-0+20' 代表寬 140pixels，高 60pixels，右上角的位置是距離桌面的右緣 0 pixel，距離桌面的上緣 20 pixels。

1-1-3 widget 介紹

按鈕 widget：在最上層的視窗或者畫框內建立按鈕，按鈕可以顯示文字或圖片於其上方，當按鍵按下後可以呼叫方法或函數，語法如下：

w = tk.Button(parent, option=value, ...)

程式範例如圖 1-3 所示，執行後會出現圖 1-4，再按下 Hello 按鈕，則會出現圖 1-5 的對話視窗。

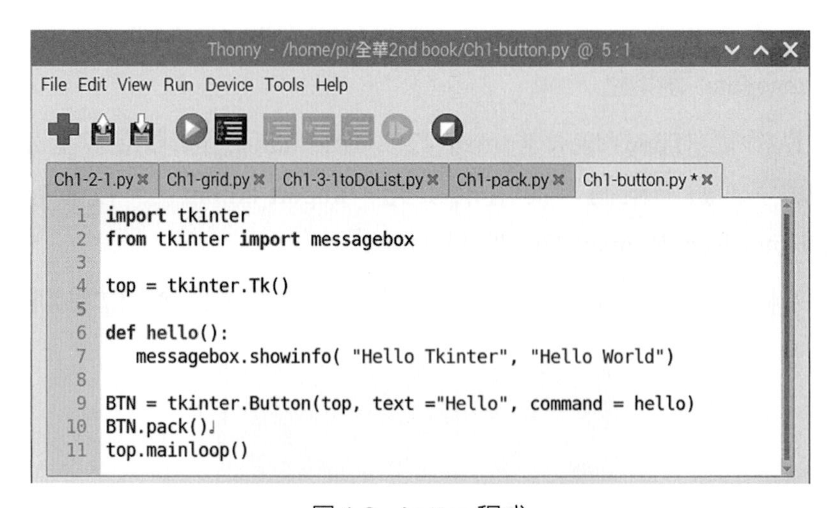

圖 1-3 button 程式

圖 1-4 button 程式執行結果 -1

圖 1-5 button 程式執行結果 -2

程式解說如下：

敘述句	解說
import tkinter	◆ 呼叫 tkinter 模組
from tkinter import messagebox	◆ 從 tkinter 模組呼叫 messagebox
top = tkinter.Tk()	◆ 建立最上層視窗 top
def hello():	◆ 定義 hello 函數
messagebox.showinfo("Hello Tkinter", "Hello World")	◆ 使用 messagebox 的 showinfo 方法顯示視窗標題為 "Hello Tkinter"，內容為 "Hello World"
BTN = tkinter.Button(top, text ="Hello", command = hello)	◆ 設定 BTN 按鈕，按鈕位置靠上，文字為” Hello”，指令是 hello(呼叫定義函數 hello)
BTN.pack()	◆ 打包並顯示 BTN 按鈕於 top 視窗上
top.mainloop()	◆ 顯示整個視窗

畫布 widget：文字、圖片、畫框及其他 widget 都可以放置於畫布內，建立畫布語法如下：

w = tk.Canvas(parent, option=value, ...)

程式範例如圖 1-6 所示，執行結果如圖 1-7。

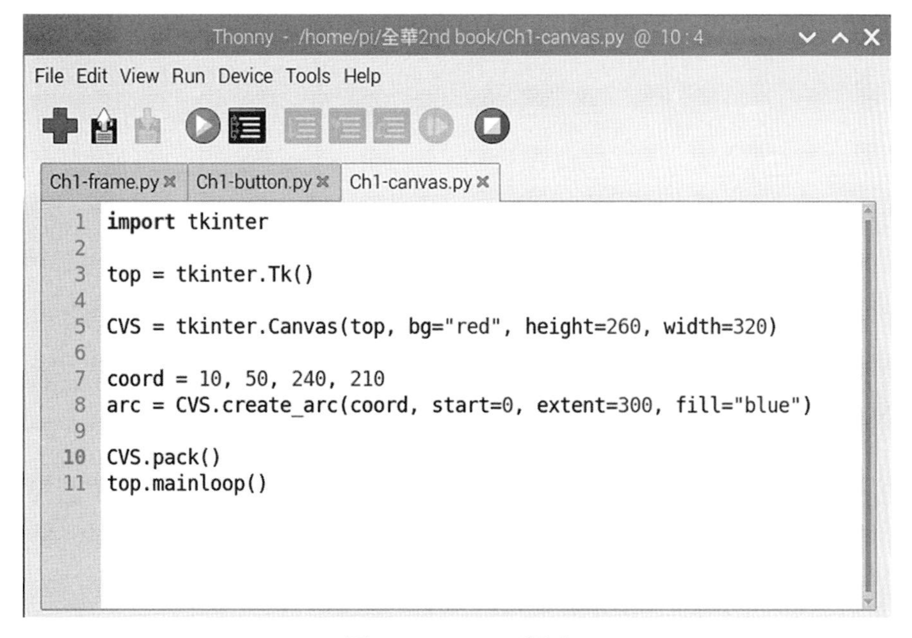

圖 1-6 canvas 程式

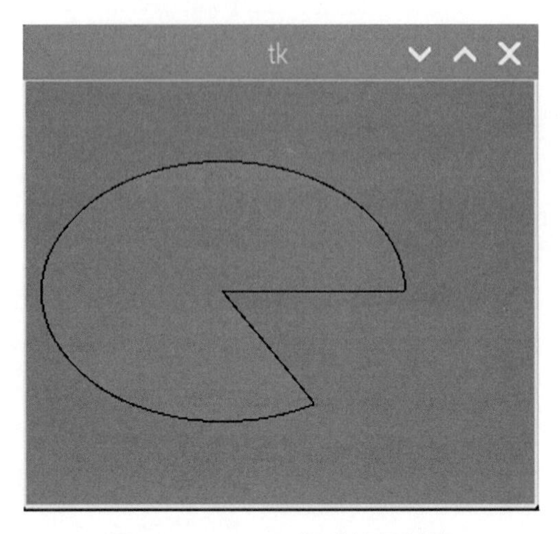

圖 1-7　canvas 程式執行結果

程式解說如下：

敘述句	解說
import tkinter	◆ 呼叫 tkinter 模組
top = tkinter.Tk()	◆ 建立最上層視窗 top
CVS = tkinter.Canvas(top, bg="red", height=260, width=320)	◆ 設定畫布 CVS：上層為視窗 top，背景紅色，高 260 pixels，寬 320 pixels
coord = 10, 50, 240, 210	◆ arc 圓弧形成的虛擬橢圓其內接長方形座標，(10, 50) 是長方形左上方座標 (x0, y0)，(240, 210) 是長方形左上方座標 (x1, y1)
arc = CVS.create_arc(coord, start=0, extent=300, fill="blue")	◆ 在畫布 CVS 上產生一個 arc 圓弧：內接長方形座標為 coord，起始角度是 0 度，終止角度是 300 度 (逆時針方向延伸)，顏色填滿藍色
CVS.pack()	◆ 打包並顯示 CVS 畫布於 top 視窗上
top.mainloop()	◆ 顯示整個視窗

複選鈕 widget：用來顯示複數的選擇，使用者可以勾選 1 個或多個選擇，其使用的語法如下：

w = tk.Checkbutton(parent, option, ...)

程式範例如圖 1-8 所示，執行結果如圖 1-9。

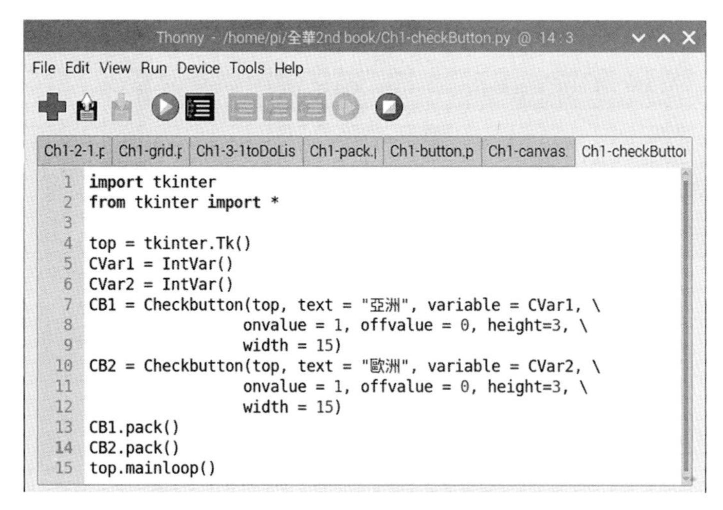

圖 1-8　checkButton 程式

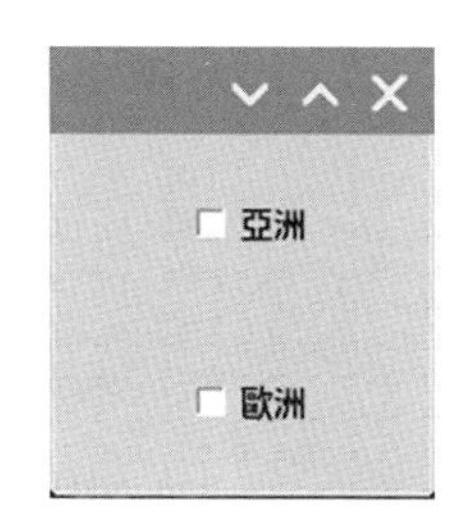

圖 1-9　checkButton 程式執行結果

程式解說如下：

敘述句	解說
import tkinter	◆ 呼叫 tkinter 模組
from tkinter import *	◆ 從 tkinter 輸入所有子模組
top = tkinter.Tk()	◆ 建立最上層視窗 top
CVar1 = IntVar()	◆ 設定 CVar1 為整數
CVar2 = IntVar()	◆ 設定 CVar2 為整數
CB1 = Checkbutton(top, text = " 亞洲 ", variable = CVar1, \ onvalue = 1, offvalue = 0, height=3, \ width = 15) CB2 = Checkbutton(top, text = " 歐洲 ", variable = CVar2, \	◆ 設定複選紐 CB1：上層為視窗 top，文字為亞洲，追蹤勾選與否的變數為 CVar1，點選後方塊後 onvalue 設為 1，清除點選方塊後 offvalue 設為 0，高度為 3 行文字，寬度為 15 行文字，若此值不設，tkinter 會自動調整
onvalue = 1, offvalue = 0, height=3, \	◆ 設定複選盒 CB2，文字為歐洲，追蹤勾選與否的變數為 CVar2
width = 15)	
CB1.pack()	◆ 打包並顯示 CB1 複選紐於 top 視窗上
CB2.pack()	◆ 打包並顯示 CB2 複選紐於 top 視窗上
top.mainloop()	◆ 顯示整個視窗

Entry widget：讓使用者可以編輯一行文字，文字邊框高度為 6 pixels 的程式範例如圖 1-10 所示，執行結果如圖 1-11 所示。

```
from tkinter import *

top = Tk()
LBL = Label(top, text="使用者帳號")
LBL.pack( side = LEFT)
ENT = Entry(top, bd =5)
ENT.pack(side = RIGHT)

top.mainloop()
```

圖 1-10　entry 程式

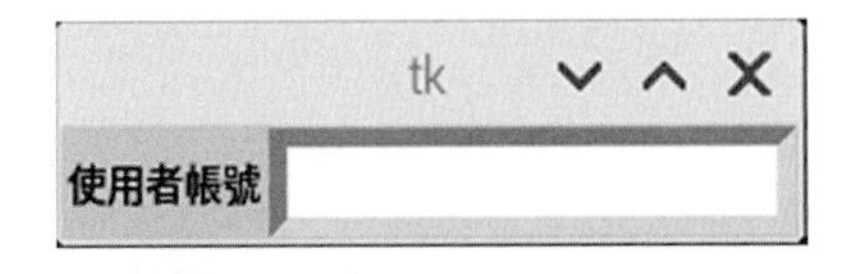

圖 1-11　entry 程式執行結果

程式解說如下：

敘述句	解說
from tkinter import *	◆ 從 tkinter 輸入所有子模組
top = Tk()	◆ 建立最上層視窗 top
LBL = Label(top, text=" 使用者帳號 ")	◆ 設定標籤 LBL：上層為視窗 top，文字為 " 使用者帳號 "
LBL.pack(side = LEFT)	◆ 靠左側打包標籤 LBL
ENT = Entry(top, bd =5)	◆ 設定 ENT entry：上層為視窗 top，外框寬度為 5 pixes
ENT.pack(side = RIGHT)	◆ 靠右側打包 ENT entry
top.mainloop()	◆ 顯示整個視窗

Frame widget：Frame(畫框) 是一個很重要的 widget 容器，用來處理與安排在此畫框內的所有的 widgets，通常其形狀爲長方形，使用語法如下：

w = tk.Frame (parent, option, ...)

程式範例如圖 1-12 所示，執行結果如圖 1-13 所示。

Thonny - /home/pi/全華2nd book/Ch1-frame.py @ 7 : 26

File Edit View Run Device Tools Help

Ch1-button.p | Ch1-canvas.p | Ch1-checkButton | Ch1-label.p | Ch1-2-1.p | Ch1-entry.p | Ch1-frame.py

```
1  from tkinter import *
2
3  root = Tk()
4  frame = Frame(root)
5  frame.pack()
6
7  bottomframe = Frame(root)
8
9  redbutton = Button(frame, text="紅", fg="red")
10 redbutton.pack( side = LEFT)
11
12 greenbutton = Button(frame, text="綠", fg="green")
13 greenbutton.pack( side = LEFT )
14
15 bluebutton = Button(frame, text="藍", fg="blue")
16 bluebutton.pack( side = LEFT )
17
18 root.mainloop()
```

圖 1-12　frame 程式

圖 1-13　frame 程式執行結果

程式解說如下：

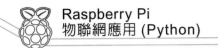

敘述句	解說
from tkinter import *	◆ 從 tkinter 輸入所有子模組
root = Tk()	◆ 建立最上層視窗 root
frame = Frame(root)	◆ 設定 frame 為 root 視窗內的 Frame widget
frame.pack()	◆ 打包 frame
bottomframe = Frame(root)	◆ 設 定 bottomframe 為 root 視 窗 內 的 Frame widget
redbutton = Button(frame, text=" 紅 ", fg="red")	◆ 紅色按鍵 redbutton 設定為 Button widget：文字為 " 紅 "，前景 (文字) 設為紅色
redbutton.pack(side = LEFT)	◆ 靠左側打包 redbutton
greenbutton = Button(frame, text=" 綠 ", fg="green")	◆ 綠色按鍵 redbutton 設定為 Button widget：文字為 " 綠 "，前景 (文字) 設為綠色
greenbutton.pack(side = LEFT)	◆ 靠左側打包 bluebutton
bluebutton = Button(frame, text=" 藍 ", fg="blue")	◆ 藍色按鍵 redbutton 設定為 Button widget：文字為 " 藍 "，前景 (文字) 設為藍色
bluebutton.pack(side = LEFT)	◆ 靠左側打包 bluebutton
root.mainloop()	◆ 顯示整個視窗

Label widget：Label(標籤) 元件可以用來擺放文字或圖案。

文字標籤程式範例如圖 1-14 所示，執行後會於標籤上出現 2 行 3 列的” TKINTER 讚 !!!" 字樣如圖 1-15 所示。

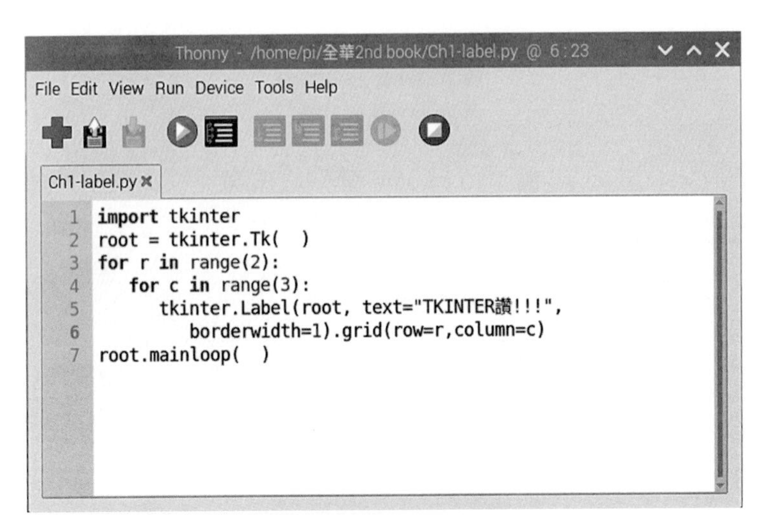

圖 1-14 label 程式

圖 1-15 label 程式執行結果

程式解說如下：

敘述句	解說
import tkinter	◆ 呼叫 tkinter 模組
root = tkinter.Tk()	◆ 建立最上層視窗 root
for r in range(2):	◆ r 會執行 2 次 (2 行)
for c in range(3):	◆ c 會執行 3 次 (3 列)
tkinter.Label(root, text="TKINTER 讚 !!!", borderwidth=1).grid(row=r,column=c)	◆ 建立標籤：上層為視窗 root，文字為 "TKINTER 讚 !!!"，邊距為 1 pixel，依行值 r 及列值 c 顯示於 root 視窗
root.mainloop( )	◆ 顯示整個視窗

Listbox widget：Listbox(清單框) 可以顯示一列表的複數項目，供使用者選擇需要的項目。

水果選項清單範例程式如圖 1-16，程式執行結果如圖 1-17 所示。

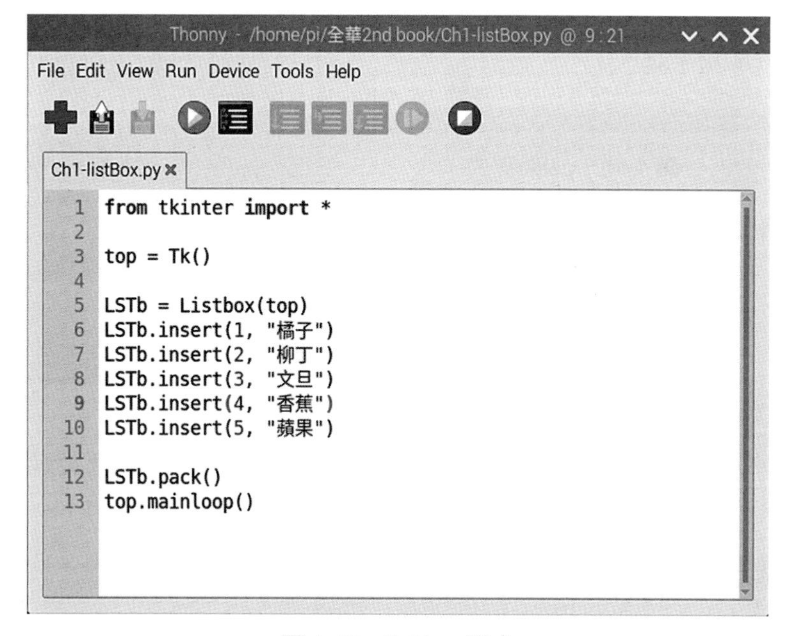


```
1  from tkinter import *
2
3  top = Tk()
4
5  LSTb = Listbox(top)
6  LSTb.insert(1, "橘子")
7  LSTb.insert(2, "柳丁")
8  LSTb.insert(3, "文旦")
9  LSTb.insert(4, "香蕉")
10 LSTb.insert(5, "蘋果")
11
12 LSTb.pack()
13 top.mainloop()
```

圖 1-16 listBox 程式

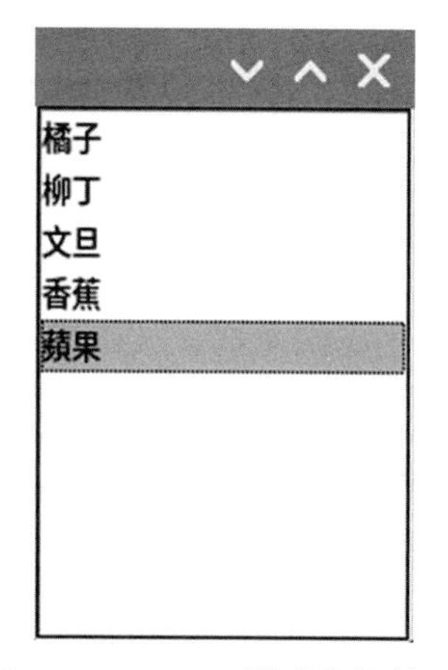

圖 1-17 listBox 程式執行結果

1-1-4 布局管理

Tkinter 有 3 種幾何管理工具員 (geometry manager) 可供使用，分別是 pack()，grid() 及 place()：

pack()： 把 widgets 當做 block，整合後再放置於上層的 widget，pack() 使用的語法如下：

widget.pack(pack_options)

pack()：幾何管理工具員範例程式如圖 1-18，執行結果如圖 1-19 所示。

Thonny - /home/pi/全華2nd book/ch01/Ch1-pack.py @ 17:31

File Edit View Run Device Tools Help

Ch1-pack.py *

```
from tkinter import *

root = Tk()
frame = Frame(root)
frame.pack()

bottomframe = Frame(root)
bottomframe.pack( side = BOTTOM )

redbutton = Button(frame, text="紅", fg="red")
redbutton.pack( side = LEFT)

greenbutton = Button(frame, text="綠", fg="green")
greenbutton.pack( side = LEFT )

bluebutton = Button(frame, text="藍", fg="blue")
bluebutton.pack( side = LEFT )
root.mainloop()
```

圖 1-18 pack 程式

圖 1-19 pack 程式執行結果

grid() 是一個幾何工具管理員 (geometry manager)，可以決定如何將 widget 放置於視窗內，通常會把視窗或畫框視為一張表 (table)，具有行與列的網格 (gridwork)。

通常建立新的 widget 並不會馬上出現，必須再呼叫幾何管理員後才會出現。因此基本上要完成構建和放置 widget 這兩個步驟才可以建立新的 widget。

所有的 widget 都可以使用 .grid() 的方法，來告訴幾何管理如何擺放 widget，Grid 範例程式如圖 1-20 所示，執行結果如圖 1-21 所示：

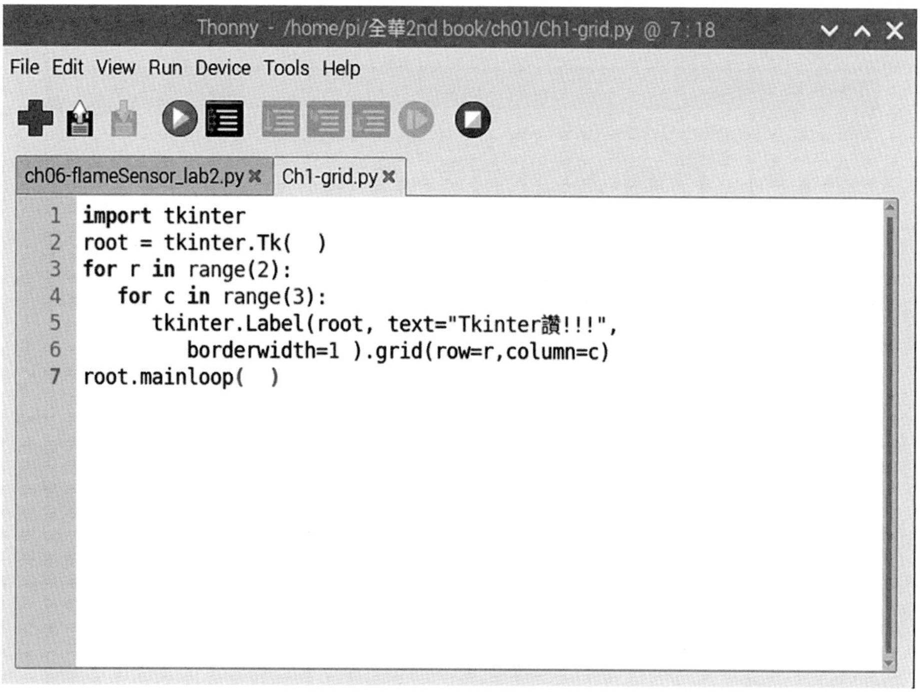

```python
import tkinter
root = tkinter.Tk(  )
for r in range(2):
   for c in range(3):
      tkinter.Label(root, text="Tkinter讚!!!",
         borderwidth=1 ).grid(row=r,column=c)
root.mainloop(  )
```

圖 1-20　grid 程式

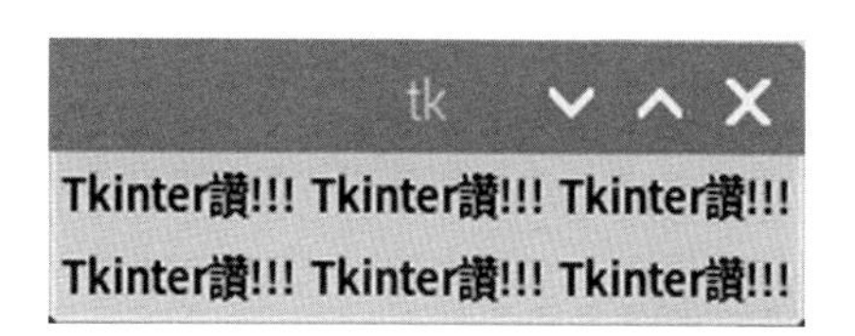

圖 1-21　grid 程式執行結果

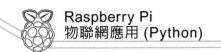

place()：把 widget 放到特定的位置。

範例程式如圖 1-22 所示，執行結果如如圖 1-23，再按下 Hello 按鈕後執行結果如圖 1-24 所示。

```
Thonny - /home/pi/全華2nd book/Ch1-place.py @ 10:25
File Edit View Run Device Tools Help
Ch1-place.py

1  from tkinter import *
2  from tkinter import messagebox
3  import tkinter
4
5  top = tkinter.Tk()
6
7  def hello():
8     messagebox.showinfo( "Hello TKINTER", "Hello World")
9
10 BTN = tkinter.Button(top, text ="Hello", command = hello)
11
12 BTN.pack()
13 BTN.place(bordermode=OUTSIDE, height=100, width=100)
14 top.mainloop()
```

圖 1-22　place 程式

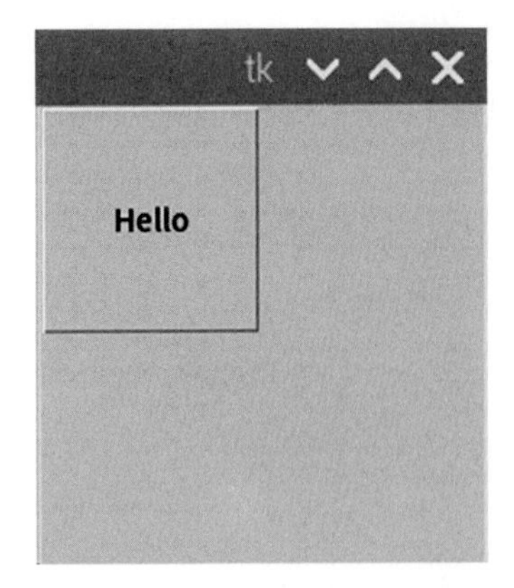

圖 1-23　place 程式執行結果 -1

圖 1-24　place 程式執行結果 -2

1-2 Hello World

本節將為大家介紹”Hello World” 簡易型程式設計與類別 (class) 程式設計的兩種不同寫法。

1-2-1 簡易型程式設計

首先介紹簡易型程式設計方式，程式如圖 1-25 所示。

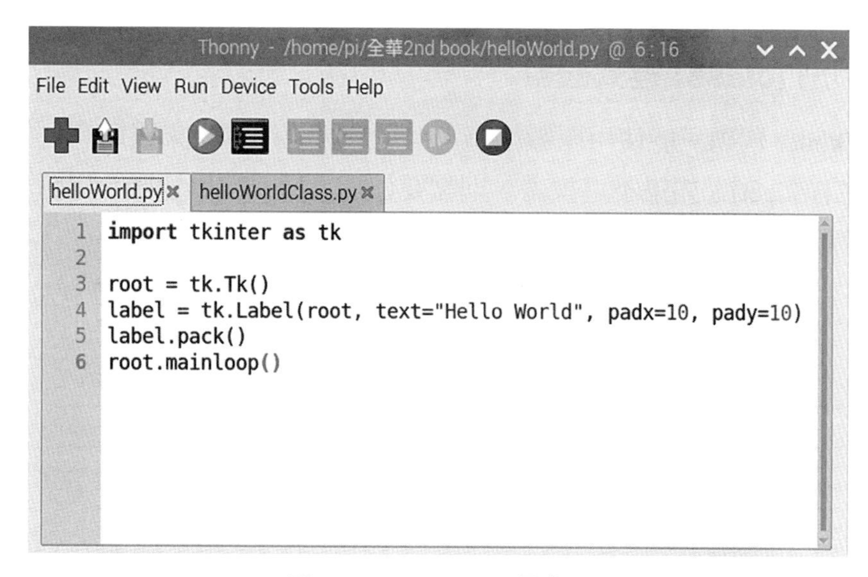

圖 1-25　helloWorld 程式 -1

程式解說如下：

敘述句	解說
import tkinter as tk	◆ 呼叫 tkinter 模組，並改名為 tk
root = tk.Tk()	◆ 建立 tk 視窗
label = tk.Label(root, text="Hello World", padx=10, pady=10)	◆ 建立含有 "Hello World" 的標籤 label，第一個參數 root，表示是 label 的上一層，而 label 將放在 root 視窗內，padx=10 代表水平部分要左右各留 10 畫素空間，pady=10 則代表垂直部分要上下各留 10 畫素空間。
label.pack()	◆ 將 label 打包於 root 視窗
root.mainloop()	◆ 顯示整個視窗

程式執行結果如圖 1-26 所示。

圖 1-26　helloWorld 程式執行結果

1-2-2　類別 (class) 程式設計

雖然 Tkinter 代碼只能使用函數編寫，但是最好使用類別來跟所有可能需要互相參考的微件 (widget)。如果不這樣做，則需要依賴全域或區域變數，但隨著您的應用的複雜度增加而造成程式冗長，不易閱讀及偵錯。

接著介紹”Hello World”的類別 (class) 程式設計方式，程式如圖 1-27 所示。

Thonny - /home/pi/全華2nd book/helloWorldClass.py @ 6:31

File Edit View Run Device Tools Help

helloWorld.py　helloWorldClass.py

```
import tkinter as tk
class Root(tk.Tk):
    def __init__(self):
        super().__init__()
        self.label = tk.Label(self, text="Hello World",\
                              padx=10, pady=10)
        self.label.pack()

if __name__ == "__main__":
    root = Root()
    root.mainloop()
```

圖 1-27　helloWorld 程式 -2

程式解說如下：

敘述句	解說
import tkinter as tk	◆ 呼叫 tkinter 模組，並改名為 tk
class Root(tk.Tk):	◆ 建立 tk 視窗類別
def __init__(self):	◆ 定義函數啓動。
super().__init__()	◆ 啓動可存取上層與同層功能
self.label = tk.Label(self,	◆ 設定 label 的文字為 "HelloWorld"，寬度為 10 個畫素。

text="HelloWorld", padx=10,	
pady=10)	
self.label.pack()	◆ 打包 label
if __name__ == "__main__":	◆ 如果變數 __name__ 的值為 __main__
root = Root()	◆ 設 root 為 Root 類別
root.mainloop()	◆ 顯示整個視窗

程式執行結果如圖 1-28，與前一節的程式執行結果完全相同。

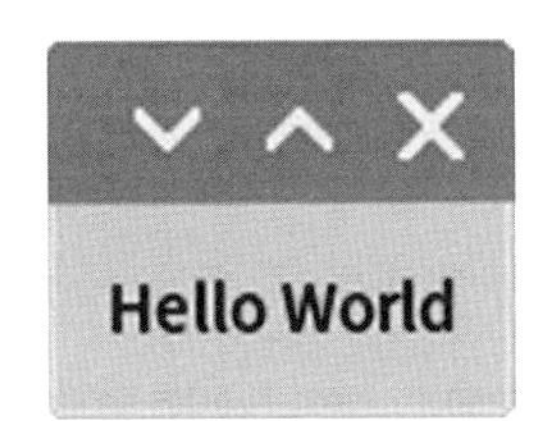

圖 1-28　helloWorld 程式執行結果

1-3 待處理事件簿

1-3-1　基本型程式設計

這一個專案將爲大家介紹如何在文字方塊內鍵入文字，如何結合按鍵動作與函數 (function)，動態產生介面元件 (widget)，捲動一個區域，待處理事件簿如圖 1-29 所示。在此視窗的最下方可以輸入文字，按下"Enter"鍵後，會依序新增此文字事件，每次新增此文字事件，背景顏色和文字顏色有兩種選項可以切換，這兩種組合分別爲 1：背景顏色：亮灰色，文字顏色：黑色；2：背景顏色：灰色，文字顏色：白色。

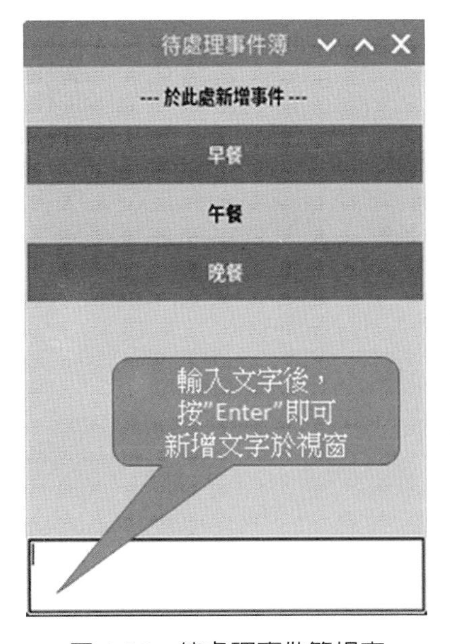

圖 1-29　待處理事件簿視窗

待處理事件簿的程式如圖 1-30 及 1-31 所示。

```
1  import tkinter as tk
2  class Todo(tk.Tk):
3      def __init__(self, tasks=None):
4          super().__init__()
5          if not tasks:
6              self.tasks = []
7          else:
8              self.tasks = tasks
9          self.title("待處理事件簿")
10         self.geometry("300x400")
11         todo1 = tk.Label(self, text="--- 於此處新增事件 ---",
12                          bg="lightgrey", fg="black",pady=10)
13         self.tasks.append(todo1)
14         for task in self.tasks:
15             task.pack(side=tk.TOP, fill=tk.X)
16         self.task_create = tk.Text(self, height=3, bg="white",
17                                    fg="black")
18         self.task_create.pack(side=tk.BOTTOM, fill=tk.X)
19         self.task_create.focus_set()
20         self.bind("<Return>", self.add_task)
21         self.colour_schemes = [{"bg": "lightgrey", "fg": "black"}
22                               , {"bg": "grey", "fg": "white"}]
```

圖 1-30　待處理事件簿程式 -1 (程式來源：Python TKinter By Example, David Love)

```
23
24     def add_task(self, event=None):
25         task_text = self.task_create.get(1.0,tk.END).strip()
26         if len(task_text) > 0:
27             new_task = tk.Label(self, text=task_text, pady=10)
28             _, task_style_choice = divmod(len(self.tasks), 2)
29             my_scheme_choice = self.colour_schemes[task_style_choice]
30             new_task.configure(bg=my_scheme_choice["bg"])
31             new_task.configure(fg=my_scheme_choice["fg"])
32             new_task.pack(side=tk.TOP, fill=tk.X)
33             self.tasks.append(new_task)
34         self.task_create.delete(1.0, tk.END)
35
36 if __name__ == "__main__":
37     todo = Todo()
38     todo.mainloop()
39
40
41
42
43
```

圖 1-31　待處理事件簿程式 -2

程式解說如下：

敘述句	解說
mport tkinter as tk	◆ 呼叫 tkinter 模組，並改名為 tk
class Todo(tk.Tk):	◆ 建立 tk 視窗類別
def __init__(self, tasks=None):	◆ 定義初始化函數，任務內定值為無
super().__init__()	◆ 啓動可存取上層與同層功能
if not tasks:	◆ 若無任務
self.tasks = []	◆ 則任務為空集合
else:	◆ 否則
self.tasks = tasks	◆ 設定任務
self.title(" 待處理事件簿 ")	◆ 視窗名稱為 " 待處理事件簿 "
self.geometry("300x400")	
todo1 = tk.Label(self, text="--- 於此處新增事件 ---",bg="lightgrey", fg="black", pady=10)	◆ 設定 todo1 為標籤，其文字為" --- 於此處新增事件 --- "，其背景顏色為亮灰色，其文字 (前景) 顏色為黑色)，其高度為 10 個畫素
self.tasks.append(todo1)	◆ 增加" todo1" 到 tasks 任務
for task in self.tasks:	◆ 任務 for 迴圈
task.pack(side=tk.TOP, fill=tk.X)	◆ task 任務打包：位置：視窗上方，填滿：當 GUI 視窗大小發生變化時，widget 在 X 方向跟隨 GUI 視窗變化
self.task_create = tk.Text(self, height=3, bg="white", fg="black")	◆ 任務建立：型態：文字，文字高度：3 行，背景：白色，前景：黑色
self.task_create.pack(side=tk.BOTTOM, fill=tk.X)	◆ 任務打包：位置：視窗下方，填滿：當 GUI 視窗大小發生變化時，widget 在 X 方向跟隨 GUI 視窗變化
self.task_create.focus_set()	◆ 設定游標於此
self.bind("<Return>", self.add_task)	◆ 按下" Enter" 鍵，呼叫 add_task 定義函數
self.colour_schemes = [{"bg": "lightgrey", "fg": "black"}, {"bg": "grey", "fg": "white"}]	◆ 顏色選項有二：這兩種組合分別為 1：背景顏色：亮灰色，文字顏色：黑色；2：背景顏色：灰色，文字顏色：白色
def add_task(self, event=None):	◆ add_task 定義函數，事件內定值為無

task_text = self.task_create.get(1.0,tk.END).strip()	◆ (1.0,tk.END)：從第 1 個字到最後 strip()：去除按 enter 建產生的 "\n"
if len(task_text) > 0:	◆ 如果 task_text 的長度大於 0
new_task = tk.Label(self, text=task_text, pady=10)	◆ 設定任務 new_task：型態：標籤，標籤文字：task_text：標籤高度：10 畫素
_, task_style_choice = divmod(len(self.tasks), 2)	◆ divmod 除法將 self_task 的長度除以 2，商數存到 _，餘數存到 task_style_choice
my_scheme_choice =	◆ 將 task_style_choice 當做顏色選項的參數
self.colour_schemes[task_style_choice] new_task.configure(bg=my_scheme_choice["bg"])	◆ 選擇 new_task 背景顏色
new_task.configure(fg=my_scheme_choice["fg"])	◆ 選擇 new_task 前景顏色
new_task.pack(side=tk.TOP, fill=tk.X)	◆ new_task 任務打包：位置：視窗上方，填滿：當 GUI 視窗大小發生變化時，widget 在 X 方向跟隨 GUI 視窗變化
self.tasks.append(new_task)	◆ 增加" new_task"到 tasks 任務
self.task_create.delete(1.0, tk.END)	◆ 刪除 task_create 任務
if __name__ == "__main__":	◆ 如果變數 __name__ 的值為 __main__
todo = Todo()	◆ 設 todo 為 ToDo 類別
todo.mainloop()	◆ 顯示整個視窗

程式功能驗證：

1. 執行程式。
2. 在文字輸入盒輸入"早餐"後按"Enter"。
3. 在文字輸入盒輸入"午餐"後按"Enter"。
4. 在文字輸入盒輸入"晚餐"後按"Enter"。
5. 程式執行結果如圖 1-32 所示。

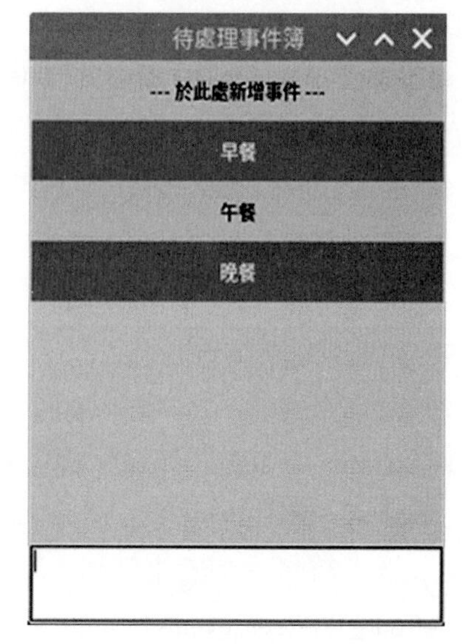

圖 1-32　待處理事件簿程式執行結果

1-3-2 進階型程式設計

在基本型的待處理事件簿程式設計中，若新增的事件很多，會發現事件塡滿後，新增的事件”8”，無法正常顯示在畫面上如圖 1-33 所示，這一個專案將爲大家介紹如何在文字方塊內鍵入文字，如何結合按鍵動作與函數 (function)，進階型待處理事件簿程式設計可以解決這一個問題。

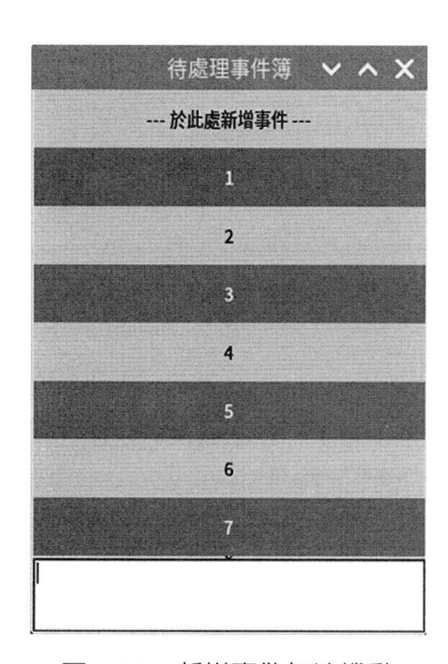

圖 1-33 新增事件無法捲動

待處理事件簿的進階設計程式如圖 1-34~1-38 所示。

```
import tkinter as tk
import tkinter.messagebox as msg

class Todo(tk.Tk):
    def __init__(self, tasks=None):
        super().__init__()

        if not tasks:
            self.tasks = []
        else:
            self.tasks = tasks

        self.tasks_canvas = tk.Canvas(self)

        self.tasks_frame = tk.Frame(self.tasks_canvas)
        self.text_frame = tk.Frame(self)

        self.scrollbar = tk.Scrollbar(self.tasks_canvas, orient="vertical",
                                      command=self.tasks_canvas.yview)

        self.tasks_canvas.configure(yscrollcommand=self.scrollbar.set)

        self.title("待處理事件簿進階版")
```

圖 1-34 待處理事件簿進階程式 -1 (程式來源：Python TKinter By Example, David Love)

```
24          self.geometry("300x400")
25
26          self.task_create = tk.Text(self.text_frame, height=3, bg="white",
27                                     fg="black")
28
29          self.tasks_canvas.pack(side=tk.TOP, fill=tk.BOTH, expand=1)
30          self.scrollbar.pack(side=tk.RIGHT, fill=tk.Y)
31
32          self.canvas_frame = self.tasks_canvas.create_window((0, 0), window=self.tasks_frame,
33                                                              anchor="n")
34
35          self.task_create.pack(side=tk.BOTTOM, fill=tk.X)
36          self.text_frame.pack(side=tk.BOTTOM, fill=tk.X)
37          self.task_create.focus_set()
38
39          todo1 = tk.Label(self.tasks_frame, text="--- 於此處新增事件 ---", bg="lightgrey",
40                           fg="black", pady=10)
41          todo1.bind("<Button-1>", self.remove_task)
42
43          self.tasks.append(todo1)
44
45          for task in self.tasks:
46              task.pack(side=tk.TOP, fill=tk.X)
```

圖 1-35　待處理事件簿進階程式 -2

```
47
48          self.bind("<Return>", self.add_task)
49          self.bind("<Configure>", self.on_frame_configure)
50          self.bind_all("<MouseWheel>", self.mouse_scroll)
51          self.bind_all("<Button-4>", self.mouse_scroll)
52          self.bind_all("<Button-5>", self.mouse_scroll)
53          self.tasks_canvas.bind("<Configure>", self.task_width)
54
55          self.colour_schemes = [{"bg": "lightgrey", "fg": "black"},
56                                 {"bg": "grey", "fg": "white"}]
57
58      def add_task(self, event=None):
59          task_text = self.task_create.get(1.0,tk.END).strip()
60
61          if len(task_text) > 0:
62              new_task = tk.Label(self.tasks_frame, text=task_text, pady=10)
63
64              self.set_task_colour(len(self.tasks), new_task)
65
66              new_task.bind("<Button-1>", self.remove_task)
67              new_task.pack(side=tk.TOP, fill=tk.X)
68
69              self.tasks.append(new_task)
```

圖 1-36　待處理事件簿進階程式 -3

```
70
71          self.task_create.delete(1.0, tk.END)
72
73      def remove_task(self, event):
74          task = event.widget
75          if msg.askyesno("Really Delete?", "Delete " + task.cget("text") + "?"):
76              self.tasks.remove(event.widget)
77              event.widget.destroy()
78              self.recolour_tasks()
79
80      def recolour_tasks(self):
81          for index, task in enumerate(self.tasks):
82              self.set_task_colour(index, task)
83
84      def set_task_colour(self, position, task):
85          _, task_style_choice = divmod(position, 2)
86
87          my_scheme_choice = self.colour_schemes[task_style_choice]
88
89          task.configure(bg=my_scheme_choice["bg"])
90          task.configure(fg=my_scheme_choice["fg"])
91
92      def on_frame_configure(self, event=None):
```

圖 1-37　待處理事件簿進階程式 -4

```
93          self.tasks_canvas.configure(scrollregion=self.tasks_canvas.bbox("all"))
94
95      def task_width(self, event):
96          canvas_width = event.width
97          self.tasks_canvas.itemconfig(self.canvas_frame, width = canvas_width)
98
99      def mouse_scroll(self, event):
100         if event.delta:
101             self.tasks_canvas.yview_scroll(int(-1*(event.delta/120)), "units")
102         else:
103             if event.num == 5:
104                 move = 1
105             else:
106                 move = -1
107
108             self.tasks_canvas.yview_scroll(move, "units")
109
110 if __name__ == "__main__":
111     todo = Todo()
112     todo.mainloop()
113
```

圖 1-38　待處理事件簿進階程式 -5

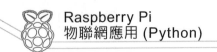

程式解說如下：

敘述句	解說
import tkinter as tk	◆ 呼叫 tkinter 模組，並改名為 tk
import tkinter.messagebox as msg	◆ 呼叫 tkinter.messagebox 模組，並改名為 msg
class Todo(tk.Tk):	◆ 建立 tk 視窗類別
def __init__(self, tasks=None):	◆ 定義函數啓動，任務内定值為無
super().__init__()	◆ 啓動可存取上層與同層功能
if not tasks:	◆ 若無任務
self.tasks = []	◆ 則任務為空集合
else:	◆ 否則
self.tasks = tasks	◆ 設定任務
self.tasks_canvas = tk.Canvas(self)	◆ 設定任務的畫布
self.tasks_frame = tk.Frame(self.tasks_canvas)	◆ 設定任務的視框
self.text_frame = tk.Frame(self)	◆ 設定文字的視框
self.scrollbar = tk.Scrollbar(self.tasks_canvas,	◆ 設定視窗捲動軸：方向：垂直，指令：畫布 y 軸
orient="vertical",	
command=self.tasks_canvas.yview) self.tasks_canvas.configure(yscrollcommand= self.scrollbar.set)	◆ 設定任務的畫布組態：y 方向的捲動方式：設定為參考捲動軸
self.title(" 待處理事件簿進階版 ")	◆ 視窗名稱為 " 待處理事件簿進階版 "
self.geometry("300x400")	
self.task_create = tk.Text(self.text_frame, height=3, bg="white", fg="black")	◆ 任務建立：型態：文字，文字高度：3 行，背景：白色，前景：黑色
self.tasks_canvas.pack(side=tk.TOP, fill=tk.BOTH, expand=1)	◆ 任務的畫布打包：位置：視窗上方，填滿：當 GUI 視窗大小發生變化時，widget 在 X 及 Y 方向跟隨 GUI 視窗變化，擴展：1=> 致能 fill 屬性
self.scrollbar.pack(side=tk.RIGHT, fill=tk.Y)	◆ 捲動軸任務打包：位置：視窗右方，填滿：Y 方向
self.canvas_frame = self.tasks_canvas.create_window((0, 0), window=self.tasks_frame, anchor="n")	◆ 設定畫布畫框 (X=0，Y=0) 座標：畫框：tasks_frame，位置：視窗上方橫線之中點。
self.task_create.pack(side=tk.BOTTOM, fill=tk.X)	◆ 建立任務打包：位置：視窗下方，填滿：X 方向
self.text_frame.pack(side=tk.BOTTOM, fill=tk.X)	◆ 文字畫框打包：位置：視窗下方，填滿：X 方向

self.task_create.focus_set()	◆ 設定游標於此
todo1 = tk.Label(self.tasks_frame, text="--- 於此處新增事件 ---", bg="lightgrey", fg="black", pady=10)	◆ 設定 todo1 為標籤，其文字為” --- 於此處新增事件 --- “，其背景顏色為亮灰色，其文字 (前景) 顏色為黑色)，其高度為 10 個畫素
todo1.bind("<Button-1>", self.remove_task)	◆ 按下滑鼠左鍵，呼叫 remove_task 定義函數
self.tasks.append(todo1)	◆ 增加” todo1” 到 tasks 任務
for task in self.tasks:	◆ 任務 for 迴圈
task.pack(side=tk.TOP, fill=tk.X)	◆ task 任務打包：位置：視窗上方，填滿：X 方向
self.bind("<Return>", self.add_task)	◆ 按下” Enter” 鍵，呼叫 add_task 定義函數
self.bind("<Configure>", self.on_frame_configure)	◆ 視窗大小改變 (Configure 事件)，呼叫 on_frame_configure 定義函數
self.bind_all("<MouseWheel>", self.mouse_scroll)	◆ 滑鼠滾輪滾動事件，呼叫 self.mouse_scrol 定義函數
self.bind_all("<Button-4>", self.mouse_scroll)	◆ 滑鼠滾輪向上滾動事件，呼叫 self.mouse_scrol 定義函數
self.bind_all("<Button-5>", self.mouse_scroll)	◆ 滑鼠滾輪向下滾動事件，呼叫 self.mouse_scrol 定義函數
self.tasks_canvas.bind("<Configure>", self.task_width)	◆ 任務的畫布大小改變 (Configure 事件)，呼叫 task_width 定義函數
self.colour_schemes = [{"bg": "lightgrey", "fg": "black"}, {"bg": "grey", "fg": "white"}]	◆ 顏色選項有二：這兩種組合分別為 1：背景顏色：亮灰色，文字顏色：黑色；2：背景顏色：灰色，文字顏色：白色
def add_task(self, event=None):	◆ add_task 定義函數，事件內定值為無
task_text = self.task_create.get(1.0,tk.END).strip()	◆ (1.0,tk.END)：從第 1 個字到最後 strip()：去除按 enter 建產生的 "\n"
if len(task_text) > 0:	◆ 如果 task_text 的長度大於 0
new_task = tk.Label(self.tasks_frame, text=task_text, pady=10)	◆ 設定任務 new_task：型態：標籤，任務畫框文字：task_text：標籤高度：10 畫素
self.set_task_colour(len(self.tasks), new_task)	◆ 任務的顏色設定，傳送兩個參數：len(self.tasks) 及 new_task
new_task.bind("<Button-1>", self.remove_task)	◆ 按下滑鼠左鍵呼叫 remove_task 定義函數
new_task.pack(side=tk.TOP, fill=tk.X)	◆ new_task 任務打包：位置：視窗上方，填滿：X 方向

self.tasks.append(new_task)	◆ 增加" new_task"到 tasks 任務
self.task_create.delete(1.0, tk.END)	◆ 刪除 task_create 任務
def remove_task(self, event):	◆ 定義 remove_task，事件為參數
task = event.widget	◆ 任務設為事件元件
if msg.askyesno("Really Delete?", "Delete " + task.cget("text") + "?"):	◆ 詢問是否要刪除特定文字的任務
self.tasks.remove(event.widget)	◆ 呼叫 tasks.remove 定義函數
event.widget.destroy()	◆ 消除 event.widget
self.recolour_tasks()	◆ 呼叫 recolour_tasks 定義函數，重新定義顏色
def recolour_tasks(self):	◆ 定義 recolour_tasks 定義函數
for index, task in enumerate(self.tasks):	◆ 使用 for 迴圈重新定義所有任務顏色
self.set_task_colour(index, task)	◆ 呼叫 set_task_colour 定義函數
def set_task_colour(self, position, task):	◆ 定義 set_task_colour 定義函數
_, task_style_choice = divmod(position, 2)	◆ divmod 除法將 self_task 的長度除以 2，商數存到 _，餘數存到 task_style_choice
my_scheme_choice = self.colour_schemes[task_style_choice]	◆ 將 task_style_choice 當做顏色選項的參數
task.configure(bg=my_scheme_choice["bg"])	◆ 選擇 new_task 背景顏色
task.configure(fg=my_scheme_choice["fg"])	◆ 選擇 new_task 前景顏色
def on_frame_configure(self, event=None):	◆ 定義 on_frame_configure 定義函數
self.tasks_canvas.configure(scrollregion= self.tasks_canvas.bbox("all"))	◆ 設定任務的畫布組態：捲動區域：全畫布
def task_width(self, event):	◆ 定義 task_width 定義函數
canvas_width = event.width	◆ 畫布寬度等於事件寬度
self.tasks_canvas.itemconfig(self.canvas_frame, width = canvas_width)	◆ 設定 canvas_frame 寬度等於 canvas 寬度
def mouse_scroll(self, event):	◆ 定義 mouse_scroll 函數 (事件可以藉由滑鼠調整位置)
if event.delta: self.tasks_canvas.yview_scroll(int(-1*(event.delta/120)), "units")	◆ 如果滑鼠滾輪有滾動 (向上滾一步以正整數 120 代表，向下則以 -120 代表一步)
	◆ 依滾輪滾動資訊，計算畫布在 y(垂直) 方向的捲動量

else:	◆ 否則：
if event.num == 5:	◆ 若 event.num 等於 5
move = 1	◆ 向上移動一步
else:	◆ 否則：
move = -1	◆ 向下移動一步
self.tasks_canvas.yview_scroll(move, "units")	◆ 依 move 值設定 y 方向的移捲動值
if __name__ == "__main__":	◆ 如果變數 __name__ 的值為 __main__
todo = Todo()	◆ 設 todo 為 ToDo 類別
todo.mainloop()	◆ 顯示整個視窗

程式功能驗證：

1. 執行程式。
2. 在文字輸入盒分別輸入" 1" ~" 8" 後按" Enter" 。
3. 輸入盒輸入" 8" 後按" Enter" ，視窗右側會出現垂直捲動軸如圖 1-39 所示。
4. 滑鼠移到視窗上方，滾輪上下移動，代辦事項也會隨之移動。
5. 滑鼠點選待辦事件" 1" ，會彈跳出刪除詢問視窗如圖 1-40 所示，按" yes" 後待辦事件" 1" 會於視窗上消失如圖 1-41 所示。

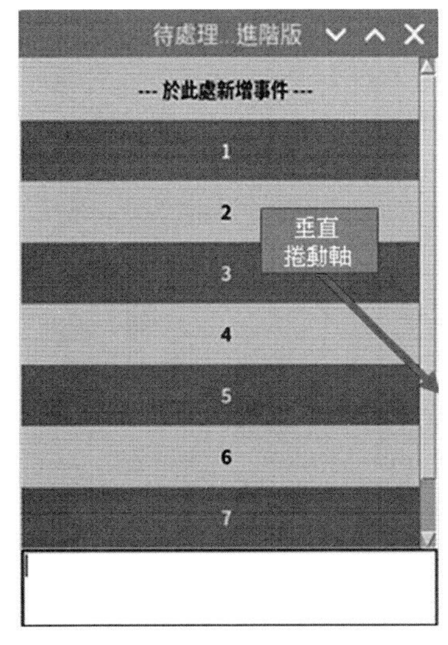

圖 1-39　輸入 8 後出現垂直捲動軸

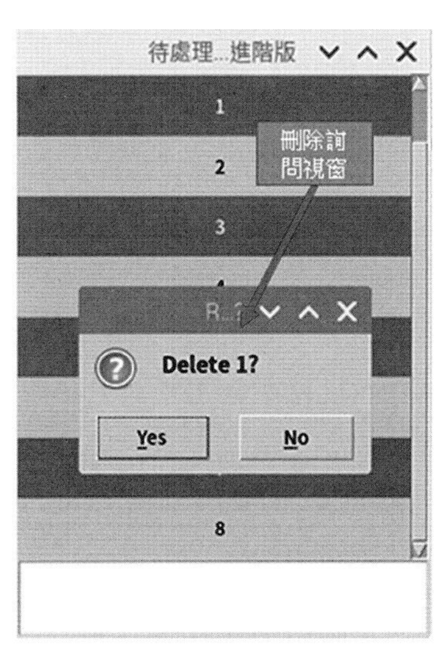

圖 1-40 刪除待辦事件 -1

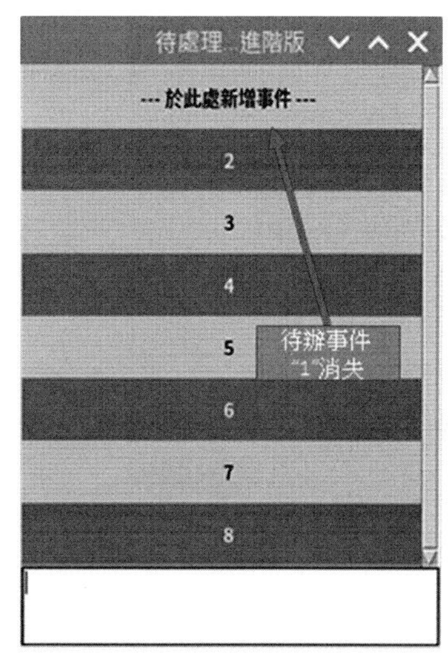

圖 1-41　刪除待辦事件 -2

課後評量

1. Python3.7 所使用 tkinter 的模組名稱爲何？需要安裝嗎？如何檢測版本。
2. 何謂 Widget?
3. 何謂 Frame?
4. 按鈕 widget 功能爲何？
5. 畫布 widget 功能爲何？
6. 複選鈕 widget 功能爲何？
7. Entry widget 功能爲何？
8. Frame widget 功能爲何？
9. Label widget 功能爲何？
10. Listbox widget 功能爲何？
11. Tkinter 有哪 3 種幾何管理工具員 (geometry manager)?

2 CHAPTER

Tkinter 應用一

本章重點

本章將以 Python 結合 Tkinter 模組介紹以下的實驗專案：

2-1 實驗一 被動紅外線感測

2-2 實驗二 單顆 LED 亮滅

2-3 實驗三 LED 跑馬燈

2-4 實驗四 全彩 LED

2-5 實驗五 超音波雷達

2-6 實驗六 即時更新距離數據之超音波雷達

2-1 實驗一 被動紅外線感測

被動紅外線感測器，可以偵測紅外線，人類的身體會發出紅外線，因此可以利用被動紅外線感測器來偵測是否有人進入感應區域。在此實驗中將為大家介紹如何應用 Python 的 Tkinter 工具中的標籤元件，顯示被動紅外線感測事件的結果。

實驗摘要：

被動紅外線感測器偵測到有人進入感應區域，則在圖形介面上顯示警告文字。

實驗步驟：

1. 實驗材料如表 2-1 所示。

表 2-1　被動紅外線感測實驗材料清單

實驗材料名稱	數量	規格	圖片
樹莓派 pi4	1	已安裝好作業系統的樹莓派	
麵包板	1	麵包板 8.5*5.5CM	
溫溼度感測模組	1	HC-SR501 人體紅外線感應模組	
跳線	10	彩色杜邦雙頭線 (公 / 母)/20 cm	

2. 硬體接線圖如圖 2-1 所示，HC-SR501 人體紅外線感應模組 V_{CC} 接到 5V，DATA 接 GPIO4，GND 則接到樹莓派的地 (不同廠家製造的 PIR，V_{CC} 腳位可能不一樣，實驗前一定要先確認)，LED 的陽極接 GPIO16。

圖 2-1　被動紅外線感測硬體接線圖

3. 程式設計：

Python 程式碼如圖 2-2 所示。

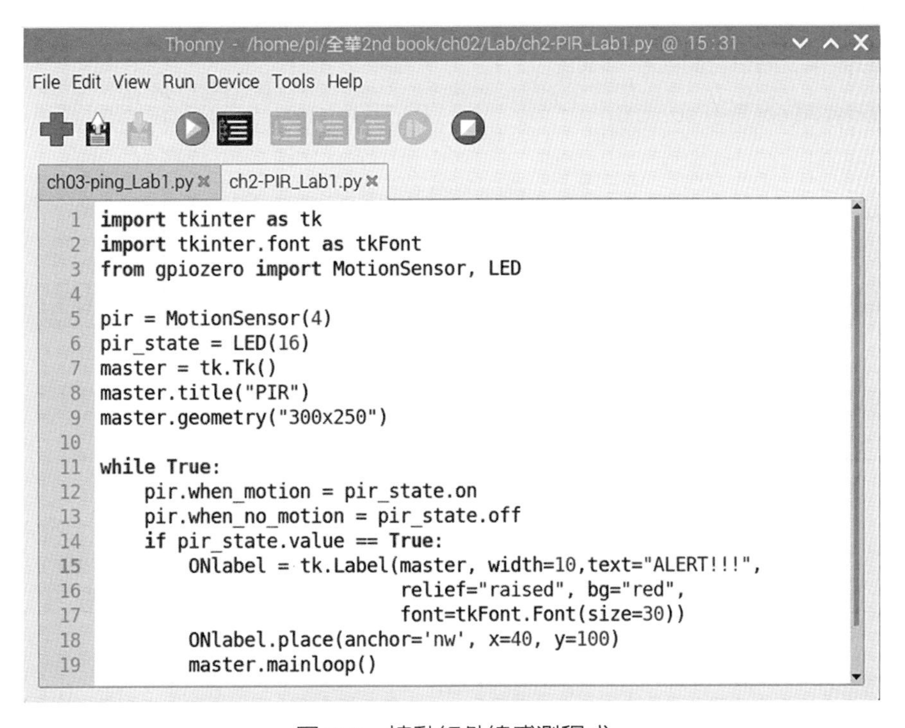


```
import tkinter as tk
import tkinter.font as tkFont
from gpiozero import MotionSensor, LED

pir = MotionSensor(4)
pir_state = LED(16)
master = tk.Tk()
master.title("PIR")
master.geometry("300x250")

while True:
    pir.when_motion = pir_state.on
    pir.when_no_motion = pir_state.off
    if pir_state.value == True:
        ONlabel = tk.Label(master, width=10,text="ALERT!!!",
                           relief="raised", bg="red",
                           font=tkFont.Font(size=30))
        ONlabel.place(anchor='nw', x=40, y=100)
        master.mainloop()
```

圖 2-2　被動紅外線感測程式

程式解說如下：

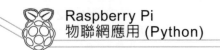

import tkinter as tk	◆ 呼叫 tkinter 模組，並改名為 tk
import tkinter.font as tkFont	◆ 從 tkinter 模組中呼叫 font 模組
from gpiozero import MotionSensor, LED	◆ 從 gpiozero 模組中呼叫 MotionSensor, LED 模組
pir = MotionSensor(4)	◆ MotionSensor 函數使用 GPIO4 測得的結果，儲存到 pir。
pir_state = LED(16)	◆ LED 函數使用 GPIO16 測得的結果，儲存到 pir_state。
master = tk.Tk()	◆ 設定 master 為最上層視窗
master.title("PIR")	◆ 視窗抬頭為 "PIR"
master.geometry("300x250")	◆ 設定視窗大小為 300x250 畫素
while True:	◆ 以 while 迴圈持續偵測紅外線訊號
pir.when_motion = pir_state.on	◆ 若偵測事件成立，pir_state 設定為 on (此時 GPIO16 的電位為高電位)。
pir.when_no_motion = pir_state.off	◆ 若偵測事件成立，pir_state 設定為 off (此時 GPIO16 的電位為低電位)。
if pir_state.value == True:	◆ 若 pir_state.value 為 True(“1”)
ONlabel = tk.Label(master,	◆ 建立標籤 ONlabel：
width=10,text="ALERT!!!", relief = "raised",	◆ 寬度為 10 字元的
bg="red", font = tkFont.Font(size=30))	◆ 文字為 "ON"，3D 效果為浮起，背景為紅色，背景黃色，字體是 30 號字
ONlabel.place(anchor='nw', x=40, y=100)	◆ 以 place 函數方式擺置 ONlabel，左上角座標 (40, 100)
master.mainloop()	◆ 顯示 master 視窗

4. 功能驗證：

   將樹莓派電源開啓，接妥硬體接線後，需有下列輸出才算執行成功：

   圖形介面長 300 畫素，寬 250 畫素。

   當感測事件成立後才會跳出視窗，視窗會出現紅底黑字的”ALERT!!!”文字如圖 2-3 所示。

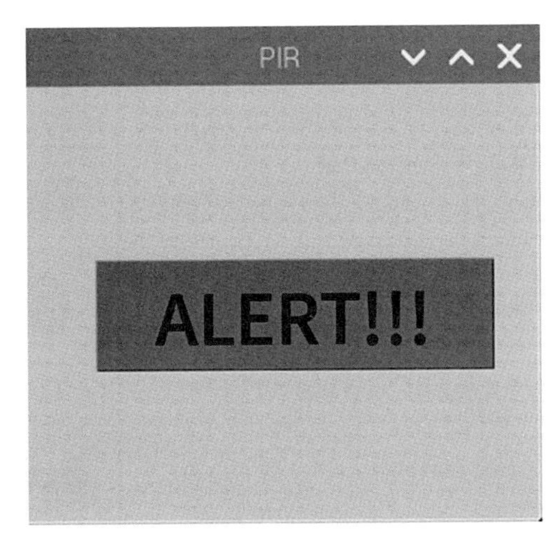

圖 2-3　被動紅外線感測圖形介面 - 偵測事件成立

2-2 實驗二 單顆 LED 亮滅

控制單顆 LED 亮滅幾乎已成爲標準的入門實驗，在此實驗中將爲大家介紹如何應用 Python 的 Tkinter 工具，設計一個人機介面 (GUI)，並經由設計的圖形介面，直接控制 LED 亮滅。

實驗摘要：

使用圖形介面上之按鈕控制 GPIO27 連接之 LED 發光二極體亮滅。

實驗步驟：

1. 實驗材料如表 2-2 所示。

表 2-2　單顆 LED 亮滅實驗材料清單

實驗材料名稱	數量	規格	圖片
樹莓派 pi4	1	已安裝好作業系統的樹莓派	
麵包板	1	麵包板 8.5*5.5CM	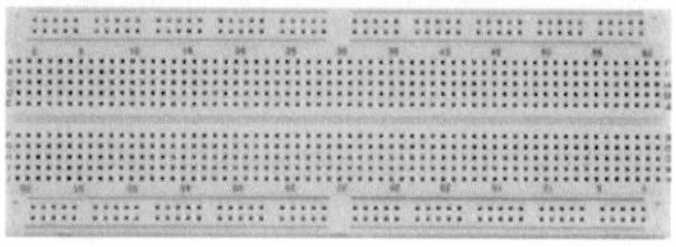
LED	1	單色插件式，顏色不拘	
電阻	1	插件式 470Ω，1/4W	
跳線	10	彩色杜邦雙頭線 (公 / 母)/20 cm	

2. 硬體接線圖如圖 2-4 所示 LED 發光二極體的陽極接到樹莓派 GPIO27 腳，其陰極接到分流電阻，分流電阻的另一端再接到地。

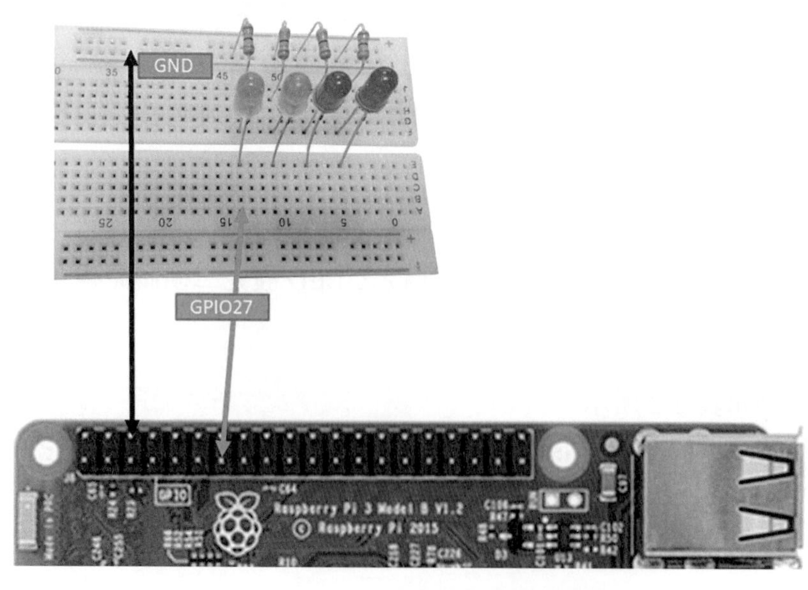

圖 2-4　單顆 LED 亮滅實驗硬體接線圖

3. 程式設計：

Python 程式碼如圖 2-5 所示。

Thonny - /home/pi/全華2nd book/ch02/ch2-LED.py @ 41 : 15

File Edit View Run Device Tools Help

ch2-LEDs4_back_fwd.py | ch2-LEDs4.py | ch2-LEDs4_2directionHW2.py | ch2-LED.py

```
1  import tkinter as tk
2  from tkinter import font
3  import RPi.GPIO as GPIO
4
5  GPIO27 = 27
6  GPIO.setmode(GPIO.BCM)
7  GPIO.setup(GPIO27, GPIO.OUT)
8
9  master = tk.Tk()
10 master.title("LED Control")
11 master.geometry("300x250")
12
13 GPIO27_state = True
14
15 def GPIO27button():
16     global GPIO27_state
17     if GPIO27_state == True:
18         GPIO.output(GPIO27, GPIO27_state)
19         GPIO27_state = False
20         ONlabel = tk.Label(master, width=6,
21                            text="ON", relief="raised", fg="red",
22                            bg="yellow",font=font.Font(size=20))
23         ONlabel.place(anchor='nw', x=100, y=200)
24     else:
25         GPIO.output(GPIO27, GPIO27_state)
26         GPIO27_state = True
27         ONlabel = tk.Label(master, width=6,
28                            text="OFF", relief="raised", fg="green",
29                            bg="yellow",font=font.Font(size=20))
30         ONlabel.place(anchor='nw', x=100, y=200)
31
32 Abutton = tk.Button(master, text="GPIO27",
33                     bg="blue", command=GPIO27button)
34 Abutton.place(bordermode='outside', anchor = 'nw',
35               height=100, width=100, x=100, y=100)
36 Quitbutton = tk.Button(master, text="Quit",bg="red",
37                        command=master.destroy)
38 Quitbutton.place(bordermode='outside', anchor = 'nw',
39                  height=100, width=100, x=100,)
40 master.mainloop()
41 GPIO.cleanup()
```

圖 2-5　單顆 LED 亮滅程式

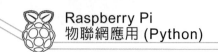

程式解說如下：

程式	說明
import tkinter as tk	◆ 呼叫 tkinter 模組，並改名為 tk
from tkinter import font	◆ 從 tkinter 模組中呼叫 font 模組
import RPi.GPIO as GPIO	◆ 呼叫 RPi.GPIO 模組，並改名為 GPIO
GPIO27 = 27	◆ 設定 GPIO27 變數值為 27
GPIO.setmode(GPIO.BCM)	◆ GPIO 腳位命名方式，採用 BCM 方式
GPIO.setup(GPIO27, GPIO.OUT)	◆ 設定 GPIO27 腳位為輸出屬性
master = tk.Tk()	◆ 設定 master 為最上層視窗
master.title("LED Control")	◆ 視窗抬頭為 "LED Control"
master.geometry("300x250")	◆ 設定視窗大小為 300x250 畫素
GPIO27_state = True	◆ 設定 GPIO27_state 變數值為真
def GPIO27button():	◆ 定義 GPIO27button 定義函數
global GPIO27_state	◆ 設定 GPIO27_state 變數值為廣域變數
if GPIO27_state == True:	◆ 如果 GPIO27_state 變數值為真
GPIO.output(GPIO27, GPIO27_state)	◆ GPIO27 腳位設為 GPIO27_state 變數的值 (目前是高電位)，LED 發亮
GPIO27_state = False	◆ 設定 GPIO27_state 變數值為假 (低電位)
ONlabel = tk.Label(master, width=6,	◆ 建立標籤 ONlabel：
text="ON", relief="raised", fg="red",bg="yellow", font=font.Font(size=20))	◆ 寬度為 6 字元的 文字為 "ON"，3D 效果為浮起，前景為紅色，背景黃色，字體是 20 號字
ONlabel.place(anchor='nw', x=100, y=200)	◆ 以 place 函數方式擺置 ONlabel，左上角座標 (100, 200)
else:	◆ 否則：
GPIO.output(GPIO27, GPIO27_state)	◆ GPIO27 腳位設為 GPIO27_state 變數的值 (目前是低電位)，LED 熄滅
GPIO27_state = True	◆ 設定 GPIO27_state 變數值為真 (高電位)
ONlabel = tk.Label(master, width=6, text="OFF", relief="raised",	◆ 建立標籤 ONlabel： 寬度為 6 字元的
fg="green", bg="yellow",font=font.Font(size=20))	◆ 文字為 "OFF"，3D 效果為浮起，前景為綠色，背景黃色，字體是 20 號字

ONlabel.place(anchor='nw', x=100, y=200)	◆ 以 place 函數方式擺置 ONlabel，左上角座標 (100, 200)
Abutton = tk.Button(master, text = "GPIO27", bg = "blue", command = GPIO27button)	◆ 設定按鈕 Abutton： 上層視窗：master，文字：GPIO27，背景：藍色，命令：呼叫 GPIO27button 定義函數
Abutton.place(bordermode='outside', anchor = 'nw', height=100, width=100, x=100, y=100)	◆ 以 place 函數方式擺置按鈕 Abutton，邊界模式：外部，位置：左上角放在 master 視窗的 nw 位置 (左上角)，高：100 畫素，寬：100 畫素，Abutton 左上角座標：(x, y) = (100, 100)，命令：刪除 master 視窗
Quitbutton = tk.Button(master, text = "Quit", bg = "red", command = master.destroy)	◆ 設定按鈕 Qbutton： 上層視窗：master，文字：Quit，背景：紅色，命令：執行 destroy 函數 (視窗消失)
Quitbutton.place(bordermode='outside', anchor = 'nw', height=100, width=100, x=100,)	◆ 以 place 函數方式擺置按鈕 Abutton，邊界模式：外部，位置：左上角放在 master 視窗的 nw 位置 (左上角)，高：100 畫素，寬：100 畫素，Abutton 左上角座標：(x, y) = (100, 0)
master.mainloop()	◆ 顯示 master 視窗
GPIO.cleanup()	◆ 回復所有 GPIO 腳位為內定値

4. 功能驗證：

   將樹莓派電源開啓，接妥硬體接線後，需有下列輸出才算執行成功：

   圖形介面如圖 2-6 所示，長 300 畫素，寬 250 畫素，退出執行視窗的按鈕 Quit 在最上方，GPIO27 控制按鈕在 Quit 按鈕的正下方，顯示 ON，OFF 字樣的標籤則在 GPIO27 控制按鈕的正下方，其底色爲黃色，文字 ON 的顏色爲紅色，文字 ON 的顏色爲綠色。

   按下 GPIO27 控制按鈕，視窗的下方會出現黃底紅色的文字”ON”，同時 LED 發光二極體發亮如圖 2-7 所示；再次按下 GPIO27 控制按鈕，視窗的下方同樣位置會出現黃底綠色的文字”OFF”， LED 發光二極體會同時熄滅如圖 2-8 所示。

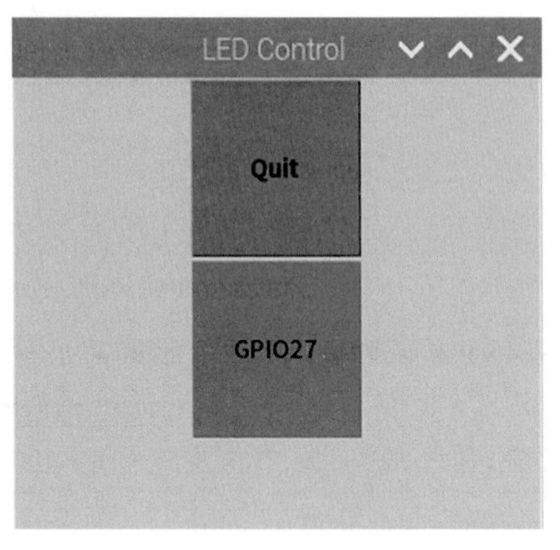

圖 2-6　單顆 LED 亮滅圖形介面

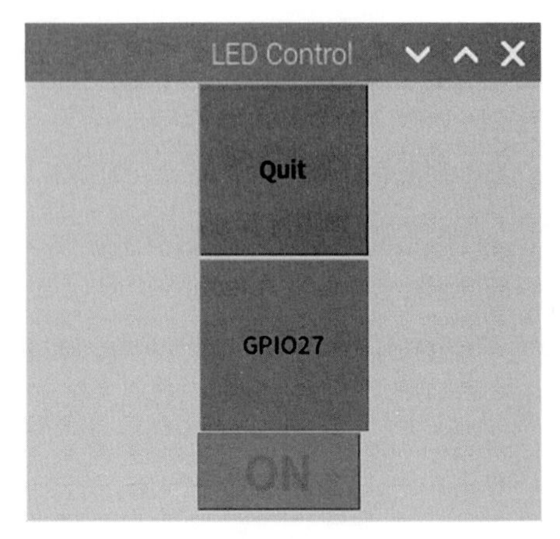

圖 2-7　單顆 LED 亮滅圖形介面 -ON

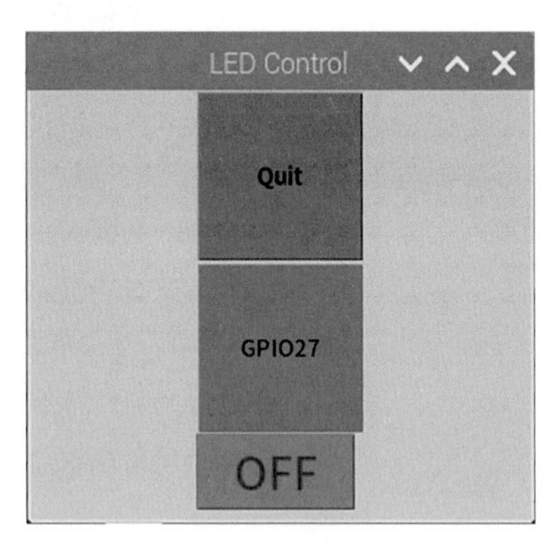

圖 2-8　單顆 LED 亮滅圖形介面 -OFF

2-3 實驗三 LED 跑馬燈

LED 跑馬燈是由多顆 LED 發光二極體組合而成，在不同時間依序發亮，本實驗將使用 gpiozero 模組內的 LEDBoard 模組控制 4 顆 LED，與實驗一所使用的 GPIO 模組 (RPi.GPIO) 不同，程式碼會精簡許多。

實驗摘要：

使用圖形介面上之按鈕控制 GPIO27，GPIO22，GPIO5 及 GPIO6 連接之 4 顆 LED 發光二極體依序亮滅，控制按鈕共有 2 顆，分別是左行及右行。

實驗步驟：

1. 實驗材料如表 2-3 所示。

表 2-3　LED 跑馬燈實驗材料清單

實驗材料名稱	數量	規格	圖片
樹莓派 pi4	1	已安裝好作業系統的樹莓派	
麵包板	1	麵包板 8.5*5.5CM	
LED	4	單色插件式，顏色不拘	
電阻	4	插件式 470Ω，1/4W	
跳線	10	彩色杜邦雙頭線 (公 / 母)/20 cm	

2. 硬體接線如圖 2-9 所示，LED 發光二極體的陽極分別依序接到樹莓派 GPIO27，GPIO22，GPIO5，GPIO6 腳，所有陰極接到分流電阻，分流電阻的另一端再接到地。

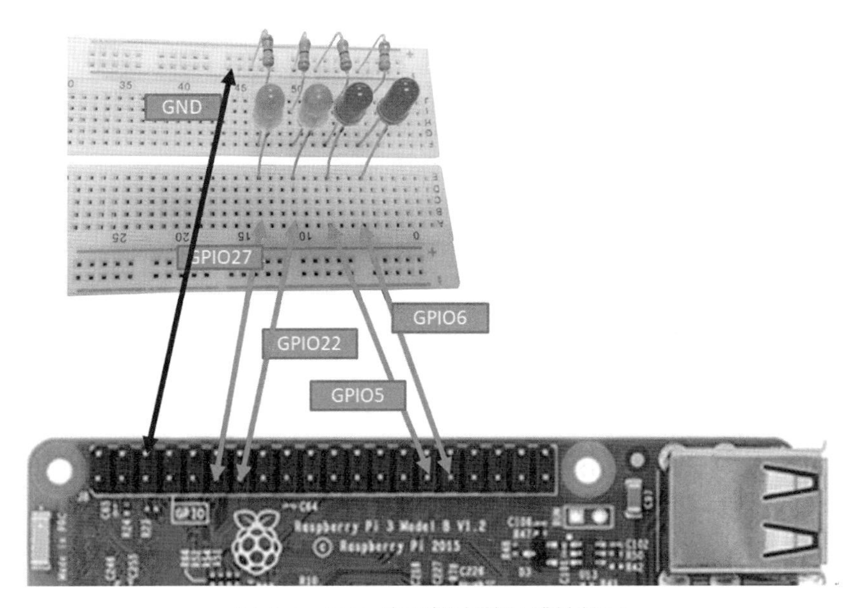

圖 2-9　LED 跑馬燈實驗硬體接線圖

3. 程式設計：

Python 程式碼如圖 2-10 所示。

Thonny - /home/pi/全華2nd book/ch02/ch2-LEDs4_back_fwd.py @ 42 : 18

File Edit View Run Device Tools Help

ch2-LEDs4_back_fwd.py * ch2-LED.py

```
1  import tkinter as tk
2  from gpiozero import LEDBoard
3  from time import sleep
4  
5  leds = LEDBoard(27, 22, 5, 6)
6  leds.value = (0, 0, 0, 0)
7  
8  master = tk.Tk()
9  master.title("LEDs Control")
10 master.geometry("300x250")
11 
12 def goRight():
13     for i in range(4):
14         a = [0, 0, 0, 0]
15         for j in range(4):
16             a[j] = 0
17             if j == i:
18                 a[j] = 1
19         leds.value = (a[0], a[1], a[2], a[3])
20         sleep(0.5)
21         leds.value = [0, 0, 0, 0]
22 
23 def goLeft():
24     for i in range(4):
25         a = [0, 0, 0, 0]
26         for j in range(4):
27             a[j] = 0
28             if j == i:
29                 a[j] = 1
30         leds.value = (a[3], a[2], a[1], a[0])
31         sleep(0.5)
32         leds.value = [0, 0, 0, 0]
33 
34 Abutton = tk.Button(master, text="Go Right",
35                     bg="yellow", command=goRight)
36 Abutton.place(bordermode='outside', anchor = 'nw',
37               height=50, width=100, x=100, y=65)
38 Bbutton = tk.Button(master, text="Go Left",
39                     bg="green", command=goLeft)
40 Bbutton.place(bordermode='outside', anchor = 'nw',
41               height=50, width=100, x=100, y=140)
42 master.mainloop()
```

圖 2-10　LED 跑馬燈程式

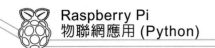

程式解說如下：

程式	說明
import tkinter as tk	◆ 呼叫 tkinter 模組，並改名為 tk
from gpiozero import LEDBoard	◆ 從 gpiozero 模組中呼叫 LEDBoard 模組
from time import sleep	◆ 從 time 模組中呼叫 sleep 模組
leds = LEDBoard(27, 22, 5, 6)	◆ 設定 4 顆 LED 發光二極體的陽極分別接到 GPIO27，GPIO22，GPIO5 及 GPIO6， 經由 LEDBoard 打包，存到 leds
leds.value = (0, 0, 0, 0)	◆ 設定 GPIO27，GPIO22，GPIO5 及 GPIO6 初始值均為”0”(低電位)
master = tk.Tk()	◆ 設定 master 為最上層視窗
master.title("LEDs Control")	◆ 視窗抬頭為 "LEDs Control"
master.geometry("300x250")	◆ 設定視窗大小為 300x250 畫素
def goRight():	◆ 定義 goRight 定義函數
for i in range(4):	◆ For 迴圈中變數 i 分別依序對應 4 顆 LED 點亮的時機
a = [0, 0, 0, 0]	◆ 將串列 a 初始值設定為”0”
for j in range(4):	◆ For 迴圈中變數 J 分別依序對應 4 顆 LED 點亮的時機
a[j] = 0	◆ a 串列中的第 j 個元素設為”0”(低電位)
if j == i:	◆ 如果 a 串列中的第 j 個元素等於 i
a[j] = 1	◆ 則設定 a 串列中的第 j 個元素等於”1”(高電位)
leds.value = (a[0], a[1], a[2], a[3])	◆ 修正 GPIO27，GPIO22，GPIO5 及 GPIO6 的值
sleep(0.5)	◆ Delay 0.5 秒
leds.value = [0, 0, 0, 0]	◆ GPIO27，GPIO22，GPIO5 及 GPIO6 的值均設為”0”低電位，所有 LED 發光二極體都不亮
def goLeft():	◆ 定義 goLeft 定義函數

for i in range(4):
    a = [0, 0, 0, 0]
    for j in range(4):
	◆ 除了倒數第 3 行 leds.value = (a[3], a[2], a[1], a[0]) 的 a[3]~a[0] 位置顛倒，其他程式部份和前一個 goLeft 定義函數都一樣

a[j] = 0	
if j == i:	
a[j] = 1	
leds.value = (a[3], a[2], a[1], a[0])	

sleep(0.5)	
leds.value = [0, 0, 0, 0]	
Abutton = tk.Button(master, text="Go Right",	◆ 設定按鈕 Abutton：
bg="yellow", command=goRight)	◆ 上層視窗：master，文字：Go Right，背景：黃色，命令：呼叫 goRight 定義函數
Abutton.place(bordermode='outside', anchor = 'nw', height=50, width=100, x=100, y=65)	◆ 以 place 函數方式擺置按鈕 Abutton，邊界模式：外部，位置：左上角放在 master 視窗的 nw 位置 (左上角)，高：50 畫素，寬：100 畫素，Abutton 左上角座標：(x, y) = (100, 65)
Bbutton = tk.Button(master, text="Go Left",	◆ 設定按鈕 Bbutton：
bg="green", command=goLeft)	◆ 上層視窗：master，文字：Go Left，背景：綠色，命令：呼叫 goLeft 定義函數
Bbutton.place(bordermode='outside', anchor = 'nw', height=50, width=100, x=100, y=140)	◆ 以 place 函數方式擺置按鈕 Bbutton，邊界模式：外部，位置：左上角放在 master 視窗的 nw 位置 (左上角)，高：50 畫素，寬：100 畫素，Abutton 左上角座標：(x, y) = (100, 140)
master.mainloop	◆ 顯示 master 視窗

4. 功能驗證：

   將樹莓派電源開啓，接妥硬體接線後，需有下列輸出才算執行成功：

   圖形介面如圖 2-11 所示，長 300 畫素，寬 250 畫素，右向的跑馬燈按鈕”Go Right”在上方，其底色爲黃色，文字的顏色爲黑色；左向的跑馬燈按鈕”Go Left”在下方，其底色爲綠色，文字的顏色爲黑色。

   按下”Go Right”控制按鈕，跑馬燈會向右移動，延遲時間是 0.5 秒。

   按下”Go Left”控制按鈕，跑馬燈會向左移動，延遲時間是 0.5 秒。

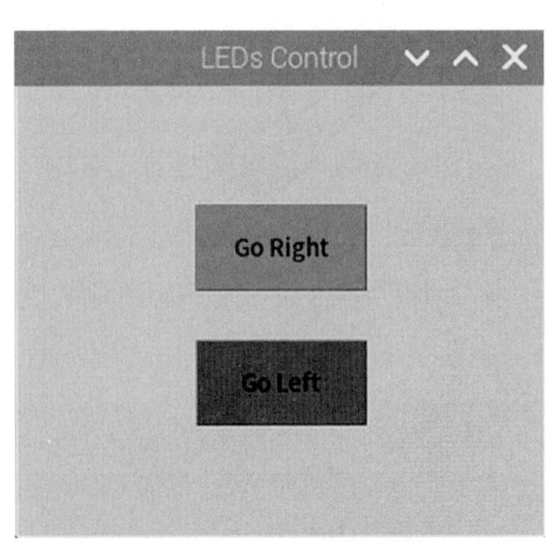

圖 2-11　LED 跑馬燈程式圖形介面

2-4 實驗四 全彩 LED

全彩 LED 是由紅、藍及綠三色 LED 發光二極體製作在一個 LED 發光二極體內，本實驗將使用 gpiozero 模組內的 LEDBoard 模組控制紅、藍及綠 3 顆 LED。

實驗摘要：

使用圖形介面上之按鈕控制 GPIO27，GPIO22，GPIO5 連接之紅、藍及綠 3 顆 LED 發光二極體，控制按鈕共有 3 顆，分別是”RED”，”GREEN”及”BLUE”，按下按鈕後，下方會顯示標籤元件，其顏色則對應於按鈕的顏色。

實驗步驟：

1. 實驗材料如表 2-4 所示。

表 2-4　全彩 LED 控制實驗材料清單

實驗材料名稱	數量	規格	圖片
樹莓派 pi4	1	已安裝好作業系統的樹莓派	
麵包板	1	麵包板 8.5*5.5CM	
LED	1	單色插件式，顏色不拘	
電阻	3	插件式 470Ω，1/4W	
跳線	10	彩色杜邦雙頭線 (公 / 母)/20 cm	

2. 全彩 LED 最長的腳位是共陰極，次長的腳位是綠色接腳，最左邊的是藍色接腳，最右邊的是紅色接腳如圖 2-12 所示，3 顆限流電阻一端接到 3.3V，另一端則分別接到紅、藍、綠三個腳位如圖 2-13 所示。

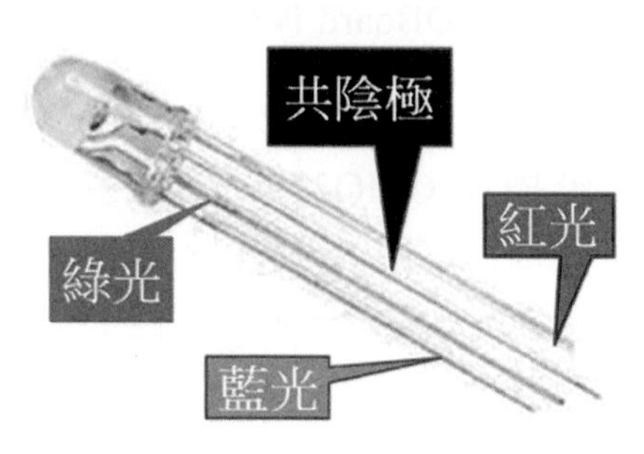

圖 2-12　全彩 LED

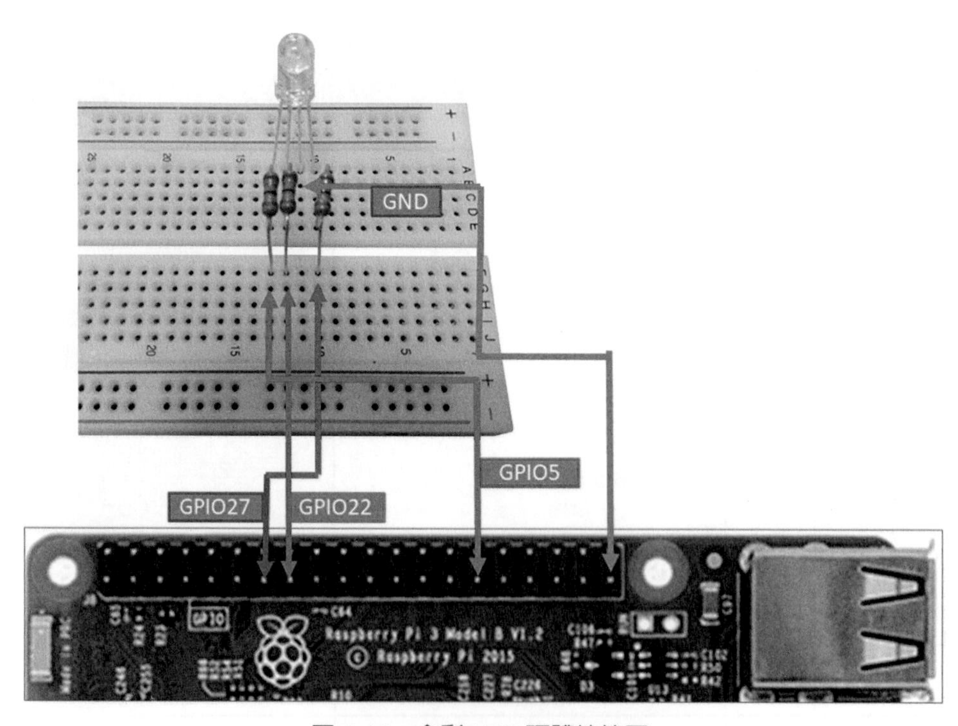

圖 2-13　全彩 LED 硬體接線圖

3. 程式設計：

Python 程式碼如圖 2-14 所示。

```
Thonny - /home/pi/全華2nd book/ch02/ch2-RGBLed_Lab3.py @ 3 : 1
File Edit View Run Device Tools Help
ch2-RGBLed_Lab3 | ch2-LED.p | ch2-LEDs4_2direction. | ch2-LEDhw1.| ch2-LEDs4_tmp. | ch2-LEDs4.p

 1 import tkinter as tk
 2 from gpiozero import LEDBoard
 3
 4 leds = LEDBoard(27, 22, 5)
 5 leds.value = (0, 0, 0)
 6 master = tk.Tk()
 7 master.title("RGB LED Control")
 8 master.geometry("300x250")
 9
10 def red():
11     leds.value = (0, 0, 0)
12     ONlabel = tk.Label(master, width=2,
13                        text="", relief="raised", bg="red")
14     ONlabel.place(anchor='nw', x=135, y=150)
15     leds.value = (1, 0, 0)
16
17 def green():
18     leds.value = (0, 0, 0)
19     ONlabel = tk.Label(master, width=2,
20                        text="", relief="raised", bg="green")
21     ONlabel.place(anchor='nw', x=135, y=150)
22     leds.value = (0, 1, 0)
23
24 def blue():
25     leds.value = (0, 0, 0)
26     ONlabel = tk.Label(master, width=2,
27                        text="", relief="raised", bg="blue")
28     ONlabel.place(anchor='nw', x=135, y=150)
29     leds.value = (0, 0, 1)
30
31 Rbutton = tk.Button(master, text="RED",bg="red", command=red)
32 Rbutton.place(bordermode='outside', anchor = 'nw',height=50,
33               width=50, x=25, y=50)
34 Gbutton = tk.Button(master, text="GREEN",bg="green", command=green)
35 Gbutton.place(bordermode='outside', anchor = 'nw',
36               height=50, width=50, x=125, y=50)
37 Bbutton = tk.Button(master, text="BLUE",bg="blue", command=blue)
38 Bbutton.place(bordermode='outside', anchor = 'nw',height=50,
39               width=50, x=225, y=50)
40 master.mainloop()
```

圖 2-14　全彩 LED 程式

程式解說如下：

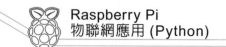

程式	說明
import tkinter as tk	◆ 呼叫 tkinter 模組，並改名為 tk
from gpiozero import LEDBoard	◆ 從 gpiozero 模組中呼叫 LEDBoard 模組
leds = LEDBoard(27, 22, 5)	◆ 設定 3 顆 LED 發光二極體的陽極分別接到 GPIO27，GPIO22，GPIO5 經由 LEDBoard 打包，存到 leds
leds.value = (0, 0, 0)	◆ 設定 GPIO27，GPIO22 及 GPIO5 初始值均為 ” 0” (低電位)
master = tk.Tk()	◆ 設定 master 為最上層視窗
master.title("RGB LED Control")	◆ 視窗抬頭為 "RGB LED Control"
master.geometry("300x250")	◆ 設定視窗大小為 300x250 畫素
def red():	◆ 定義 red 定義函數
leds.value = (0, 0, 0)	◆ 設定 GPIO27，GPIO22 及 GPIO5 初始值均為 ” 0” (低電位)
ONlabel = tk.Label(master, width=2, text="", relief="raised", bg="red")	◆ 建立標籤 ONlabel： 寬度為 2 字元的 文字為空白，3D 效果為浮起，背景紅色
ONlabel.place(anchor='nw', x=135, y=150)	◆ 以 place 函數方式擺置 ONlabel，左上角座標 (135, 150)
leds.value = (1, 0, 0)	◆ 設定 GPIO27，GPIO22，GPIO5 初始值為 (1, 0, 0)，只有紅色的 LED 發光二極體發亮
def green():	◆ 定義 green 定義函數
leds.value = (0, 0, 0)	◆ 設定 GPIO27，GPIO22，GPIO5 及 GPIO6 初始值均為” 0” (低電位)
ONlabel = tk.Label(master, width=2, text="", relief="raised", bg="green")	◆ 建立標籤 ONlabel： 寬度為 2 字元的 文字為空白，3D 效果為浮起，背景綠色
ONlabel.place(anchor='nw', x=135, y=150)	◆ 以 place 函數方式擺置 ONlabel，左上角座標 (135, 150)
leds.value = (0, 1, 0)	◆ 設定 GPIO27，GPIO22，GPIO5 初始值為 (0, 1, 0)，只有綠色的 LED 發光二極體發亮
def blue():	◆ 定義 blue 定義函數

leds.value = (0, 0, 0)	◆ 設定 GPIO27，GPIO22 及 GPIO5 初始值均為 ” 0” (低電位)
ONlabel = tk.Label(master, width=2, text="", relief="raised", bg="blue")	◆ 建立標籤 ONlabel： 寬度為 2 字元的 文字為空白，3D 效果為浮起，背景藍色
ONlabel.place(anchor='nw', x=135, y=150)	◆ 以 place 函數方式擺置 ONlabel，左上角座標 (135, 150)
leds.value = (0, 0, 1)	◆ 設定 GPIO27，GPIO22，GPIO5 初始值為 (0, 0, 1)，只有藍色的 LED 發光二極體發亮
Rbutton = tk.Button(master, text="RED",bg="red", command=red)	◆ 設定按鈕 Rbutton： ◆ 上層視窗：master，文字：RED，背景：紅色，命令：呼叫 red 定義函數
Rbutton.place(bordermode='outside', anchor = 'nw',height=50, width=50, x=25, y=50)	◆ 以 place 函數方式擺置按鈕 Rbutton，邊界模式：外部，位置：左上角放在 master 視窗的 nw 位置 (左上角)，高：50 畫素，寬：50 畫素，Rbutton 左上角座標：(x, y) = (25, 50)
Gbutton = tk.Button(master, text="GREEN",bg="green", command=green)	◆ 設定按鈕 Gbutton： 上層視窗：master，文字：GREEN，背景：綠色，命令：呼叫 green 定義函數
Gbutton.place(bordermode='outside', anchor = 'nw', height=50, width=50, x=125, y=50)	◆ 以 place 函數方式擺置按鈕 Gbutton，邊界模式：外部，位置：左上角放在 master 視窗的 nw 位置 (左上角)，高：50 畫素，寬：50 畫素，Gbutton 左上角座標：(x, y) = (125, 50)
Bbutton = tk.Button(master, text="BLUE",bg="blue", command=blue)	◆ 設定按鈕 Bbutton： 上層視窗：master，文字：BLUE，背景：藍色，命令：呼叫 blue 定義函數
Bbutton.place(bordermode='outside', anchor = 'nw',height=50, width=50, x=225, y=50)	◆ 以 place 函數方式擺置按鈕 Bbutton，邊界模式：外部，位置：左上角放在 master 視窗的 nw 位置 (左上角)，高：50 畫素，寬：50 畫素，Bbutton 左上角座標：(x, y) = (225, 50)
master.mainloop()	◆ 顯示 master 視窗

4. 功能驗證：

將樹莓派電源開啓，接妥硬體接線後，需有下列輸出才算執行成功：

圖形介面如圖 2-15 所示，長 300 畫素，寬 250 畫素，紅色按鈕”RED”在最左側，其底色為紅色，文字的顏色為黑色；綠色按鈕”GREEN”在中間，其底色為綠色，文字的顏色為黑色；藍色按鈕”GREN”在最左側，其底色為藍色，文字的顏色為黑色；標籤用來顯示目前亮的 LED 顏色，位置在中間下方。

按下”RED”控制按鈕，全彩 LED 會呈現紅色，標籤顯示紅色如圖 2-16 所示。

按下”GREEN”控制按鈕，全彩 LED 會呈現綠色，標籤顯示綠色。

按下”BLUE”控制按鈕，全彩 LED 會呈現藍色，標籤顯示藍色。

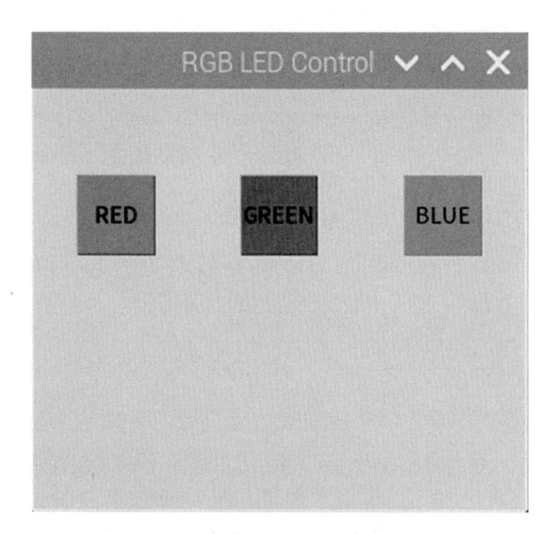

圖 2-15　全彩 LED 程式圖形介面

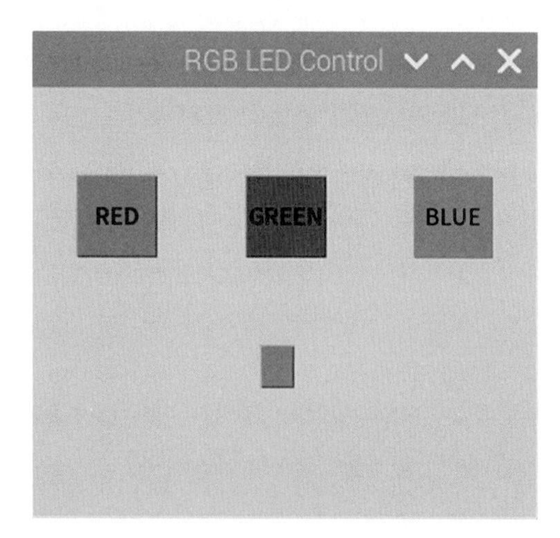

圖 2-16　全彩 LED 程式圖形介面 - 顯示紅色

2-5 實驗五 超音波雷達

超音波雷達感測器是以 Tx 端發送超音波訊號，以 Rx 端接收反射訊號，先計算出時間差，再推導障礙物的距離，汽車倒車雷達是最常見的應用，超音波雷達感測器如圖 2-17 所示。

圖 2-17　超音波雷達感測器

超音波雷達感測器所使用的驅動模組是 gpiozero 內建的 DistanceSensor (GPIOA, GPIOB) 模組，此處 GPIOA 是經過兩個電阻分壓後所得的 ECHO 訊號，GPIOB 則是接 TRIGGER 訊號。

實驗摘要：

使用圖形介面" DistanceSensor" 上之按鈕控制" getDistance" 讀取超音波雷達感測器所感測的距離，按下" getDistance" 按鈕後，下方會顯示標籤元件，標籤文字則代表感測的距離。

實驗步驟：

1. 實驗材料如表 2-5 所示。

表 2-5　超音波雷達感測器材料清單

實驗材料名稱	數量	規格	圖片
樹莓派 pi4	1	已安裝好作業系統的樹莓派	
麵包板	1	麵包板 8.5*5.5CM	
電阻	2	1 個插件式 470Ω，1/4W 1 個插件式 330Ω，1/4W	
超音波感測器	1	HC-SR04P 超聲波測距模組	
跳線	10	彩色杜邦雙頭線 (公 / 母)/20 cm	

2. 硬體接線如圖 2-18 所示，330Ω 與 470Ω 形成一個分壓器 GPIO27 接到分壓點，也就是 330Ω 與 470Ω 共同的接點，330Ω 另一端接 ECHO，470Ω 另一端接地 TRIGGER 訊號則接到 GPIO22。

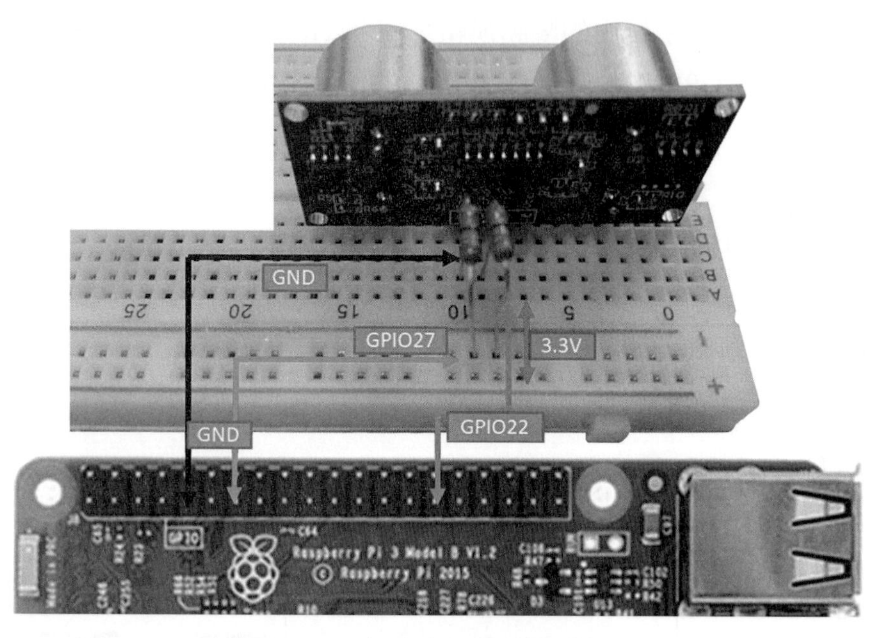

圖 2-18　超音波雷達硬體接線圖

3. 程式設計：

Python 程式碼如圖 2-19 所示。

Thonny - /home/pi/全華2nd book/ch02/Lab/ch2-ultrasonic_Lab4.py @ 20 : 18

File Edit View Run Device Tools Help

ch2-LEDs4_back_fwd_Lab2.py　ch2-RGBLed_Lab3.py　ch2-ultrasonic_Lab4.py

```
import tkinter as tk
from gpiozero import DistanceSensor
from time import sleep

sensor = DistanceSensor(27, 22)
master = tk.Tk()
master.title("DistanceSensor")
master.geometry("300x250")

def getDistance():
        s = str(sensor.distance)
        s5 = s[0:5]
        ONlabel = tk.Label(master, width=6,
                          text=s5, relief="raised", bg="red")
        ONlabel.place(anchor='nw', x=135, y=150)
Gbutton = tk.Button(master, text="getDistance", fg="white",
                  bg="green",command=getDistance)
Gbutton.place(bordermode='outside', anchor = 'nw',height=50,
              width=100, x=110, y=50)
master.mainloop()
```

圖 2-19　超音波雷達程式

程式解說如下：

程式	說明
import tkinter as tk	◆ 呼叫 tkinter 模組，並改名為 tk
from gpiozero import DistanceSensor	◆ 從 gpiozero 模組中呼叫 DistanceSensor 模組
from time import sleep	◆ 從 time 模組中呼叫 sleep 模組
sensor = DistanceSensor(27, 22)	◆ 將 DistanceSensor 超音波雷達測距函數設定給 sensor，ECHO 使用 GPIO27 腳，TRIGGER 使用 GPIO22 腳
master = tk.Tk()	◆ 設定 master 為最上層視窗
master.title("DistanceSensor")	◆ 視窗抬頭為 " DistanceSensor "
master.geometry("300x250")	◆ 設定視窗大小為 300x250 畫素
def getDistance():	◆ 定義 getDistance 定義函數
s = str(sensor.distance)	◆ 將測到的距離 sensor.distance 轉換成字串型態設定給 s
s5 = s[0:5]	◆ 取字串 s 前 5 個數字設定給 s5
ONlabel = tk.Label(master, width=6, text=s5, relief="raised", bg="red")	◆ 建立標籤 ONlabel： 寬度為 6 字元的 文字 s5，3D 效果為浮起，背景紅色
ONlabel.place(anchor='nw', x=135, y=150)	◆ 以 place 函數方式擺置 ONlabel，左上角座標 (135, 150)
Gbutton = tk.Button(master, text="getDistance", fg="white", bg="green",command=getDistance)	◆ 設定按鈕 Gbutton： 上層視窗：master，文字：getDistance，前景：白色，背景：綠色，命令：呼叫 getDistance 定義函數
Gbutton.place(bordermode='outside', anchor = 'nw', height=50, width=100, x=110, y=50)	◆ 以 place 函數方式擺置按鈕 Gbutton，邊界模式：外部，位置：左上角放在 master 視窗的 nw 位置 (左上角)，高：50 畫素，寬：100 畫素，Gbutton 左上角座標：(x, y) = (110, 50)
master.mainloop()	◆ 顯示 master 視窗

4. 功能驗證：

將樹莓派電源開啓，接妥硬體接線後，需有下列輸出才算執行成功：

圖形介面如圖 2-20 所示，長 300 畫素，寬 250 畫素，綠色按鈕” getDistance” 在中上方，其底色爲綠色，文字的顏色爲白色；標籤用來顯示目前的量測距離數値，位置在中間下方。

按下" getDistance" 控制按鈕，總共 5 個數字的距離數值字串 (單位是公尺) 會顯示於紅色標籤上如圖 2-21 所示。

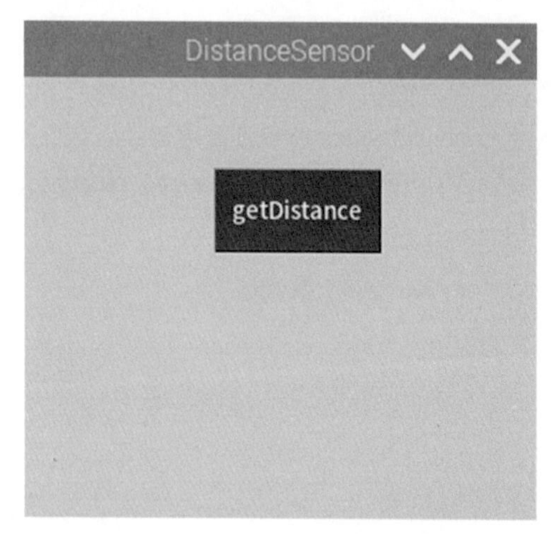

圖 2-20　超音波雷達圖形介面

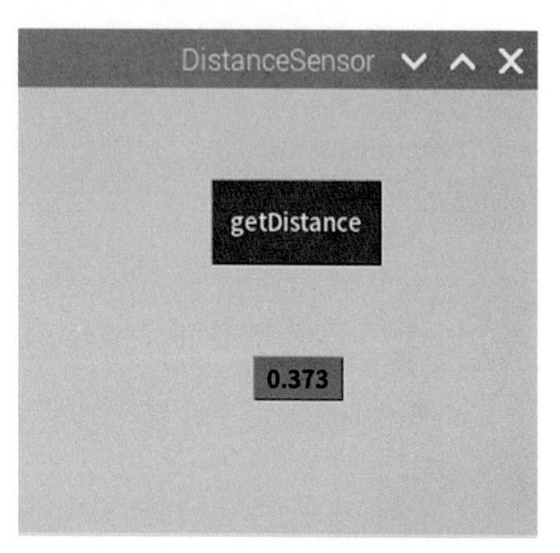

圖 2-21　超音波雷達圖形介面 - 顯示距離

2-6 實驗六 即時更新距離數據之超音波雷達

在實驗五，需按下 getDistance 按鍵方可取得當前距離數據，本實驗將介紹如何以 after() 函數定期更新距離數據。

實驗摘要：

執行程式後，圖形介面自動更新超音波雷達感測器所感測的距離，距離數據顯示在" Distance:" 標籤元件的正下方。

實驗步驟：

1. 實驗材料與實驗五相同，請參考表 2-5。
2. 硬體接線與實驗五相同，請參考圖 2-18。
3. 程式設計：

   Python 程式碼如圖 2-22 所示。

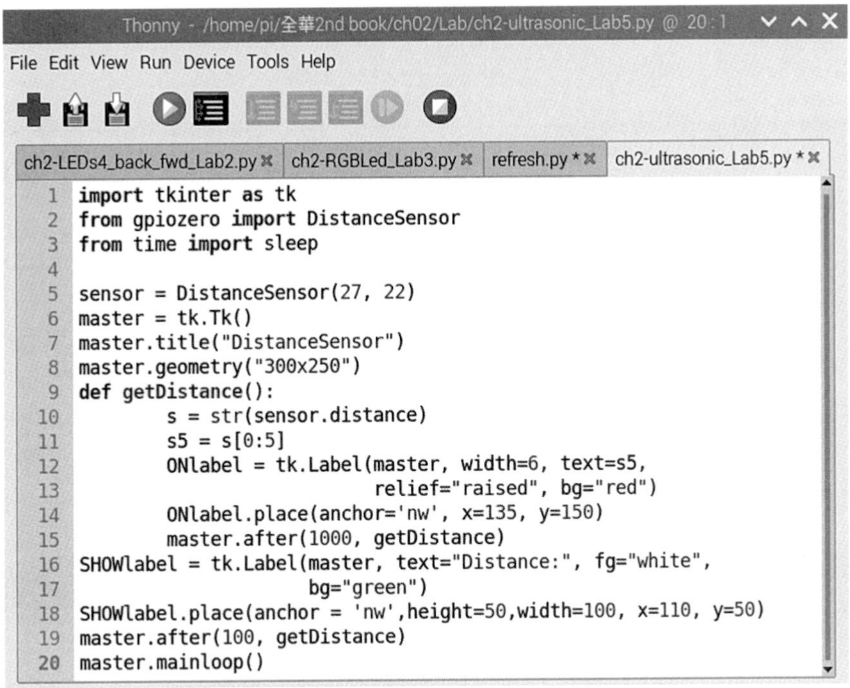

```
1  import tkinter as tk
2  from gpiozero import DistanceSensor
3  from time import sleep
4
5  sensor = DistanceSensor(27, 22)
6  master = tk.Tk()
7  master.title("DistanceSensor")
8  master.geometry("300x250")
9  def getDistance():
10         s = str(sensor.distance)
11         s5 = s[0:5]
12         ONlabel = tk.Label(master, width=6, text=s5,
13                            relief="raised", bg="red")
14         ONlabel.place(anchor='nw', x=135, y=150)
15         master.after(1000, getDistance)
16 SHOWlabel = tk.Label(master, text="Distance:", fg="white",
17                      bg="green")
18 SHOWlabel.place(anchor = 'nw',height=50,width=100, x=110, y=50)
19 master.after(100, getDistance)
20 master.mainloop()
```

圖 2-22　即時更新距離數據之超音波雷達程式

程式解說如下：

程式	說明
import tkinter as tk	◆ 呼叫 tkinter 模組，並改名為 tk
from gpiozero import DistanceSensor	◆ 從 gpiozero 模組中呼叫 DistanceSensor 模組
from time import sleep	◆ 從 time 模組中呼叫 sleep 模組
sensor = DistanceSensor(27, 22)	◆ 將 DistanceSensor 超音波雷達測距函數設定給 sensor，ECHO 使用 GPIO27 腳，TRIGGER 使用 GPIO22 腳
master = tk.Tk()	◆ 設定 master 為最上層視窗
master.title("DistanceSensor")	◆ 視窗抬頭為 " DistanceSensor "
master.geometry("300x250")	◆ 設定視窗大小為 300x250 畫素
def getDistance():	◆ 定義 getDistance 定義函數
s = str(sensor.distance)	◆ 將測到的距離 sensor.distance 轉換成字串型態設定給 s
s5 = s[0:5]	◆ 取字串 s 前 5 個數字設定給 s5
ONlabel = tk.Label(master, width=6, text=s5, relief="raised", bg="red")	◆ 建立標籤 ONlabel： 寬度為 6 字元的 文字 s5，3D 效果為浮起，背景紅色

ONlabel.place(anchor='nw', x=135, y=150)	◆ 以 place 函數方式擺置 ONlabel，左上角座標 (135, 150)
master.after(1000, getDistance)	◆ 使用 after() 函數 update 量測距離：設定每秒呼叫自己 (getDistance 定義函數) 一次
SHOWlabel = tk.Label(master, text="Distance:",fg="white", bg="green")	◆ 設定標籤 SHOWlabel： ◆ 上層視窗：master，文字：Distance，前景：白色，背景：綠色
SHOWlabel.place(anchor = 'nw', height =50,	
width=100, x=110, y=50)	◆ 以 place 函數方式擺置按鈕 SHOWlabel：位置：左上角放在 master 視窗的 nw 位置 (左上角)，高：50 畫素，寬：100 畫素，SHOWlabel 左上角座標：(x, y) = (110, 50)
master.after(100, getDistance)	◆ 使用 after() 函數 update 量測距離：0.1 秒後呼叫 getDistance 定義函數
master.mainloop()	◆ 顯示 master 視窗

4. 功能驗證：

將樹莓派電源開啓，接妥硬體接線後，需有下列輸出才算執行成功：

圖形介面如圖 2-23 所示，長 300 畫素，寬 250 畫素，綠色按鈕”Distance:”在上方，其底色爲綠色，文字的顏色爲白色；標籤用來顯示目前的量測距離數值，位置在正下方，其底色爲紅色，文字的顏色爲黑色。

顯示量測距離的標籤文字每秒更新一次。

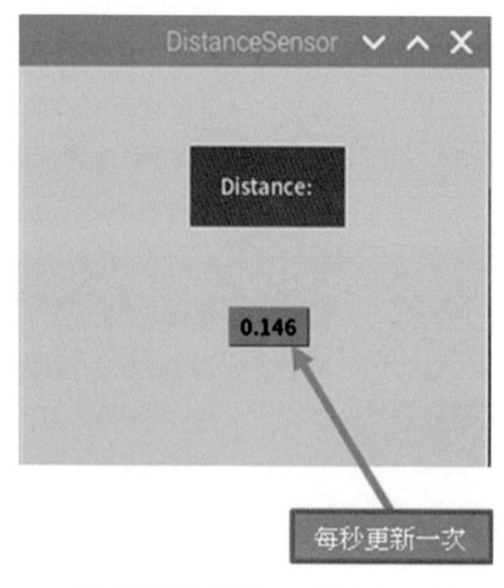

圖 2-23　即時更新距離數據之超音波雷達圖形介面

程式題：

1. 參考實驗一 LED 亮滅程式，改爲 2 個 LED 亮滅程式，2 個 LED 分別接到 GPIO27 及 GPIO22，圖形介面部份：Quit 按鈕座標 (0, 0)，寬度 300 畫素，高度 100 畫素，紅底黑字。GPIO22 按鈕座標 (0, 100)，藍底黑字，寬度 100 畫素，高度 100 畫素，對應的文字 ON 及 OFF 標籤 (LABEL) 座標 (0, 200)，寬度 6 字元，20 號字，分別爲黃底紅字，黃底綠字，GPIO27 按鈕座標 (200, 100)，藍底黑字，對應的文字 ON 及 OFF 標籤 (LABEL) 座標 (200, 200)，寬度 6 字元，20 號字，分別爲黃底紅字，黃底綠字如圖 2-24 所示。

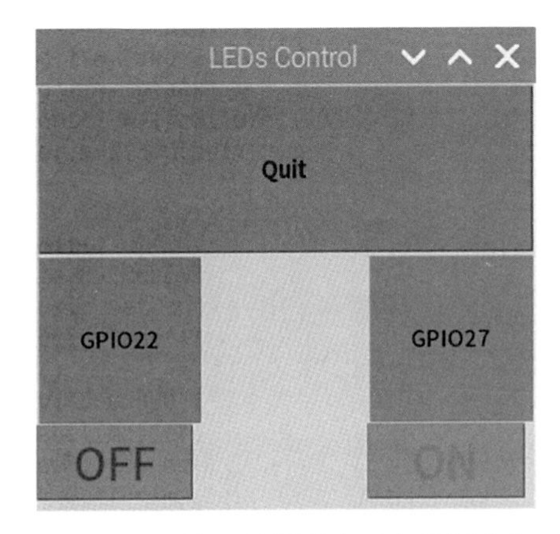

圖 2-24　第 1 題螢幕輸出圖形介面

2. 參考實驗二 LED 跑馬燈程式，將跑馬燈改爲雙向跑馬燈，以一個"Two-way"按鈕控制雙向跑馬燈，當"Two-way"按鈕按下時，雙向跑馬燈會先向右移動，接著再向左移動各一次，"Two-way"按鈕座標 (100, 100)，寬度 100 畫素，高度 50 畫素，黃底黑字如圖 2-25 所示。

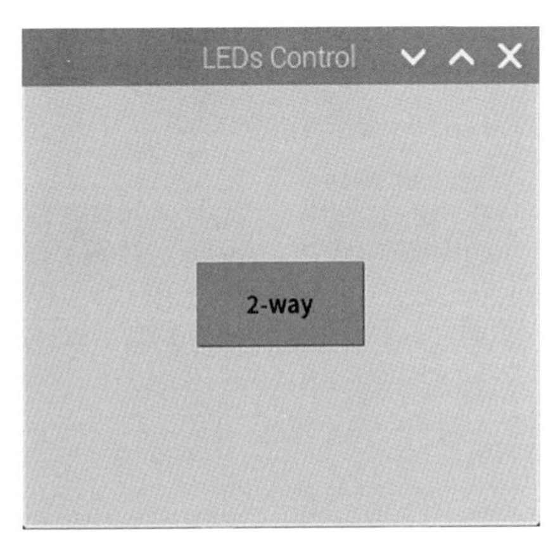

圖 2-25　第 2 題螢幕輸出圖形介面

課後評量

3. 參考實驗四即時更新距離數據之超音波雷達程式，建立兩個按鈕，控制量測距離的更新速度，兩個按鈕的距離數據更新速度分別為每次 0.5 秒及每次 2 秒，內定的更新速度為每次 0.5 秒，按下更新速度為每次 2 秒的按鈕後，距離數據更新速度則並更為每次 2 秒。

   “Distance:” 標籤參數：

   前景顏色：白色；背景顏色：綠色。字型大小：16 號字；高度：50 畫素；寬度：100 畫素；座標：(100, 50)。

   量測距離標籤參數：

   前景顏色：黑色；背景顏色：紅色。文字：量測距離 +’ m’ `; 字型大小：20 號字；寬度：7 個字；3D 效果：raised；座標：(100, 120)。

   0.5 秒按鈕參數：

   前景顏色：白色；背景顏色：紫色。文字：” Mesuring Period:\n 0.5 second:”; 高度：50 畫素；寬度 :120 畫素；座標：(20, 180)。

   2 秒按鈕參數：

   前景顏色：白色；背景顏色：藍色。文字：” Mesuring Period:\n 2 second:”; 高度：50 畫素；寬度 :120 畫素；座標：(166, 180)。

   如圖 2-26 所示。

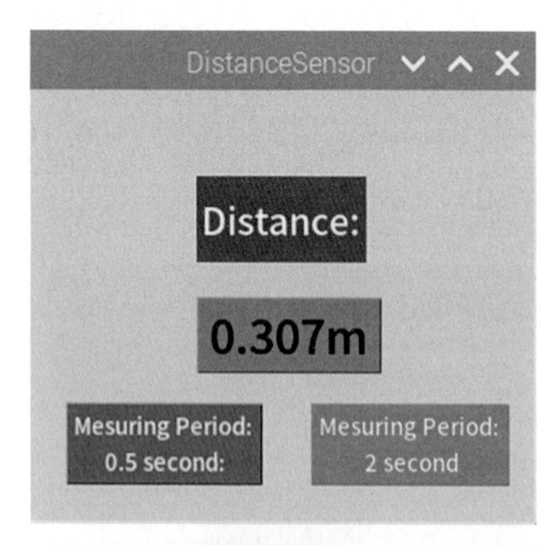

圖 2-26　雙速即時更新距離數據之超音波雷達圖形介面

3 CHAPTER

Tkinter 應用二

本章重點

本章將以 Python 結合 Tkinter 模組介紹以下的實驗專案：

3-1 實驗一 溫溼度感測

3-2 實驗二 聯網裝置偵測

3-3 實驗三 聯網裝置偵測 +ENTRY

3-4 實驗四 mp3 音樂播放器

3-5 實驗五 進階 mp3 音樂播放器

3-6 實驗六 家電控制

3-1 實驗一 溫溼度感測

DHT11 溫溼度感測器溫度偵測範圍為 0℃～ 50℃，濕度偵測範圍為相對溼度 20 ～ 90，使用電源為 3.3V 或 5V，誤差範圍較大約 ±2℃，但容易取得，相關文件也較多，本實驗所使用的 dht11.py 模組原創者是 Zoltan Szarvas。

實驗摘要：

於圖形介面上顯示即時溫度與濕度，使用 grid() 函數進行定位，顯示資料共有三行二列，第一行顯示時間，第二行顯示溫度，第三行顯示濕度。

實驗步驟：

1. 實驗材料如表 3-1 所示。

表 3-1　溫溼度感測實驗材料清單

實驗材料名稱	數量	規格	圖片
樹莓派 pi4	1	已安裝好作業系統的樹莓派	
溫溼度感測模組	1	DHT11 溫溼度感測模組	
跳線	3	彩色杜邦雙頭線 (母 / 母)/20 cm	

2. 硬體接線：

DHT11 溫溼度模組的 VCC 接到 3.3V，DATA 接 GPIO4，GND 則接到樹莓派的地，如圖 3-1 所示。

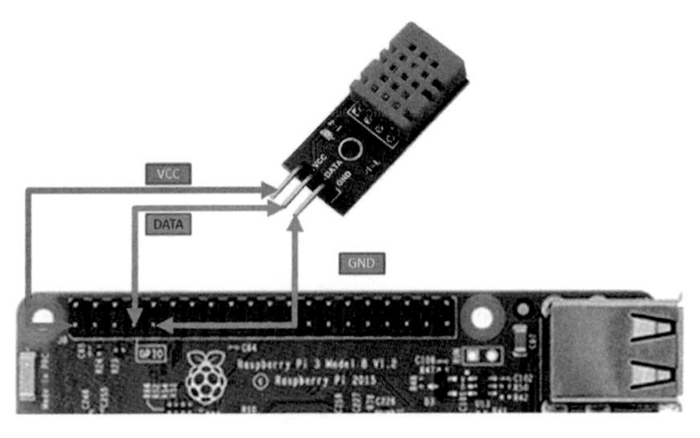

圖 3-1　溫溼度感測實驗硬體接線

3. 程式設計：

Python 程式碼如圖 3-2 所示。

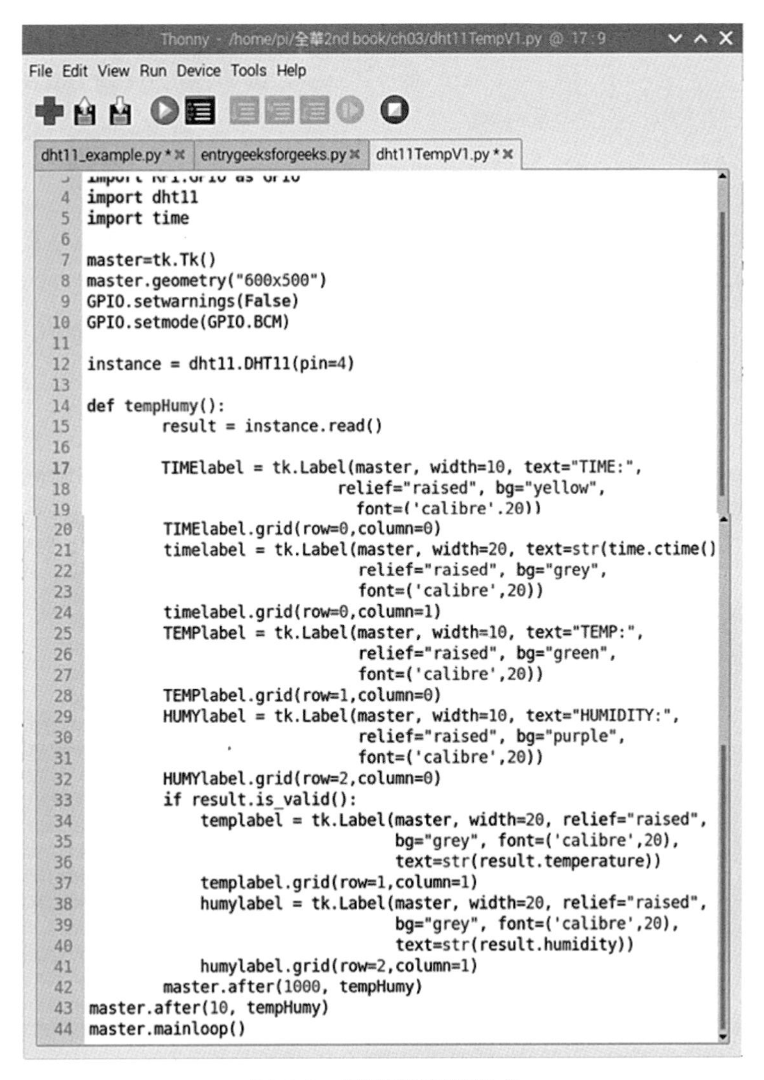


```
import dht11
import time

master=tk.Tk()
master.geometry("600x500")
GPIO.setwarnings(False)
GPIO.setmode(GPIO.BCM)

instance = dht11.DHT11(pin=4)

def tempHumy():
        result = instance.read()

        TIMElabel = tk.Label(master, width=10, text="TIME:",
                             relief="raised", bg="yellow",
                               font=('calibre',20))
        TIMElabel.grid(row=0,column=0)
        timelabel = tk.Label(master, width=20, text=str(time.ctime()
                               relief="raised", bg="grey",
                               font=('calibre',20))
        timelabel.grid(row=0,column=1)
        TEMPlabel = tk.Label(master, width=10, text="TEMP:",
                               relief="raised", bg="green",
                               font=('calibre',20))
        TEMPlabel.grid(row=1,column=0)
        HUMYlabel = tk.Label(master, width=10, text="HUMIDITY:",
                               relief="raised", bg="purple",
                               font=('calibre',20))
        HUMYlabel.grid(row=2,column=0)
        if result.is_valid():
            templabel = tk.Label(master, width=20, relief="raised",
                                   bg="grey", font=('calibre',20),
                                   text=str(result.temperature))
            templabel.grid(row=1,column=1)
            humylabel = tk.Label(master, width=20, relief="raised",
                                   bg="grey", font=('calibre',20),
                                   text=str(result.humidity))
            humylabel.grid(row=2,column=1)
        master.after(1000, tempHumy)
master.after(10, tempHumy)
master.mainloop()
```

圖 3-2　溫溼度感測程式

程式解說如下：

程式	說明
import tkinter as tk	◆ 載入 tkinter 模組，並改名為 tk
import RPi.GPIO as GPIO	◆ 載入 RPi.GPIO 模組，並改名為 GPIO
import dht11	◆ 載入 dht11 模組
import time	◆ 載入 time 模組。
master=tk.Tk()	◆ 設定 master 為最上層視窗
master.geometry("600x500")	◆ 設定視窗大小為 600x500 畫素
GPIO.setwarnings(False)	◆ Setwarnings 函數設定 false，取消 GPIO 警示訊息
GPIO.setmode(GPIO.BCM)	◆ GPIO 腳位編號模式設定為 GPIO 編號方式。
instance = dht11.DHT11(pin=4)	◆ 指定 GPIO4 為 DATA 腳位，並將 dht11.DHT11 函數指定給 instance。
def tempHumy():	◆ 建立定義函數 tempHumy
result = instance.read()	◆ Dht11 讀取資訊存到 result
TIMElabel = tk.Label(master, width=10,text="TIME:", relief="raised", bg="yellow", font=('calibre',20))	◆ 設定 TIMElabel：上層視窗是 master，寬度為 10 字元，文字為 "TIME:"，3D 效果為浮起，背景為黃色，字型為 calibre，字體大小為 20
TIMElabel.grid(row=0,column=0)	◆ 以 grid 函數方式定位 TIMElabel 於第 0 行，第 0 列
timelabel = tk.Label(master, width=20, text=str(time.ctime()), relief="raised", bg="grey", font= ('calibre',20))	◆ 設定 timelabel：上層視窗是 master，寬度為 20 字元，文字為 time.ctime() 函數產生之”現在時間文字”，3D 效果為浮起，背景為灰色，字型為 calibre，字體大小為 20
timelabel.grid(row=0,column=1)	◆ 以 grid 函數方式定位 TIMElabel 於第 0 行，第 1 列
TEMPlabel = tk.Label(master, width=10, text="TEMP:", relief= "raised",bg="green", font=('calibre',20))	◆ 設定 TEMPlabel：上層視窗是 master，寬度為 10 字元，文字為”TEMP:”，3D 效果為浮起，背景為綠色，字型為 calibre，字體大小為 20
TEMPlabel.grid(row=1,column=0)	◆ 以 grid 函數方式定位 TEMPlabel 於第 1 行，第 0 列

HUMYlabel= tk.Label(master, width=10, text= "HUMIDITY:", relief="raised", bg= "purple", font=('calibre',20))	◆ 設定 HUMYlabel：上層視窗是 master，寬度為 10 字元，文字為” HUMIDITY:” ，3D 效果為浮起，背景為紫色，字型為 calibre，字體大小為 20
HUMYlabel.grid(row=2,column=0)	◆ 以 grid 函數方式定位 HUMYlabel 於第 2 行，第 0 列
if result.is_valid():	◆ 若溫溼度資料 OK
templabel = tk.Label (master, width=20, relief="raised",bg="grey", font=('calibre',20), text= str(result.temperature))	◆ 設定 templabel：上層視窗是 master，寬度為 20 字元，文字為 result.temperature 測得溫度之字串，3D 效果為浮起，背景為灰色，字型為 calibre，字體大小為 20
templabel.grid(row=1,column=1)	◆ 以 grid 函數方式定位 templabel 於第 1 行，第 1 列
humylabel = tk.Label(master, width=20, relief="raised", bg="grey", font= ('calibre',20), text=str(result.humidity))	◆ 設定 humylabel：上層視窗是 master，寬度為 20 字元，文字為 result.humidity 測得濕度之字串，3D 效果為浮起，背景為灰色，字型為 calibre，字體大小為 20
humylabel.grid(row=2,column=1)	◆ 以 grid 函數方式定位 HUMYlabel 於第 2 行，第 1 列
master.after(1000, tempHumy)	◆ 1 秒後呼叫 tempHumy 定義函數
master.after(10, tempHumy)	◆ 0.01 秒後呼叫 tempHumy 定義函數
master.mainloop()	◆ 顯示 master 視窗

4. 功能驗證：

將樹莓派電源開啓，需有下列輸出才算執行成功：

確認圖形介面如圖 3-3 所示，長 600 畫素，寬 500 畫素。

圖形介面的第 1 行顯示時間資訊。

圖形介面的第 2 行顯示溫度資訊。

圖形介面的第 3 行顯示濕度資訊。

所有資訊均會每秒更新一次。

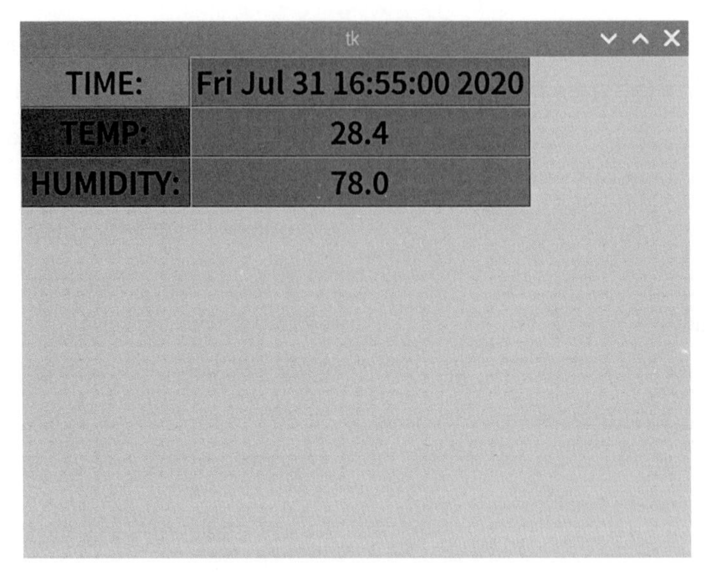

圖 3-3　溫溼度感測圖形介面

3-2 實驗二 聯網裝置偵測

在 linux 或 windows 系統都可以使用 ping 來偵測外部聯網機器是否上線，gpiozero 內建的 pingServer() 函數也有同樣功能，若偵測到外部聯網機器是上線，則 pingServer.value 的值爲”1”，否則爲”0”。

實驗摘要：

若外部聯網機器是上線狀態，則於圖形介面上的標籤顯示”STU ONLINE”字樣，否則顯示”STU OFFLINE” 字樣。

實驗步驟：

1. 實驗材料如表 3-2 所示。

表 3-2　聯網裝置偵測實驗材料清單

實驗材料名稱	數量	規格	圖片
樹莓派 pi4	2	已安裝好作業系統的樹莓派	

2. 程式設計：

Python 程式碼如圖 3-4 所示。

```
Thonny - /home/pi/全華2nd book/ch03/ch03-ping_Lab1.py @ 10:1
File Edit View Run Device Tools Help
ch03-ping_Lab1.py
 1  from gpiozero import PingServer
 2  import tkinter as tk
 3  import tkinter.font as tkFont
 4
 5  STU = PingServer('192.168.128.39')
 6  master = tk.Tk()
 7  master.title("DistanceSensor")
 8  master.geometry("300x250")
 9  fontSTU=tkFont.Font(size=20)
10
11  def pingSTU():
12      if (STU.value):
13          ONlabel = tk.Label(master, width=10, text="STU online",
14                             relief="raised", bg="red", font=fontSTU)
15          ONlabel.place(anchor='nw', x=70, y=90)
16          master.after(1000, pingSTU)
17          print("STU is on line!")
18      else:
19          ONlabel = tk.Label(master, width=10, text="STU offline",
20                             relief="raised", bg="green", font=fontSTU
21          ONlabel.place(anchor='nw', x=70, y=90)
22          master.after(1000, pingSTU)
23          print("STU is offline!")
24  master.after(100, pingSTU)
25  master.mainloop()
```

圖 3-4　聯網裝置偵測程式

程式解說如下：

程式	說明
from gpiozero import PingServer	◆ 從 gpiozero 模組中呼叫 PingServer 模組
import tkinter as tk	◆ 呼叫 tkinter 模組，並改名為 tk
import tkinter.font as tkFont	◆ 從 tkinter 模組中呼叫 font 模組
STU = PingServer('192.168.128.39')	◆ 使用 PingServer 函數偵測 192.168.128.39 的聯網裝置是否上線，並將結果存到 STU。
master = tk.Tk()	◆ 設定 master 為最上層視窗
master.title("PING")	◆ 視窗抬頭為 "PING"
master.geometry("300x250")	◆ 設定視窗大小為 300x250 畫素
fontSTU=tkFont.Font(size=20)	◆ 設定 fontSTU 的字型大小為 20
def pingSTU():	◆ 建立定義函數 pingSTU

if (STU.value):	◆ 若偵測事件成立
ONlabel = tk.Label(master, width=10, text="STU online", relief="raised",bg="red", font=fontSTU)	◆ 建立標籤 ONlabel： 上層視窗是 master，寬度為 10 字元，文字為 "STU online"，3D 效果為浮起，背景為紅色，字型為 fontSTU(20 號字體)
ONlabel.place(anchor='nw', x=70, y=90)	◆ 以 place 函數方式擺置 ONlabel，左上角座標 (70, 90)
master.after(1000, pingSTU)	◆ 1 秒後，呼叫 pingSTU 定義函數
print("STU is on line!")	◆ 於 Python shell 視窗印出" STU is on line!"
else:	◆ 否則
ONlabel = tk.Label(master, width=10, text="STU offline", relief="raised", bg="green", font= fontSTU)	◆ 建立標籤 ONlabel： 上層視窗是 master，寬度為 10 字元，文字為 "STU offline"，3D 效果為浮起，背景為綠色，字型為 fontSTU(20 號字體)
ONlabel.place(anchor='nw', x=70, y=90)	◆ 以 place 函數方式擺置 ONlabel，左上角座標 (70, 90)
master.after(1000, pingSTU)	◆ 1 秒後，呼叫 pingSTU 定義函數
print("STU is offline!")	◆ 於 Python shell 視窗印出 STU is offline!""
master.after(100, pingSTU)	◆ 0.1 秒後，呼叫 pingSTU 定義函數
master.mainloop()	◆ 顯示 master 視窗

4. 功能驗證：

本實驗需使用 2 套樹莓派，將電源開啓並接上網路，需有下列輸出才算執行成功：

修改被偵測的樹莓派 IP，執行載有偵測程式的樹莓派，確認圖形介面如圖 3-5 所示，長 300 畫素，寬 250 畫素，紅底黑字的標籤文字顯示 :" STU online"。

移除被偵測的樹莓派網路線，確認圖形介面如圖 3-6 所示，長 300 畫素，寬 250 畫素，綠底黑字的標籤文字顯示 :" STU offline"。

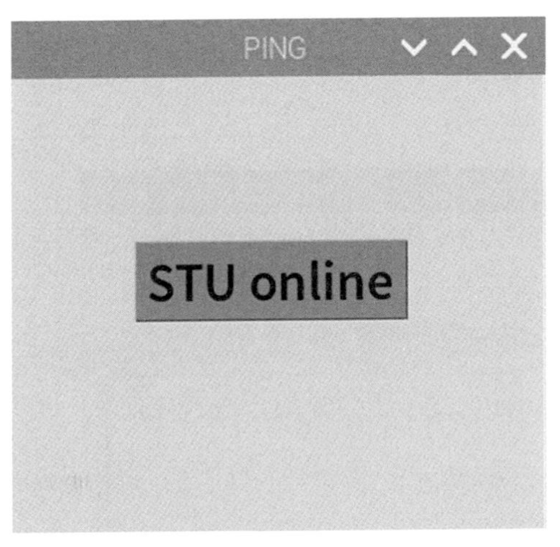

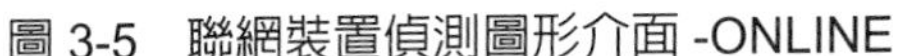

圖 3-5　聯網裝置偵測圖形介面 -ONLINE

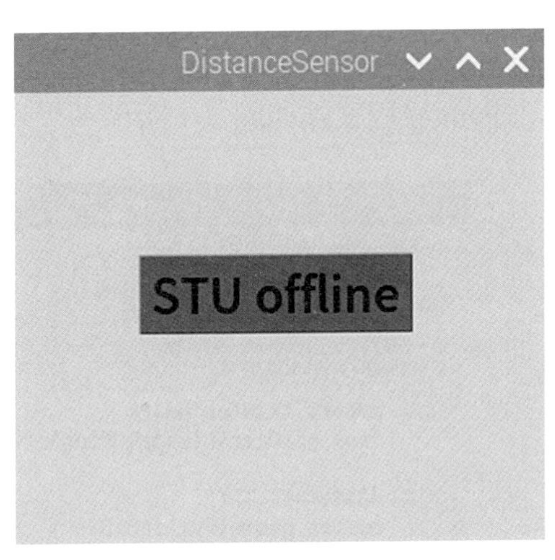

圖 3-6　聯網裝置偵測圖形介面 -OFFLINE

3-3 實驗三 聯網裝置偵測 +ENTRY

Tkinter 的 ENTRY 元件類似一個文字輸入盒，可以在 ENTRY 輸入文字或數字，本實驗將使用 Tkinter 的 ENTRY 元件，來輸入文字 (聯網裝置的 IP 或網站名稱)，再擷取 ENTRY 元件內所輸入的文字執行 ping 的動作。

實驗摘要：

ENTRY 元件內的輸入的文字就是所要 ping 的網站 IP 或名稱，按下”PING”按鈕後，若為上線狀態，則於圖形介面上的標籤顯示”STU ONLINE”字樣，否則顯示”STU OFFLINE” 字樣，按下”CLEAR”按鈕則可以清空 ENTRY 元件內的輸入的文字和標籤文字。

實驗步驟：

1. 實驗材料如表 3-3 所示。

表 3-3　聯網裝置偵測實驗材料清單

實驗材料名稱	數量	規格	圖片
樹莓派 pi4	2	已安裝好作業系統的樹莓派	

2. 程式設計：

Python 程式碼如圖 3-7 所示。

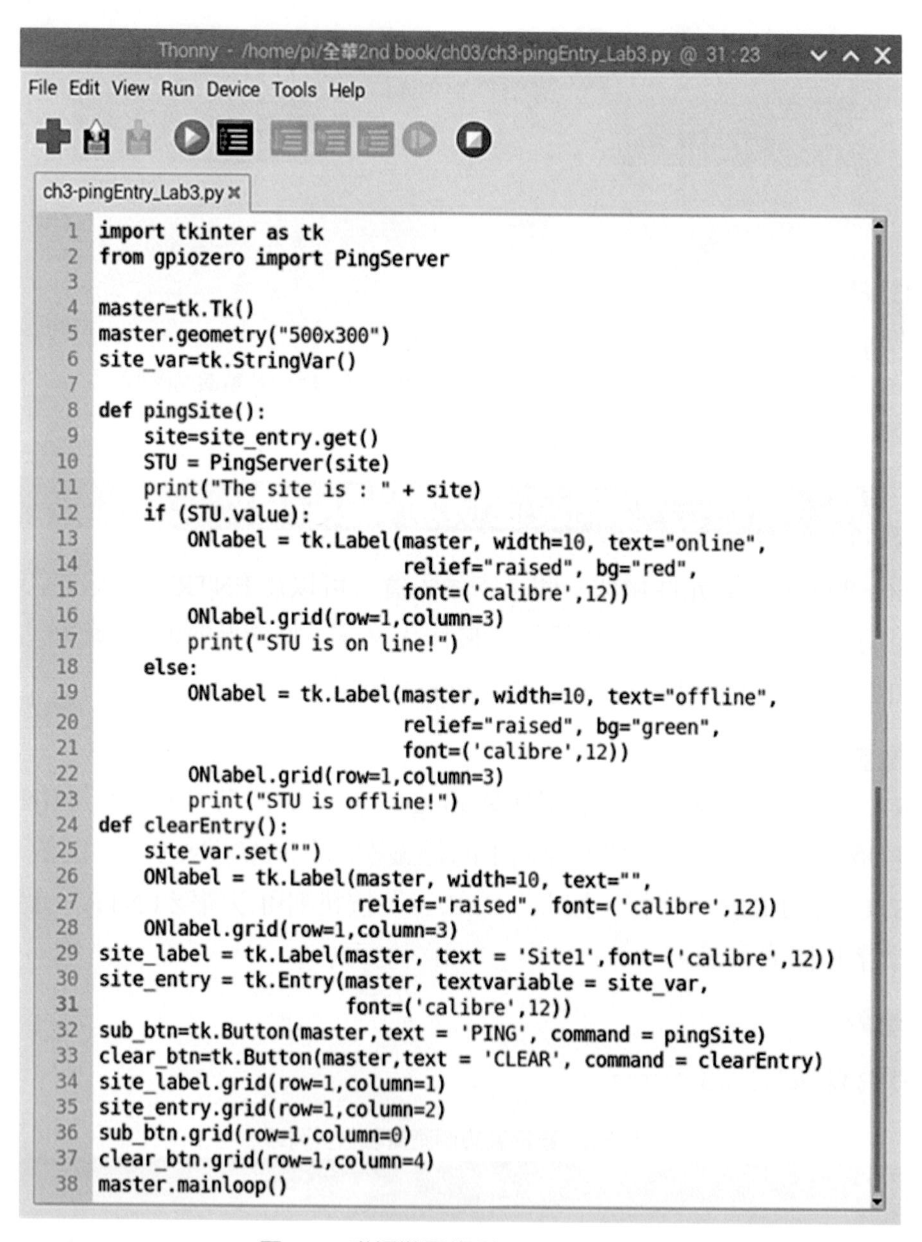

```
import tkinter as tk
from gpiozero import PingServer

master=tk.Tk()
master.geometry("500x300")
site_var=tk.StringVar()

def pingSite():
    site=site_entry.get()
    STU = PingServer(site)
    print("The site is : " + site)
    if (STU.value):
        ONlabel = tk.Label(master, width=10, text="online",
                           relief="raised", bg="red",
                           font=('calibre',12))
        ONlabel.grid(row=1,column=3)
        print("STU is on line!")
    else:
        ONlabel = tk.Label(master, width=10, text="offline",
                           relief="raised", bg="green",
                           font=('calibre',12))
        ONlabel.grid(row=1,column=3)
        print("STU is offline!")
def clearEntry():
    site_var.set("")
    ONlabel = tk.Label(master, width=10, text="",
                       relief="raised", font=('calibre',12))
    ONlabel.grid(row=1,column=3)
site_label = tk.Label(master, text = 'Site1',font=('calibre',12))
site_entry = tk.Entry(master, textvariable = site_var,
                      font=('calibre',12))
sub_btn=tk.Button(master,text = 'PING', command = pingSite)
clear_btn=tk.Button(master,text = 'CLEAR', command = clearEntry)
site_label.grid(row=1,column=1)
site_entry.grid(row=1,column=2)
sub_btn.grid(row=1,column=0)
clear_btn.grid(row=1,column=4)
master.mainloop()
```

圖 3-7　聯網裝置偵測 +ENTRY 程式

程式解說如下：

import tkinter as tk	◆ 呼叫 tkinter 模組，並改名為 tk
from gpiozero import PingServer	◆ 從 gpiozero 模組中呼叫 PingServer 模組
master=tk.Tk()	◆ 設定 master 為最上層視窗
master.geometry("500x300")	◆ 設定視窗大小為 500x300 畫素
site_var=tk.StringVar()	◆ 設定 site_var 為文字變數。
def pingSite():	◆ 建立定義函數 pingSite
site=site_entry.get()	◆ 擷取 entry 文字輸入盒內文字，設定給 site
STU = PingServer(site)	◆ Ping 聯網裝置" site" ，結果設定給 STU
print("The site is : " + site)	◆ 在 Python 的 shell 顯示 The site is : 加上 site 代表的文字
if (STU.value):	◆ 若偵測事件成立 (site 有上線)
ONlabel = tk.Label(master, width=10, text="online", relief="raised", bg="red", font=('calibre',12))	◆ 建立標籤 ONlabel： 上層視窗是 master，寬度為 10 字元，文字為 "online"，3D 效果為浮起，背景為紅色，字型為 calibre，字體大小為 12
ONlabel.grid(row=1,column=3) print("STU is on line!")	◆ 以 grid 函數方式定位 TIMElabel 於第 1 行，第 3 列
else:	◆ 否則
ONlabel = tk.Label(master, width=10, text="offline", relief= "raised", bg="green", font= ('calibre',12))	◆ 建立標籤 ONlabel： 上層視窗是 master，寬度為 10 字元，文字為 "online"，3D 效果為浮起，背景為綠色，字型為 calibre，字體大小為 12
ONlabel.grid(row=1,column=3)	◆ 以 grid 函數方式定位 TIMElabel 於第 1 行，第 3 列
print("STU is offline!")	◆ 在 Python 的 shell 顯示 The site is : 加上 site 代表的文字
def clearEntry():	◆ 設定 clearEntry() 定義函數
site_var.set("")	◆ 設定 site_var 為空白
ONlabel = tk.Label(master, width=10, text="", relief="raised", font= ('calibre',12))	◆ 建立標籤 ONlabel： 上層視窗是 master，寬度為 10 字元，文字為空白，3D 效果為浮起，字型為 calibre，字體大小為 12

ONlabel.grid(row=1,column=3)	◆ 以 grid 函數方式定位 TIMElabel 於第 1 行，第 3 列
site_label = tk.Label(master, text = 'Site1',font= ('calibre',12)) site_entry = tk.Entry(master, textvariable = site_var,font= ('calibre',12))	◆ 建立標籤 sitelabel： 上層視窗是 master，寬度為 10 字元，文字為”Site1”，字型為 calibre，字體大小為 12
sub_btn=tk.Button(master,text = 'PING', command = pingSite)	◆ 建立按鈕 sub_btn： 上層視窗是 master，文字為”PING”，命令為呼叫 pingSite 定義函數
clear_btn=tk.Button(master,text = 'CLEAR', command = clearEntry)	◆ 建立按鈕 clear_btn： 上層視窗是 master，文字為”CLEAR”，命令為呼叫 clearEntry 定義函數
site_label.grid(row=1,column=1)	◆ 以 grid 函數方式定位 site_label 於第 1 行，第 1 列
site_entry.grid(row=1,column=2)	◆ 以 grid 函數方式定位 site_entry 於第 1 行，第 2 列
sub_btn.grid(row=1,column=0)	◆ 以 grid 函數方式定位 sub_btn 於第 1 行，第 0 列
clear_btn.grid(row=1,column=4)	◆ 以 grid 函數方式定位 clear_btn 於第 1 行，第 4 列
master.mainloop()	◆ 顯示 master 視窗

4. 功能驗證：

本實驗需使用 2 套樹莓派，將電源開啓並接上網路，需有下列輸出才算執行成功：

(1) 確認圖形介面如圖 3-8 所示，長 500 畫素，寬 300 畫素。

(2) 於 ENTRY 文字輸入盒輸入被偵測的樹莓派 IP 或名稱，按下 PING 按鈕，若被偵測的樹莓派有上線，紅底黑字的標籤文字顯示 :”online”如圖 3-9 所示。

(3) 移除被偵測的樹莓派網路線，按下 PING 按鈕，綠底黑字的標籤文字顯示 :”offline”如圖 3-10 所示。

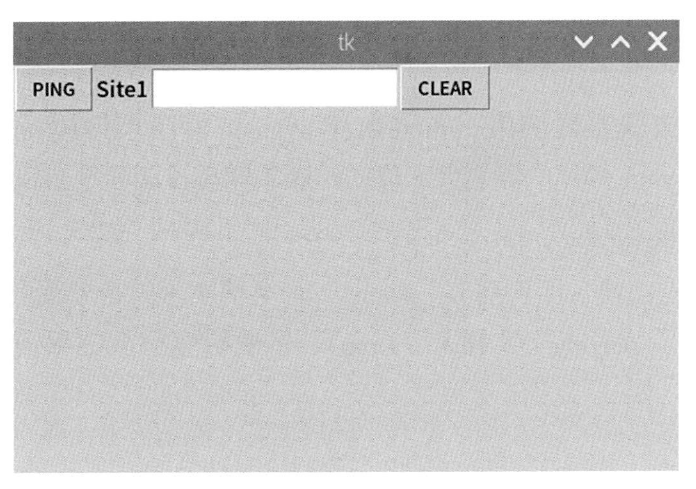

圖 3-8　聯網裝置偵測 +ENTRY 圖形介面

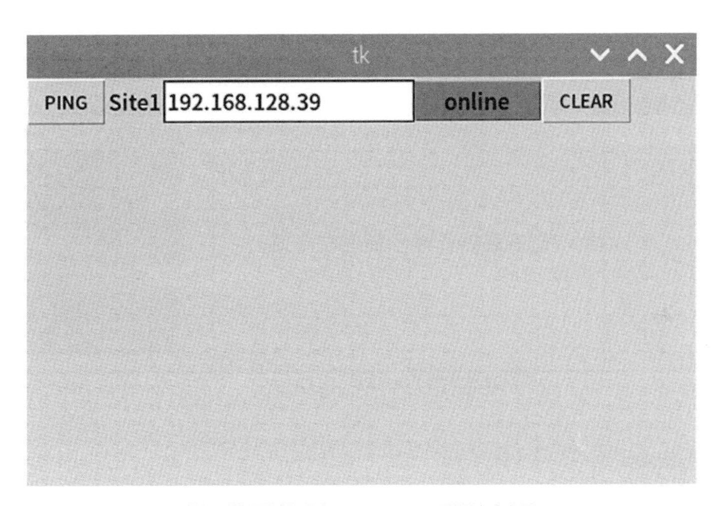

圖 3-9　聯網裝置偵測 +ENTRY 圖形介面 -ONLINE

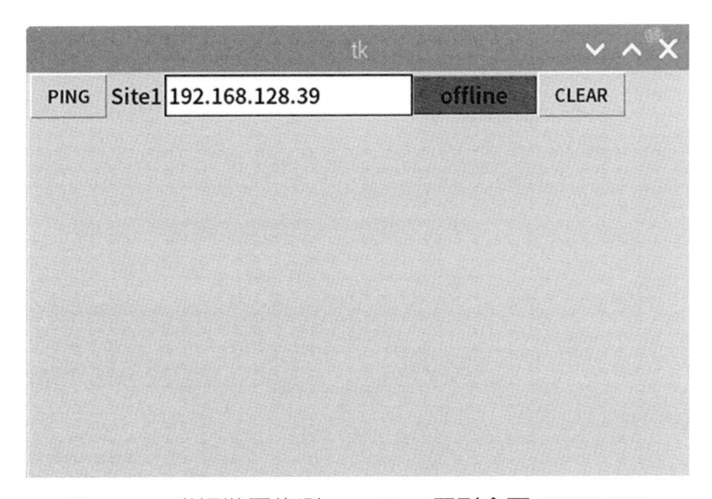

圖 3-10　聯網裝置偵測 +ENTRY 圖形介面 -OFFLINE

3-4 實驗四 mp3 音樂播放器

mp3 音樂播放器實驗使用 Python 內建 pygame 模組來播放 mp3 音樂，pygame Community 是 pygame 模組的開發者，最初的版本開發日期則是 2000 年 10 月 28 日。

實驗摘要：

按下”Play”按鈕後，即可播放”1.mp3”音樂檔案，同時於圖形介面上的標籤顯示紅底黑字的”playing”字樣，”1.mp3”音樂檔案撥放完畢後，標籤文字爲空白。

實驗步驟：

1. 實驗材料如表 3-4 所示。

表 3-4　聯網裝置偵測實驗材料清單

實驗材料名稱	數量	規格	圖片
樹莓派 pi4	1	已安裝好作業系統的樹莓派	

2. 程式設計：

Python 程式碼如圖 3-11 所示。

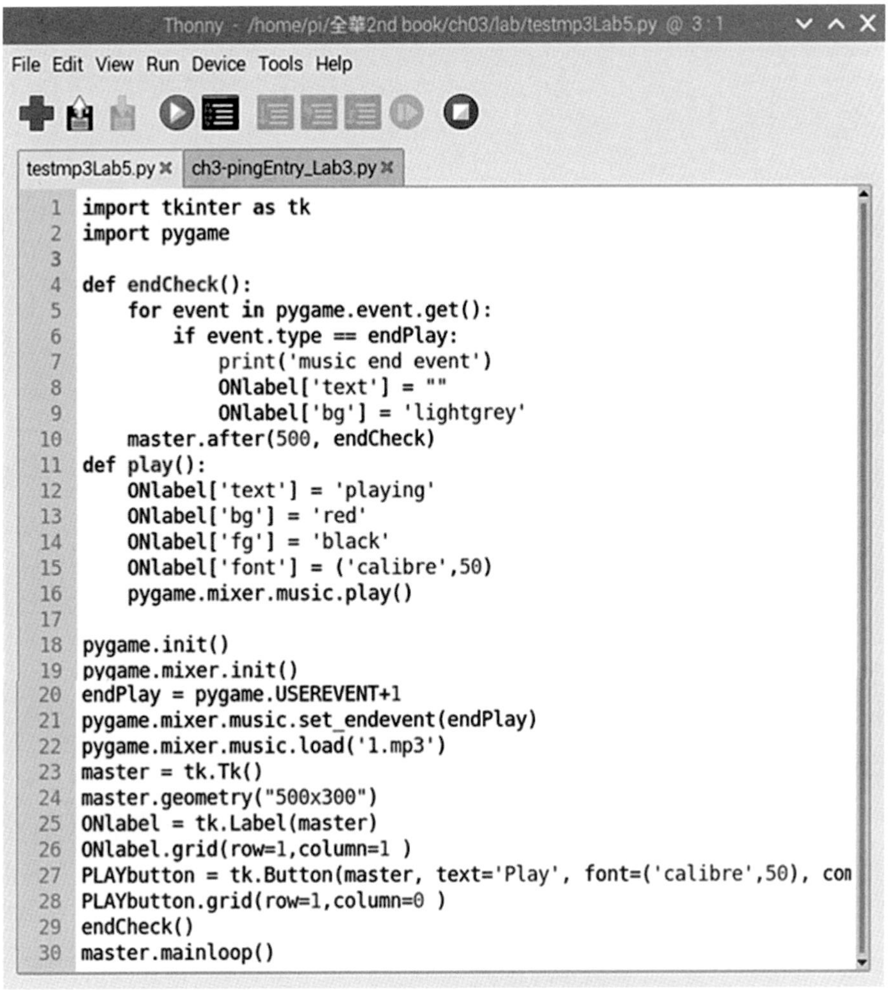

```
1  import tkinter as tk
2  import pygame
3
4  def endCheck():
5      for event in pygame.event.get():
6          if event.type == endPlay:
7              print('music end event')
8              ONlabel['text'] = ""
9              ONlabel['bg'] = 'lightgrey'
10     master.after(500, endCheck)
11 def play():
12     ONlabel['text'] = 'playing'
13     ONlabel['bg'] = 'red'
14     ONlabel['fg'] = 'black'
15     ONlabel['font'] = ('calibre',50)
16     pygame.mixer.music.play()
17
18 pygame.init()
19 pygame.mixer.init()
20 endPlay = pygame.USEREVENT+1
21 pygame.mixer.music.set_endevent(endPlay)
22 pygame.mixer.music.load('1.mp3')
23 master = tk.Tk()
24 master.geometry("500x300")
25 ONlabel = tk.Label(master)
26 ONlabel.grid(row=1,column=1 )
27 PLAYbutton = tk.Button(master, text='Play', font=('calibre',50), con
28 PLAYbutton.grid(row=1,column=0 )
29 endCheck()
30 master.mainloop()
```

圖 3-11　mp3 音樂播放器程式

程式解說如下：

程式	說明
import tkinter as tk	◆ 輸入 tkinter 模組，並改名為 tk
import pygame	◆ 輸入 pygame 模組
def endCheck():	◆ 定義 endCheck 定義函數 (檢查音樂是否已撥放結束)
for event in pygame.event.get():	◆ 檢查 pygame 的事件們
if event.type == endPlay:	◆ 如果事件的型態是 endPLAY
print('music end')	◆ 印出" music end"
ONlabel['text'] = ""	◆ 設定 ONlabel 的文字為空白
ONlabel['bg'] = 'lightgrey'	◆ 設定 ONlabel 的背景顏色為淺灰

master.after(500, endCheck)	◆ 0.5 秒後呼叫 endCheck
def play():	◆ 設定定義函數 play(撥放音樂檔案)
ONlabel['text'] = 'playing'	◆ 設定 ONlabel 的文字為 'playing'
ONlabel['bg'] = 'red'	◆ 設定 ONlabel 的背景顏色為紅色
ONlabel['fg'] = 'black'	◆ 設定 ONlabel 的文字為黑色
ONlabel['font'] = ('calibre',50)	◆ 設定 ONlabel 的文字字型為 'calibre'，大小為 50 號字
pygame.mixer.music.play()	◆ 執行撥放動作
pygame.init()	◆ Pygame 初始化
pygame.mixer.init()	◆ Pygame 的 mixer 初始化
endPlay = pygame.USEREVENT+1	◆ Pygame 的使用者事件加 1 後，設定給 endPlay
pygame.mixer.music.set_endevent(endPlay)	◆ 設定 endevent (撥放完畢事件) 型態 (type) 為 endPlay
pygame.mixer.music.load('1.mp3')	◆ 載入音檔" 1.mp3"
master = tk.Tk()	◆ 設定最上層視窗為 master
master.geometry("500x300")	◆ 設定視窗大小為 500x300 畫素
ONlabel = tk.Label(master)	◆ 設定 ONlabel 上層為 master
ONlabel.grid(row=1,column=1)	◆ 以 grid 函數方式定位 TIMElabel 於第 1 行，第 1 列
PLAYbutton = tk.Button(master, text='Play', font=('calibre',50), command=play)	◆ 建立按鈕 Playbutton： 上層視窗是 master，文字為" Play" ，文字為字型為 calibre，字體大小為 50，命令是執行 play 定義函數
PLAYbutton.grid(row=1,column=0)	◆ 以 grid 函數方式定位 PLAYbutton 於第 1 行，第 0 列
endCheck()	◆ 呼叫 endCheck 定義函數
master.mainloop()	◆ 顯示 master 視窗

4. 功能驗證：

將樹莓派電源開啓，需有下列輸出才算執行成功：

★ 確認圖形介面如圖 3-12 所示，500 畫素，寬 300 畫素，左上角會出現 Play 字樣按下 Play 按鈕，圖形介面會出現紅底黑字的" playing" 字樣如圖 3-13 所示。

★ 音樂檔案撥放完畢圖形介面紅底黑字的"playing"字樣會消失如圖 3-12 所示。

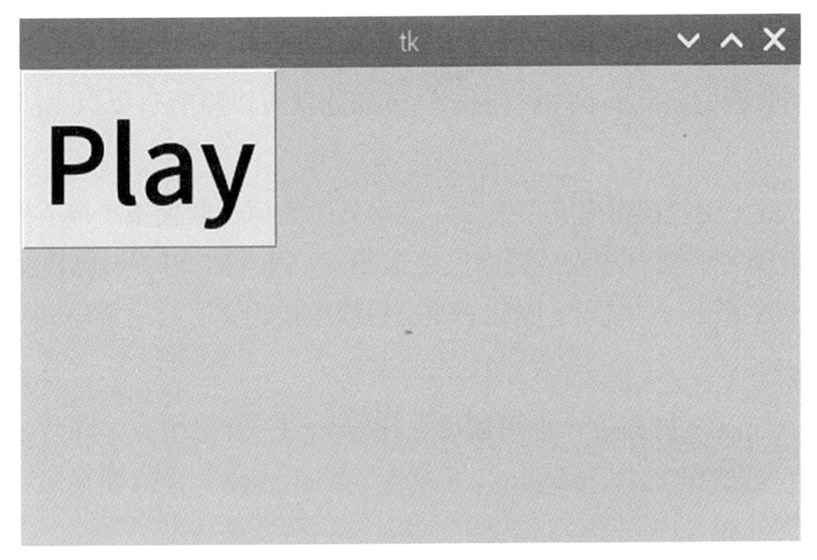

圖 3-12　mp3 音樂播放器圖形介面

圖 3-13　mp3 音樂播放器圖形介面 -playing

3-5 實驗五 進階 *mp3* 音樂播放器

存放 mp3 音樂的資料檔案，可以使用 os 模組的 listdir 功能和 path.isfile(檔案篩選器)，讀取資料夾中的所有檔案名，將其存在一個串列後，再篩選 mp3 檔案，篩選條件則設定倒數四個字元 [-4:] 爲”.mp3”，如此就可以將所有可以 mp3 檔案全部挑選出來。

程式執行後，撥放按鈕處文字被設定爲串列中的第一個檔案，按下撥放按鈕可以撥放檔案，撥放完畢後，撥放按鈕處文字被設定爲串列中的下一個檔案，最後一個檔案撥完後，回到第一個檔案，因此必須將撥放按鈕的文字設定爲串列中的元素。

實驗摘要：

按下”1new.mp3”按鈕後，即可撥放”1new.mp3”音樂檔案，同時於圖形介面上的標籤顯示紅底黑字的”playing”字樣，”1new.mp3”音樂檔案撥放完畢後，標籤文字爲”2new.mp3”。

按下”2new.mp3”按鈕後，即可撥放”2new.mp3”音樂檔案，同時於圖形介面上的標籤顯示紅底黑字的”playing”字樣，”2new.mp3”音樂檔案撥放完畢後，標籤文字爲”3new.mp3”。

按下”3new.mp3”按鈕後，即可撥放”3new.mp3”音樂檔案，同時於圖形介面上的標籤顯示紅底黑字的”playing”字樣，”3new.mp3”音樂檔案撥放完畢後，標籤文字爲”4new.mp3”。

按下”4new.mp3”按鈕後，即可撥放”4new.mp3”音樂檔案，同時於圖形介面上的標籤顯示紅底黑字的”playing”字樣，”4new.mp3”音樂檔案撥放完畢後，標籤文字爲”1new.mp3”。

實驗步驟：

1. 實驗材料如表 3-5 所示。

表 3-5　進階 mp3 音樂播放器實驗材料清單

實驗材料名稱	數量	規格	圖片
樹莓派 pi4	1	已安裝好作業系統的樹莓派	

2. 程式設計：

Python 程式碼如圖 3-14 所示。

```
Thonny - /home/pi/全華2nd book/ch03/lab/ch3-mp3PLayAll_Lab5.py @ 46 : 18
File Edit View Run Device Tools Help
Ch1-pack.py ✖ | Ch1-place.py ✖ | ch3-mp3PLayer_Lab4.py ✖ | ch3-mp3PLayAll_Lab5.py ✖
1  import tkinter as tk
2  import pygame
3  import os
4
5  files = [f for f in os.listdir('.') if os.path.isfile(f)]
6  a = []
7  for f in files:
8      if f[-4:] == '.mp3':
9          a.append(f)
10 print("mp3 files:", a)
11 i = 0
12 def endCheck():
13     global i
14     for event in pygame.event.get():
15         if event.type == endPlay:
16             print('music end event')
17             ONlabel['text'] = ""
18             ONlabel['bg'] = 'lightgrey'
19             if i == 3:
20                 PLAYbutton['text'] = a[0]
21             else:
22                 PLAYbutton['text'] = a[i+1]
23             print(i)
24             i+=1
25             if i == len(a):
26                 i = 0
27     master.after(500, endCheck)
28 def play():
29     ONlabel['text'] = 'playing'
30     ONlabel['bg'] = 'red'
31     ONlabel['fg'] = 'black'
32     ONlabel['font'] = ('calibre',30)
33     pygame.mixer.music.load(a[i])
34     pygame.mixer.music.play()
35 pygame.init()
36 pygame.mixer.init()
37 endPlay = pygame.USEREVENT+1
38 pygame.mixer.music.set_endevent(endPlay)
39 master = tk.Tk()
40 master.geometry("500x300")
41 ONlabel = tk.Label(master)
42 ONlabel.grid(row=1,column=1 )
43 PLAYbutton= tk.Button(master, text=a[i], font=('calibre',30), commar
44 PLAYbutton.grid(row=1,column=0)
45 endCheck()
46 master.mainloop()
```

圖 3-14　進階 mp3 音樂播放器程式

程式解說如下：

程式	說明
import tkinter as tk	◆ 輸入 tkinter 模組，並改名為 tk
import pygame	◆ 輸入 pygame 模組
import os	◆ 輸入 pygame 模組
files = [f for f in os.listdir('.') if os.path.isfile(f)]	◆ os.listdir 代表要搜尋的目的資料夾，在此處'.'代表目前資料夾，os.path.isfile 篩選此資料夾內的為檔案類型的物件 (例如資料夾型態就會被篩掉)，結果設定給 files
a = []	◆ 設串列 a 為空串列
for f in files:	◆ 所有在 files 內的元素 f
if f[-4:] == '.mp3':	◆ 如果 f 元素其檔案名後四個字是".mp3"
a.append(f)	◆ 將 f 元素放入 a 串列中
print("mp3 files:", a)	◆ Python shell 顯示所有的 mp3 檔案
i = 0	◆ 設定 i 為零 (i 將作為 a 串列的索引)
def endCheck():	◆ 定義 endCheck 定義函數 (檢查音樂是否已撥放結束)
global i	◆ 將變數 i 設為全域變數
for event in pygame.event.get():	◆ 檢查 pygame 的事件們
if event.type == endPlay:	◆ 如果事件的型態是 endPLAY
print('music end event')	◆ 印出" music end event"
ONlabel['text'] = ""	◆ 設定 ONlabel 的文字為空白
ONlabel['bg'] = 'lightgrey'	◆ 設定 ONlabel 的背景顏色為淺灰
if i == 3:	◆ 因為總共只有 4 個 mp3 檔案，其 i 值為 0,1,2,3，當 i 等於 3 時
PLAYbutton['text'] = a[0]	◆ 設定 PLAYbutton 的文字為 a[0](第一個檔案)
else:	◆ 否則
PLAYbutton['text'] = a[i+1]	◆ 設定 PLAYbutton 的文字為 a[i+1]
print(i)	◆ 螢幕顯示 i 值
i+=1	◆ i = i +1
if i == len(a):	◆ 如果 i 等於串列長度 (4)
i = 0	◆ 設定 i = 0
master.after(500, endCheck)	◆ 0.5 秒後執行 endCheck 定義函數
def play():	◆ 設定定義函數 play(撥放音樂檔案)

ONlabel['text'] = 'playing'	◆ 設定 ONlabel 的文字為 'playing'
ONlabel['bg'] = 'red'	◆ 設定 ONlabel 的背景顏色為紅色
ONlabel['fg'] = 'black'	◆ 設定 ONlabel 的文字為黑色
ONlabel['font'] = ('calibre',30)	◆ 設定 ONlabel 的文字字型為 'calibre'，大小為 30 號字
pygame.mixer.music.load(a[i])	◆ 載入撥放檔案名為 a[i] 代表的檔名的檔案
pygame.mixer.music.play()	◆ 撥放檔案名為 a[i] 代表的檔名的檔案
pygame.init()	◆ Pygame 初始化
pygame.mixer.init()	◆ Pygame 的 mixer 初始化
endPlay = pygame.USEREVENT+1	◆ Pygame 的使用者事件加 1 後，設定給 endPlay
pygame.mixer.music.set_endevent(endPlay)	◆ 設定 endevent (撥放完畢事件) 型態 (type) 為 endPlay
master = tk.Tk()	◆ 設定最上層視窗為 master
master.geometry("500x300")	◆ 設定視窗大小為 500x300 畫素
ONlabel = tk.Label(master)	◆ 設定 ONlabel 上層為 master
ONlabel.grid(row=1,column=1)	◆ 以 grid 函數方式定位 TIMElabel 於第 1 行，第 1 列
PLAYbutton= tk.Button(master, text=a[i], font=('calibre',30), command=play)	◆ 建立按鈕 PLAYbutton：上層視窗是 master，文字為 a[i]，文字為字型為 calibre，字體大小為 30，命令是執行 play 定義函數
PLAYbutton.grid(row=1,column=0)	◆ 以 grid 函數方式定位 PLAYbutton 於第 1 行，第 0 列
endCheck()	◆ 呼叫 endCheck 定義函數
master.mainloop()	◆ 顯示 master 視窗

4. 功能驗證：

將樹莓派電源開啓，需有下列輸出才算執行成功：

★ 確認圖形介面如圖 3-15 所示，500 畫素，寬 300 畫素，左上角會出現’2new.mp3’字樣

★ 按下’2new.mp3’按鈕，圖形介面會出現紅底黑字的”playing”字樣如圖 3-16 所示。

★ 音樂檔案撥放完畢圖形介面紅底黑字的”playing”字樣會消失，且按鈕文字自動改爲’3new.mp3’。

★ 按下’3new.mp3’按鈕，圖形介面會出現紅底黑字的”playing”字樣。

★ 音樂檔案撥放完畢圖形介面紅底黑字的”playing”字樣會消失，且按鈕文字自動改爲’4new.mp3’。

★ 按下’4new.mp3’按鈕，圖形介面會出現紅底黑字的”playing”字樣如圖 3-17 所示。

★ 音樂檔案撥放完畢圖形介面紅底黑字的”playing”字樣會消失，且按鈕文字自動改爲’1new.mp3’如圖 3-18 所示。

★ 按下’1new.mp3’按鈕，圖形介面會出現紅底黑字的”playing”字樣。

★ 音樂檔案撥放完畢圖形介面紅底黑字的”playing”字樣會消失，且按鈕文字自動改爲’2new.mp3’。

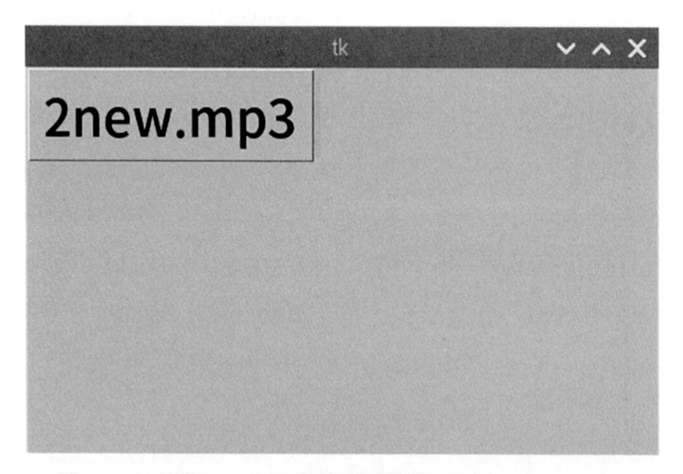

圖 3-15　進階 mp3 音樂播放器圖形介面 -2new_mp3

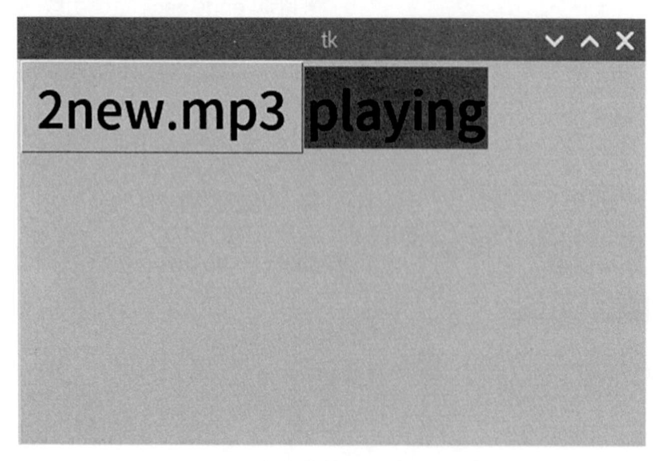

圖 3-16　進階 mp3 音樂播放器圖形介面 -playing1

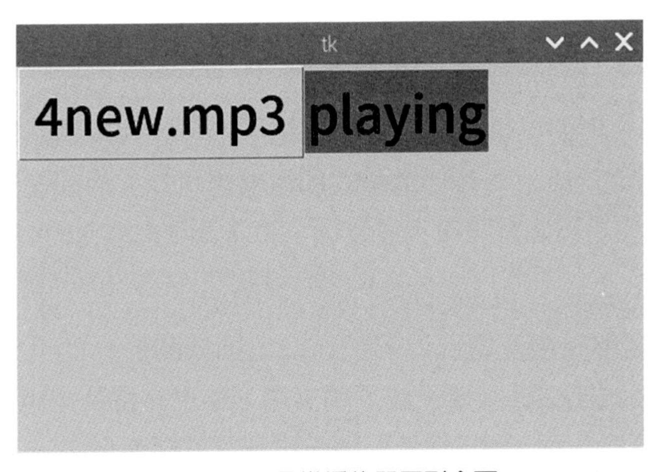

圖 3-17　進階 mp3 音樂播放器圖形介面 -playing2

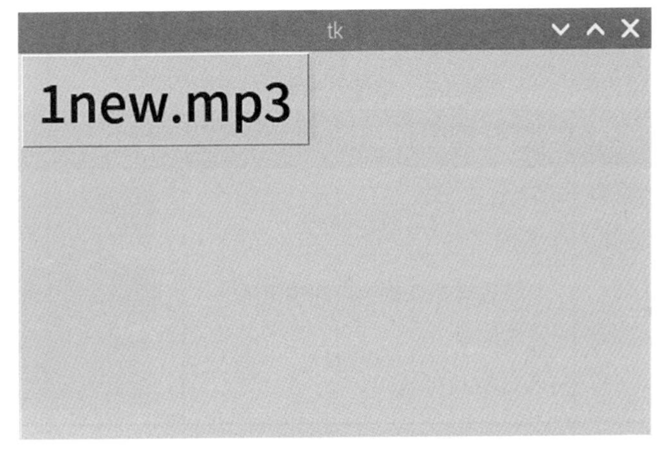

圖 3-18　進階 mp3 音樂播放器圖形介面 -1new_mp3

3-6 實驗六 家電控制

住宅裏的電器，例如桌燈，電熱水瓶及電風扇等，可以透過網路連線的方式遙控，基本上要控制電鍋或冷氣等耗電量大的電器也可以，但須使用耐電流夠大的電線和繼電器，但本家電控制實驗僅止於實驗，請勿做爲常態性的裝置使用。

實驗摘要：

按下開桌燈，開啓充電及電風扇等按鈕時，則於圖形介面上的標籤會顯示開桌燈，開啓充電及電風扇等字樣，按下關桌燈，結束充電及電風扇等按鈕時，則於圖形介面上的標籤會顯示關桌燈，開啓充電及電風扇等字樣。

實驗步驟：

1. 實驗材料如表 3-6 所示。

表 3-6　電控制實驗材料清單

實驗材料名稱	數量	規格	圖片
樹莓派 pi4	1	已安裝好作業系統的樹莓派	
麵包板	1	麵包板 8.5*5.5CM	
AC 插頭	3	帶線 AC 插頭	
AC 母座	3	帶線 AC 母座	

表 3-6　電控制實驗材料清單（續）

實驗材料名稱	數量	規格	圖片
邏輯電位轉換模組	1	3.3V 轉 5V	
繼電器模組	3	輸入 5V DC 輸出 250VAC，10A	
跳線	20	彩色杜邦雙頭線 (公 / 母)/20 cm	

2. 硬體接線：

繼電器使用的電壓是 5V，而樹莓派的 GPIO 是 3.3V 所以必須做一個電壓邏輯轉換。邏輯電位轉換模組的 LV 接到 3.3V，LV 上方的 TXI，RXO 分別接到 GPIO17，GPIO27，LV 下方的 TXI 則接到 GPIO22。HV 接到 5.0V，HV 上方的 TXO，RXI 分別接到桌燈繼電器輸入端 (IN)，充電器繼電器輸入端 (IN)，下方的 TXI 則接到電風扇繼電器輸入端 (IN)，所有繼電器的 VCC 接 5V，硬體接線圖如圖 3-19 及圖 3-20 所示。

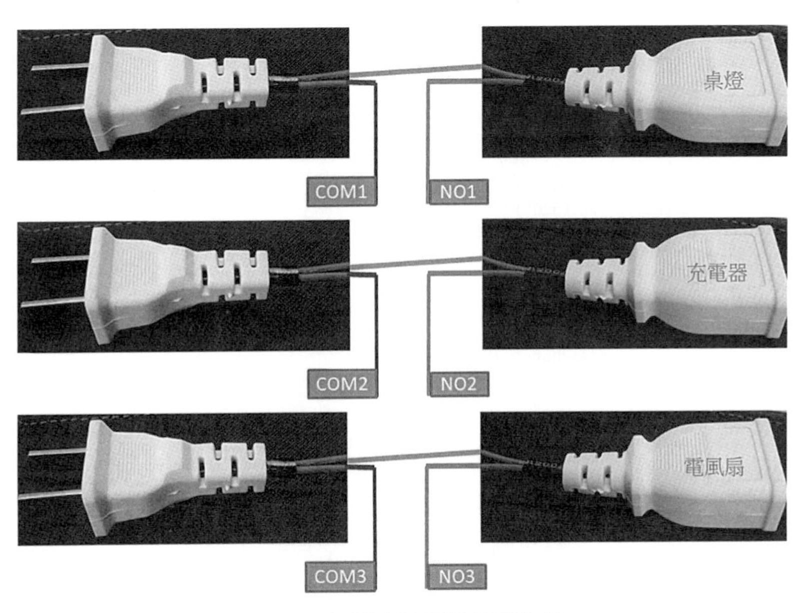

圖 3-19　家電控制實驗硬體接線 -1

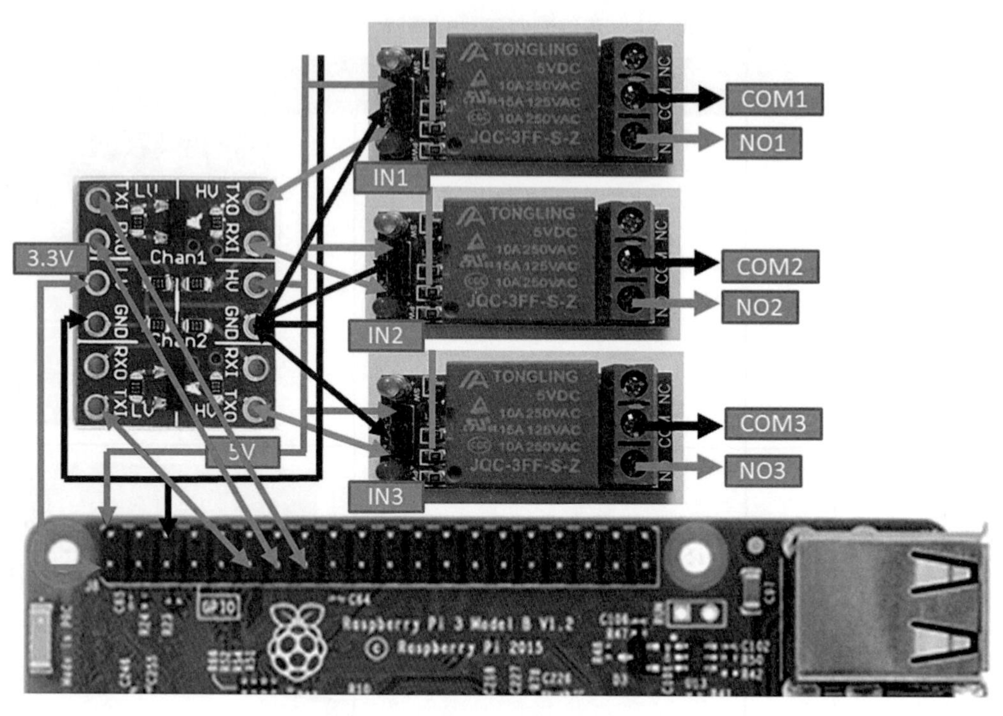

圖 3-20　家電控制實驗硬體接線 -2

3. 程式設計：

Python 程式碼如圖 3-21、圖 2-22 及圖 3-23 所示。

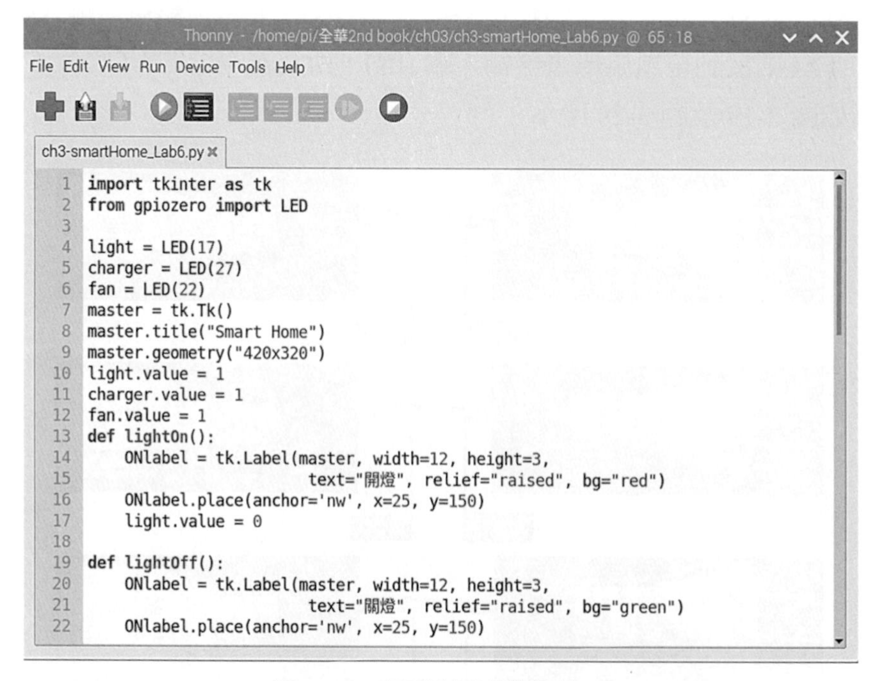

Thonny - /home/pi/全華2nd book/ch03/ch3-smartHome_Lab6.py @ 65 : 18

File Edit View Run Device Tools Help

ch3-smartHome_Lab6.py

```
1  import tkinter as tk
2  from gpiozero import LED
3  
4  light = LED(17)
5  charger = LED(27)
6  fan = LED(22)
7  master = tk.Tk()
8  master.title("Smart Home")
9  master.geometry("420x320")
10 light.value = 1
11 charger.value = 1
12 fan.value = 1
13 def lightOn():
14     ONlabel = tk.Label(master, width=12, height=3,
15                        text="開燈", relief="raised", bg="red")
16     ONlabel.place(anchor='nw', x=25, y=150)
17     light.value = 0
18 
19 def lightOff():
20     ONlabel = tk.Label(master, width=12, height=3,
21                        text="關燈", relief="raised", bg="green")
22     ONlabel.place(anchor='nw', x=25, y=150)
```

圖 3-21　家電控制實驗程式 -1

Thonny - /home/pi/全華2nd book/ch03/ch3-smartHome_Lab6.py @ 65 : 18

File Edit View Run Device Tools Help

ch3-smartHome_Lab6.py

```
23      light.value = 1
24  def chargerOn():
25      ONlabel = tk.Label(master, width=12, height=3,
26                         text="開啟充電", relief="raised", bg="red")
27      ONlabel.place(anchor='nw', x=155, y=150)
28      charger.value = 0
29
30  def chargerOff():
31      ONlabel = tk.Label(master, width=12, height=3,
32                         text="結束充電", relief="raised", bg="green")
33      ONlabel.place(anchor='nw', x=155, y=150)
34      charger.value = 1
35  def fanOn():
36      ONlabel = tk.Label(master, width=12, height=3,
37                         text="開風扇", relief="raised", bg="red")
38      ONlabel.place(anchor='nw', x=285, y=150)
39      fan.value = 0
40
41  def fanOff():
42      ONlabel = tk.Label(master, width=12, height=3,
43                         text="關風扇", relief="raised", bg="green")
44      ONlabel.place(anchor='nw', x=285, y=150)
```

圖 3-22　家電控制實驗程式 -2

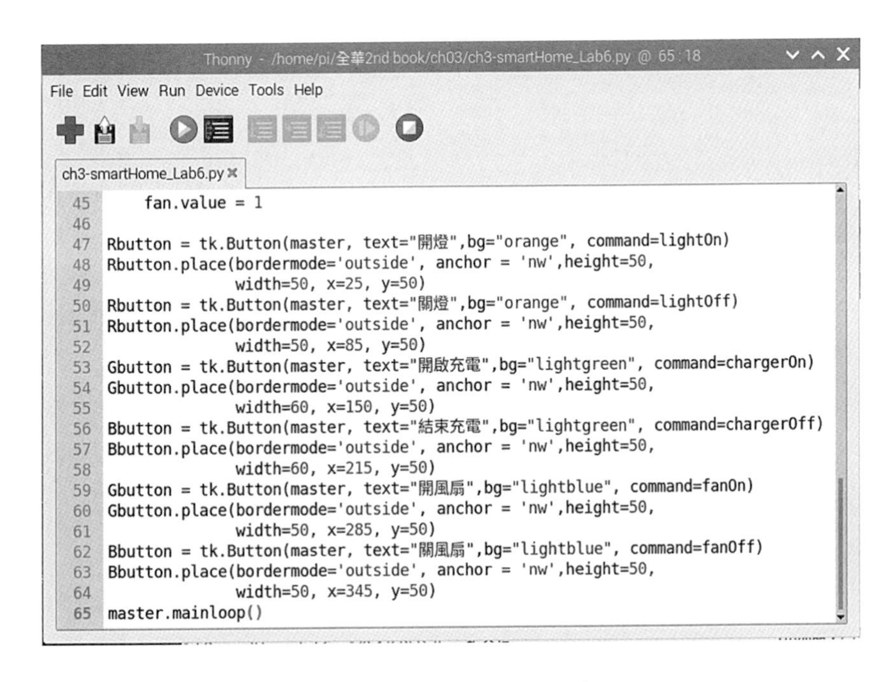

Thonny - /home/pi/全華2nd book/ch03/ch3-smartHome_Lab6.py @ 65 : 18

File Edit View Run Device Tools Help

ch3-smartHome_Lab6.py

```
45      fan.value = 1
46
47  Rbutton = tk.Button(master, text="開燈",bg="orange", command=lightOn)
48  Rbutton.place(bordermode='outside', anchor = 'nw',height=50,
49                width=50, x=25, y=50)
50  Rbutton = tk.Button(master, text="關燈",bg="orange", command=lightOff)
51  Rbutton.place(bordermode='outside', anchor = 'nw',height=50,
52                width=50, x=85, y=50)
53  Gbutton = tk.Button(master, text="開啟充電",bg="lightgreen", command=chargerOn)
54  Gbutton.place(bordermode='outside', anchor = 'nw',height=50,
55                width=60, x=150, y=50)
56  Bbutton = tk.Button(master, text="結束充電",bg="lightgreen", command=chargerOff)
57  Bbutton.place(bordermode='outside', anchor = 'nw',height=50,
58                width=60, x=215, y=50)
59  Gbutton = tk.Button(master, text="開風扇",bg="lightblue", command=fanOn)
60  Gbutton.place(bordermode='outside', anchor = 'nw',height=50,
61                width=50, x=285, y=50)
62  Bbutton = tk.Button(master, text="關風扇",bg="lightblue", command=fanOff)
63  Bbutton.place(bordermode='outside', anchor = 'nw',height=50,
64                width=50, x=345, y=50)
65  master.mainloop()
```

圖 3-23　家電控制實驗程式 -3

程式解說如下：

import tkinter as tk	◆ 呼叫 tkinter 模組，並改名為 tk
from gpiozero import LED	◆ 從 gpiozero 模組中呼叫 LEDBoard 模組
light = LED(17)	◆ 設定 GPIO17 給 light 變數
charger = LED(27)	◆ 設定 GPIO27 給 charger 變數
fan = LED(22)	◆ 設定 GPIO27 給 fan 變數
master = tk.Tk()	◆ 設定 master 為最上層視窗
master.title("Smart Home")	◆ 視窗抬頭為 "Smart Home"
master.geometry("420x320")	◆ 設定視窗大小為 420x320 畫素
light.value = 1	◆ 設定 GPIO17 初始值 1，因此桌燈是關閉狀態
charger.value = 1	◆ 設定 GPIO27 初始值 1，因此充電器是關閉狀態
fan.value = 1	◆ 設定 GPIO22 初始值 1，因此風扇是關閉狀態
def lightOn():	◆ 定義 lightOn 定義函數
ONlabel = tk.Label(master, idth=12, height=3, text=" 開燈 ", relief="raised", bg="red")	◆ 建立標籤 ONlabel： 寬度為 12 字元，高度為 3 字元，文字為開燈，3D 效果為浮起，背景紅色
ONlabel.place(anchor='n', x=25, y=150)	◆ 以 place 函數方式擺置 ONlabel，左上角座標 (25, 150)
light.value = 0	◆ 設定 GPIO17 值為 0，點亮桌燈
def lightOff():	◆ 定義 lightOff 定義函數
	◆ 建立標籤 ONlabel：
ONlabel = tk.Label(master, idth=12, height=3, text=" 關燈 ", relief="raised", bg="green")	◆ 寬度為 12 字元，高度為 3 字元，文字為關燈，3D 效果為浮起，背景綠色
ONlabel.place(anchor='n', x=25, y=150)	◆ 以 place 函數方式擺置 ONlabel，左上角座標 (25, 150)
light.value = 1	◆ 設定 GPIO17 值為 1，關閉桌燈
def chargerOn():	◆ 定義 chargerOn 定義函數
	◆ 建立標籤 ONlabel：
ONlabel = tk.Label(master, idth=12, height=3, text=" 開啓充電 ", relief="raised", bg="red")	◆ 寬度為 12 字元，高度為 3 字元，文字為開啓充電，3D 效果為浮起，背景紅色
ONlabel.place(anchor='n', x=155, y=150)	◆ 以 place 函數方式擺置 ONlabel，左上角座標 (155, 150)

charger.value = 0	◆ 設定 GPIO27 值為 0，開始充電
def chargerOff():	◆ 定義 chargerOff 定義函數
	◆ 建立標籤 ONlabel：
ONlabel = tk.Label(master, idth=12, height=3,text=" 結束充電 ", relief="raised", bg="green")	◆ 寬度為 12 字元，高度為 3 字元，文字為結束充電，3D 效果為浮起，背景綠色
ONlabel.place(anchor='n', x=155, y=150)	◆ 以 place 函數方式擺置 ONlabel，左上角座標 (155, 150)
charger.value = 1	◆ 設定 GPIO27 值為 1，停止充電
def fanOn():	◆ 定義 fanOn 定義函數
	◆ 建立標籤 ONlabel：
ONlabel = tk.Label(master, idth=12, height=3, text=" 開風扇 ", relief="raised", bg="red")	◆ 寬度為 12 字元，高度為 3 字元，文字為開風扇，3D 效果為浮起，背景紅色
ONlabel.place(anchor='n', x=285, y=150)	◆ 以 place 函數方式擺置 ONlabel，左上角座標 (285, 150)
fan.value = 0	◆ 設定 GPIO22 值為 0，開啓風扇
def fanOff():	◆ 定義 fanOff 定義函數
	◆ 建立標籤 ONlabel：
ONlabel = tk.Label(master, idth=12, height=3, text=" 關風扇 ", relief="raised", bg="green")	◆ 寬度為 12 字元，高度為 3 字元，文字為關風扇，3D 效果為浮起，背景綠色
ONlabel.place(anchor='n', x=285, y=150)	◆ 以 place 函數方式擺置 ONlabel，左上角座標 (285, 150)
fan.value = 1	◆ 設定 GPIO22 值為 1，關閉風扇
Rbutton = tk.Button(master, text=" 開燈 ",bg="orange", command=lightOn)	◆ 設定按鈕 Rbutton： 上層視窗：master，文字：關燈，背景：橘色，命令：呼叫 lightOn 定義函數
Rbutton.place(bordermode='outside', anchor = 'n', height=50, idth=50, x=25, y=50)	◆ 以 place 函數方式擺置按鈕 Rbutton，邊界模式：外部，位置：左上角放在 master 視窗的 n 位置 (左上角)，高：50 畫素，寬：50 畫素，Rbutton 左上角座標：(x, y) = (25, 50)
Rbutton = tk.Button(master, text=" 關燈 ",bg="orange", command=lightOff)	◆ 設定按鈕 Rbutton： 上層視窗：master，文字：關燈，背景：橘色，命令：呼叫 lightOff 定義函數

Rbutton.place(bordermode='outside', anchor = 'n', height=50, idth=50, x=85, y=50)	◆ 以 place 函數方式擺置按鈕 Rbutton，邊界模式：外部，位置：左上角放在 master 視窗的 n 位置 (左上角)，高：50 畫素，寬：50 畫素，Rbutton 左上角座標：(x, y) = (85, 50)
Gbutton = tk.Button(master, text = "開啓充電",bg = "lightgreen", command=chargerOn)	◆ 設定按鈕 Gbutton： 上層視窗：master，文字：開啓充電，背景：淺綠色，命令：呼叫 chargerOn 定義函數
Gbutton.place(bordermode='outside', anchor = 'n', height=50, idth=60, x=125, y=50)	◆ 以 place 函數方式擺置按鈕 Gbutton，邊界模式：外部，位置：左上角放在 master 視窗的 n 位置 (左上角)，高：50 畫素，寬：60 畫素，Gbutton 左上角座標：(x, y) = (125, 50)
Bbutton = tk.Button(master, text = "結束充電",bg = "lightgreen", command=chargerOff)	◆ 設定按鈕 Bbutton： 上層視窗：master，文字：結束充電，背景：淺綠色，命令：呼叫 chargerOff 定義函數
Bbutton.place(bordermode='outside', anchor = 'n', height=50, idth=60, x=215, y=50)	◆ 以 place 函數方式擺置按鈕 Bbutton，邊界模式：外部，位置：左上角放在 master 視窗的 n 位置 (左上角)，高：50 畫素，寬：60 畫素，Bbutton 左上角座標：(x, y) = (215, 50)
Gbutton = tk.Button(master, text=" 開風扇 ",bg="lightblue", command=fanOn)	◆ 設定按鈕 Gbutton： 上層視窗：master，文字：開風扇，背景：淺藍色，命令：呼叫 fanOn 定義函數
Gbutton.place(bordermode='outside', anchor = 'n', height=50, idth=50, x=285, y=50)	◆ 以 place 函數方式擺置按鈕 Gbutton，邊界模式：外部，位置：左上角放在 master 視窗的 n 位置 (左上角)，高：50 畫素，寬：50 畫素，Gbutton 左上角座標：(x, y) = (285, 50)
Bbutton = tk.Button(master, text=" 關風扇 ",bg="lightblue", command=fanOff)	◆ 設定按鈕 Bbutton： 上層視窗：master，文字：關風扇，背景：淺藍色，命令：呼叫 fanOff 定義函數
Bbutton.place(bordermode='outside', anchor = 'n', height=50, idth=50, x=345, y=50)	◆ 以 place 函數方式擺置按鈕 Bbutton，邊界模式：外部，位置：左上角放在 master 視窗的 n 位置 (左上角)，高：50 畫素，寬：50 畫素，Bbutton 左上角座標：(x, y) = (345, 50)
master.mainloop()	◆ 顯示 master 視窗

4. 功能驗證：

先將硬體接線按照圖 3-21、圖 3-22 及圖 3-23 接線，然後將樹莓派電源開啓並接上網路，需有下列輸出才算執行成功：

★ 執行程式後，螢幕會出現如圖 3-24 的 TKINTER 畫面。

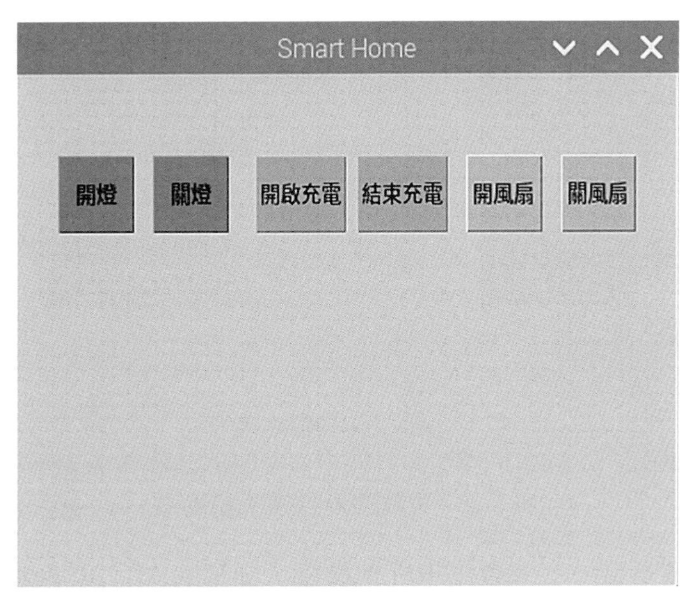

圖 3-24　家電控制程式執行結果 -1

★ 點選開燈，下方會出現紅色標籤，標籤的文字爲開燈如圖 3-25，連接於此繼電器的桌燈會被點亮。

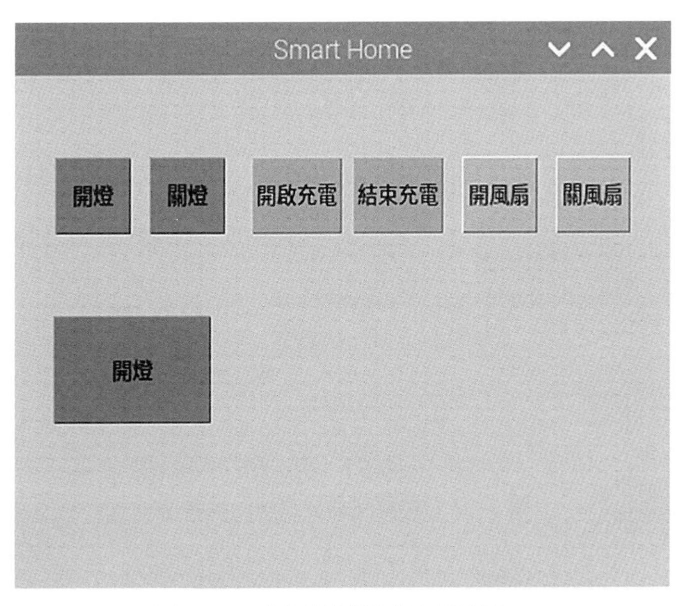

圖 3-25　家電控制程式執行結果 -2

★ 點選開燈，下方紅色標籤會變為綠色標籤，標籤的文字為關燈如圖 3-26 所示，連接於此繼電器的桌燈會被關閉。

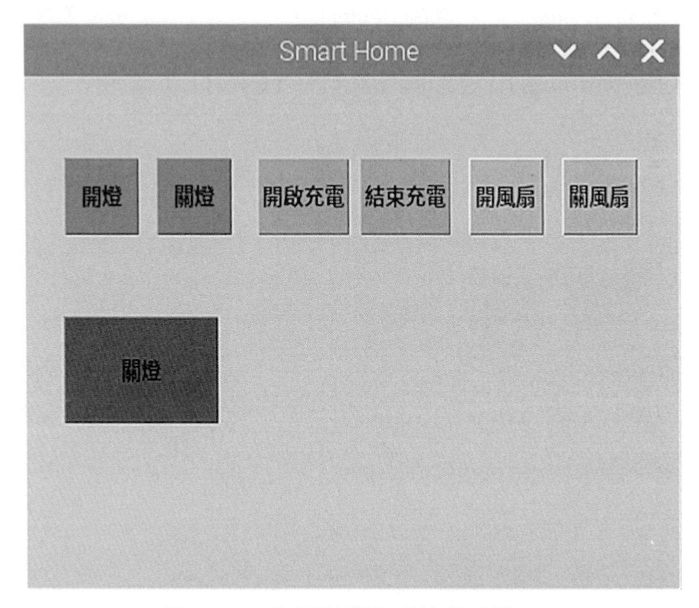

圖 3-26　家電控制程式執行結果 -3

★ 點選開啟充電，下方會出現紅色標籤，標籤的文字為開啟充電如圖 3-27 所示，連接於此繼電器的充電器會開始充電。

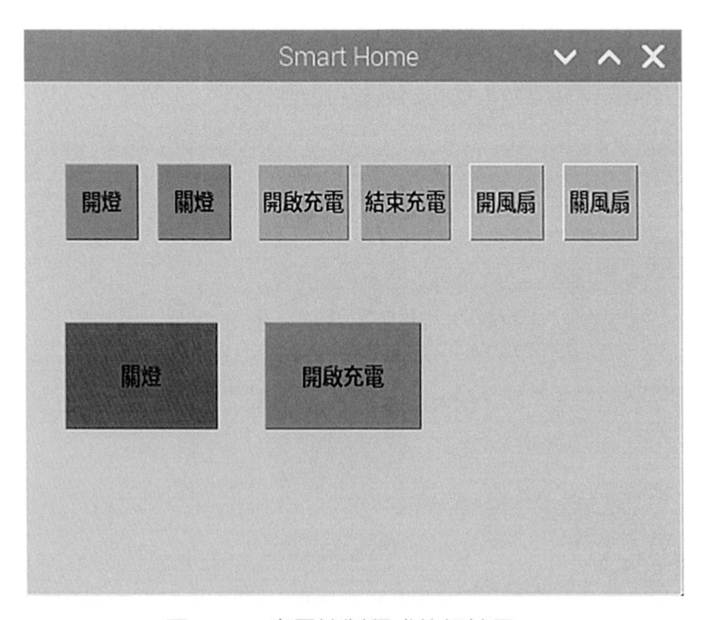

圖 3-27　家電控制程式執行結果 -4

★ 點選結束充電，下方紅色標籤會變爲綠色標籤，標籤的文字爲結束充電，如圖 3-28 所示，連接於此繼電器的充電器會結束充電。

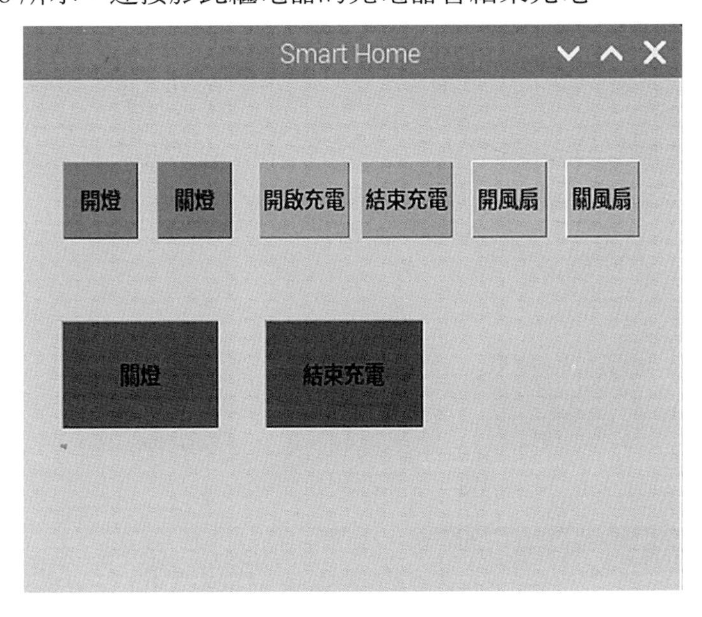

圖 3-28　家電控制程式執行結果 -5

★ 點選開風扇，下方會出現紅色標籤，標籤的文字爲開風扇如圖 3-29 所示，連接於此繼電器的風扇會被開啓。

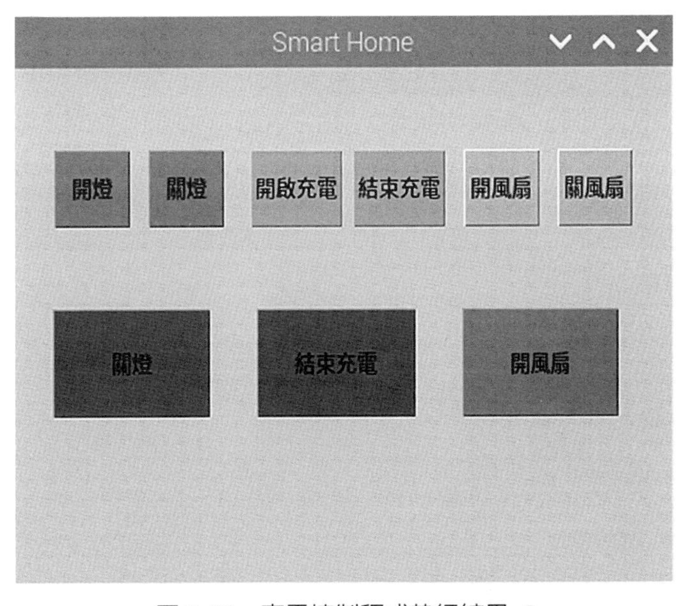

圖 3-29　家電控制程式執行結果 -6

★ 點選關風扇，下方紅色標籤會變為綠色標籤，標籤的文字為關風扇如圖 3-30 所示，連接於此繼電器的風扇會被關閉。

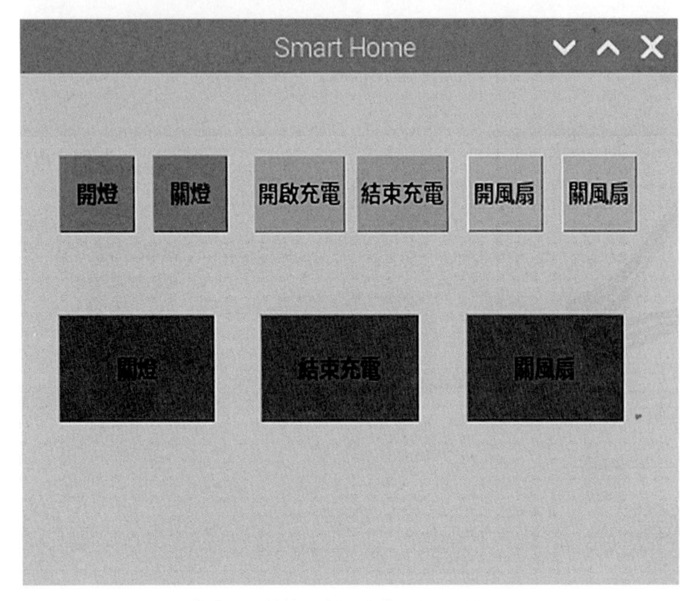

圖 3-30　家電控制程式執行結果 -7

課後評量

程式題：

1. 參考實驗一，將所有的欄位下移一格，右移 5 個字的距離，並將 HUMIDITY 的底色改爲白色，如圖 3-31 所示。

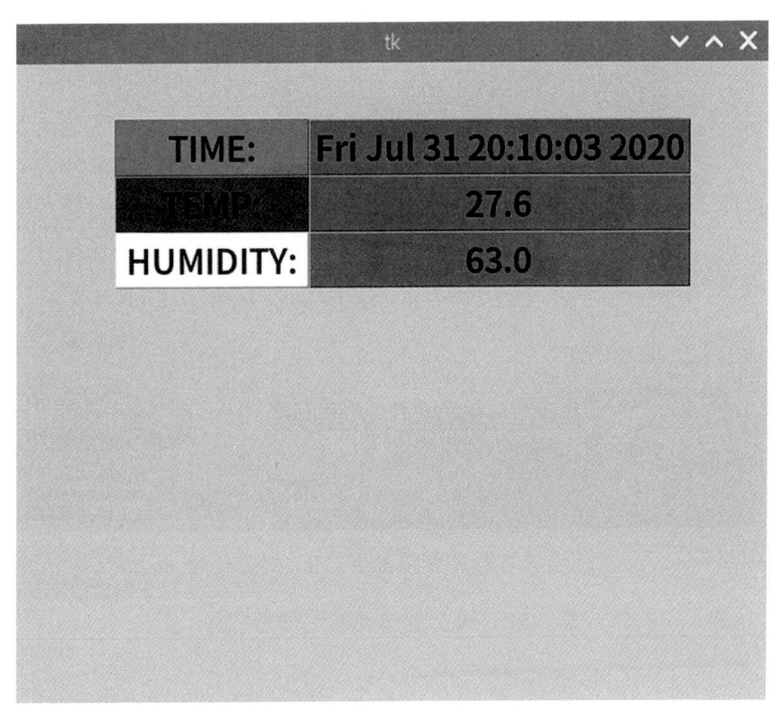

圖 3-31　第 1 題螢幕輸出圖形介面

2. 呈上題，請將時間顯示欄位精簡為"時：分：秒"如圖 3-32 所示。

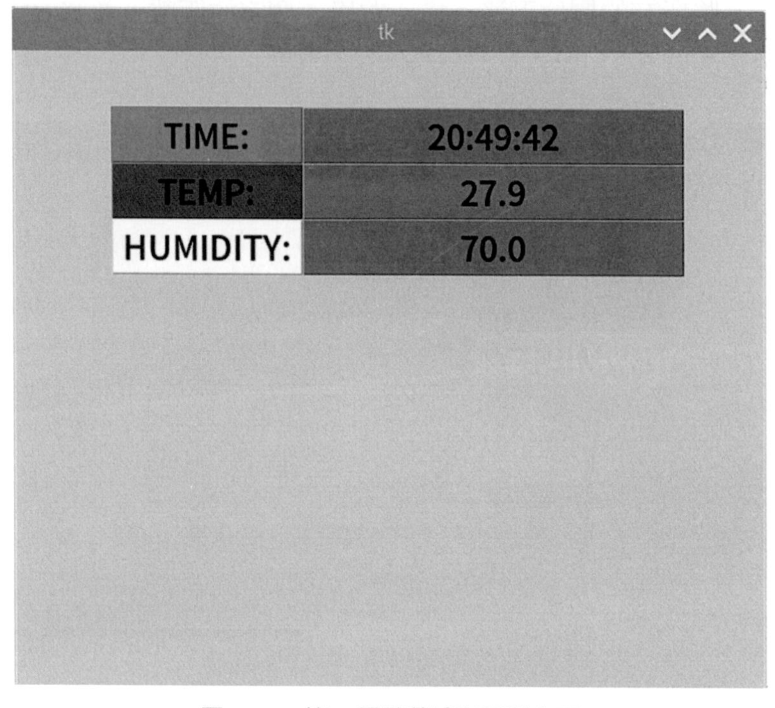

圖 3-32　第 2 題螢幕輸出圖形介面

4 CHAPTER

樹莓派 App Inventor 應用

本章重點

EasyPython 的畫面設計和使用方法和 App Inventor 頗爲類似，但是無法直接製作手機的應用程式，仍需要結合 App Inventor 來完成手機的應用專案。

本章將以 EasyPython 結合 App Inventor 介紹以下的實驗專案：

4-1 實驗一 Hello World 程式

4-2 實驗二 手機控制 LED 亮滅

4-3 實驗三 遠端求救系統

基本上以拼圖塊來代替撰寫程式是比較直接且容易的方式，EasyPython(圖 4-1) 可以讓使用者經由拼圖塊的方式寫出 Python 程式，進入 EasyPython 的網站 (http://easycoding.tn/ep/demos/code/) 後，可以看到左上方的 Blocks 選項，其正下方有許多的拼圖塊元件可供使用，如需邏輯元件只需要點選 Logic 就會出現許多拼圖塊元件如圖 4-2 所示，第一次點選時，拼圖塊可能太小，可以將滑鼠移至主畫面上，將滾輪向上滾後，再次點選 Logic，就可以得到適當大小的拼圖塊元件。

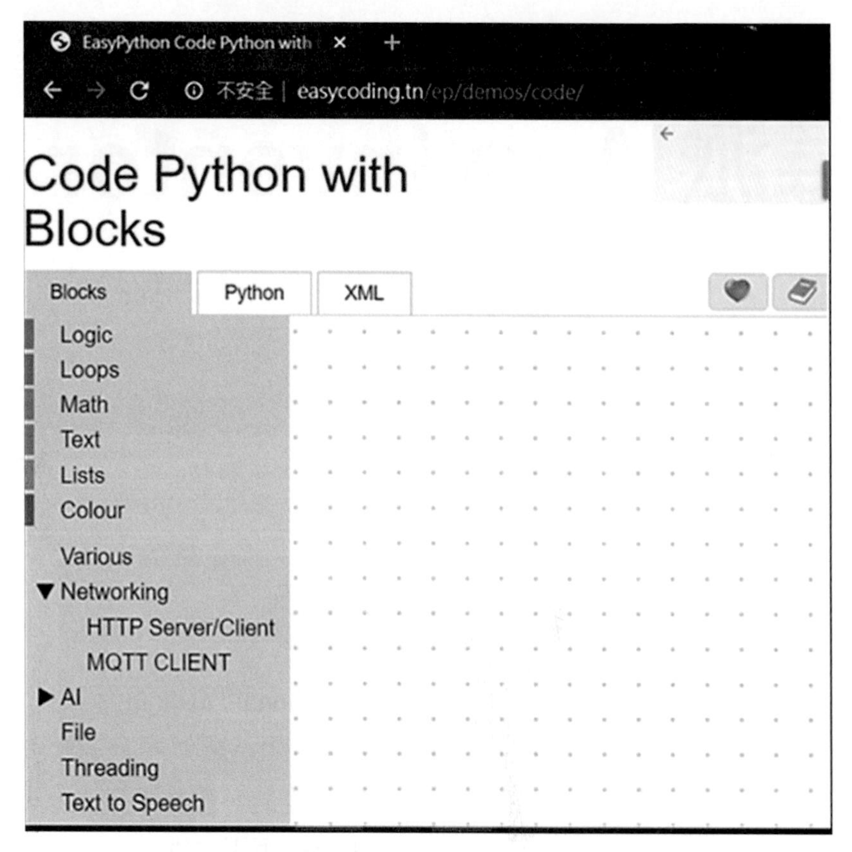

圖 4-1　EasyPython 網站 (圖片來源：http://easycoding.tn/)

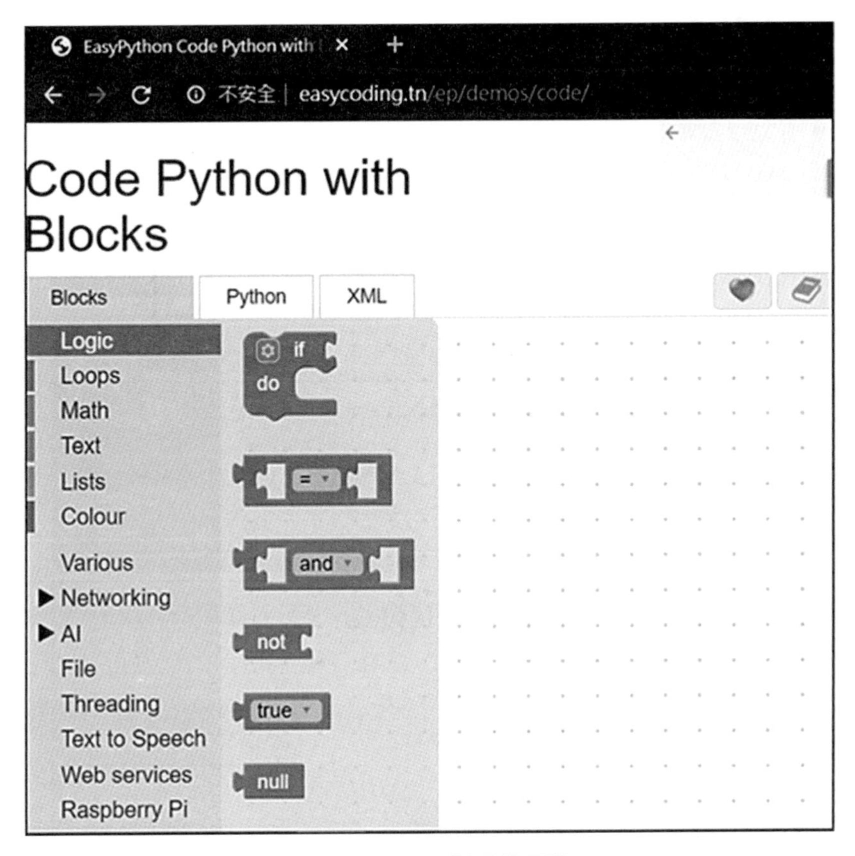

圖 4-2　Logic 拼圖塊元件

程式設計時可以將拼圖塊元件點選拖曳至適當的位置，完成後可以點選左上方的 Python 選項，預覽此拼圖塊對應的 Python 程式。例如我們想要設計一個可以在螢幕上連續顯示出三次”Hello World!!!”，必需先到 Loops 選擇 repeat…times…do 的元件，將空白處的 10 改爲 3，再到 Text 拖曳 print 文字元件，連接到接到 repeat…times…do 元件的空位處，最後再將 print 文字元件的空排處，塡寫 Hello World!!!，拼圖塊的程式設計就完成了如圖 4-3 所示。接著再點選左上方的 Python 選項，預覽此拼圖塊對應的 Python 程式如圖 4-4 所示。

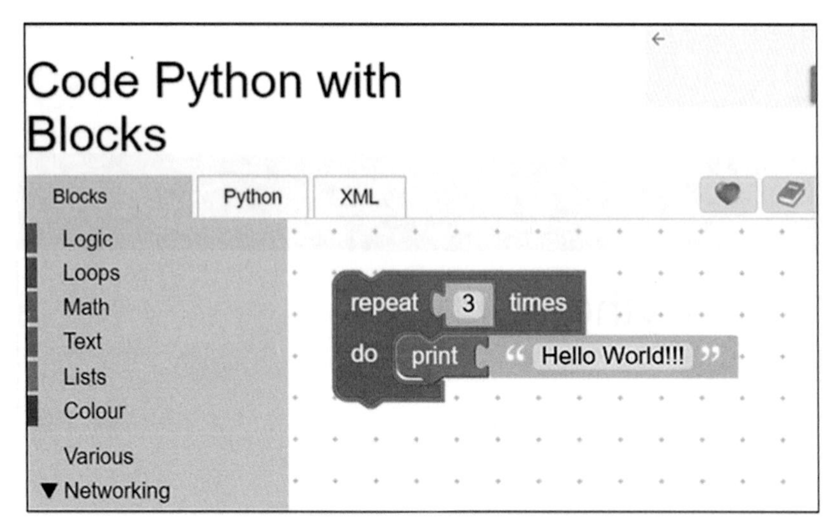

圖 4-3　拼圖塊程式設計

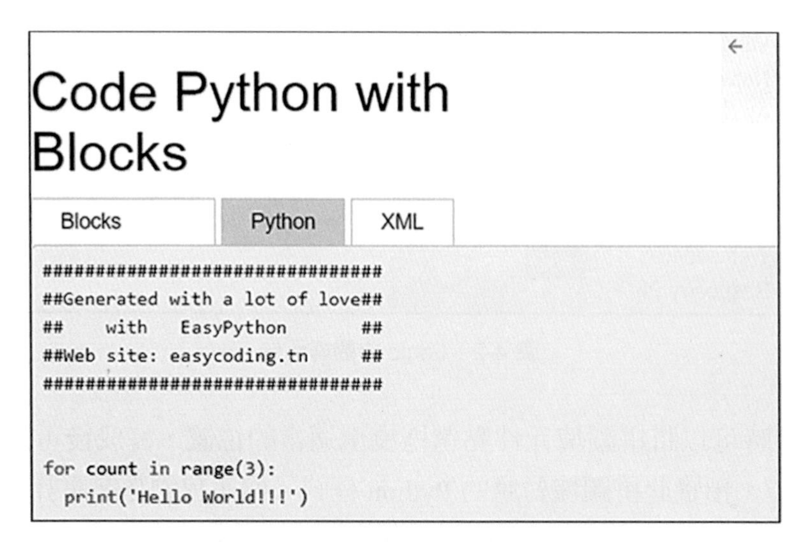

圖 4-4　拼圖塊轉檔後之 Python 程式

設計完成的拼圖塊 Python 程式，可以點選右上方的檔案處理選擇工具中的剪貼簿，再以 Python 的檔案編輯器進行編輯，如圖 4-5 所示。

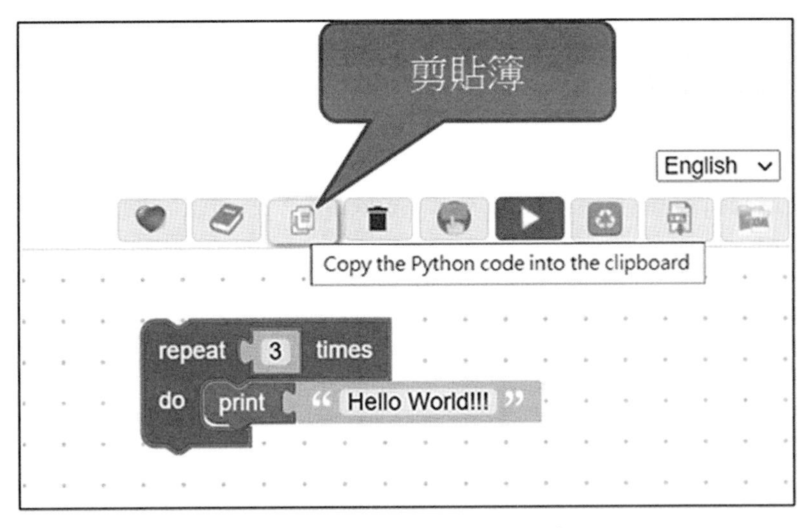

圖 4-5　Python 程式複製到剪貼簿

4-1 實驗一 *Hello World* 程式

實驗摘要：

以 EasyPython 的拼圖塊產生 Python 程式碼，將樹莓派當作 HTTP 伺服器，在樹莓派上顯示 Hello World!。

實驗步驟：

1. 實驗材料如表 4-1 所示。

表 4-1　Hello World 程式實驗材料清單

實驗材料名稱	數量	規格	圖片
樹莓派 pi4	1	已安裝好作業系統的樹莓派	

2. 程式設計：

EasyPython 拼圖塊程式設計步驟如下：

進入 EasyPython 的網站 (http://easycoding.tn/ep/demos/code/) 如圖 4-6 所示，拼圖塊程式設計轉檔後的 Python 程式 server.py，必須置於樹莓派，將樹莓派當作一個 HTTP 伺服器。

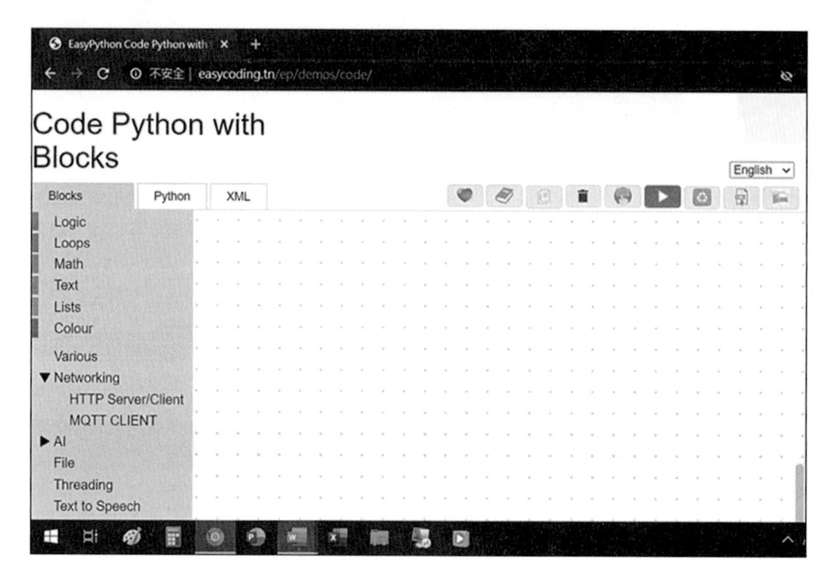

圖 4-6　EasyPython 網站

Server.py 程式碼拼圖塊：

步驟一：於 networking 處取出 HTTP SERVER：Start Server 拼圖塊，並修改 IP 如圖 4-7 所示。

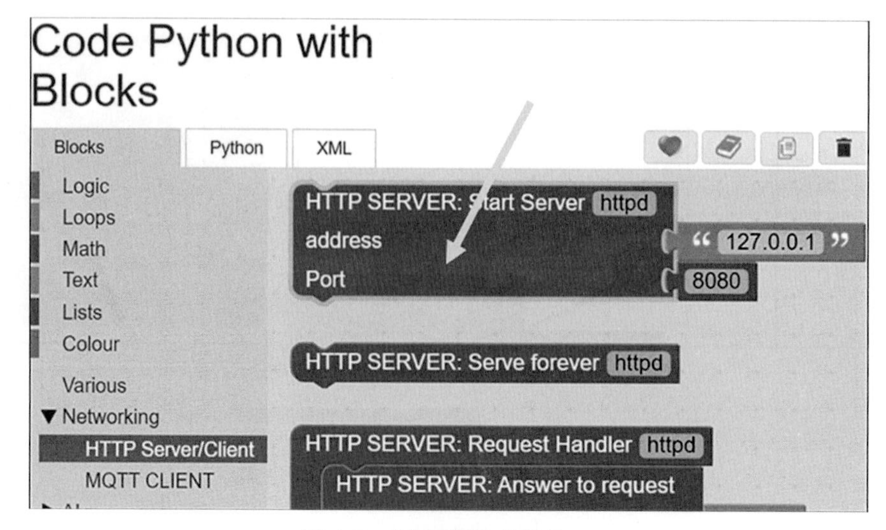

圖 4-7　拼圖塊程式設計 -1

步驟二：於 Text 處取出 print 拼圖塊如圖 4-8 所示，文字 abc 改為 Starting server，將此拼圖塊連接到步驟一的拼圖塊。

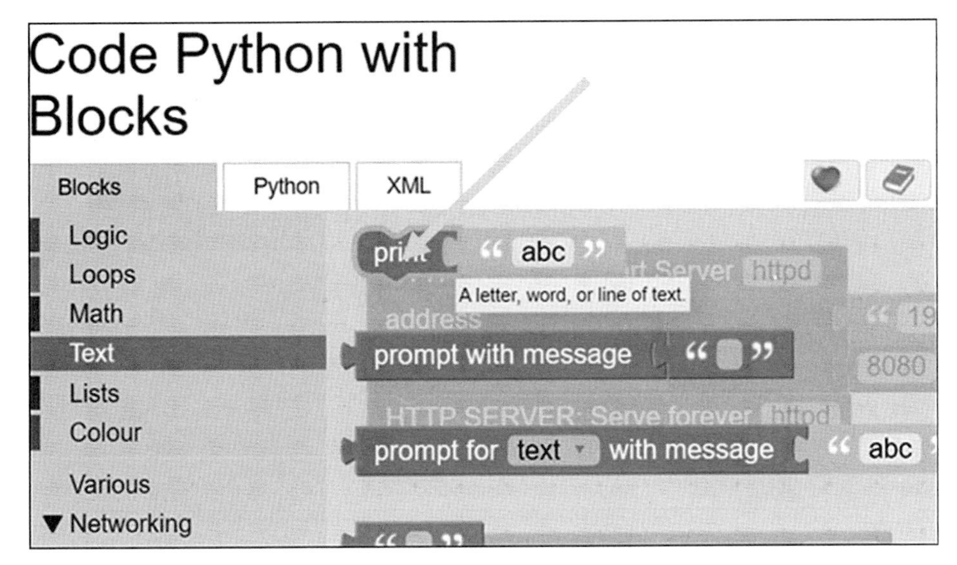

圖 4-8　拼圖塊程式設計 -2

步驟三：於 networking 處取出 HTTP SERVER：Serve forever 拼圖塊如圖 4-9 所示，將此拼圖塊連接到步驟一的拼圖塊。

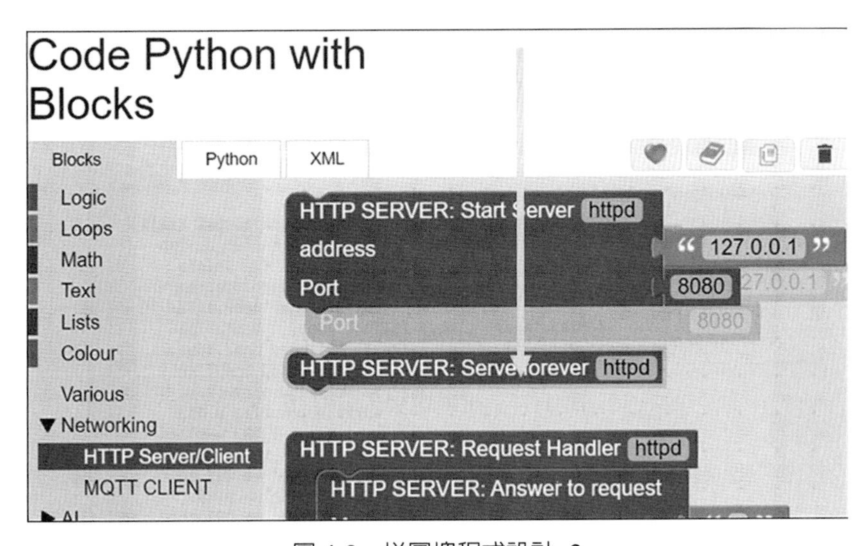

圖 4-9　拼圖塊程式設計 -3

步驟四：於 networking 處取出 HTTP SERVER：Request Handler 拼圖塊如圖 4-10 所示，空白文字改爲 Hello World!，目前拼圖塊形狀如圖 4-11 所示。

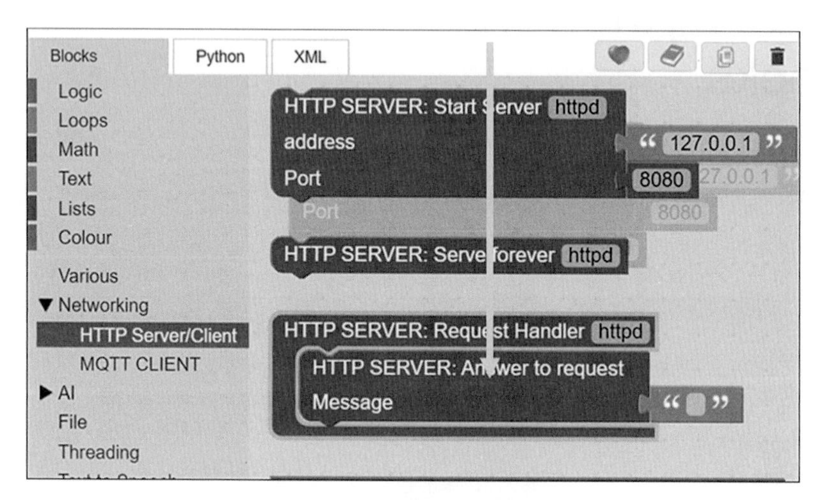

圖 4-10　拼圖塊程式設計 -4

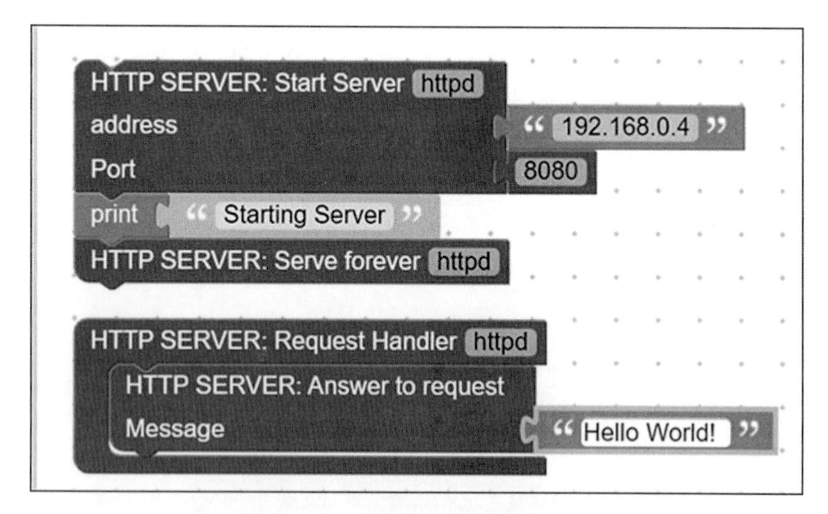

圖 4-11　拼圖塊程式設計 -5

步驟五：於 Text 處取出 print 拼圖塊，文字 abc 改為放置 HTTP SERVER：Request Informations 拼圖塊如圖 4-12 所示，並連接於 HTTP SERVER：Request Handler 拼圖塊下方，最後的拼圖塊程式設計如圖 4-13 所示。

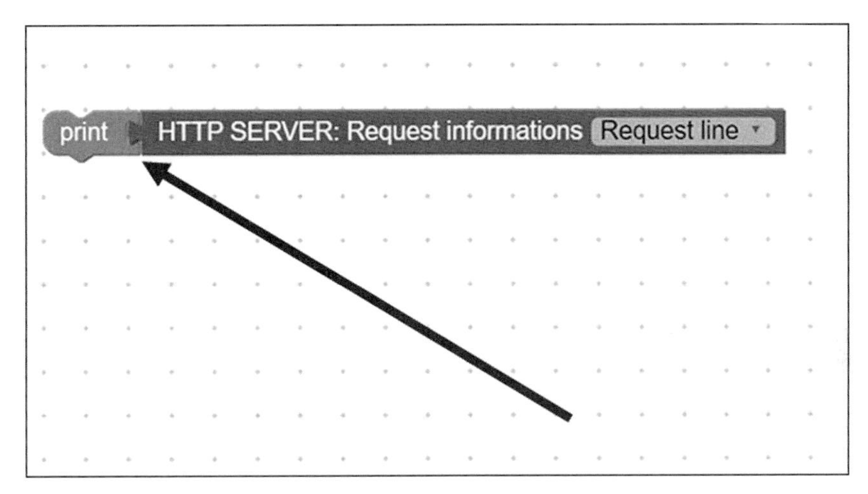

圖 4-12　拼圖塊程式設計 -6

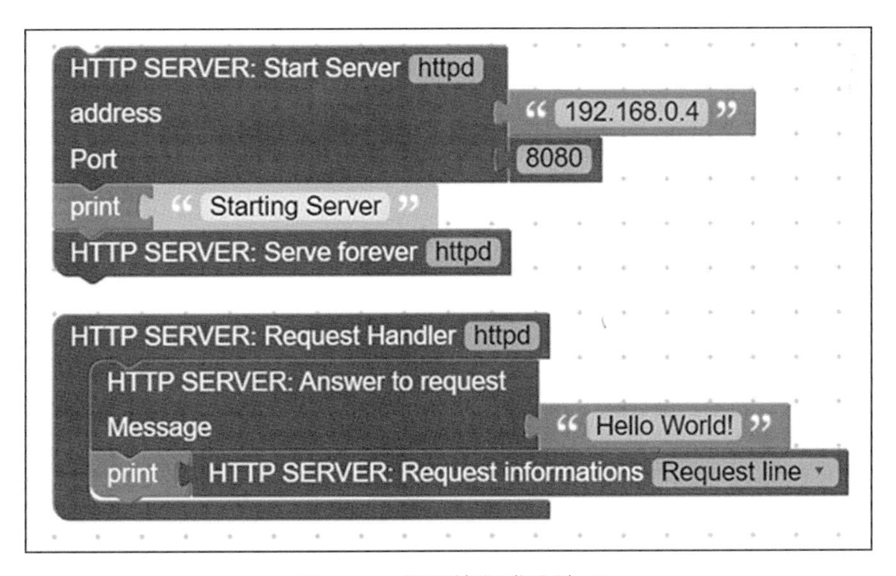

圖 4-13　拼圖塊程式設計 -7

步驟六：於右上方按下的 3 個按鈕，複製 Python 程式到剪貼簿，如圖 4-14 所示。

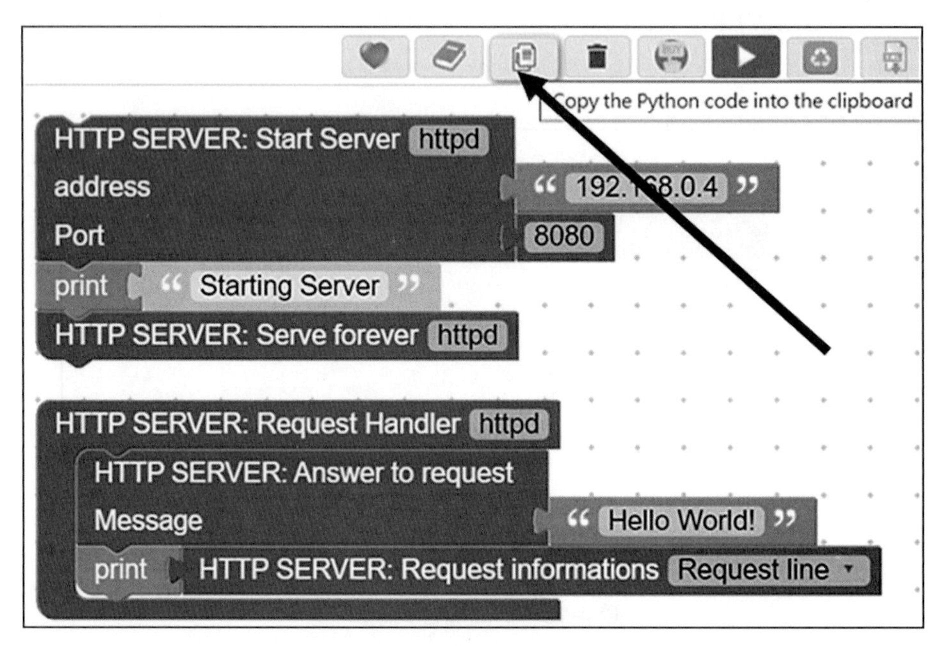

圖 4-14　拼圖塊程式設計 -8

步驟七：開啓樹莓派 Python 的 IDE(Thonny Python IDE)，使用 ctrl-v 複製拼圖塊程式設計轉成 Python 的程式碼，如圖 4-15 所示，存檔成 server.py。

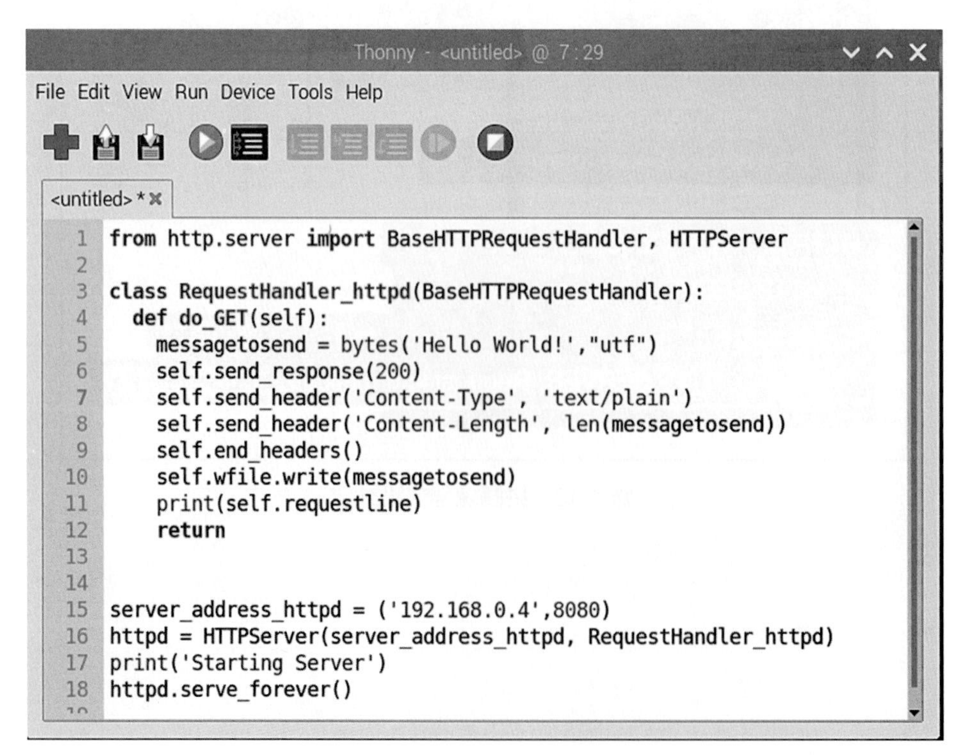

圖 4-15　Hello World! 拼圖塊程式

步驟八：按下右上方倒數第 2 個按鈕，將拼圖塊檔案存爲 .xml 格式，欲修改程式可以按下倒數第 1 個按鈕如圖 4-16 所示，存檔成 server_py。

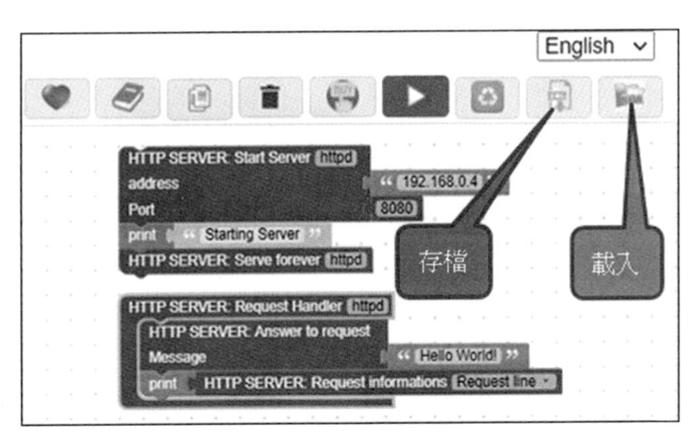

圖 4-16　拼圖塊程式存檔與載入

程式解說如下：

程式	說明
from http.server import BaseHTTPRequestHandler, HTTPServer	◆ 從 http.server 模組載入 BaseHTTPRequestHandler, HTTPServer 模組，
class RequestHandler_httpd(BaseHTTPRequestHandler):	◆ 宣告 BaseHTTPRequestHandler 的類別，類別名稱為：RequestHandler_httpd
def do_GET(self): messagetosend = bytes('Hello World!',"utf")	◆ 定義 do_GET 定義函數：messagetosend(當有使用者成功進入網站所回應的訊息) 設定為 Hello World!
self.send_response(200)	◆ 200 代表隊伺服器的請求成功
self.send_header('Content-Type', 'text/plain')	◆ send_header() 的第一個參數是關鍵字 (keyword), 第二個參數是值，所以傳送資料的內容 (Content-Type) 是純文字。
self.send_header('Content-Length', len(messagetosend))	◆ 傳送資料的長度 (Content-Length) 是 messagetosend 字串的長度。
self.end_headers()	◆ 必需遇到 end_headers() 函數，才會開始傳送的動作
self.wfile.write(messagetosend)	◆ wfile.write() 函數，以 messagetosend 訊息回應客戶端 (client)
print(self.requestline)	◆ 螢幕顯示客戶端要求的訊息
return	◆ 結束返回
server_address_httpd = ('192.168.0.4',8080)	◆ 伺服器的 IP 是 192.168.0.4 使用 8080 埠

httpd = HTTPServer(server_address_httpd, RequestHandler_httpd)	◆ HTTPServer 依據第一參數 server_address_httpd 所代表的 IP+PORT 及第二參數的客戶請求處理器來建立 HTTP 連接座 (socket)，並且於此連接座上聆聽 HTTP，將請求訊息交給 RequestHandler_httpd 處理器來處理
print('Starting Server')	◆ 螢幕顯示 Starting Server
httpd.serve_forever()	◆ HTTP 服務不間斷

4. 功能驗證：

將樹莓派電源開啓，需有下列輸出才算執行成功：

★ 確認樹莓派 IP 後，於樹莓派伺服器執行程式，此時 shell 會出現 Starting Server 字樣，如圖 4-17 所示。

★ 開啓任何 google 瀏覽器，輸入 192.168.0.4:8080(樹莓派 IP+PORT)，google 瀏覽器必需出現 Hello World!，如圖 4-18 所示。

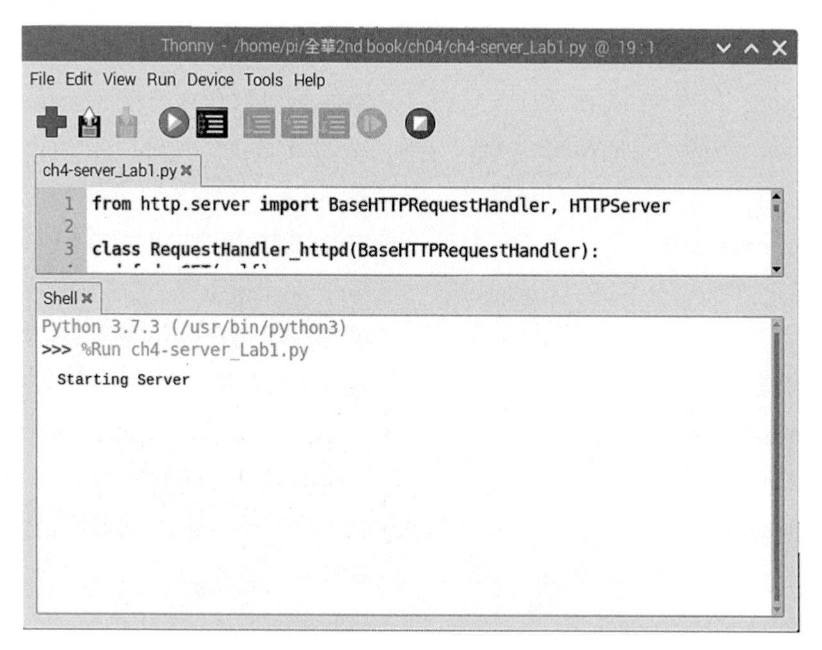

圖 4-17 Hello World! 拼圖塊程式執行結果 -1

圖 4-18　Hello World! 拼圖塊程式執行結果 -2

4-2 實驗二 手機控制 *LED* 亮滅

實驗摘要：

以 EasyPython 的拼圖塊產生 Python 程式碼，將樹莓派當作 HTTP 伺服器，再以 App Inventor 製作應用程式，打包成 .apk 檔案上傳手機，再經由手機透過網路 HTTP 協定控制樹莓派 GPIO 連接之 LED 亮滅。

實驗步驟：

1. 實驗材料如表 4-2 所示。

表 4-2　手機控制 LED 亮滅實驗材料清單

實驗材料名稱	數量	規格	圖片
樹莓派 pi4	1	已安裝好作業系統的樹莓派	
=LED	1	單色插件式，顏色不拘	

表 4-2　手機控制 LED 亮滅實驗材料清單 (續)

實驗材料名稱	數量	規格	圖片
電阻	1	插件式 470Ω，1/4W	
跳線	3	彩色杜邦雙頭線 (母 / 母)/20 cm	

2. 硬體接線：

硬體接線圖如圖 4-19 所示，LED 發光二極體的陽極接到樹莓派 GPIO27 腳，其陰極接到分流電阻，分流電阻的另一端再接到地。

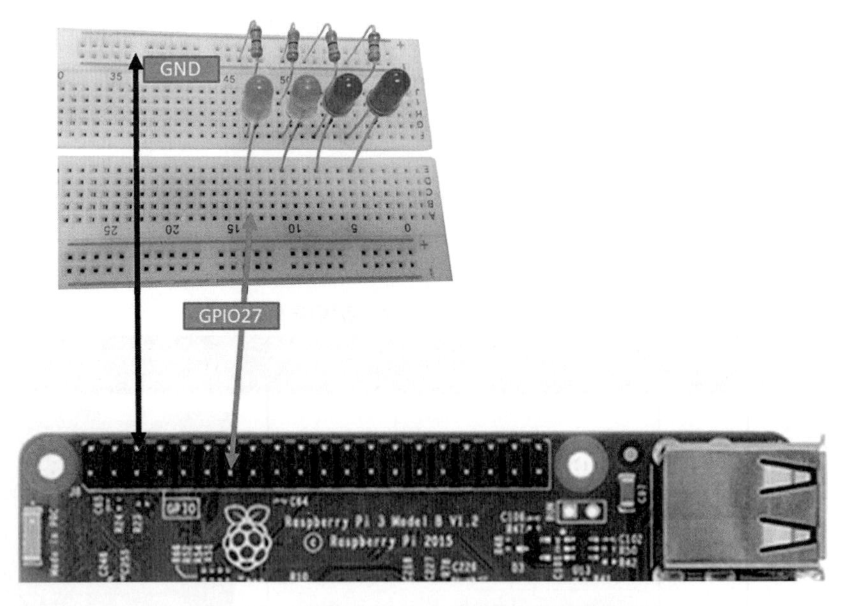

圖 4-19　手機控制 LED 亮滅實驗硬體接線

3. 拼圖塊程式設計：

EasyPython 拼圖塊程式設計步驟如下：

步驟一：進入 EasyPython 的網站 (http://easycoding.tn/ep/demos/code/) 如圖 4-7 所示，將已存檔之 server_py 程式載入。

步驟二：點選 Raspberry Pi 選項中的 GPIO Set mode：BCM 拼圖塊如圖 4-20 所示，放置於 HTTP SERVER：Start Sever 拼圖塊的上方如圖 4-21 所示。

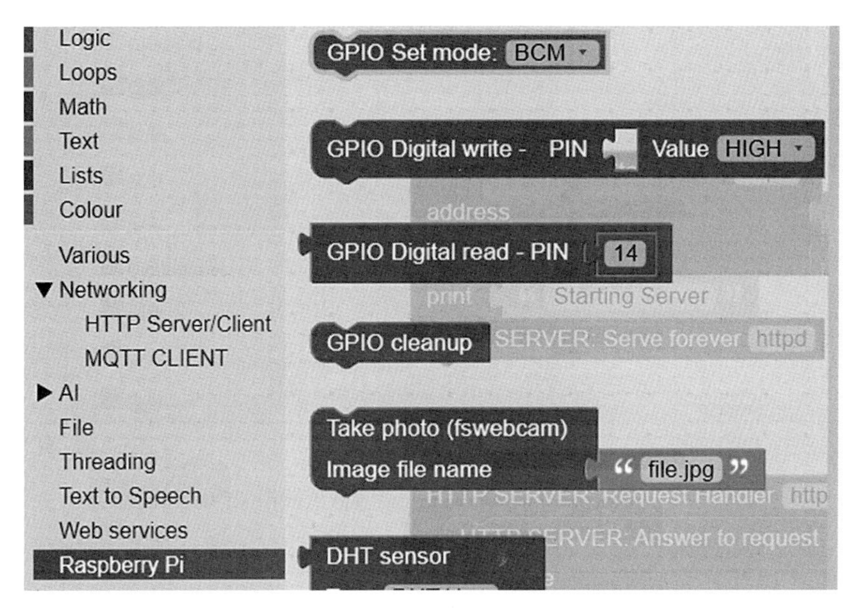

圖 4-20　LED 亮滅拼圖塊程式設計 -1

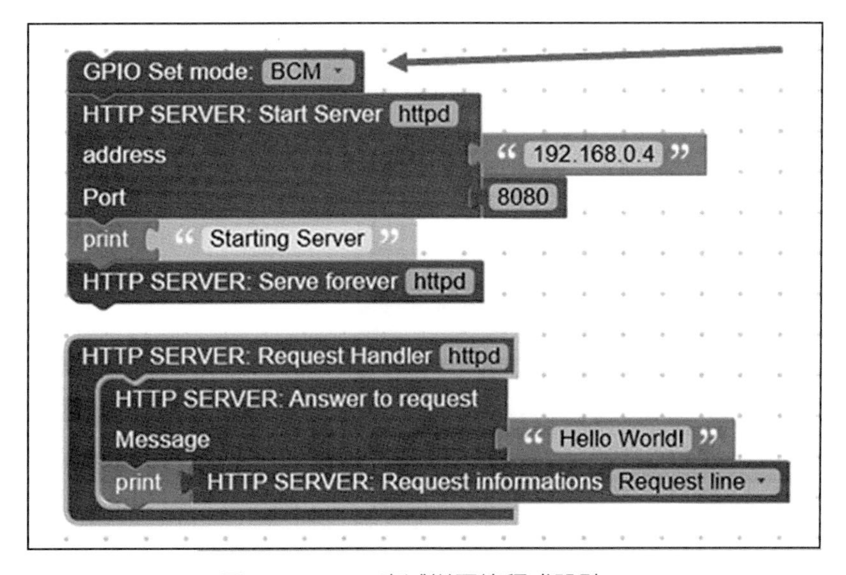

圖 4-21　LED 亮滅拼圖塊程式設計 -2

步驟三：點選 Raspberry Pi 選項中的 Cleanup 拼圖塊如圖 4-22 所示，放置於 HTTP SERVER：Serve forever 拼圖塊的下方如圖 4-23 所示。

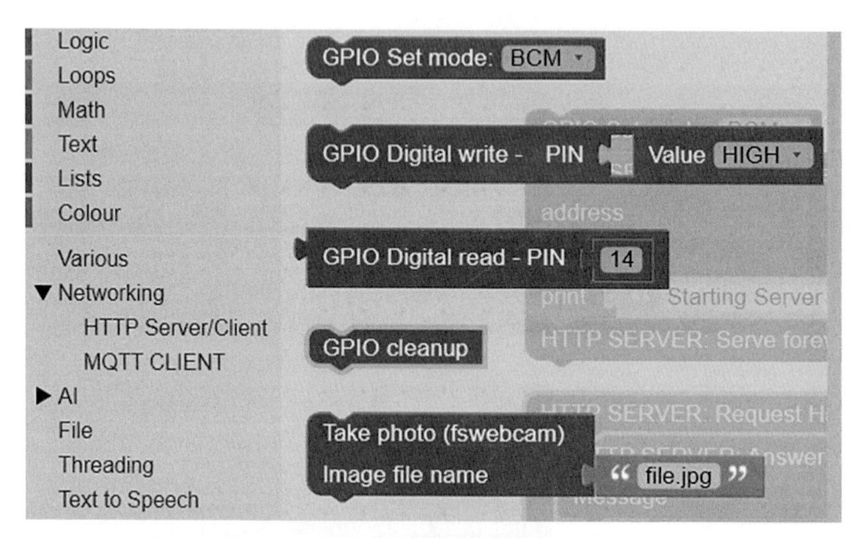

圖 4-22　LED 亮滅拼圖塊程式設計 -3

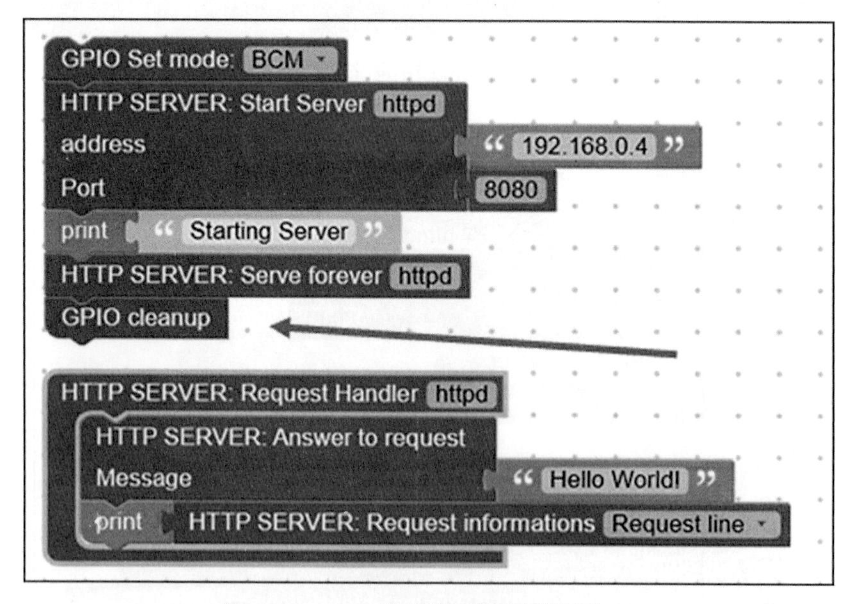

圖 4-23　LED 亮滅拼圖塊程式設計 -4

步驟四：點選 Variables 選項，再點選 Create variable…接著輸入變數名稱 LED 如圖 4-24 所示，最後將 set LED to 拖曳至主畫面，取代 print 拼圖塊，如圖 4-25 所示。

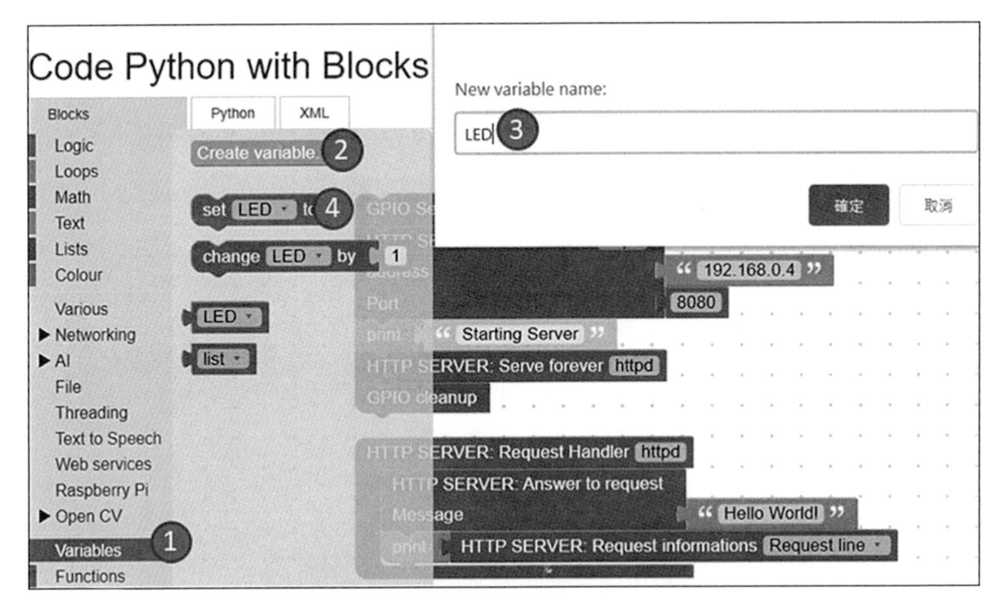

圖 4-24　LED 亮滅拼圖塊程式設計 -5

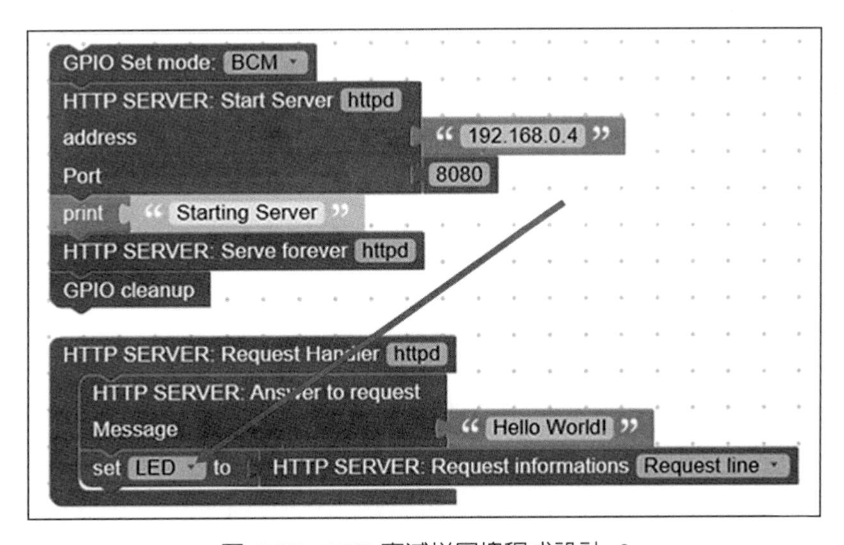

圖 4-25　LED 亮滅拼圖塊程式設計 -6

步驟五：點選 Text 選項，再點選最下方的 Clean Http request in server 如圖 4-26 所示，接著更改 text 爲 LED 並拖曳至主畫面與 set LED to 拼圖塊結合，如圖 4-27 所示。

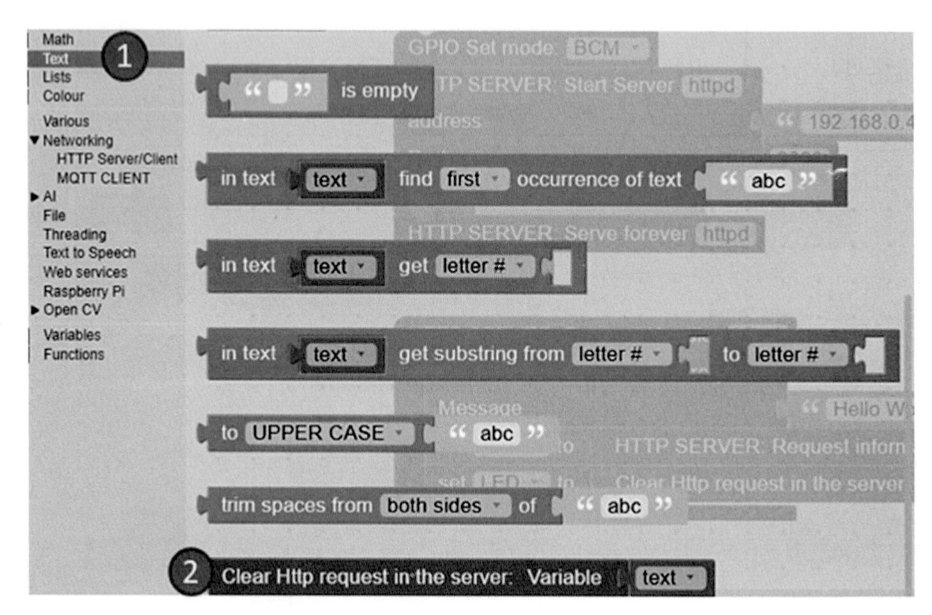

圖 4-26　LED 亮滅拼圖塊程式設計 -7

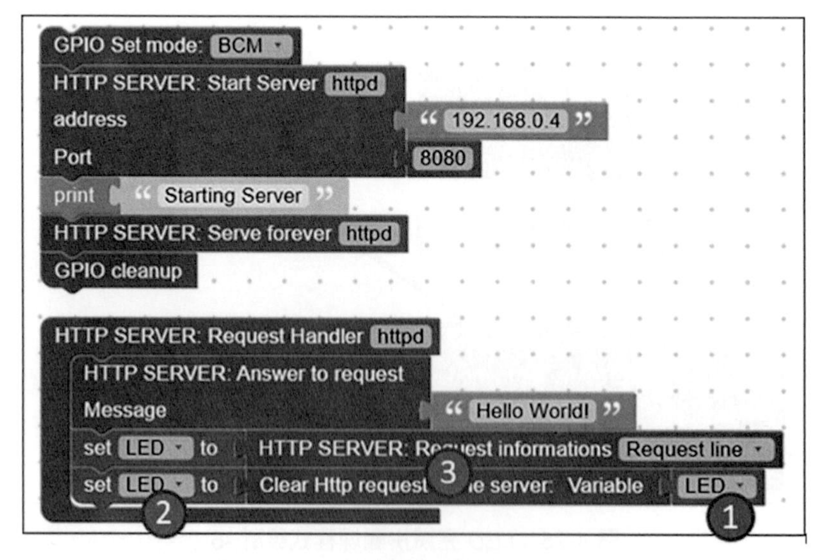

圖 4-27　LED 亮滅拼圖塊程式設計 -8

步驟六：點選 Text 中的 print 拼圖塊，再點選 Variable 中的 LED 拼圖塊，如圖 4-28 所示。

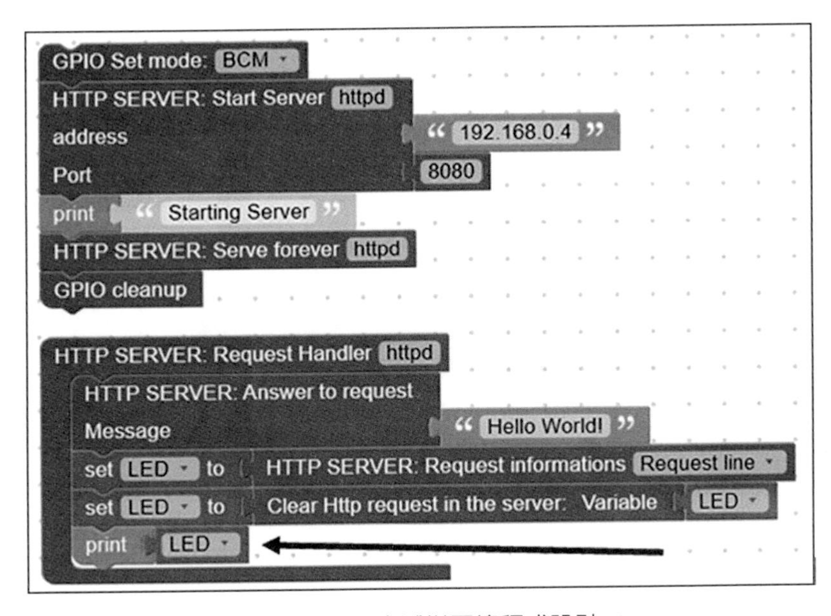

圖 4-28　LED 亮滅拼圖塊程式設計 -9

步驟七：點選 Logic 中的 if…do 拼圖塊如圖 4-29 所示，置於最下方，如圖 4-30 所示。

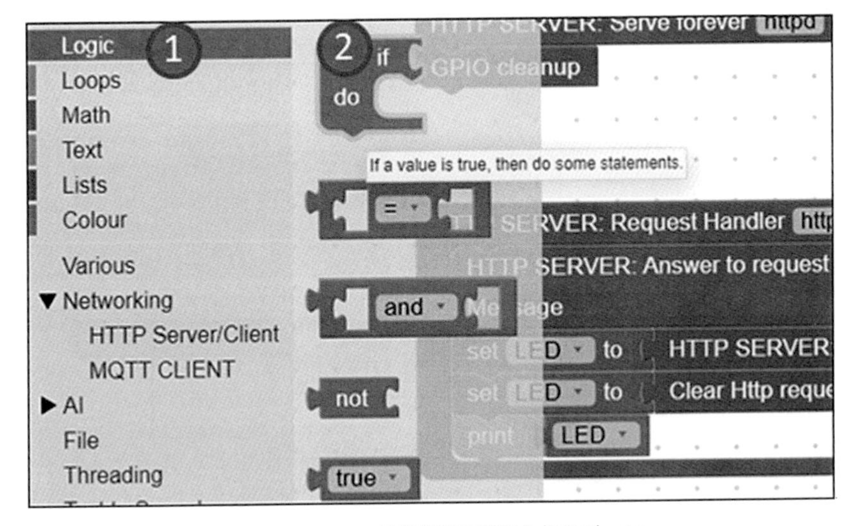

圖 4-29　LED 亮滅拼圖塊程式設計 -10

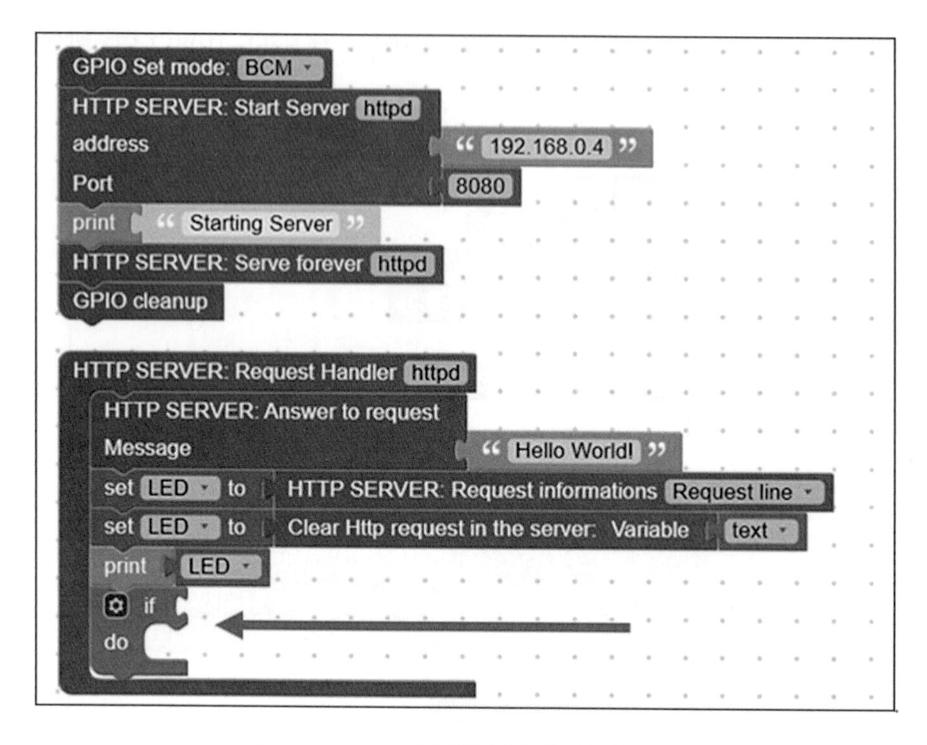

圖 4-30　LED 亮滅拼圖塊程式設計 -11

步驟八：點選 Logic 中的”=”拼圖塊如圖 4-31 所示，置於 if…do 拼圖塊左側，如圖 4-32 所示。

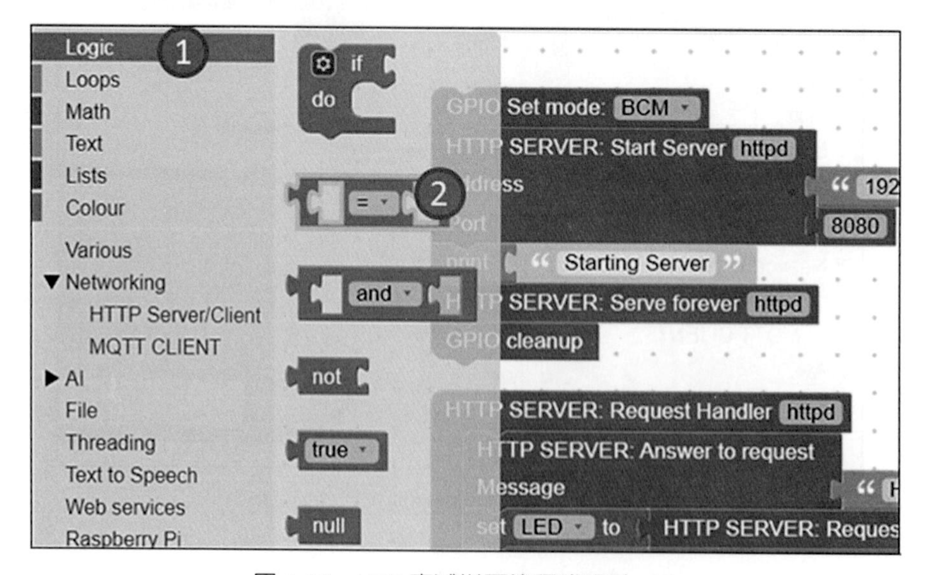

圖 4-31　LED 亮滅拼圖塊程式設計 -12

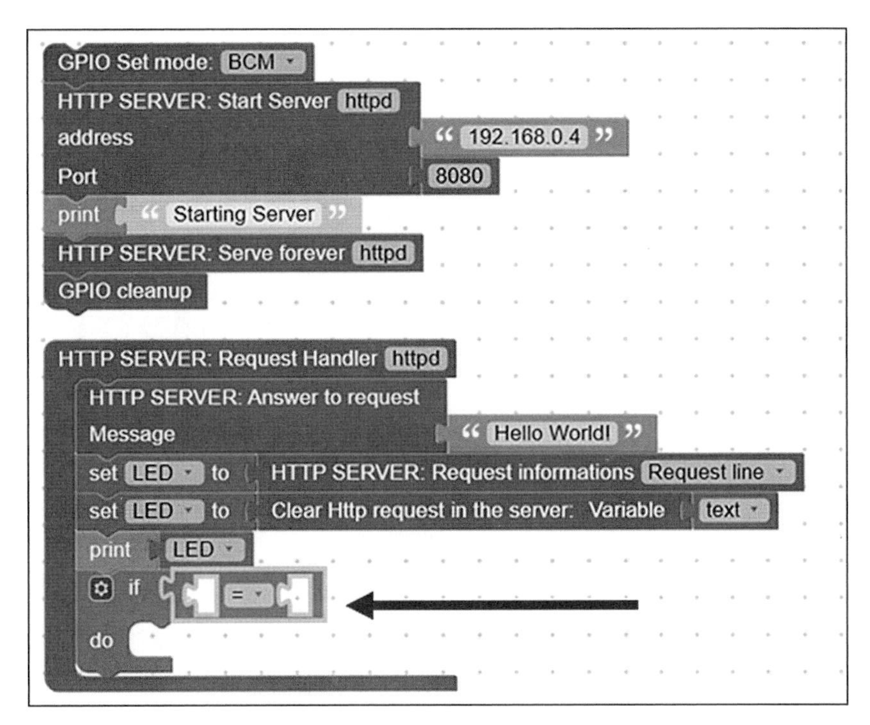

圖 4-32　LED 亮滅拼圖塊程式設計 -13

步驟九：點選 Variables 中的 LED 放入”=”拼圖塊的左側空格，Text 中的空白文字拼圖塊放入”=”拼圖塊的右側空格，如圖 4-33 所示。

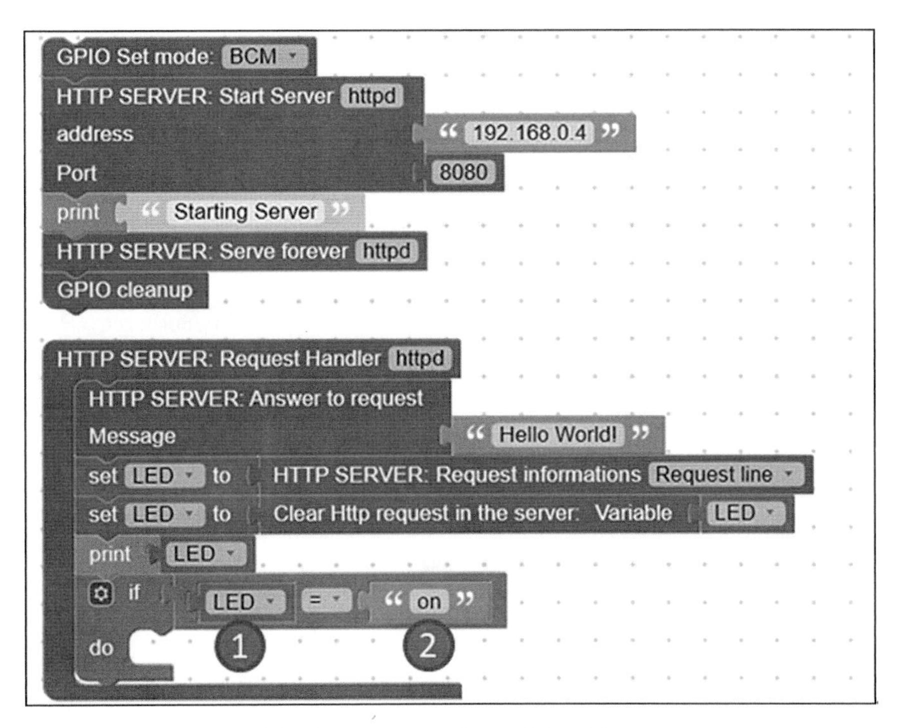

圖 4-33　LED 亮滅拼圖塊程式設計 -14

步驟十：點選 Raspberry Pi 中的 GPIO Digital write 拼圖塊，如圖 4-34 所示，放入 if…do 拼圖塊的缺口處並將 Math 中的數字改為 27 放入 GPIO Digital write 拼圖塊的空白處，如圖 4-35 所示。

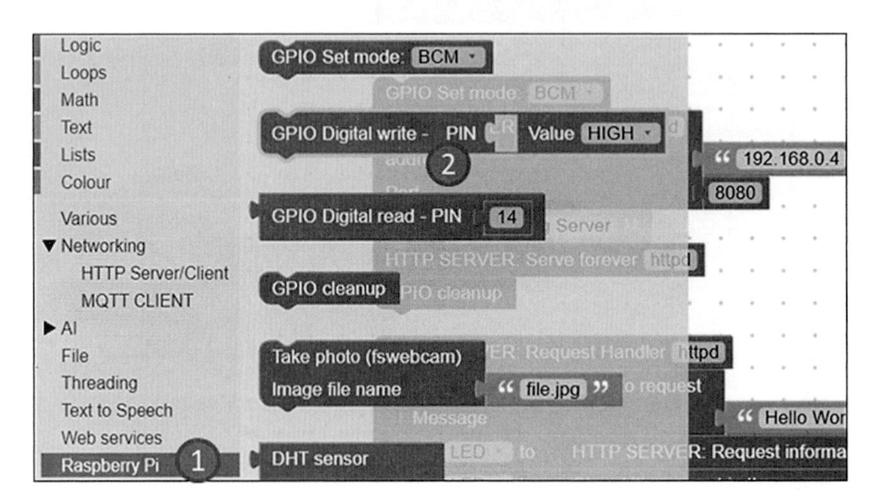

圖 4-34 LED 亮滅拼圖塊程式設計 -15

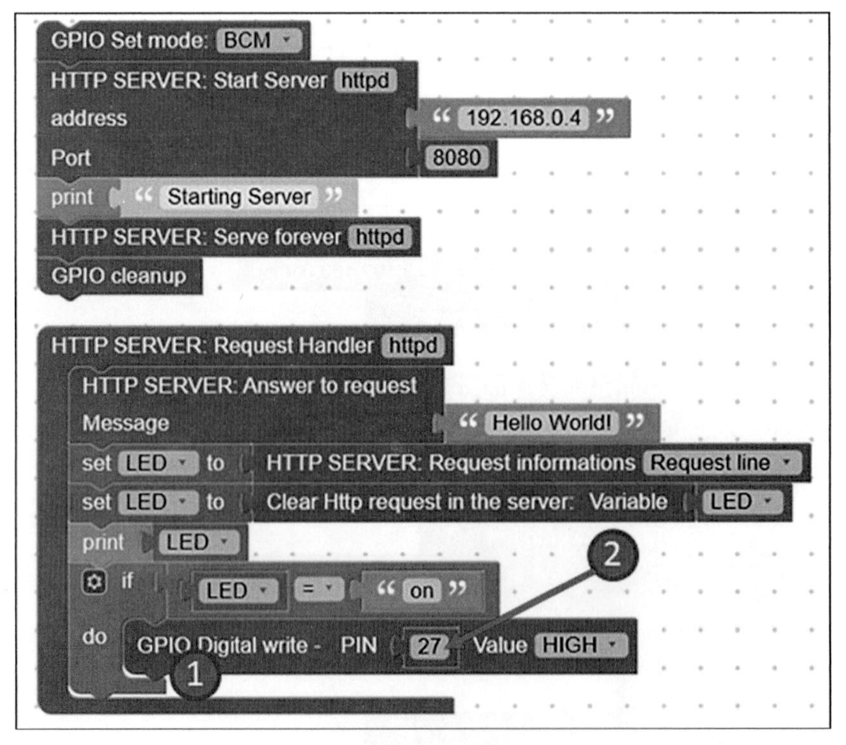

圖 4-35 LED 亮滅拼圖塊程式設計 -16

步驟十一：複製整個 if…do 拼圖塊將 on 改爲 off，GPIO Digital write 拼圖塊的 Value 由 HIGH 改爲 LOW 空白處，如圖 4-36 所示。

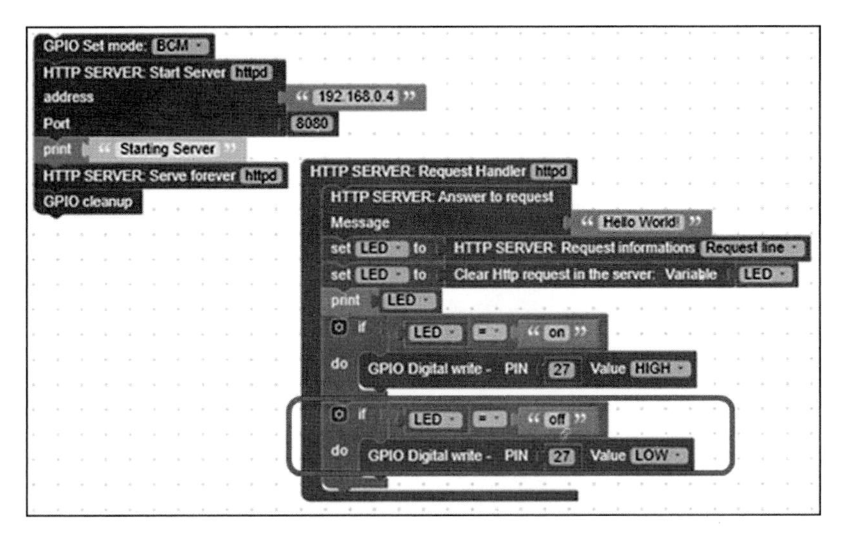

圖 4-36　LED 亮滅拼圖塊程式設計 -17

步驟十二：將檔案存成 LED_py.xml，複製到剪貼簿，Python 程式如圖 4-37 所示。

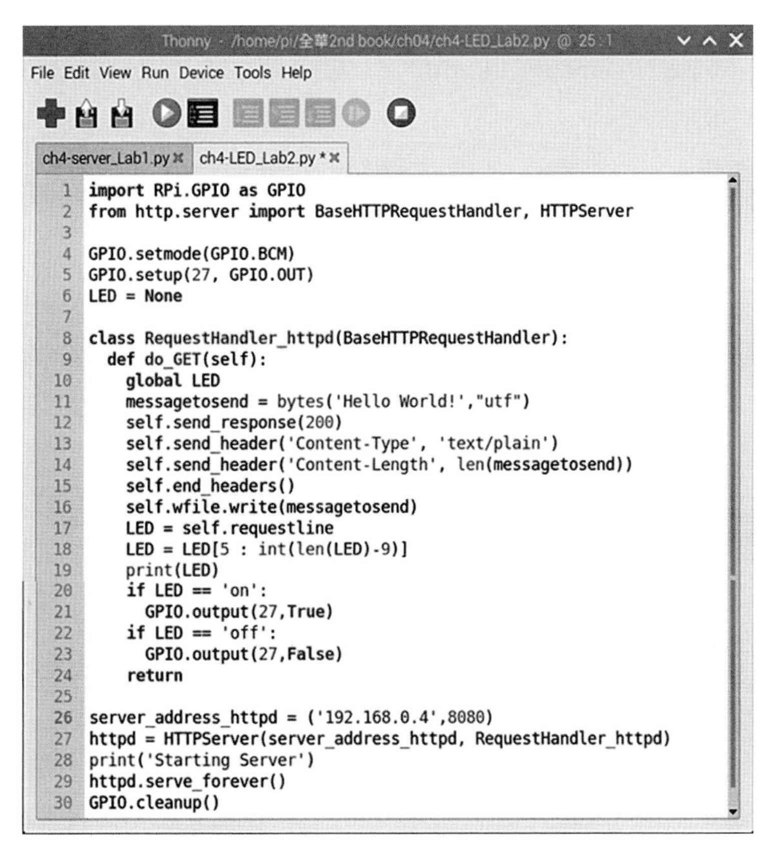


```
import RPi.GPIO as GPIO
from http.server import BaseHTTPRequestHandler, HTTPServer

GPIO.setmode(GPIO.BCM)
GPIO.setup(27, GPIO.OUT)
LED = None

class RequestHandler_httpd(BaseHTTPRequestHandler):
  def do_GET(self):
    global LED
    messagetosend = bytes('Hello World!',"utf")
    self.send_response(200)
    self.send_header('Content-Type', 'text/plain')
    self.send_header('Content-Length', len(messagetosend))
    self.end_headers()
    self.wfile.write(messagetosend)
    LED = self.requestline
    LED = LED[5 : int(len(LED)-9)]
    print(LED)
    if LED == 'on':
      GPIO.output(27,True)
    if LED == 'off':
      GPIO.output(27,False)
    return

server_address_httpd = ('192.168.0.4',8080)
httpd = HTTPServer(server_address_httpd, RequestHandler_httpd)
print('Starting Server')
httpd.serve_forever()
GPIO.cleanup()
```

圖 4-37　LED 亮滅拼圖塊程式設計 -18

程式解說如下：

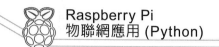

import RPi.GPIO as GPIO	◆ 輸入 RPi.GPIO 模組改名為 GPIO
from http.server import BaseHTTPRequestHandler, HTTPServer	◆ 從 http.server 模組載入 BaseHTTPRequestHandler, HTTPServer 模組，
GPIO.setmode(GPIO.BCM)	◆ 設定樹莓派 GPIO 使用模式為 BCM 方式
GPIO.setup(27, GPIO.OUT)	◆ GPIO27 腳設定為輸出腳
LED = None	◆ 設定 LED 變數為空白
class RequestHandler_httpd(BaseHTTPRequestHandler):	◆ 宣告 BaseHTTPRequestHandler 的類別，類別名稱為：RequestHandler_httpd
def do_GET(self):	◆ 定義 do_GET 定義函數：
global LED	◆ 設 LED 為全域變數
messagetosend = bytes('Hello World!',"utf")	◆ messagetosend(當有使用者成功進入網站所回應的訊息) 設定為 Hello World!
self.send_response(200)	◆ 200 代表隊伺服器的請求成功
self.send_header('Content-Type', 'text/plain')	◆ send_header() 的第一個參數是關鍵字 (keyword), 第二個參數是 ，所以傳送資料的內容 (Content-Type) 是純文字。
self.send_header('Content-Length', len(messagetosend))	◆ 傳送資料的長度 (Content-Length) 是 messagetosend 字串的長度。
self.end_headers()	◆ 必需遇到 end_headers() 函數，才會開始傳送的動作
self.wfile.write(messagetosend)	◆ wfile.write() 函數，以 messagetosend 訊息回應客戶端 (client)
LED = self.requestline	◆ LED 變數值等於客戶端的請求文字行
LED = LED[5 : int(len(LED)-9)]	◆ LED 變數值取第 6 個字到倒數第 10 個字
print(LED)	◆ 螢幕顯示 LED 變數
if LED == 'on':	◆ 如果 LED 變數為 on
GPIO.output(27,True)	◆ 設定 GPIO27 腳為 HIGH 高電位
if LED == 'off':	◆ 如果 LED 變數為 off
GPIO.output(27,False)	◆ 設定 GPIO27 腳為 LOW 低電位
return	◆ 結束返回
server_address_httpd = ('192.168.0.4',8080)	◆ 伺服器的 IP 是 192.168.128.69 使用 8080 埠

httpd = HTTPServer(server_address_httpd, RequestHandler_httpd)	◆ HTTPServer 依據第一參數 server_address_httpd 所代表的 IP+PORT 及第二參數的客戶請求處理器來建立 HTTP 連接座 (socket)，並且於此連接座上聆聽 HTTP，將請求訊息交給 RequestHandler_httpd 處理器來處理
print('Starting Server')	◆ 螢幕顯示 Starting Server
httpd.serve_forever()	◆ HTTP 服務不間斷
GPIO.cleanup()	◆ 清除所有 GPIO 腳位訊號，回到原始狀態

4. App Inventor 程式設計：

手機端的程式，使用 App Inventor 來設計，App Inventor 的使用綁 gmail 的帳號，因此必需先有一個 gmail 帳號，然後到 https://appinventor.mit.edu/ 網站，按下橘色的按鈕 Create Apps! 如圖 4-38 所示，網站會要求選擇使用 GMAIL 的帳號如圖 4-39 所示，點選後進入程式開發環境畫面如圖 4-40 所示。

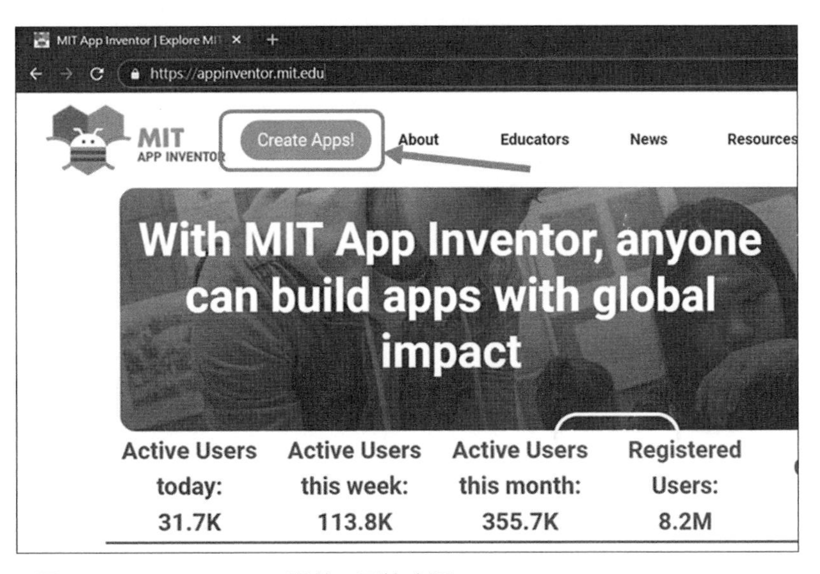

圖 4-38　App Inventor 網站 (圖片來源：https://appinventor.mit.edu/)

圖 4-39　選擇 GMAIL 帳號

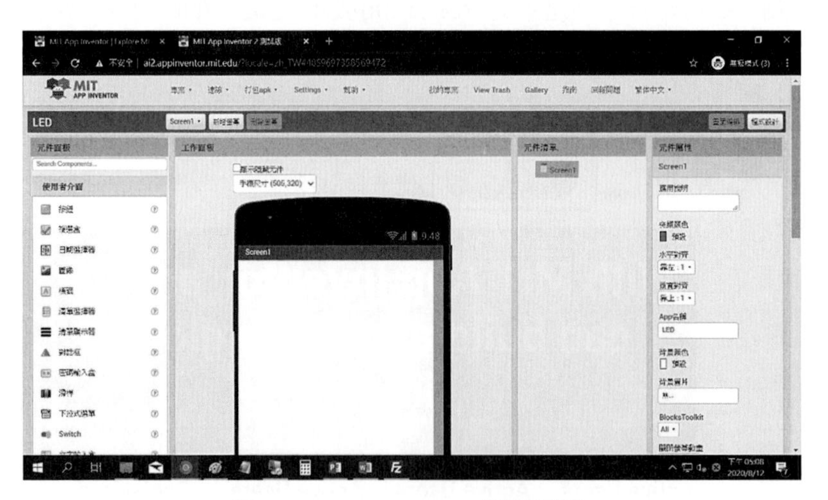

圖 4-40　App Inventor 開發環境

App Inventor 程式設計步驟如下：

步驟一：按下左上角的專案 -> 新增專案如圖 4-41 所示。

圖 4-41　新增專案

步驟二：從元件面板拖曳 2 個按鈕至工作面板手機的畫面上，如圖 4-42 所示。

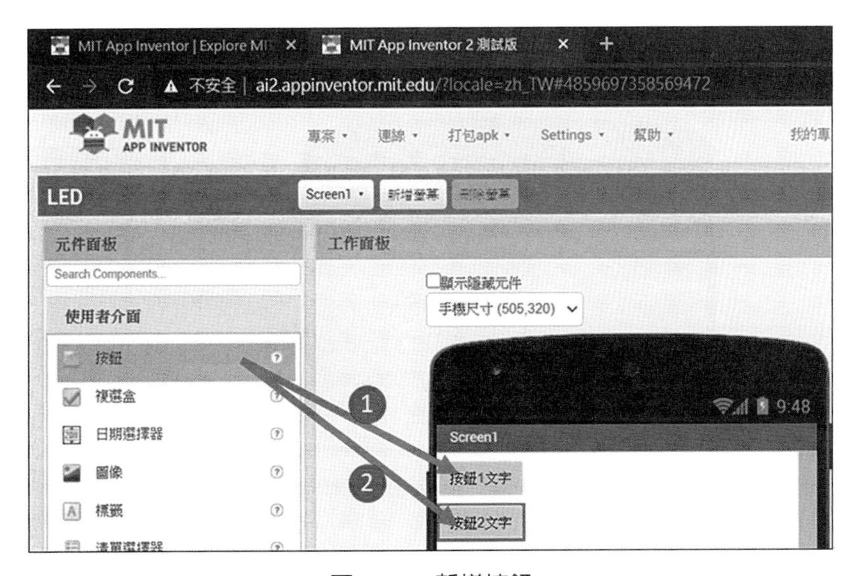

圖 4-42　新增按鈕

步驟三：於清單面板上更改按鈕一名稱爲 onBTN，更改按鈕二名稱爲 offBT，如圖 4-43 及圖 4-44 所示。

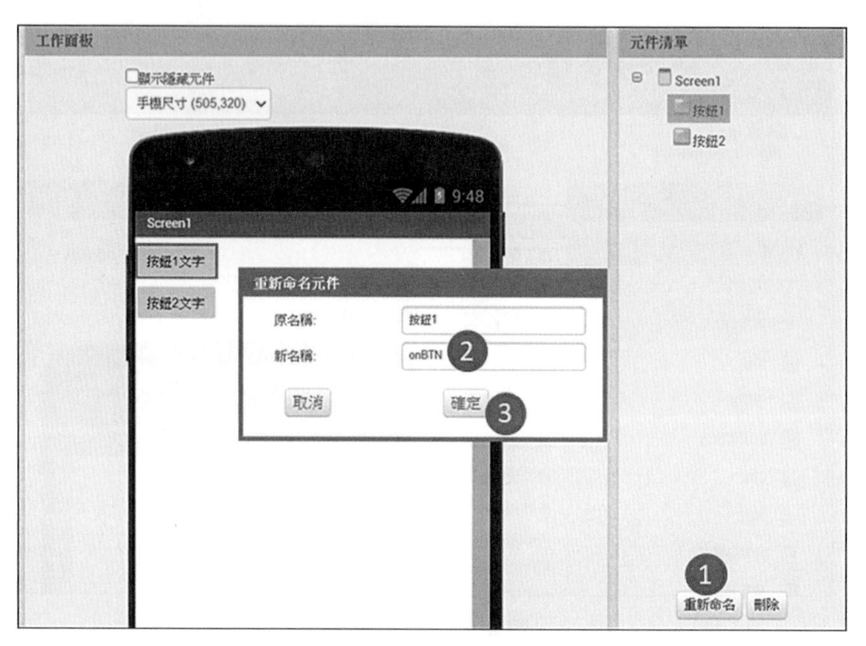

圖 4-43　更改按鈕名稱 -1

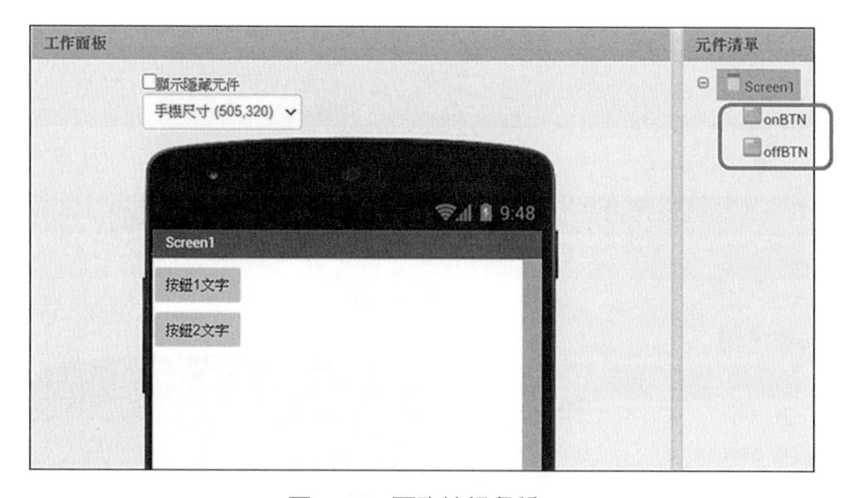

圖 4-44　更改按鈕名稱 -2

步驟四：選擇工作面板上的按鈕一文字，到元件屬性區的文字欄更改按鈕一文字為 ON，接著再更改按鈕二文字為 OFF 如圖 4-45 所示。

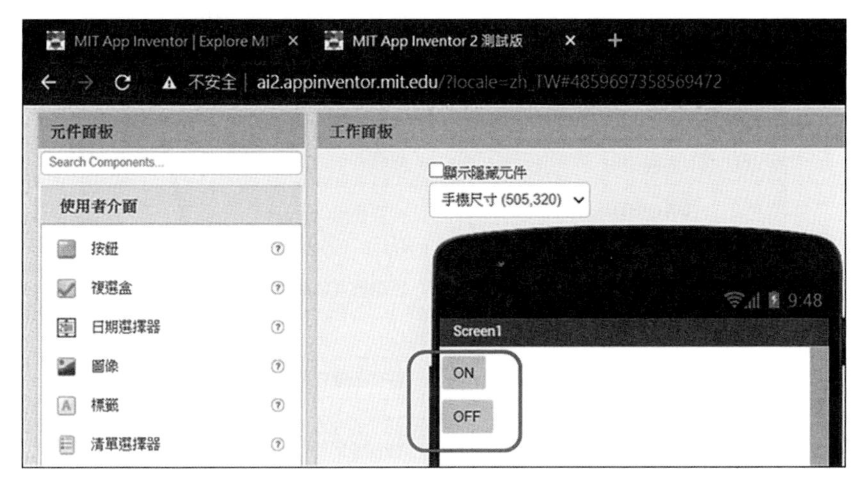

圖 4-45　更改按鈕文字

步驟五：將元件面板上的通訊選項點開，拖曳”網路”元件至工作面板上，此時元件清單最下方，會出現”網路 1”如圖 4-46 所示。

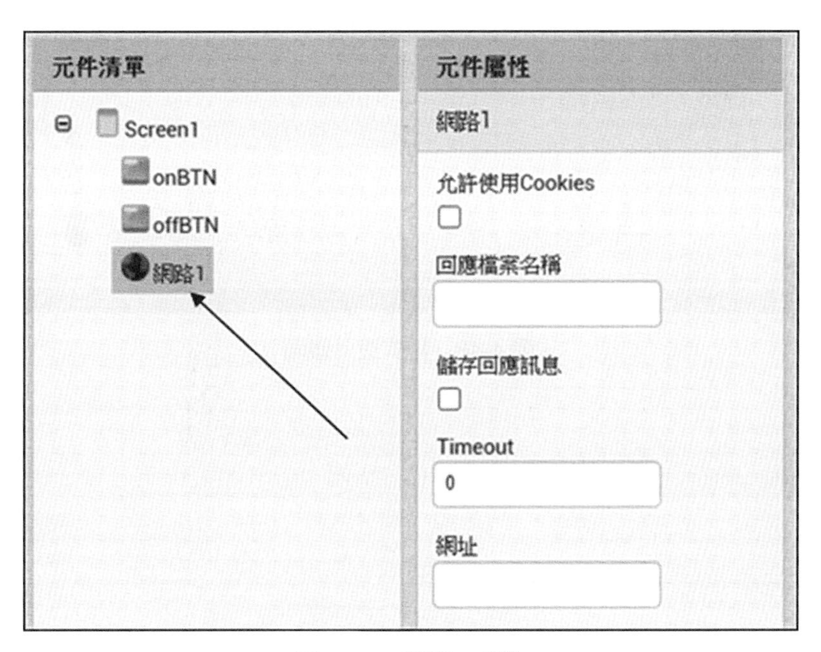

圖 4-46　網路 1 元件

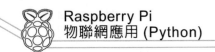

步驟六：將開發環境畫面切到”程式設計”，按鈕的位置在右上方如圖 4-47 所示，程式設計畫面如圖 4-48 所示。

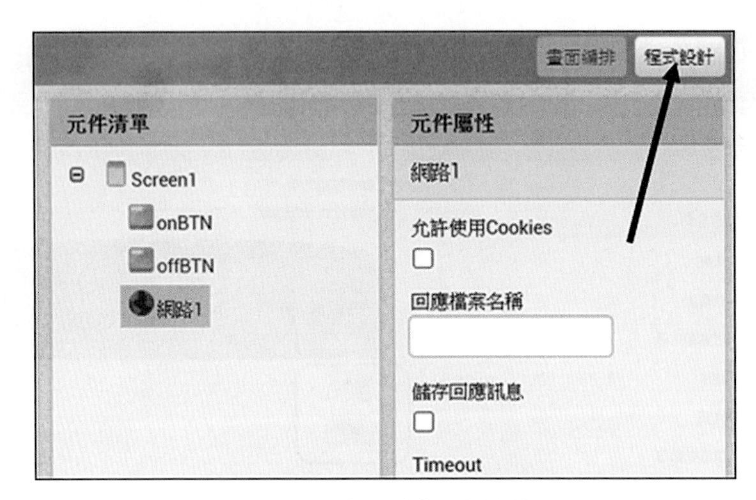

圖 4-47　程式設計畫面切換按鈕

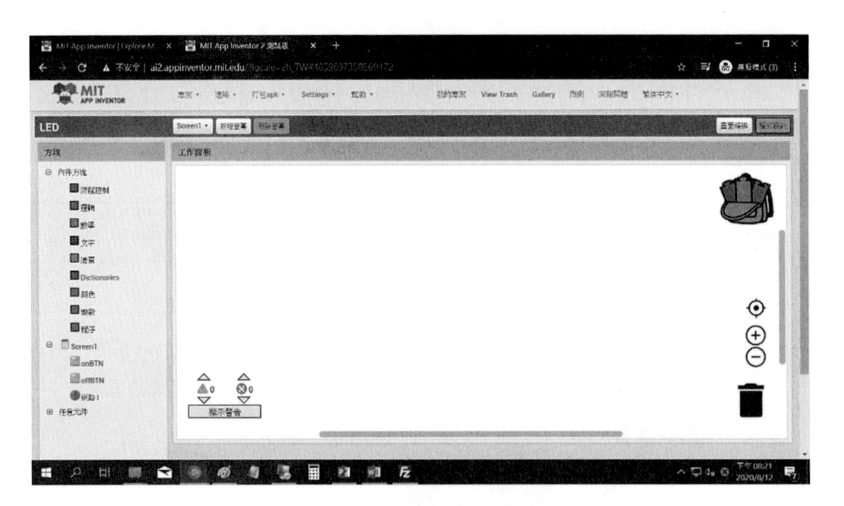

圖 4-48　程式設計畫面

步驟七：點選方塊區內的 onBTN，按鈕的位置在右上方，如圖 4-49 所示。

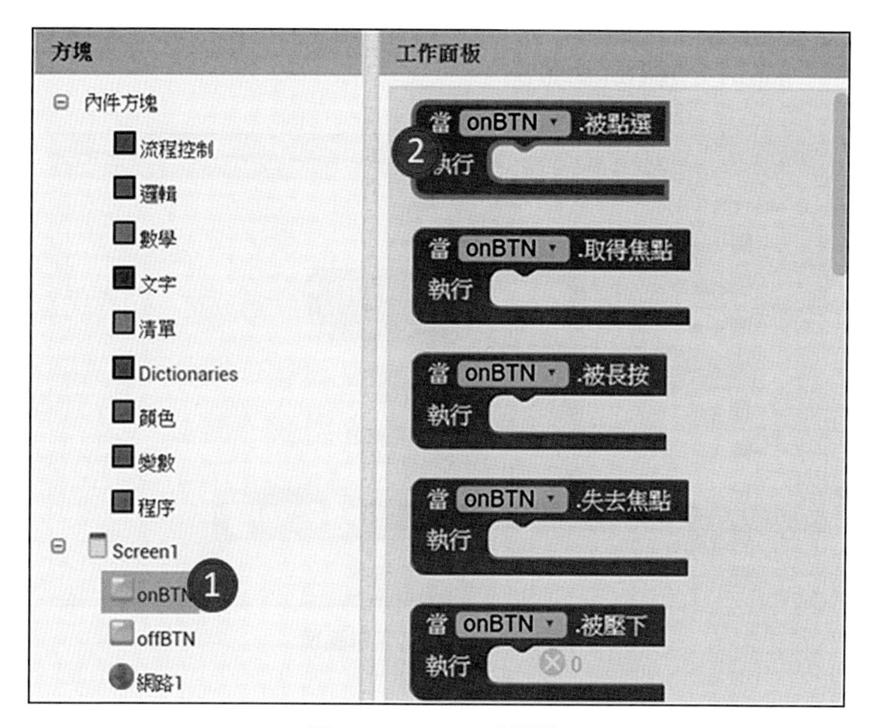

圖 4-49　onBTN 拼圖塊

步驟八：點選方塊區內的網路 1，選取”設網路 1 網址”的拼圖塊，如圖 4-50 所示，放置於 onBTN 的缺口處。

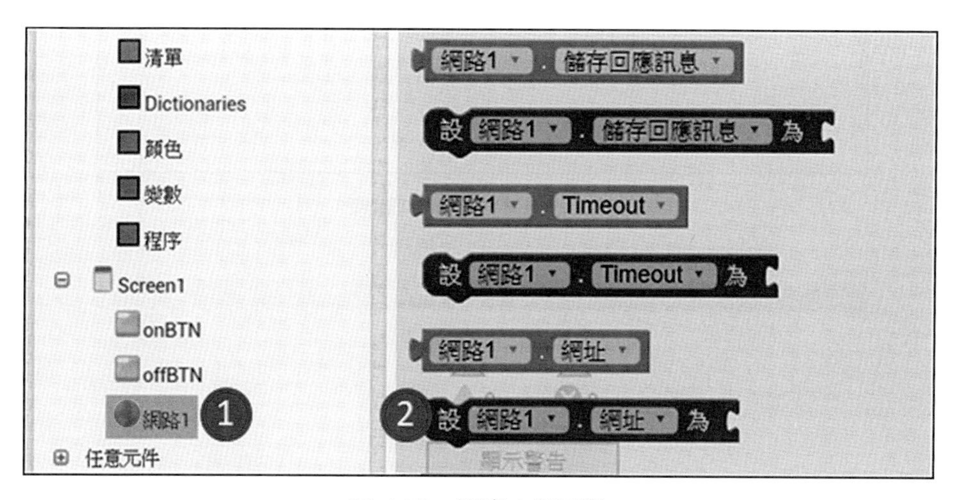

圖 4-50　網路 1 拼圖塊

步驟九：點選方塊區內的文字，選取空白文字的拼圖塊如圖 4-51 所示，放置於網路 1 拼圖塊的缺口處如圖 4-52 所示，空白文字處改爲 http://192.168.0.4:8080/on。

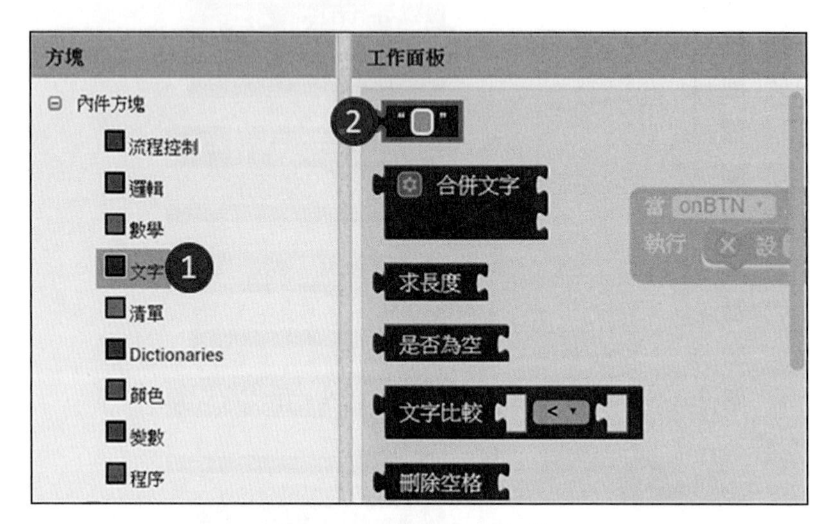

圖 4-51　空白文字拼圖塊

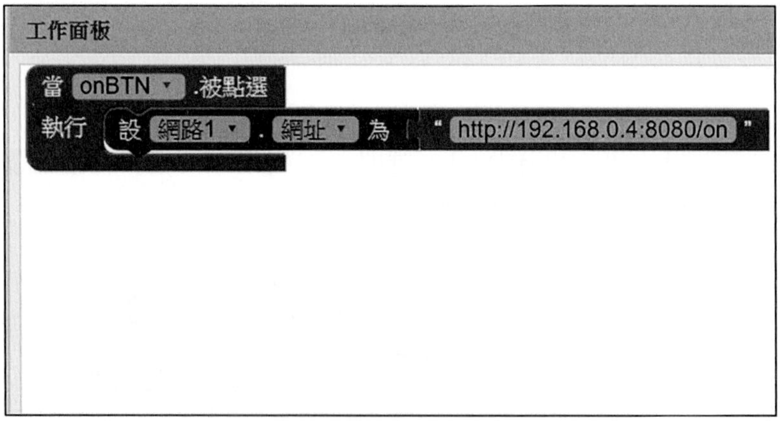

圖 4-52　LED on 拼圖塊

步驟十：LED off 拼圖塊如圖 4-53 所示，空白文字處則爲 http://192.168.0.4:8080/off。

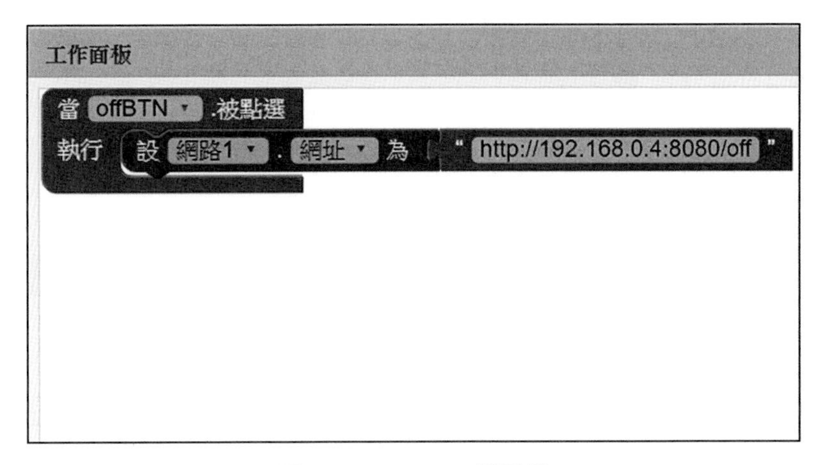

圖 4-53　LED off 拼圖塊

步驟十一：增加 GET 請求於 onBTN 及 offBTN 拼圖塊，如圖 4-54 所示。

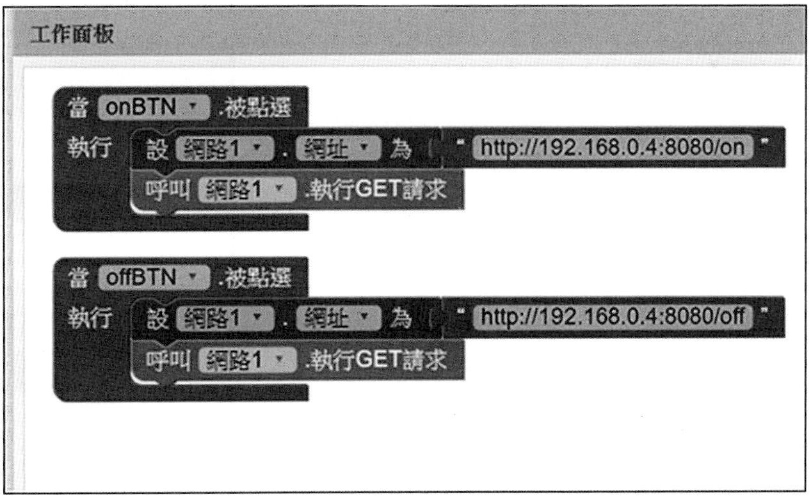

圖 4-54　完整拼圖塊

步驟十二：打包程式爲 APK 檔，如圖 4-55 所示。

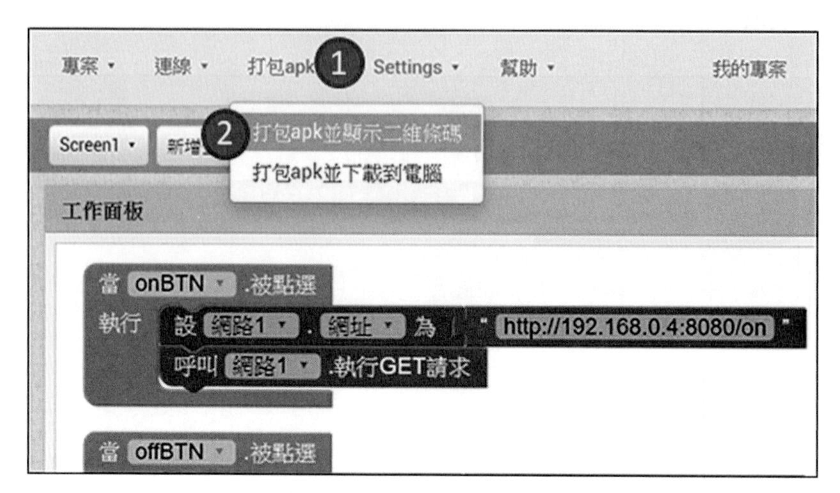

圖 4-55　打包程式為 APK 檔

步驟十三：出現二維條碼，如圖 4-56 所示。

圖 4-56　下載 APK 檔的二維條碼

步驟十四：以手機掃描下載及安裝 APK 檔，如圖 4-57~4-58 所示。

圖 4-57　下載與安裝 APK 檔 -1

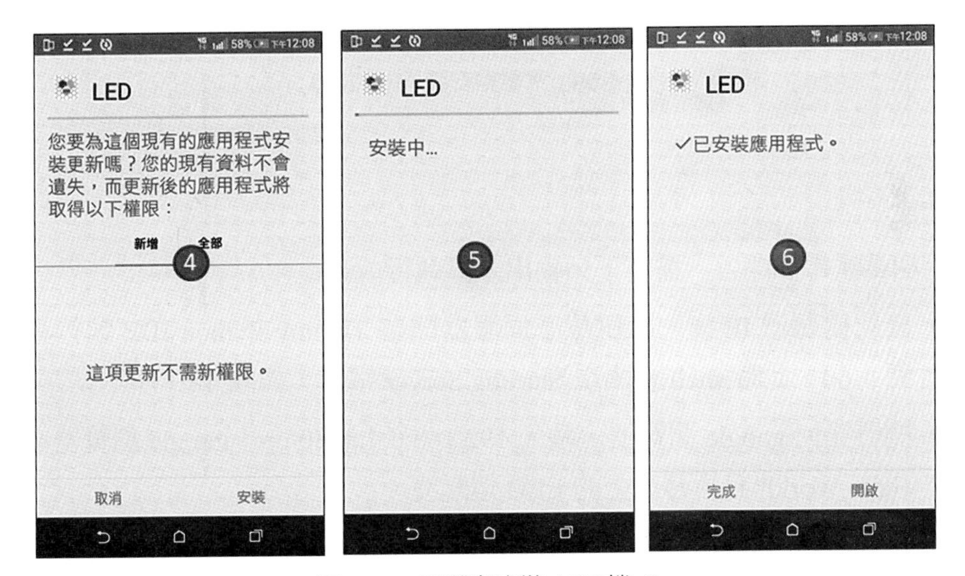

圖 4-58　下載與安裝 APK 檔 -2

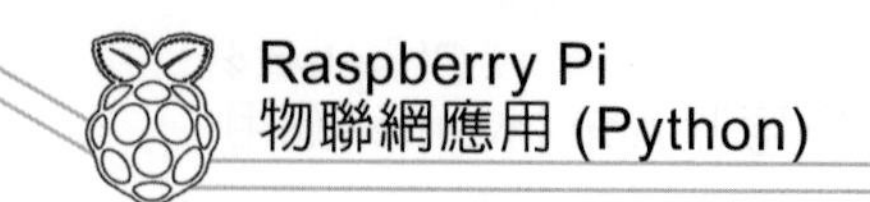

步驟十五：以手機開啓安裝完成的 APK 檔，如圖 4-59 所示。

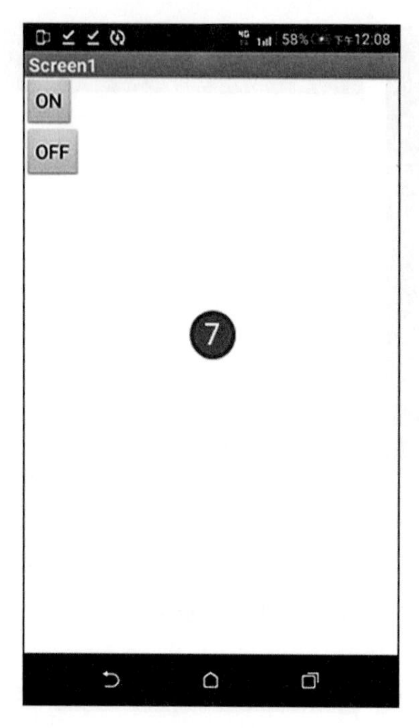

圖 4-59　下載與安裝 APK 檔 -3

4. 功能驗證：

   將樹莓派電源開啓，需有下列輸出才算執行成功：

   ★ 確認樹莓派 IP 後，於樹莓派伺服器開啓 Thonny Python IDE 執行程式，如圖 4-60，此時 shell 會出現 Starting Server 字樣，如圖 4-61 所示。

   ★ 開啓任何 google 瀏覽器，輸入 192.168.0.4:8080/on，google 瀏覽器必需出現 Hello World! 且樹莓派上的 LED 燈點亮。

   ★ 開啓任何 google 瀏覽器，輸入 192.168.0.4:8080/off，google 瀏覽器必需出現 Hello World! 且樹莓派上的 LED 燈熄滅。

   ★ 手機按下 ON 按鈕，樹莓派上的 LED 燈點亮。

   ★ 手機按下 OFF 按鈕，樹莓派上的 LED 燈熄滅。

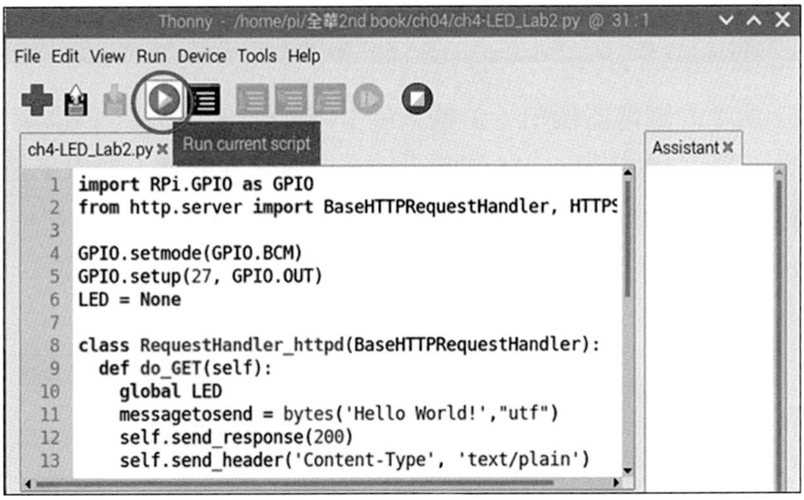

Thonny - /home/pi/全華2nd book/ch04/ch4-LED_Lab2.py @ 31 : 1

File Edit View Run Device Tools Help

Run current script

ch4-LED_Lab2.py   Assistant

```
1  import RPi.GPIO as GPIO
2  from http.server import BaseHTTPRequestHandler, HTTPS
3
4  GPIO.setmode(GPIO.BCM)
5  GPIO.setup(27, GPIO.OUT)
6  LED = None
7
8  class RequestHandler_httpd(BaseHTTPRequestHandler):
9    def do_GET(self):
10     global LED
11     messagetosend = bytes('Hello World!',"utf")
12     self.send_response(200)
13     self.send_header('Content-Type', 'text/plain')
```

圖 4-60　於 Thonny Python IDE 執行程式

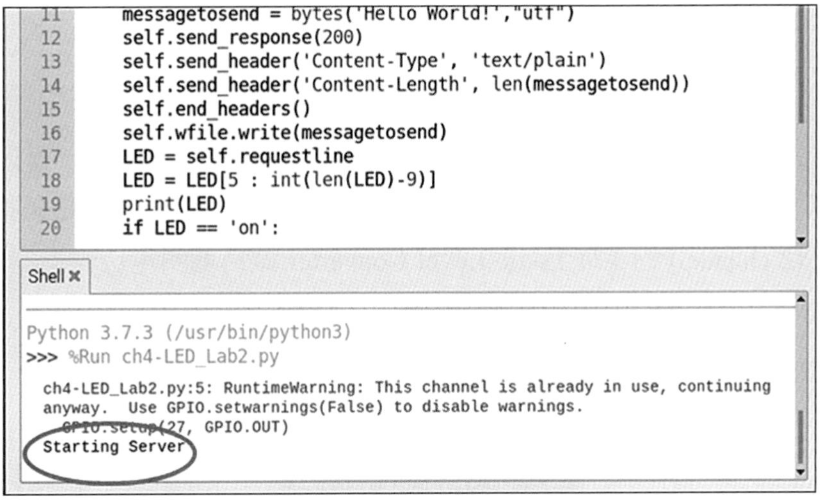

```
11     messagetosend = bytes('Hello World!',"utf")
12     self.send_response(200)
13     self.send_header('Content-Type', 'text/plain')
14     self.send_header('Content-Length', len(messagetosend))
15     self.end_headers()
16     self.wfile.write(messagetosend)
17     LED = self.requestline
18     LED = LED[5 : int(len(LED)-9)]
19     print(LED)
20     if LED == 'on':
```

Shell

```
Python 3.7.3 (/usr/bin/python3)
>>> %Run ch4-LED_Lab2.py

 ch4-LED_Lab2.py:5: RuntimeWarning: This channel is already in use, continuing
 anyway.  Use GPIO.setwarnings(False) to disable warnings.
   GPIO.setup(27, GPIO.OUT)
 Starting Server
```

圖 4-61　啓動 LED 伺服器

4-3 實驗三 遠端警報裝置

如圖 4-62 所示的繼電器模組，當輸入於 IN 端子上的電壓，為低電位 (0V) 時，會產生磁力吸引簧片，NC 與 COM 的預設連接，會變成開路，而原來是預設開路的 NO，此時會與 COM 連接；當輸入於 IN 端子上的電壓，為高電位 (5V) 時，繼電器回復原預設狀態，NC 與 COM 此時回復接通的狀態。

圖 4-62　繼電器

樹莓派的 GPIO 是 3.3V，欲使 5V 的繼電器模組模組正常工作，需要將 3.3V 的邏輯準位轉換為 5V 的邏輯準位，也就是需要一個 3.3V 轉 5V 的電壓轉換器， 可以選用雙通道 (2 channel) 的 T74 Logic Level Converter 做為邏輯電位轉換器，如圖 4-63 所示。

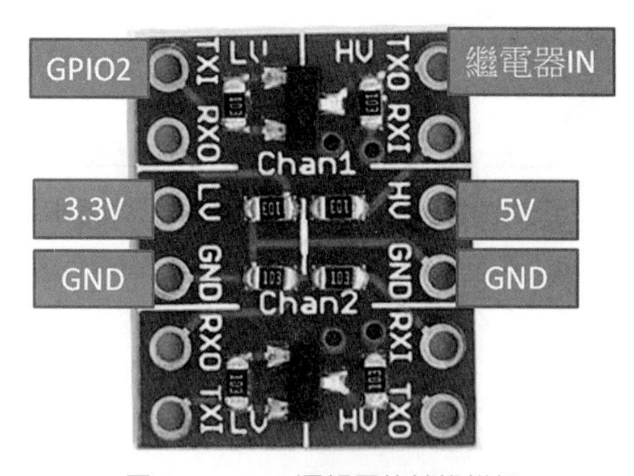

圖 4-63　T74 邏輯電位轉換模組

實驗摘要：

以 EasyPython 的拼圖塊產生 Python 程式碼，將樹莓派當作 HTTP 伺服器，再以 App Inventor 製作應用程式，打包成 .apk 檔案上傳手機，手機按下求救按鍵，則樹莓派 GPIO 連接之蜂鳴器開始鳴叫。

實驗步驟：

1. 實驗材料如表 4-3 所示。

實驗材料名稱	數量	規格	圖片
樹莓派 pi3B	1	已安裝好作業系統的樹莓派	
麵包板	1	麵包板 8.5*5.5CM	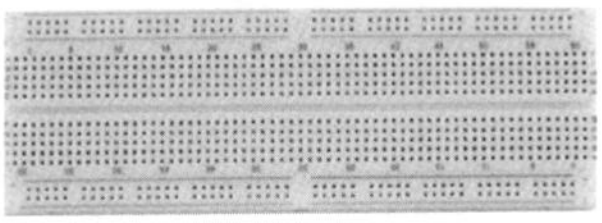
蜂鳴器	1	5V 電磁式有源蜂鳴器 長音	
邏輯電位轉換模組	1	3.3V 轉 5V	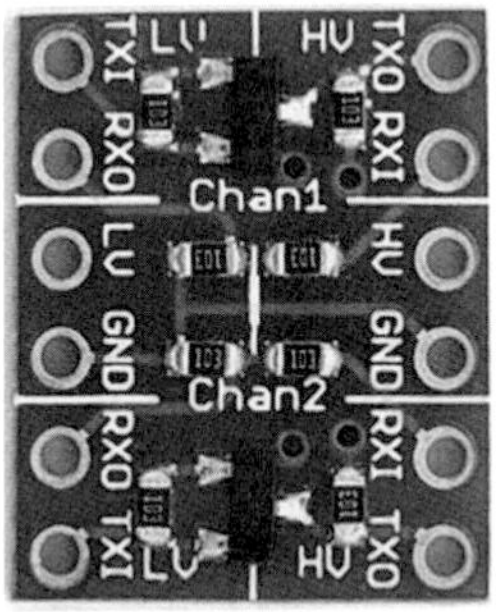
繼電器模組	1	輸入 5V DC 輸出 250VAC，10A	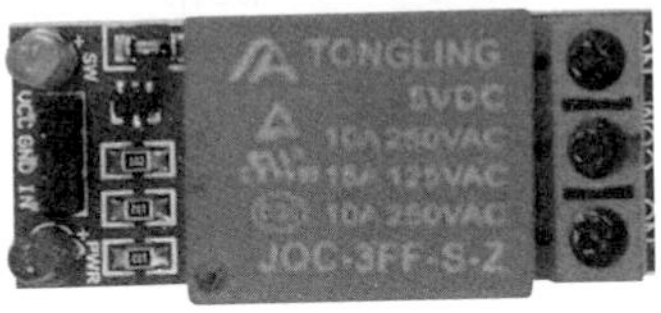
跳線	10	彩色杜邦雙頭線 (公 / 母)/20 cm	

2. 硬體接線：

T74 邏輯電位轉換模組的硬體連線方式如下：

HV 接 5V 電源

LV 接 3.3V 電源

GND 接電源的地。

TXI 爲 3.3V TTL 準位，接到 GPID27 腳位，TXO 爲 5V TTL 準位，接到繼電器的 IN 控制訊號腳位，此時繼電器的電源 VCC 腳位，必須接到 5V，蜂鳴器的 + 端接到 5V，另一端則接到繼電器的 NO 輸出腳位，如圖 4-64 所示。

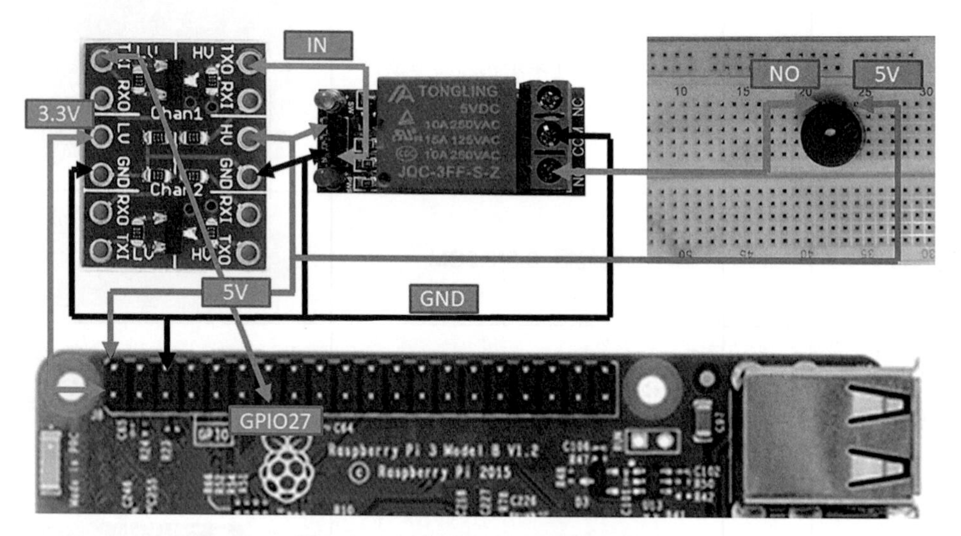

圖 4-64　遠端警報裝置硬體接線圖

3. 拼圖塊程式設計：

EasyPython 拼圖塊程式設計步驟與實驗二相同，直接將轉檔的 Python 程式 ch4-LED_Lab2.py 做修改，修改 Hello World! 文字爲 Help!，if 迴圈精簡爲 if LEDT == ‘help’，led.off () 如圖 4-65 所示。

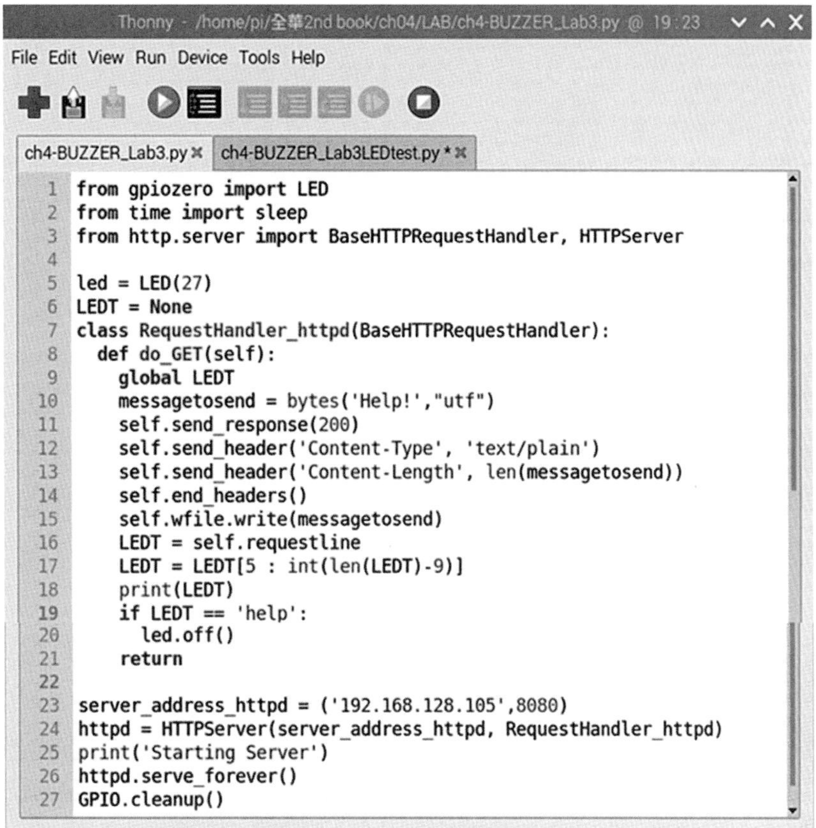

Thonny - /home/pi/全華2nd book/ch04/LAB/ch4-BUZZER_Lab3.py @ 19:23

File Edit View Run Device Tools Help

ch4-BUZZER_Lab3.py ch4-BUZZER_Lab3LEDtest.py *

```
1  from gpiozero import LED
2  from time import sleep
3  from http.server import BaseHTTPRequestHandler, HTTPServer
4
5  led = LED(27)
6  LEDT = None
7  class RequestHandler_httpd(BaseHTTPRequestHandler):
8    def do_GET(self):
9      global LEDT
10     messagetosend = bytes('Help!',"utf")
11     self.send_response(200)
12     self.send_header('Content-Type', 'text/plain')
13     self.send_header('Content-Length', len(messagetosend))
14     self.end_headers()
15     self.wfile.write(messagetosend)
16     LEDT = self.requestline
17     LEDT = LEDT[5 : int(len(LEDT)-9)]
18     print(LEDT)
19     if LEDT == 'help':
20       led.off()
21     return
22
23 server_address_httpd = ('192.168.128.105',8080)
24 httpd = HTTPServer(server_address_httpd, RequestHandler_httpd)
25 print('Starting Server')
26 httpd.serve_forever()
27 GPIO.cleanup()
```

圖 4-65　遠端警報裝置程式

程式解說如下：

程式	說明
from gpiozero import LED	◆ 從 gpiozero 輸入 LED 模組
from time import sleep	◆ 從 time 輸入 sleep 模組
from http.server import BaseHTTPRequestHandler, HTTPServer	◆ 從 http.server 模組載入 BaseHTTPRequestHandler, HTTPServer 模組，
led = LED(27)	◆ 將使用 GPIO27 腳的 LED 函數指定給變數 led
LEDT = None	◆ 設定 LEDT 變數為空白
class RequestHandler_httpd (BaseHTTPRequestHandler):	◆ 宣告 BaseHTTPRequestHandler 的類別，類別名稱為：RequestHandler_httpd
def do_GET(self):	◆ 定義 do_GET 定義函數：
global LEDT	◆ 設 LEDT 為全域變數
messagetosend = bytes('Help!',"utf")	◆ messagetosend(當有使用者成功進入網站所回應的訊息) 設定為 Help!
self.send_response(200)	◆ 200 代表隊伺服器的請求成功

self.send_header('Content-Type', 'text/plain')	◆ send_header() 的第一個參數是關鍵字 (keyword), 第二個參數是 ，所以傳送資料的內容 (Content-Type) 是純文字。
self.send_header('Content-Length', len(messagetosend))	◆ 傳送資料的長度 (Content-Length) 是 messagetosend 字串的長度。
self.end_headers()	◆ 必需遇到 end_headers() 函數，才會開始傳送的動作
self.wfile.write(messagetosend)	◆ wfile.write() 函數，以 messagetosend 訊息回應客戶端 (client)
LEDT = self.requestline	◆ LEDT 變數值等於客戶端的請求文字行
LEDT = LEDT[5 : int(len(LEDT)-9)]	◆ LED 變數值取第 6 個字到倒數第 10 個字
print(LEDT)	◆ 螢幕顯示 LEDT 變數
if LEDT == 'help':	◆ 如果 LEDT 變數為 help
led.off()	◆ 設定 GPIO27 腳為 LOW 低電位
return	◆ 結束返回
server_address_httpd = ('192.168.128.85',8080)	◆ 伺服器的 IP 是 192.168.128.85 使用 8080 埠
httpd = HTTPServer(server_address_httpd, RequestHandler_httpd)	◆ HTTPServer 依據第一參數 server_address_httpd 所代表的 IP+PORT 及第二參數的客戶請求處理器來建立 HTTP 連接座 (socket)，並且於此連接座上聆聽 HTTP，將請求訊息交給 RequestHandler_httpd 處理器來處理
print('Starting Server')	◆ 螢幕顯示 Starting Server
httpd.serve_forever()	◆ HTTP 服務不間斷

4. App Inventor 程式設計：

手機端的程式，使用 App Inventor 來設計，App Inventor 的使用綁 gmail 的帳號，因此必需先有一個 gmail 帳號，然後到 https://appinventor.mit.edu/ 網站，按下橘色的按鈕 Create Apps!，如圖 4-66 所示，網站會要求選擇使用 GMAIL 的帳號如圖 4-67，點選後進入程式開發環境畫面，如圖 4-68 所示。

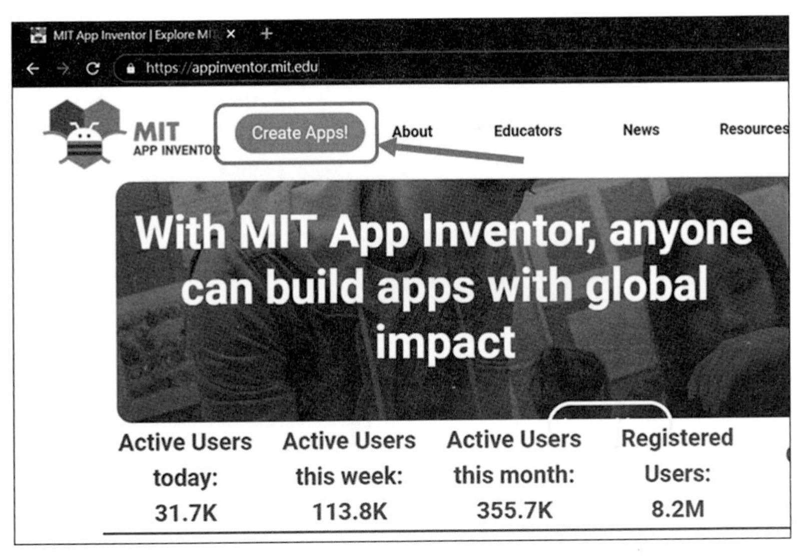

圖 4-66　App Inventor 網站

圖 4-67　選擇 GMAIL 帳號

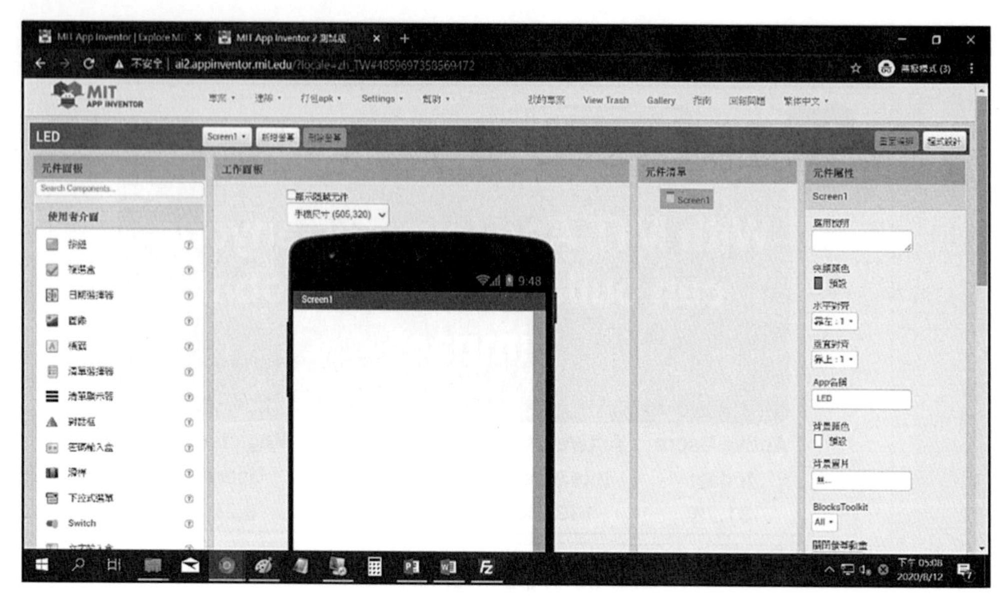

圖 4-68　App Inventor 開發環境

App Inventor 程式設計步驟如下：

步驟一：按下左上角的專案 -> 新增專案命名為 helpMe，如圖 4-69 所示。

圖 4-69　新增專案

步驟二：從元件面板拖曳 1 個按鈕至工作面板手機的畫面上，如圖 4-70 所示。

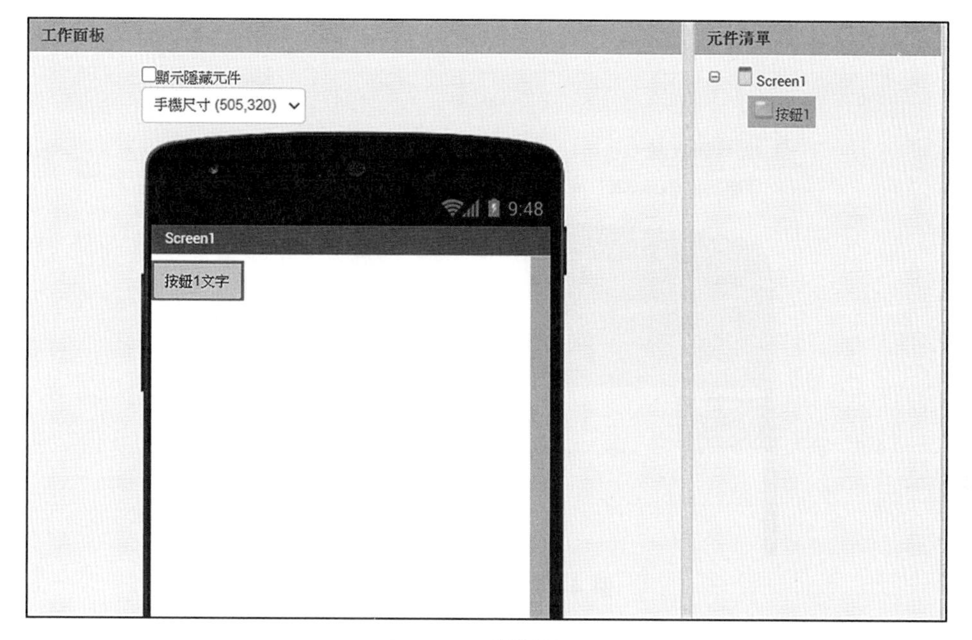

圖 4-70　新增按鈕

步驟三：於清單面板上更改按鈕 1 名稱為 helpBTN，如圖 4-71 所示。

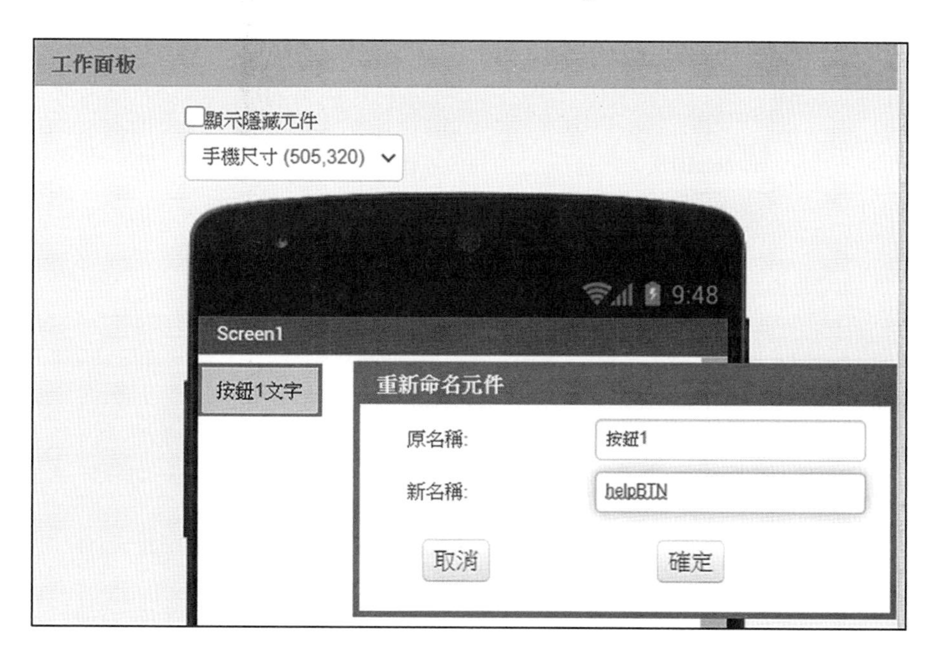

圖 4-71　更改按鈕名稱

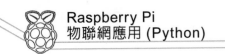

步驟四：選擇工作面板上的按鈕 1 文字，到元件屬性區的文字欄更改按鈕一文字爲 HELP，如圖 4-72 所示。

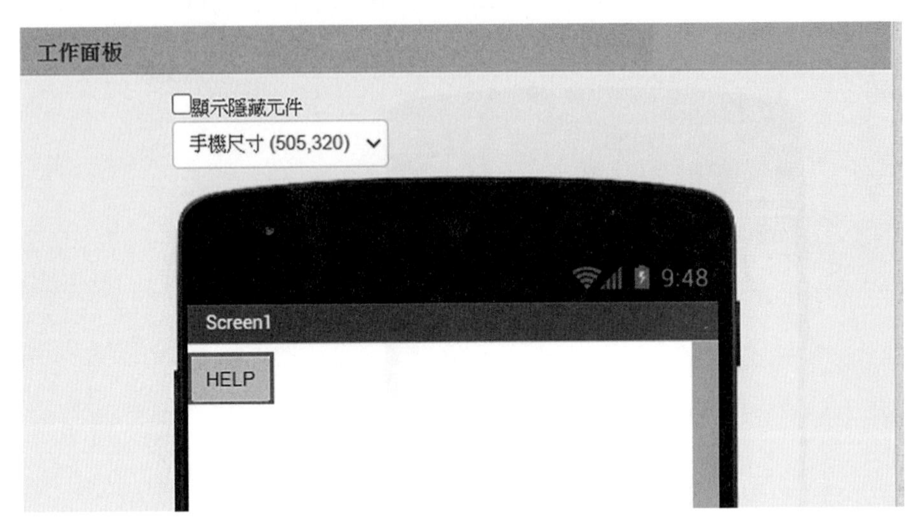

圖 4-72　更改按鈕文字

步驟五：將元件面板上的通訊選項點開，拖曳”網路”元件至工作面板上，此時元件清單最下方，會出現”網路 1”，如圖 4-73 所示。

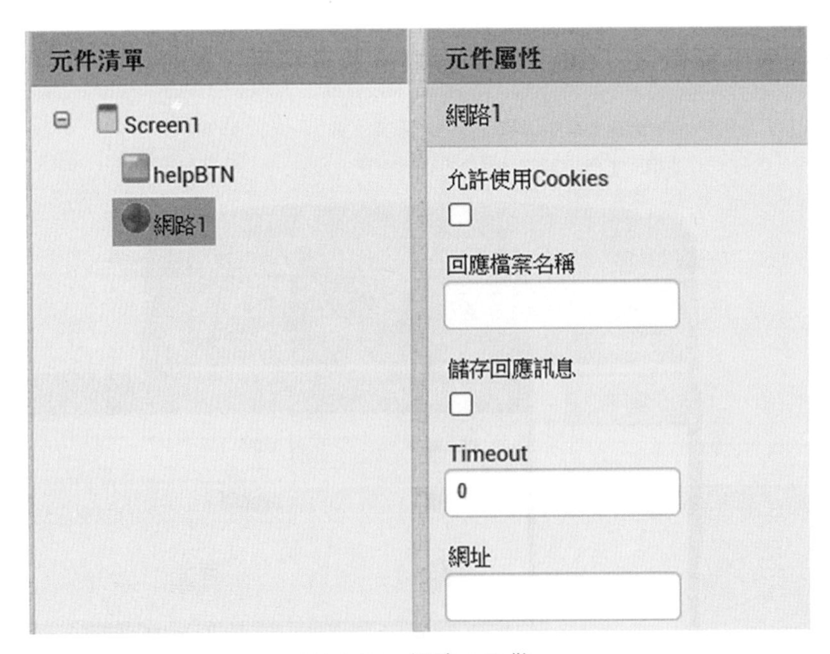

圖 4-73　網路 1 元件

步驟六：將開發環境畫面切到”程式設計”，按鈕的位置在右上方，如圖 4-74 所示，程式設計畫面，如圖 4-75 所示。

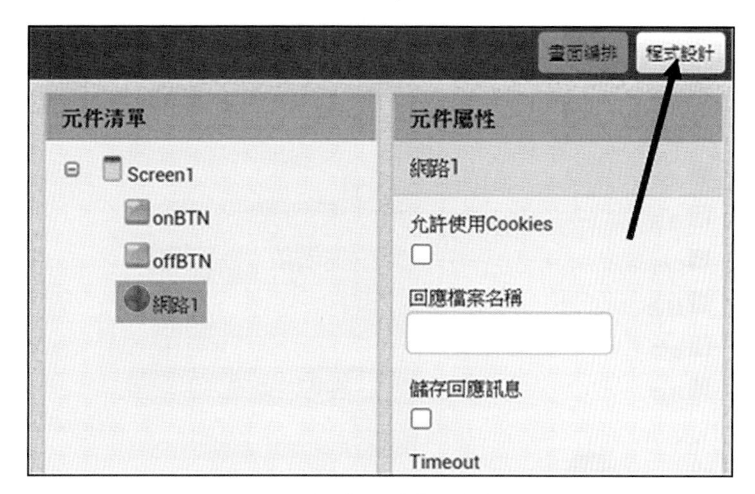

圖 4-74　程式設計畫面切換按鈕

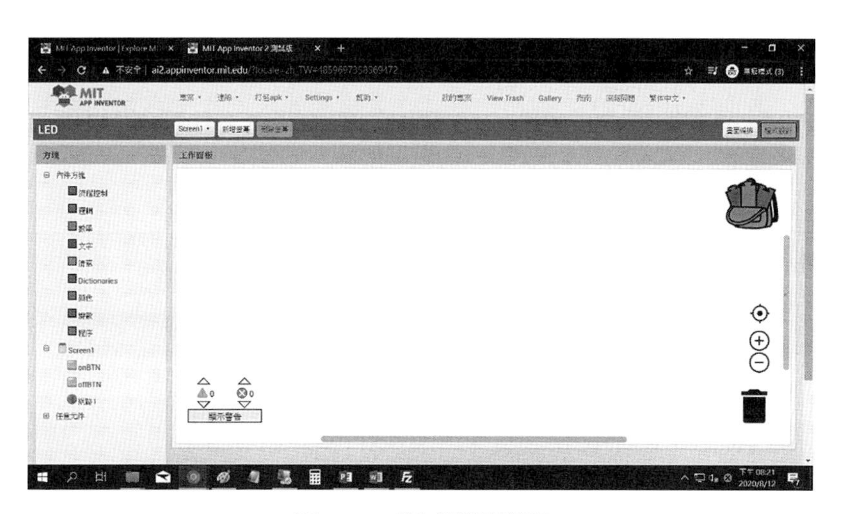

圖 4-75　程式設計畫面

步驟七：點選方塊區內的 helpBTN，按鈕的位置在右上方，如圖 4-76 所示。

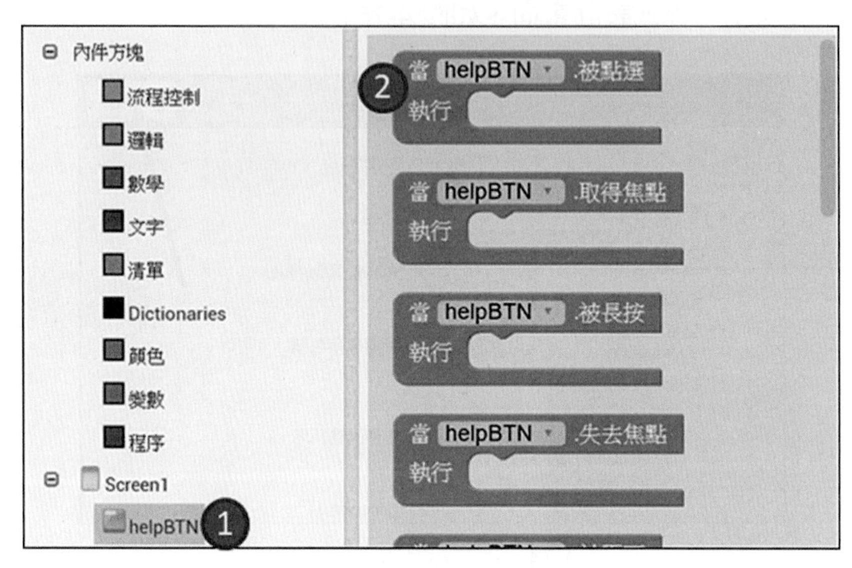

圖 4-76　helpBTN 拼圖塊

步驟八：點選方塊區內的網路 1，選取"設網路 1 網址"的拼圖塊，如圖 4-77 所示，放置於 helpBTN 的缺口處。

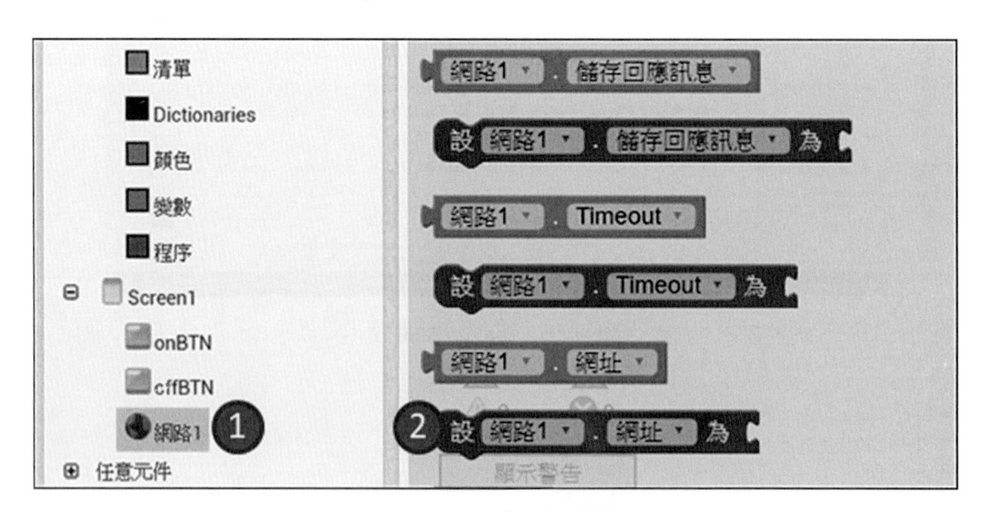

圖 4-77　網路 1 拼圖塊

步驟九：點選方塊區內的文字，選取空白文字的拼圖塊，如圖 4-78 所示，放置於網路 1 拼圖塊的缺口處，如圖 4-79 所示，空白文字處改爲 http://192.168.0.4:8080/help。

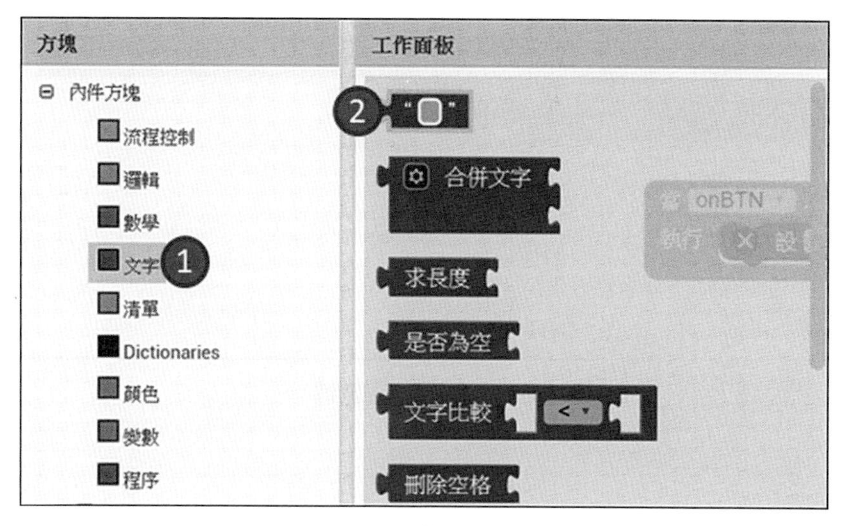

圖 4-78　空白文字拼圖塊

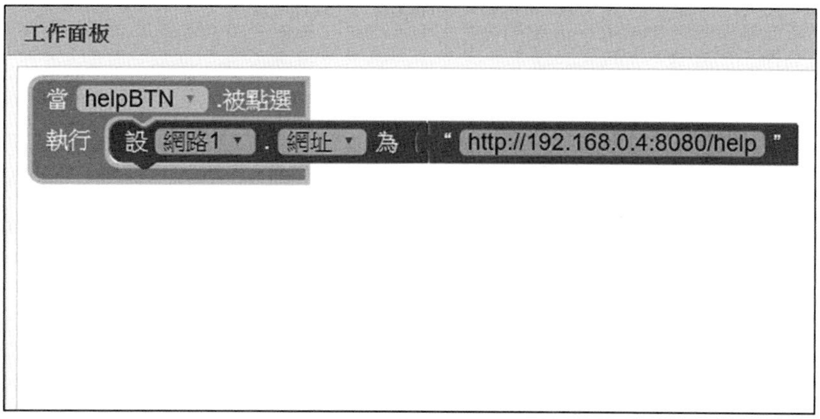

工作面板
當 helpBTN .被點選
執行 設 網路1 . 網址 為 " http://192.168.0.4:8080/help "

圖 4-79　help 拼圖塊

步驟十：增加 GET 請求於 helpBTN 拼圖塊，如圖 4-80 所示。

圖 4-80　完整拼圖塊

步驟十一：打包程式爲 APK 檔，如圖 4-81 所示。

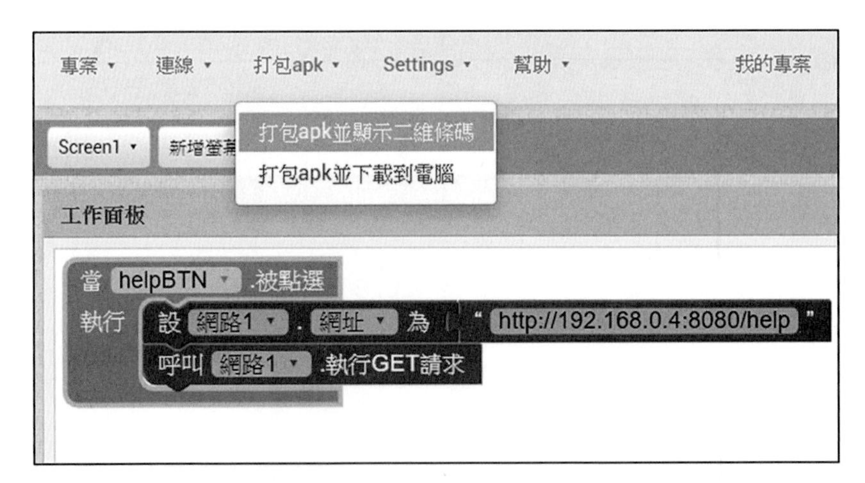

圖 4-81　打包程式為 APK 檔

步驟十二：出現二維條碼，如圖 4-82。

圖 4-82　下載 APK 檔的二維條碼

步驟十三：以手機掃描下載及安裝 APK 檔，如圖 4-83 ～ 4-85 所示。

圖 4-83　下載與安裝 APK 檔 -1

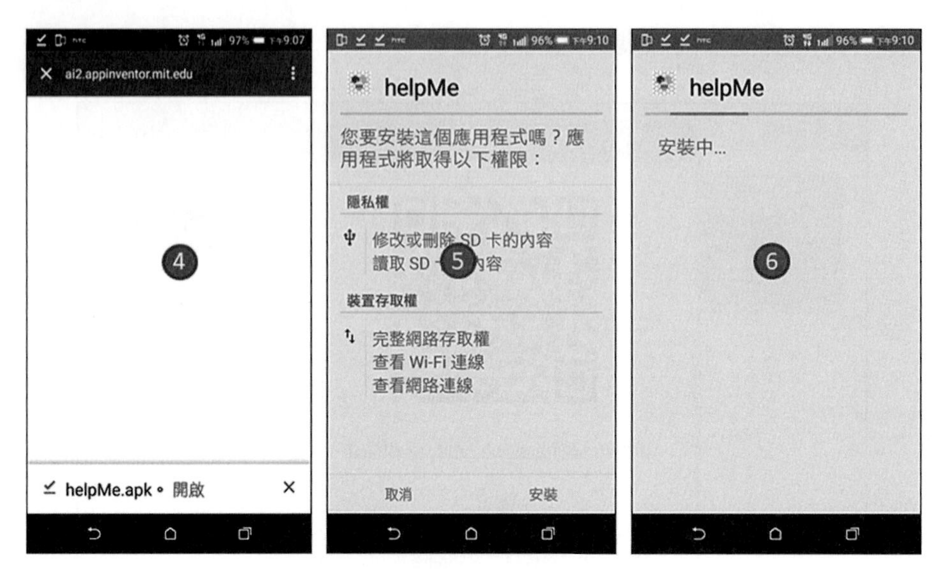

圖 4-84　下載與安裝 APK 檔 -2

步驟十四：以手機開啓安裝完成的 APK 檔，如圖 4-88 所示。

圖 4-85　下載與安裝 APK 檔 -3

4. 功能驗證：

將樹莓派電源開啓，需有下列輸出才算執行成功：

★ 確認樹莓派 IP 後，於樹莓派伺服器開啓 Thonny Python IDE 執行程式，shell 會出現 Starting Server 字樣，如圖 4-86 所示。

★ 開啓任何 google 瀏覽器，輸入 192.168.0.4:8080/help，google 瀏覽器必需出現 Help!，且樹莓派上的蜂鳴器鳴叫。

★ 重新執行程式。

★ 手機按下 HELP 按鈕，樹莓派上的蜂鳴器會鳴叫。

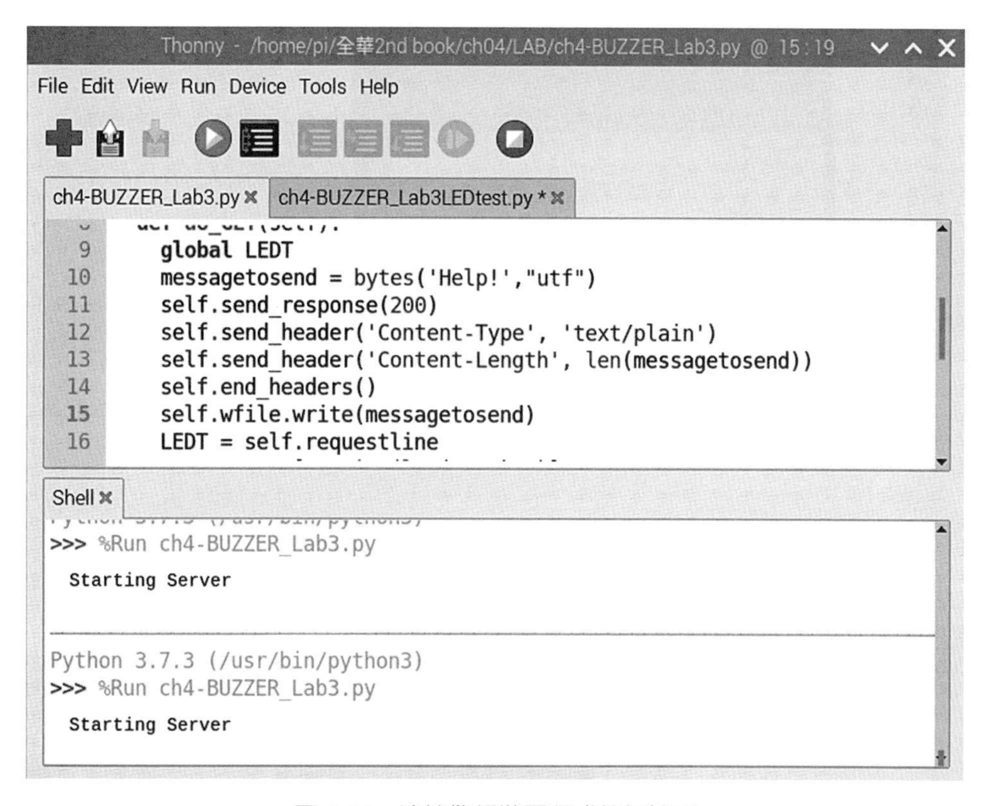

圖 4-86　遠端警報裝置程式執行結果

課後評量

程式題：

1. 參考實驗二，將 GPIO 部分改寫爲 gpiozero 的形式，輸出結果不變。
2. 參考實驗二，控制兩顆 LED 亮滅，新增 GPIO17 控制另外一顆 LED 亮滅，APP INVENTOR 畫面編排如圖 4-87 所示，APP INVENTOR 程式設計如圖 4-88 所示。

工作面板
顯示隱藏元件
手機尺寸 (505,320)
9:48
Screen1
LED1_ON
LED1_OFF
LED2_ON
LED2_OFF
元件清單
Screen1
LED1_ON
LED1_OFF
LED2_ON
LED2_OFF
網路1

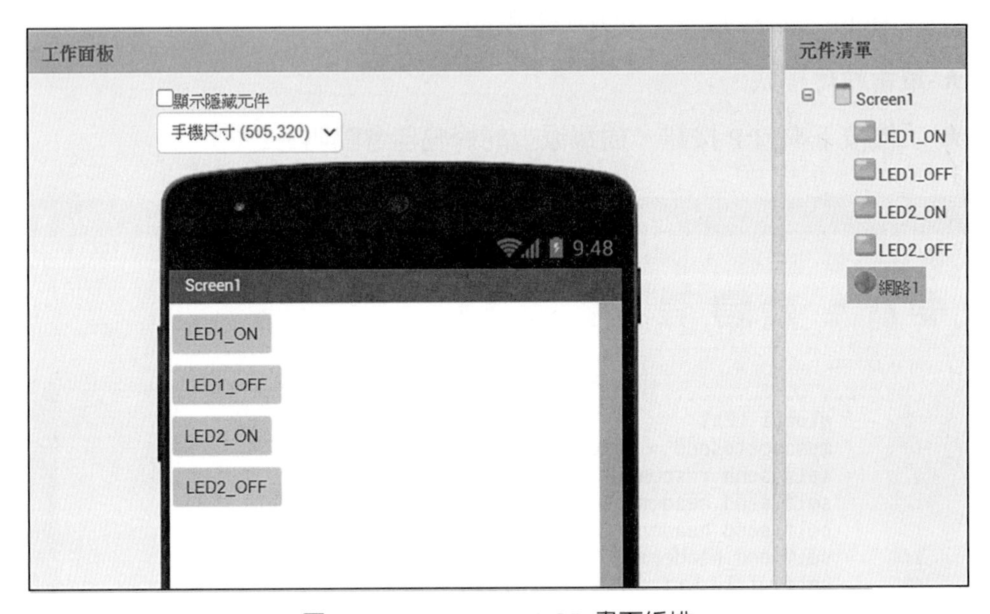

圖 4-87　APP INVENTOR 畫面編排

工作面板
當 LED1_ON .被點選
執行 設 網路1 . 網址 為 " http://192.168.0.4:8080/on1 "
呼叫 網路1 .執行GET請求
當 LED2_ON .被點選
執行 設 網路1 . 網址 為 " http://192.168.0.4:8080/on2 "
呼叫 網路1 .執行GET請求
當 LED1_OFF .被點選
執行 設 網路1 . 網址 為 " http://192.168.0.4:8080/off1 "
呼叫 網路1 .執行GET請求
當 LED2_OFF .被點選
執行 設 網路1 . 網址 為 " http://192.168.0.4:8080/off2 "
呼叫 網路1 .執行GET請求

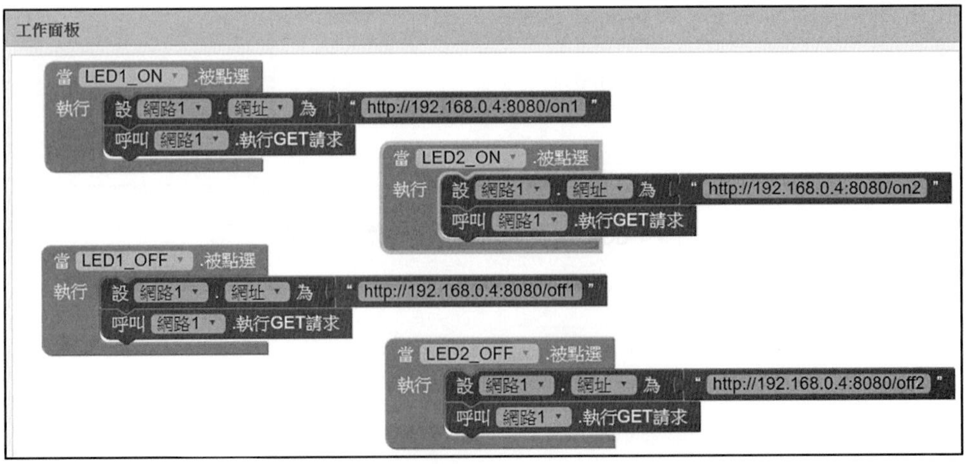

圖 4-88　APP INVENTOR 程式設計

3. 參考實驗三，手機畫面增加一個 CANCEL(取消) 按鍵，按下 CANCEL 件可以停止警報訊號。APP INVENTOR 畫面編排如圖 4-89 所示，APP INVENTOR 程式設計如圖 4-90 所示。

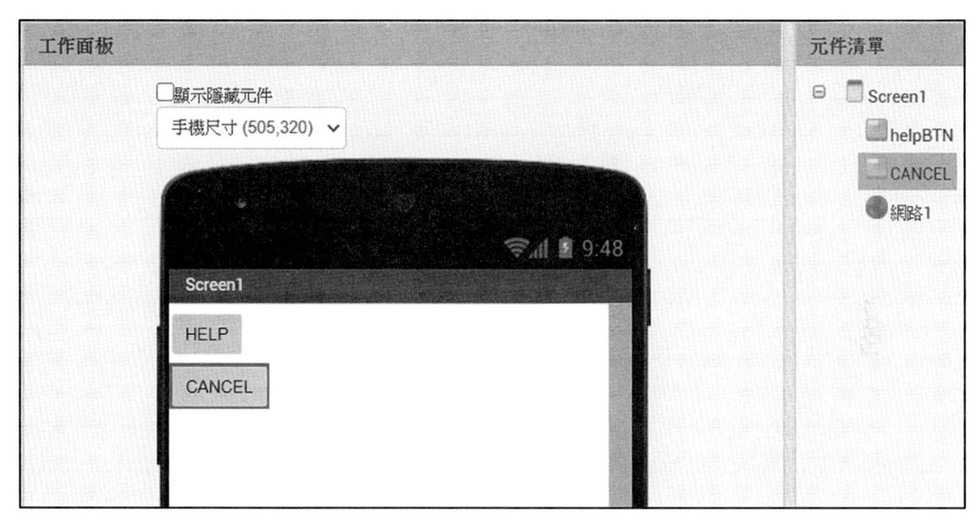

圖 4-89　APP INVENTOR 畫面編排

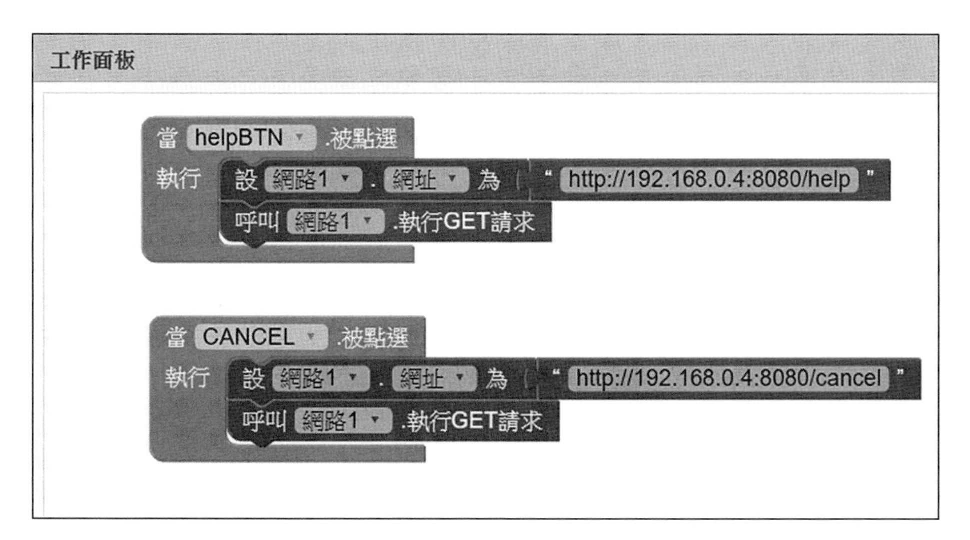

圖 4-90　APP INVENTOR 程式設計

NOTE

5 CHAPTER

IFTTT 應用一

本章重點

IFTTT 是 IF THIS THEN THAT 的縮寫，原始作者是 Linden Tibbets 和 Jesse Tane，軟體開發者則是 IFTTT INC.，可以適用於 Andoid 和 iOS 系統，是一套免費的軟體，從英文的全名來看，翻成中文就是”如果這個條件滿足就執行那個”，當偵測到某一事件成立後，就執行某些事件，例如當偵測到有人入侵，就透過 IFTTT 機制發出即時訊息到 LINE，就是 THAT，這裡的偵測入侵事件就是 THIS。

本章將以 Python 結合 IFTTT 介紹以下的實驗專案：

5-1 IFTTT 帳號設定

使用 IFTTT 必須先申請帳號，進入 IFTTT(https://ifttt.com) 網站，點選網站右上方 sign up 開始註冊，如圖 5-1 所示。

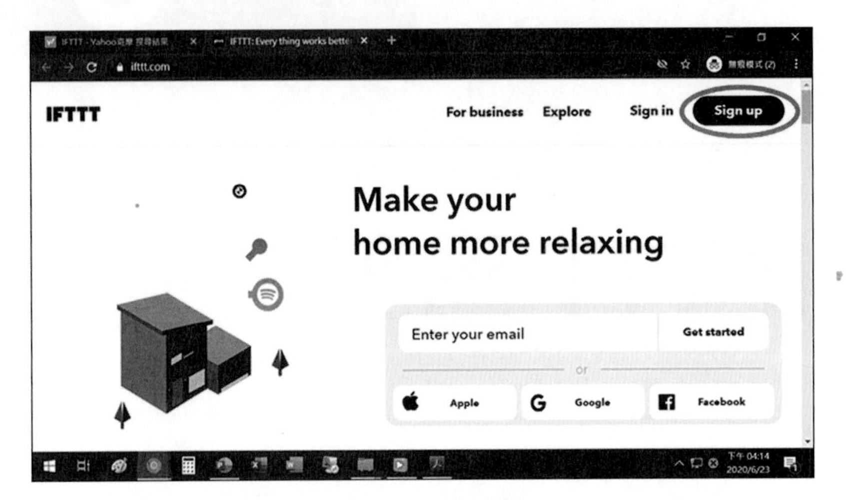

圖 5-1　註冊 IFTTT 帳號 -1 (圖片來源：https://ifttt.com)

於圖 5-2 中最下方再點選 sign up。

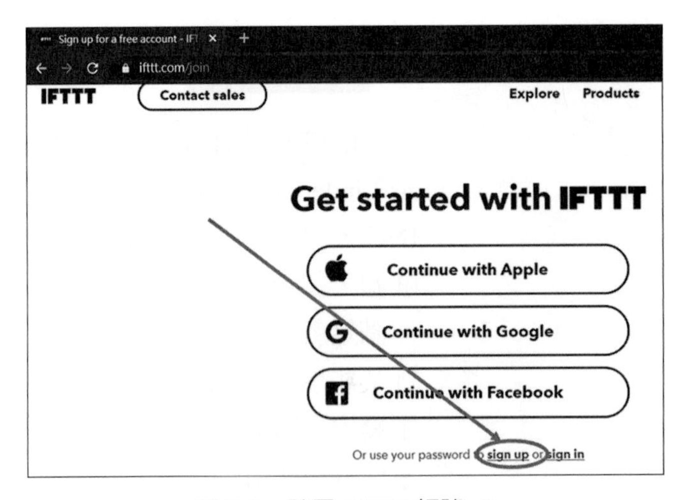

圖 5-2　註冊 IFTTT 帳號 -2

綁定你的電子郵件，並輸入一組要綁定的密碼如圖 5-3 所示，此密碼是新設定的，不是原先電子郵件的密碼。

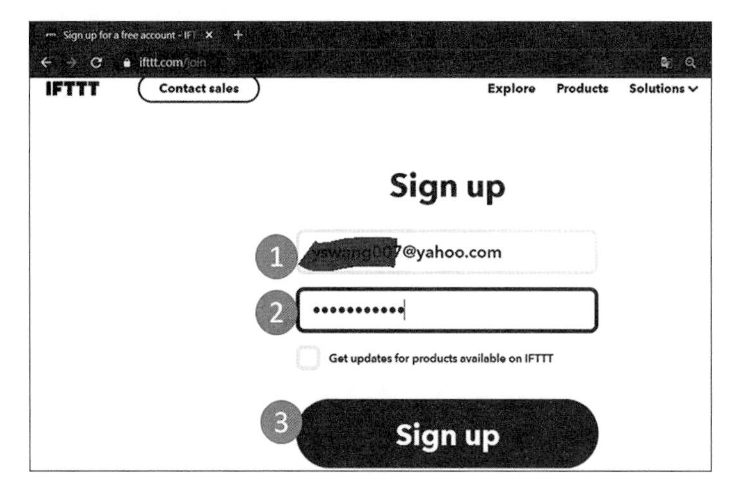

圖 5-3　註冊 IFTTT 帳號 -3 (圖片來源：https://ifttt.com)

點選右上角的 Skip，如圖 5-4 所示。

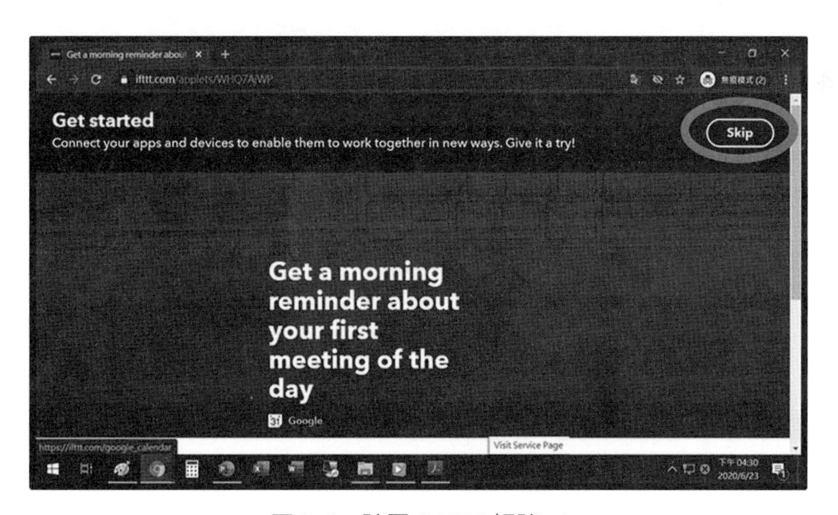

圖 5-4　註冊 IFTTT 帳號 -4

選擇 create，如圖 5-5 所示。

圖 5-5　註冊 IFTTT 帳號 -5

選擇＋號，如圖 5-6 所示。

圖 5-6　註冊 IFTTT 帳號 -6

Search services 處輸入 webhooks，如圖 5-7 所示。

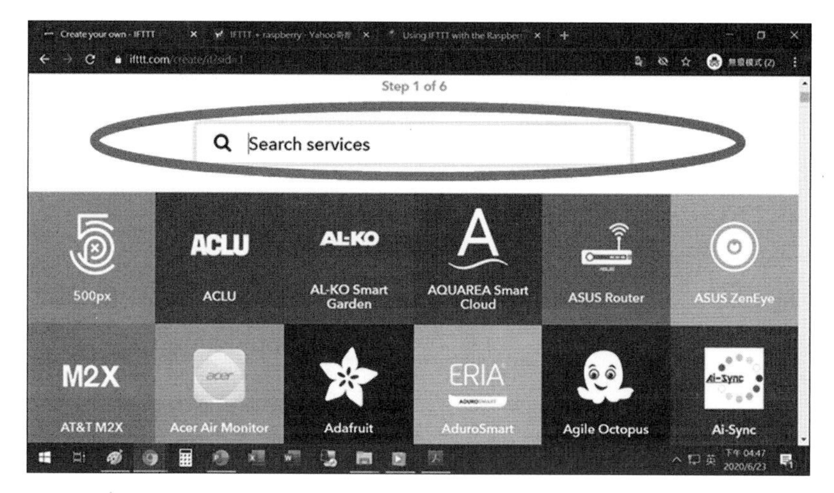

圖 5-7　註冊 IFTTT 帳號 -7

點選 webhooks 圖示，如圖 5-8 所示。

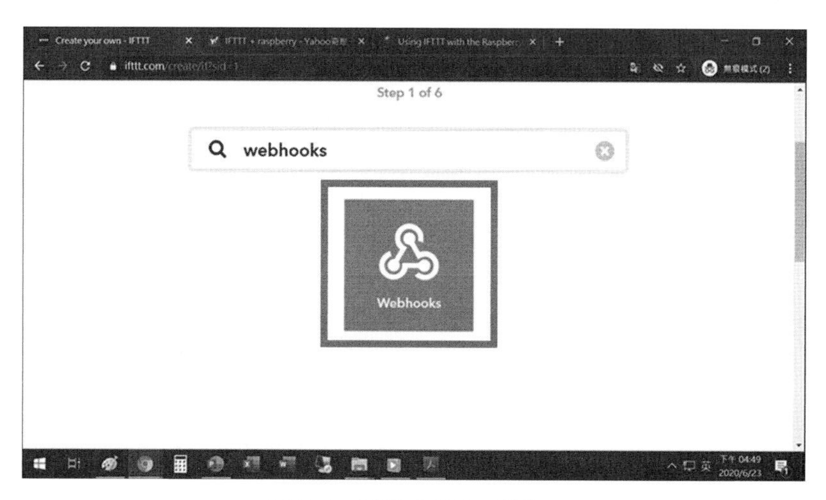

圖 5-8　註冊 IFTTT 帳號 -8

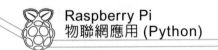

點選 connect，如圖 5-9 所示。

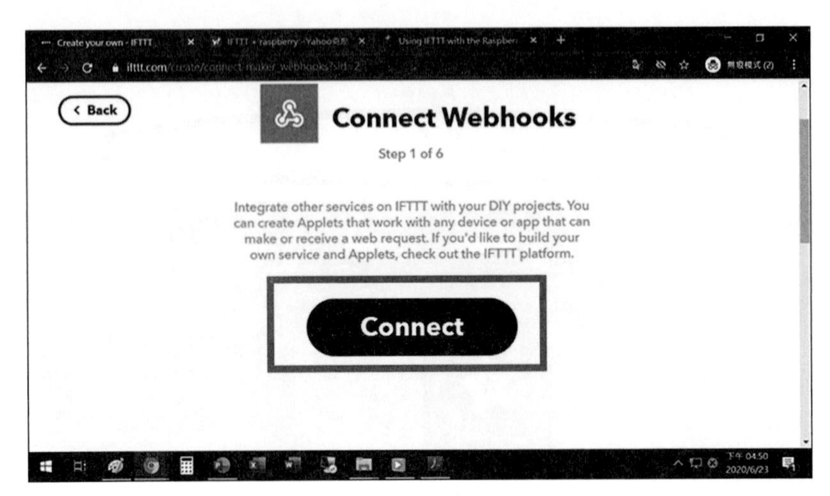

圖 5-9　註冊 IFTTT 帳號 -9

點選 Receive a web service，如圖 5-10 所示。

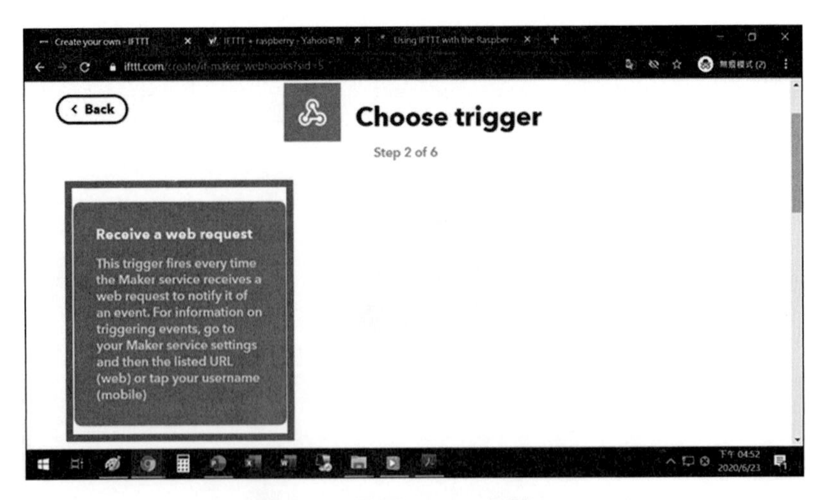

圖 5-10　註冊 IFTTT 帳號 -10

填入 Event Name，可以任意命名，此處我使用 TEST，接著按下 Create Trigger，如圖 5-11 所示。

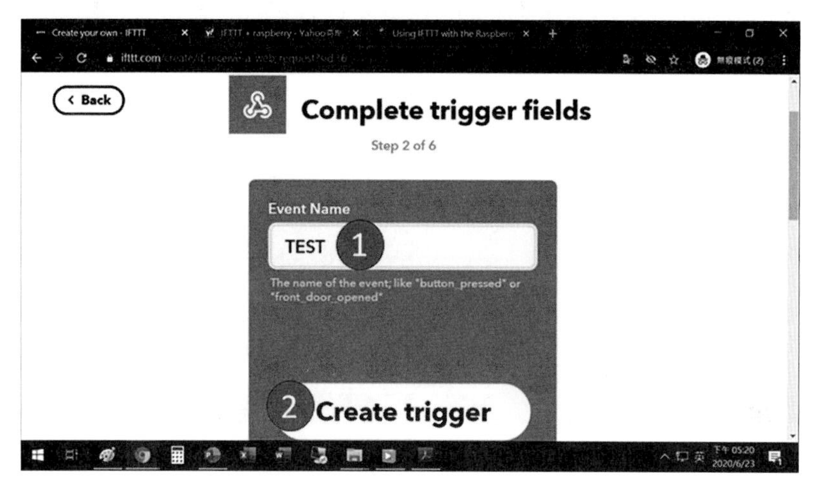

圖 5-11　註冊 IFTTT 帳號 -11

選擇＋號，如圖 5-12 所示。

圖 5-12　註冊 IFTTT 帳號 -12

於 Search Services 處輸入 LINE，如圖 5-13 所示。

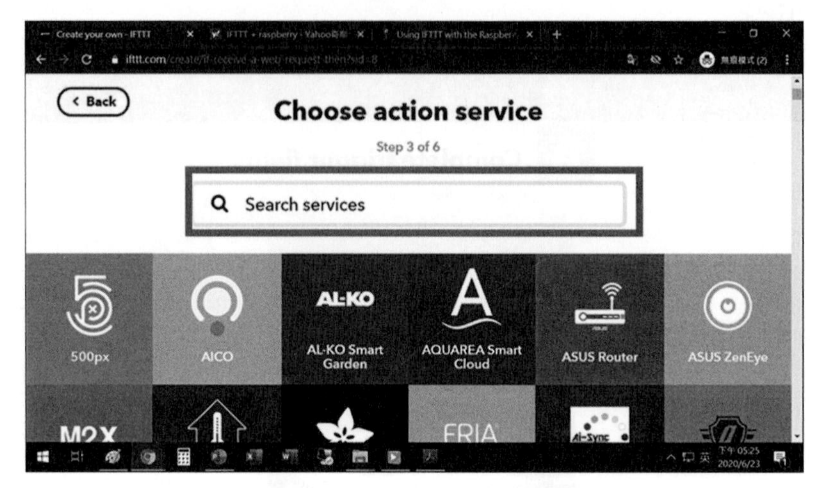

圖 5-13　註冊 IFTTT 帳號 -13

選擇 LINE，如圖 5-14 所示。

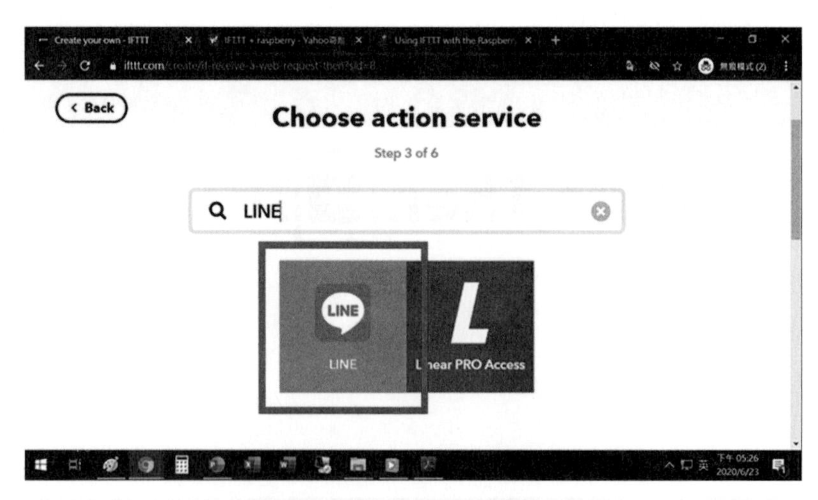

圖 5-14　註冊 IFTTT 帳號 -14

選擇 Connect，如圖 5-15 所示。

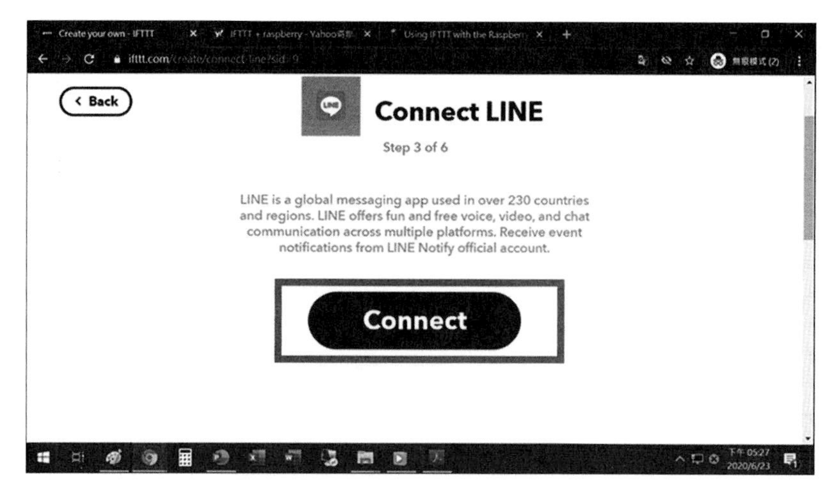

圖 5-15　註冊 IFTTT 帳號 -15

輸入 LINE 帳密，如圖 5-16 所示。

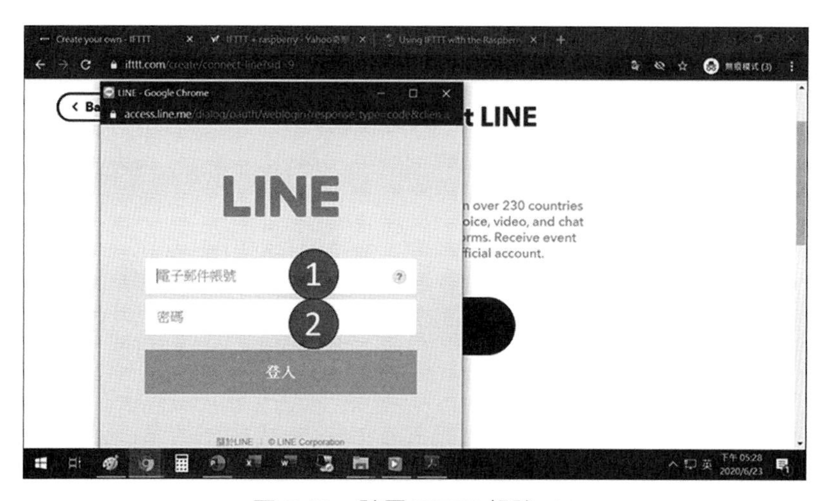

圖 5-16　註冊 IFTTT 帳號 -16

選同意並連動，如圖 5-17 所示。

圖 5-17　註冊 IFTTT 帳號 -17

選 Send Message，如圖 5-18 所示。

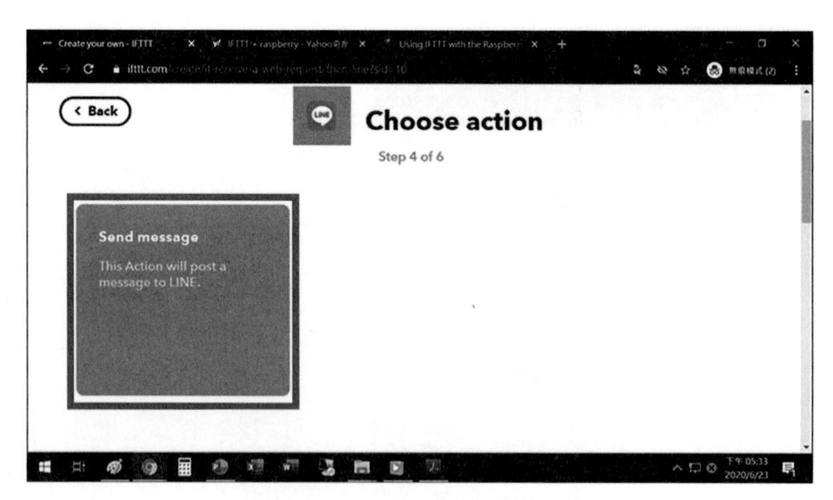

圖 5-18　註冊 IFTTT 帳號 -18

於 Recipient 處選擇”透過 1 對 1 聊天 LINE NOTIFY 的通知”，如圖 5-19 所示。

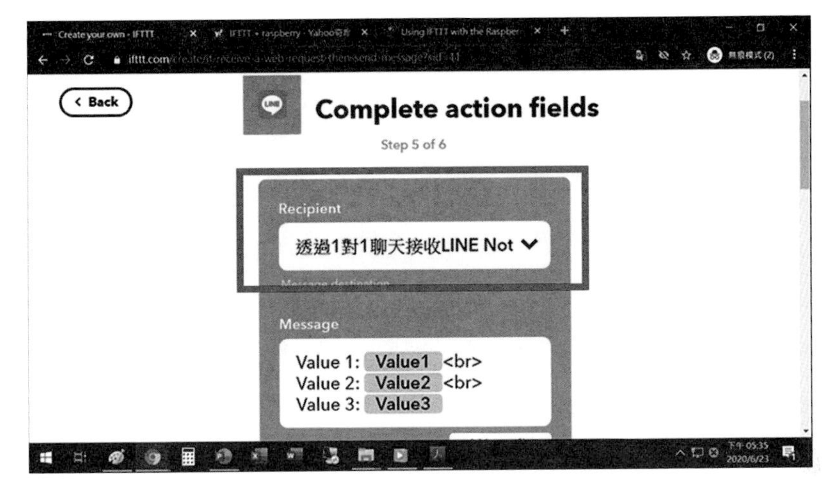

圖 5-19　註冊 IFTTT 帳號 -19

於 Message 處輸入”測試喔 !!!”，如圖 5-20 所示。

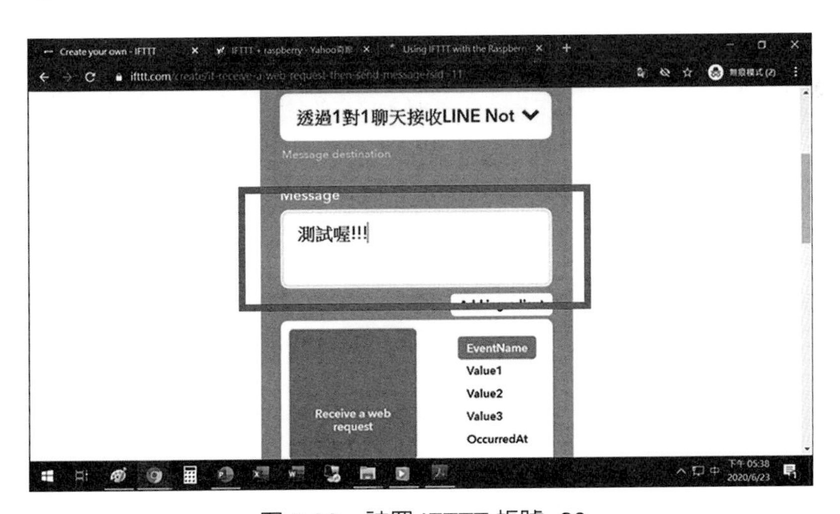

圖 5-20　註冊 IFTTT 帳號 -20

按下 Create action，如圖 5-21 所示。

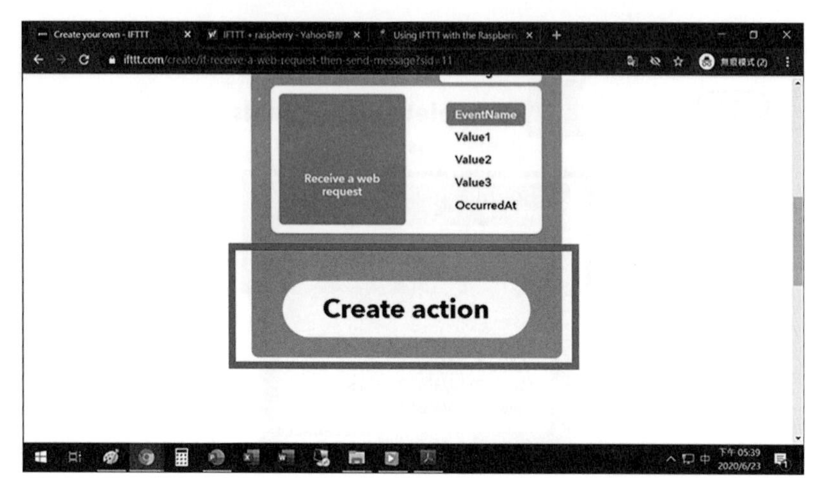

圖 5-21　註冊 IFTTT 帳號 -21

按下 Finish，如圖 5-22 所示。

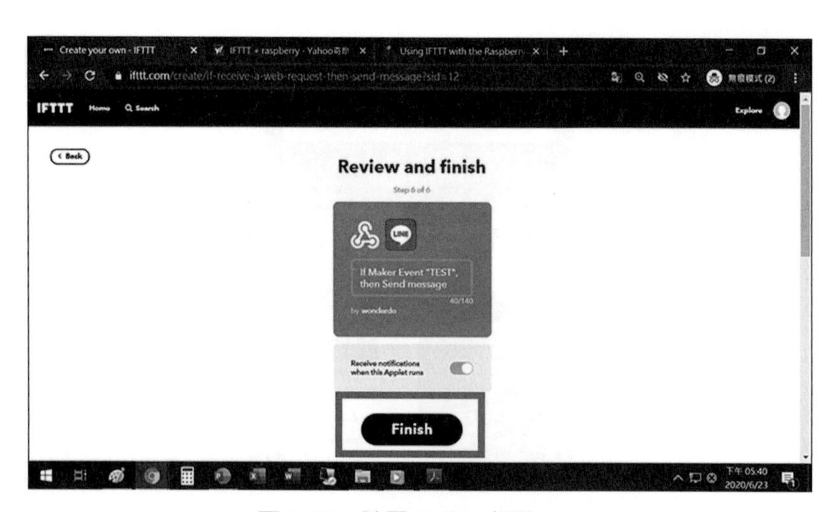

圖 5-22　註冊 IFTTT 帳號 -22

設定完成畫面，如圖 5-23 所示。

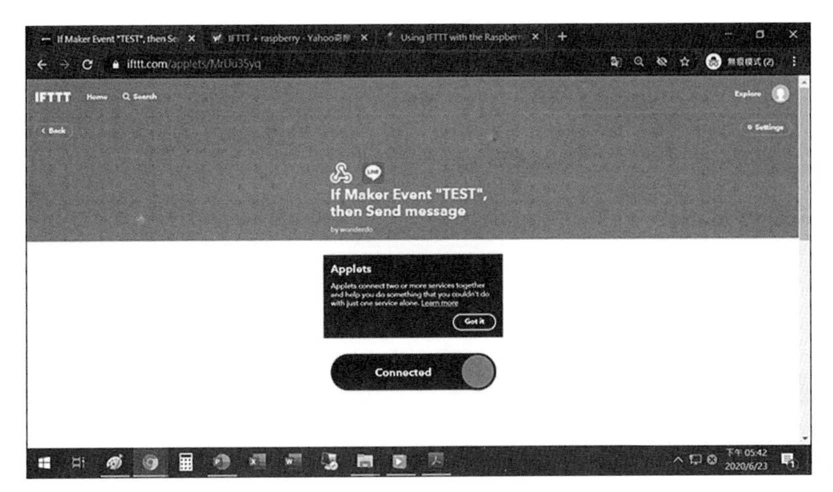

圖 5-23　設定完成畫面

按下圖 5-24 設定完成畫面右上角的 Setting，可以瀏覽帳號設定，如圖 5-25 所示。

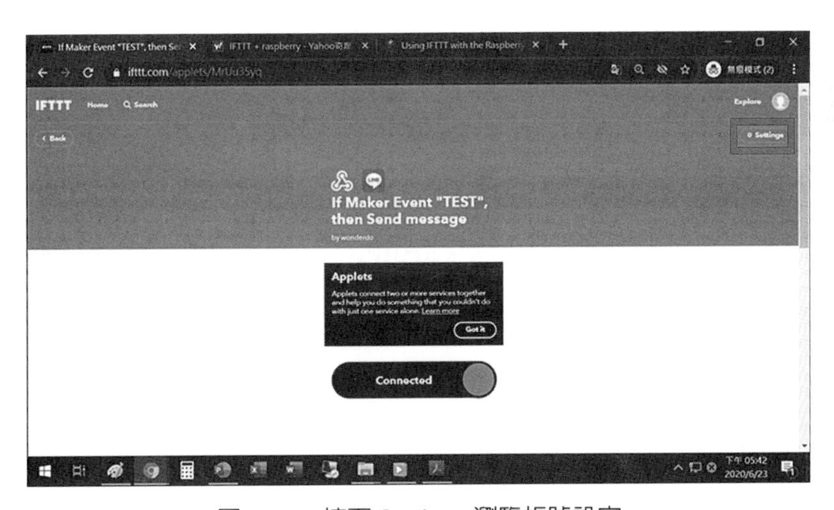

圖 5-24　按下 Settings 瀏覽帳號設定

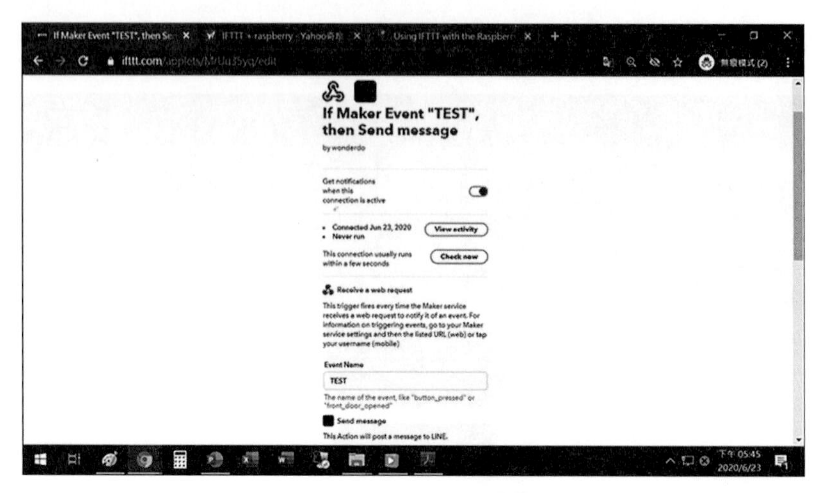

圖 5-25　帳號設定總覽

5-2 IFTTT 連線測試

申請帳號成功後，進入 IFTTT(https://ifttt.com) 網站，測試 IFTTT 與 LINE 是否連通，點選右上方人頭，選擇 My Serveices 如圖 5-26 所示。

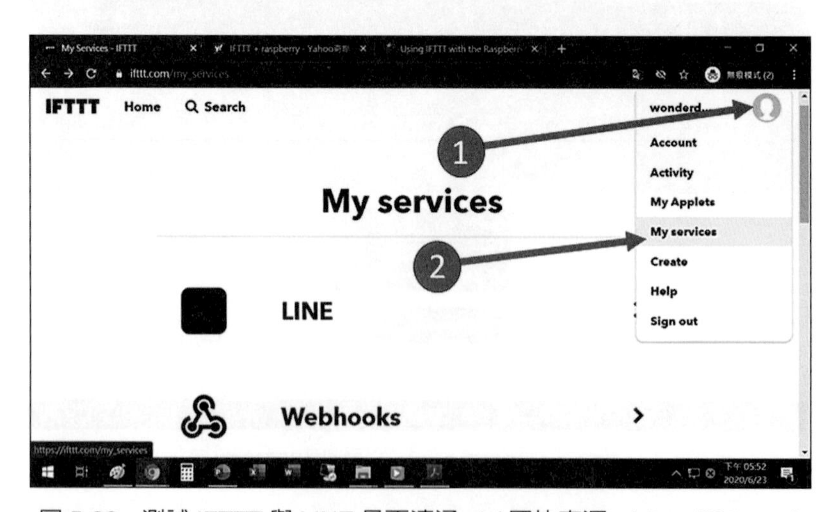

圖 5-26　測試 IFTTT 與 LINE 是否連通 -1 (圖片來源：https://ifttt.com)

點選 Webhooks 右方箭頭，如圖 5-27 所示。

圖 5-27　測試 IFTTT 與 LINE 是否連通 -2

點選右上方 Documentation，如圖 5-28 所示。

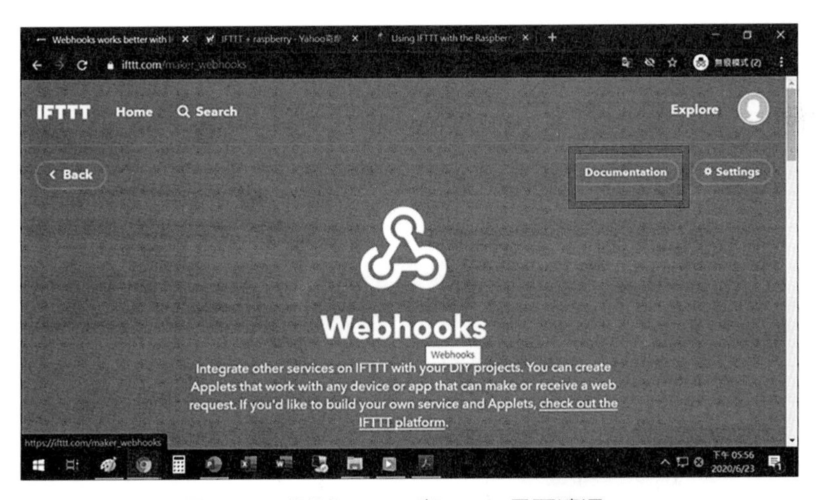

圖 5-28　測試 IFTTT 與 LINE 是否連通 -3

將 https://maker.ifttt.com/trigger/{event}/...... 中的 {event} 改爲 TEST，如圖 5-29 所示。

圖 5-29　測試 IFTTT 與 LINE 是否連通 -4

點選 Test It 按鈕，如圖 5-30 所示。

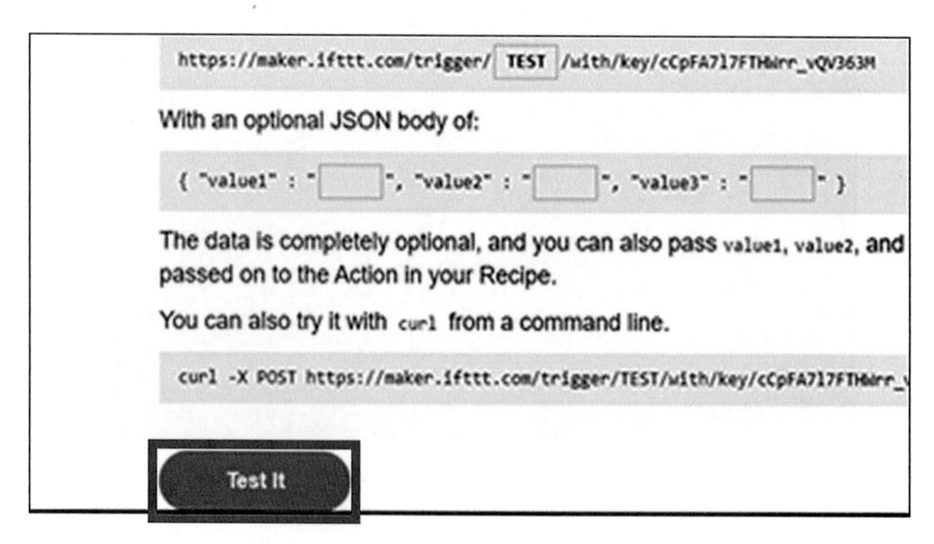

圖 5-30　測試 IFTTT 與 LINE 是否連通 -5

手機若出現”測試喔 !!!”訊息如圖 5-31 所示，則代表連線成功。

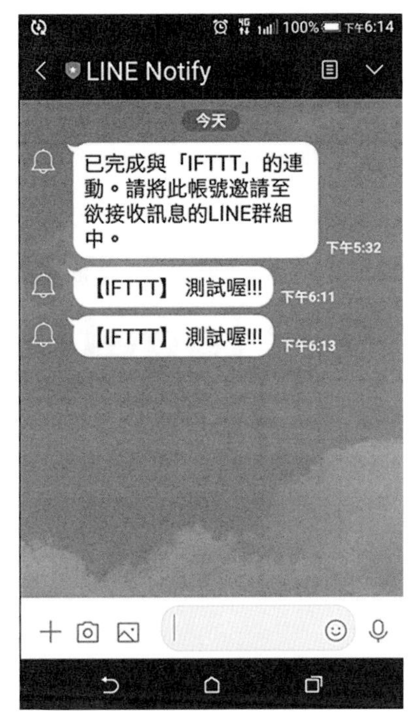

圖 5-31　IFTTT 與 LINE 連線成功畫面

5-3 實驗一 樹莓派被動紅外線偵測

樹莓派使用 IFTTT 前必需先安裝必要的應用模組 requests，在安裝應用模組前需先將樹莓派作業系統做更新，開啓 LX 終端機輸入指令：

1. sudo apt-get update：取得更新清單。
2. sudo apt-get upgrade：執行更新。
3. sudo apt-get install Python3-pip：安裝 pip3 模組。
4. sudo pip3 install requests：使用 pip3 安裝 requests 模組。

修改 5-1 節 TEST 專案的設定：

1. 登入 https://ifttt.com 網站，如圖 5-32 所示。

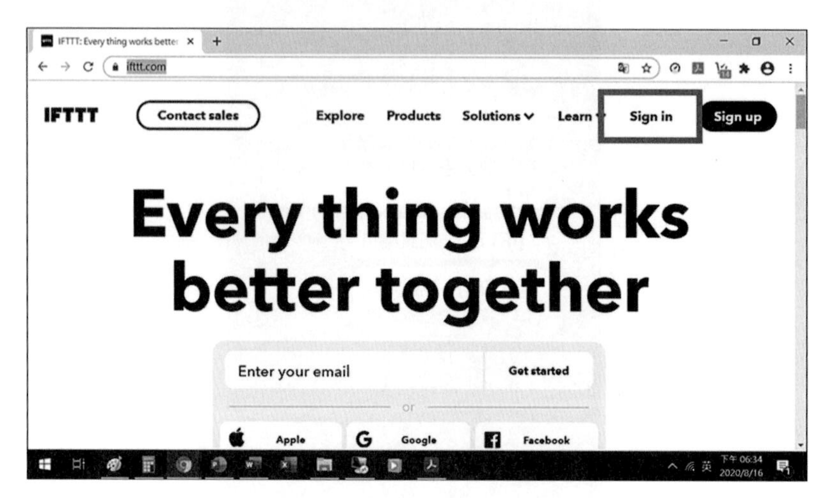

圖 5-32 登入 IFTTT (圖片來源：https://ifttt.com)

2. 輸入帳號及密碼，如圖 5-33 所示。

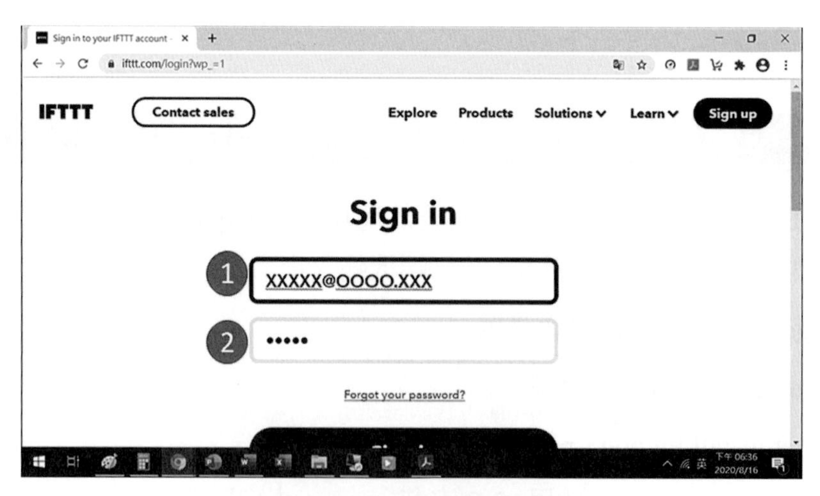

圖 5-33 輸入帳號及密碼

3. 點選右上方人頭圖示，選 My services，如圖 5-34 所示。

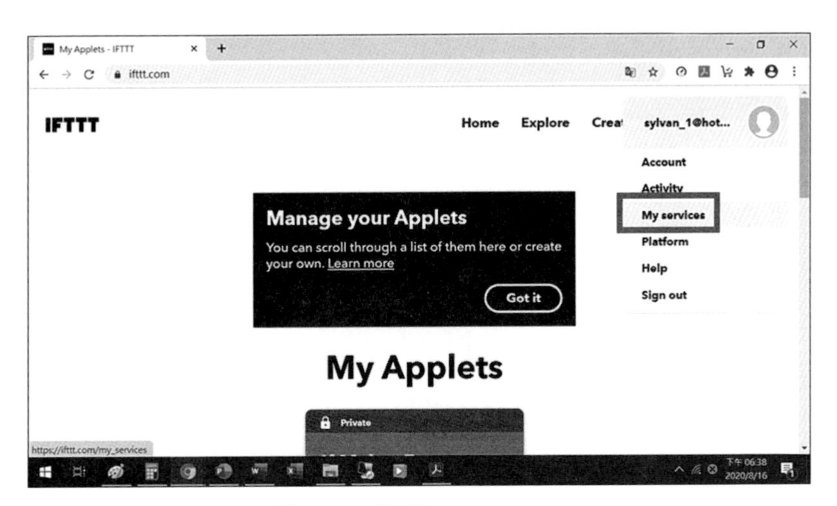

圖 5-34　點選 My services

4. 點選 Webhooks，如圖 5-35 所示。

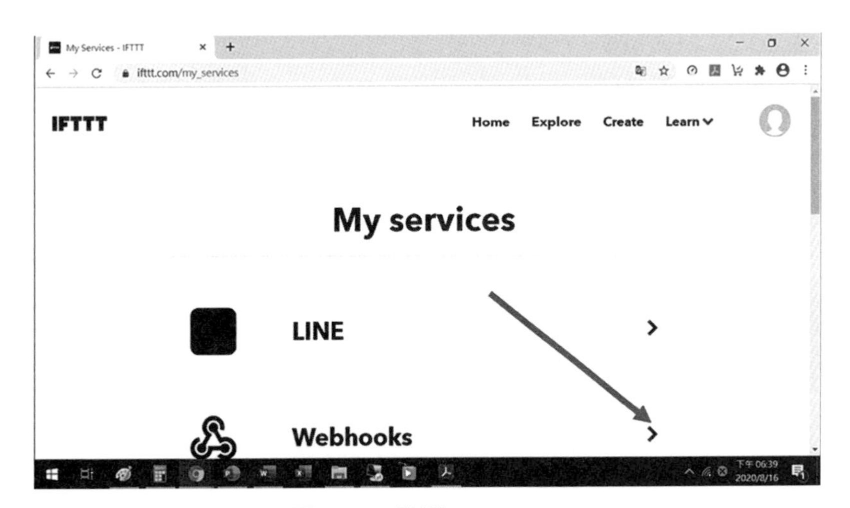

圖 5-35　點選 Webhooks

5. 點選 if Maker Event 'TEST' then Send message，如圖 5-36 所示。

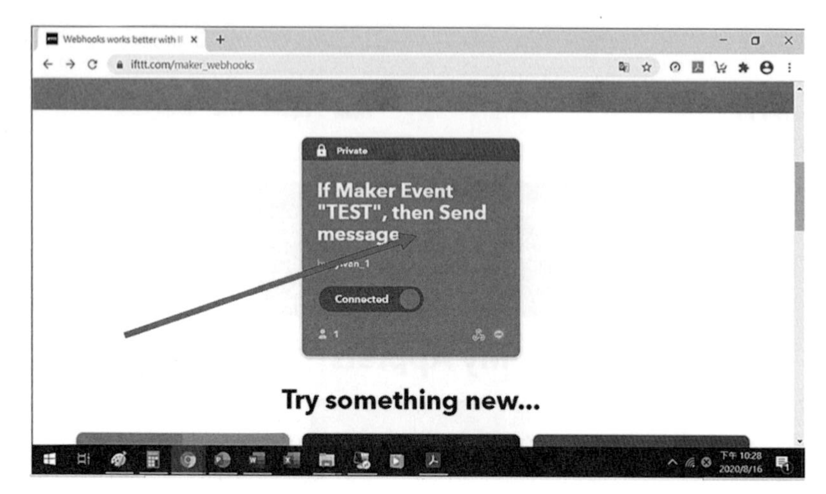

圖 5-36　點選 if Maker Event 'TEST' then Send message

6. 點選右上角 Settings，如圖 5-37 所示。

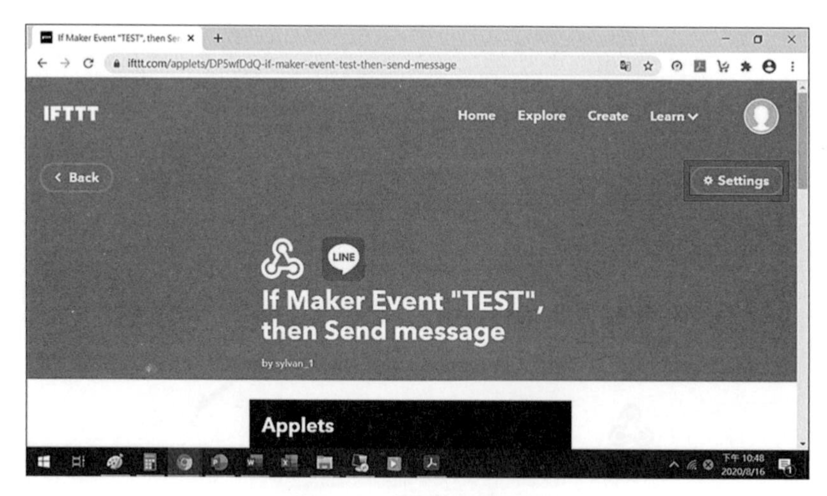

圖 5-37　點選 Settings

7. 更改 Event Name 爲”PIR”，Message 爲”有人入侵”，如圖 5-38 所示。

圖 5-38　修改 Event Name 和 Message

8. 再次點選右上方人頭，選 My Serveives，點 Webhooks 右邊箭頭，再點選 Documents，更改 {event} 爲 PIR，按下正下方的 Test It，如圖 5-39 所示。

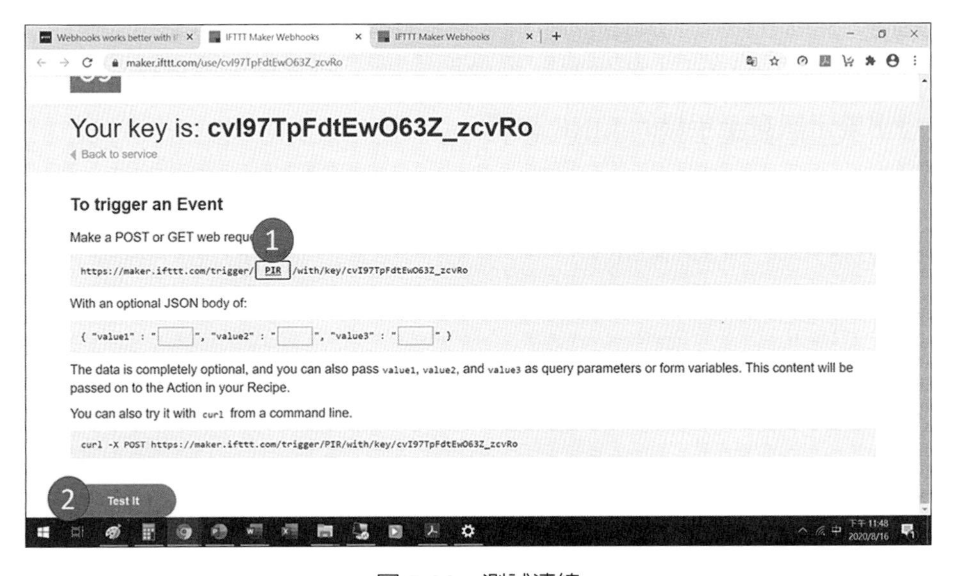

圖 5-39　測試連線

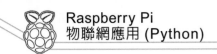

9. 手機接收文字會由原先的測試喔 !!! 改爲有人入侵 !!!，如圖 5-40 所示。

圖 5-40　手機 LINE 畫面

10. 總結目前 IFTTT 的設定，觸發事件名稱已改爲”PIR”，傳送訊息內容則爲”有人入侵”。

實驗摘要：

當連接到樹莓派 GPIO4 上的被動紅外線感測器，偵測到入侵事件，會經由 IFTTT 機制發出警示訊息至手機的 LINE 軟體。

實驗步驟：

1. 實驗材料如表 5-1 所示。

表 5-1　樹莓派被動紅外線偵測實驗材料清單

實驗材料名稱	數量	規格	圖片
樹莓派 pi4	1	已安裝好作業系統的樹莓派	
麵包板	1	麵包板 8.5*5.5CM	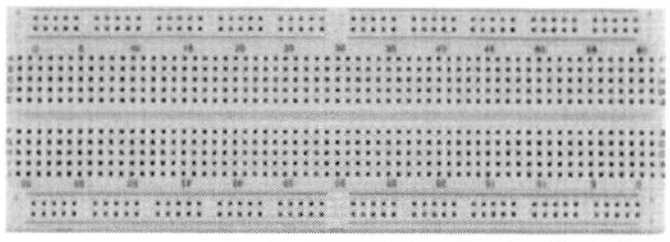
人體紅外線感應模組	1	HC-SR501 人體紅外線感應模組	
跳線	10	彩色杜邦雙頭線 (公 / 母)/20 cm	

2. 硬體接線圖如圖 5-41 所示，LED 的陽極接 GPIO16，被動紅外線的 VCC 接到 5V，DATA 接 GPIO4，GND 則接到樹莓派的地。

圖 5-41　被動紅外線感測硬體接線圖

3. 程式設計：

Python 程式碼如圖 5-42 所示。

```
import time
import requests
from gpiozero import MotionSensor, LED

pir = MotionSensor(4)
pir_state = LED(16)
currentstate = 0
previousstate = 0

try:
    print("PIR initializing ...")
    currentstate = 0
    print("Ready")
    while True:
        pir.when_motion = pir_state.on
        pir.when_no_motion = pir_state.off
        currentstate = pir_state.value
        if currentstate == 1 and previousstate == 0:
            print("Motion detected!")
            req = requests.post('https://maker.ifttt.com/trigger/PI
            previousstate = 1
            print("Waiting 120 seconds")
            time.sleep(120)
        elif currentstate == 0 and previousstate == 1:
            print("Ready")
            previousstate = 0
        time.sleep(0.02)
except KeyboardInterrupt:
    print("Quit")
```

圖 5-42　被動紅外線感測程式

修改 IFTTT 設定的超連結，如圖 5-43 所示。

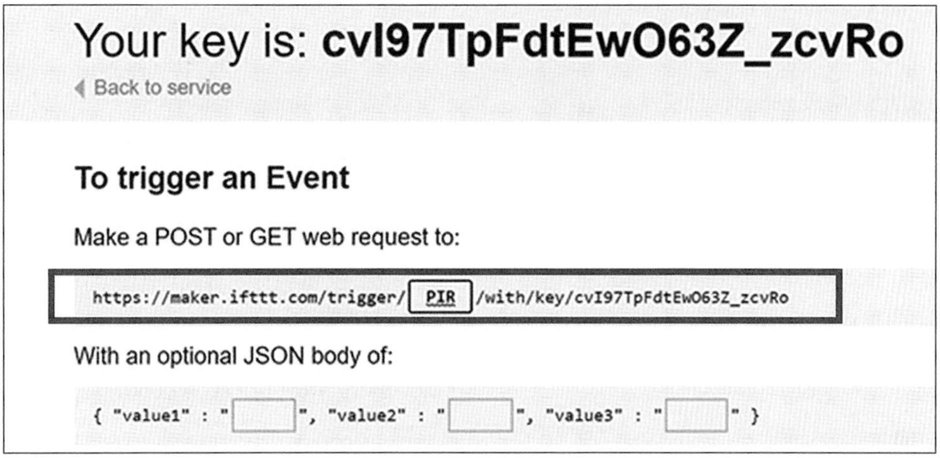

Your key is: **cvI97TpFdtEwO63Z_zcvRo**

Back to service

To trigger an Event

Make a POST or GET web request to:

`https://maker.ifttt.com/trigger/ PIR /with/key/cvI97TpFdtEwO63Z_zcvRo`

With an optional JSON body of:

`{ "value1" : " ", "value2" : " ", "value3" : " " }`

圖 5-43　IFTTT 設定的超連結 (圖片來源：https://ifttt.com)

程式解說如下：

import time	◆ 輸入 time 時間模組
import requests	◆ 輸入 requests 模組
from gpiozero import MotionSensor, LED	◆ 從 gpiozero 模組中呼叫 MotionSensor, LED 模組
pir = MotionSensor(4)	◆ MotionSensor 函數使用 GPIO4 測得的結果，儲存到 pir。
pir_state = LED(16)	◆ LED 函數使用 GPIO16 測得的結果，儲存到 pir_state。
currentstate = 0	◆ 設 currentstate 值為 0
previousstate = 0	◆ 設 previousstate 值為 0
try:	◆ 嘗試：
print("PIR initializing ...")	◆ 螢幕顯示 "PIR initializing ..."
currentstate = 0	◆ 設 currentstate 值為 0
print("Ready")	◆ 螢幕顯示 "Ready”
while True:	◆ 以 while 迴圈持續偵測紅外線訊號
pir.when_motion = pir_state.on	◆ 若偵測事件成立，pir_state 設定為 on (此時 GPIO16 的電位為高電位)。
pir.when_no_motion=pir_state.off	◆ 若偵測事件成立，pir_state 設定為 off (此時 GPIO16 的電位為低電位)。

程式	說明
currentstate = pir_state.value	◆ 設 currentstate 值為 pir_state.value
if currentstate == 1 and previousstate == 0:	◆ 如果 currentstate 是 1(高電位)，而且 previousstate 是 0(低電位)
print("Motion detected!")	◆ 螢幕顯示” Motion detected!"
req = requests.post('https://maker.ifttt.com/trigger/PIR/with/key/cvl97TpFdtEwO63Z_zcvRo')	◆ 使用 requests.post() 函數與 IFTTT 連結並將結果存到 req，參數為圖 5-39 所設定的超連結，IFTTT 提供給每個使用者的連結不同，請勿拷貝課本提供的連結，必需使用自己的設定。
previousstate = 1	◆ 設 previousstate 值為 1
print("Waiting 120 seconds")	◆ 螢幕顯示 "Waiting 120 seconds"
time.sleep(120)	◆ 延遲 120 秒
elif currentstate == 0 and previousstate == 1:	◆ 如果 currentstate 是 0 而且 previousstate 是 1
print("Ready")	◆ 螢幕顯示 "Ready"
previousstate = 0	◆ 設 previousstate 值為 0
time.sleep(0.02)	◆ 延遲 0.02 秒
except KeyboardInterrupt: print("Quit")	◆ 若按下 ctrl-c 則螢幕顯示 "Quit"，並結束程式

4. 功能驗證：

將樹莓派電源開啓，需有下列輸出才算執行成功：

將自己帳號所設定的超連結 https://maker.ifttt.com/trigger..... 取代圖 5-42 程式中的超連結後執行程式，此時 shell 會出現 PIR Initializing…及 Ready 字樣，如圖 5-44 所示。

移動身體則會觸發被動紅外線感測器，此時 shell 會出現 Motion detected、Waiting 120 second 及 Ready，手機的 LINE 軟體則會出現”有人入侵”，如圖 5-45 所示。

Thonny - /home/pi/全華2nd book/ch05/ch05-iftttpir_gpio.HW1.py @ 24 : 55

File Edit View Run Device Tools Help

ch2-PIR_Lab1.py | ch05-iftttpir_gpio.HW1.py | ch05-iftttpir_lab1.py

```
11      print("PIR initializing ...")
12      currentstate = 0
13      print("Ready")
14      while True:
15          pir.when_motion = pir_state.on
16          pir.when_no_motion = pir_state.off
17          currentstate = pir_state.value
18          if currentstate == 1 and previousstate == 0:
19              print("Motion detected!")
20              req = requests.post('https://maker.ifttt.com/trigger/PIF
21              previousstate = 1
22              print("Waiting 120 seconds")
23              time.sleep(120)
```

Shell

```
>>> %Run ch05-iftttpir_gpio.HW1.py

 PIR initializing ...
 Ready
 Motion detected!
 Waiting 120 seconds
 Ready
```

圖 5-44　被動紅外線感測程式執行結果

圖 5-45　LINE 訊息

5-4 實驗二 樹莓派 *CPU* 溫度顯示

實驗摘要：

使用 gpiozero 內建程式擷取樹莓派 CPU 溫度，經由 IFTTT 機制每 10 秒發出溫度訊息至手機的 LINE 軟體。

實驗步驟：

1. 實驗材料如表 5-2 所示。

表 5-2　樹莓派 CPU 溫度顯示實驗材料清單

實驗材料名稱	數量	規格	圖片
樹莓派 pi4	1	已安裝好作業系統的樹莓派	

2. 程式設計：

新增 IFTTT 專案：

登入 IFTTT 網站後，點選右上方選項 Create，如圖 5-46 所示。

圖 5-46　Create 新 IFTTT 專案 (圖片來源：https://ifttt.com)

輸入 Webhooks 如圖 5-47 所示，再點選藍色區域。

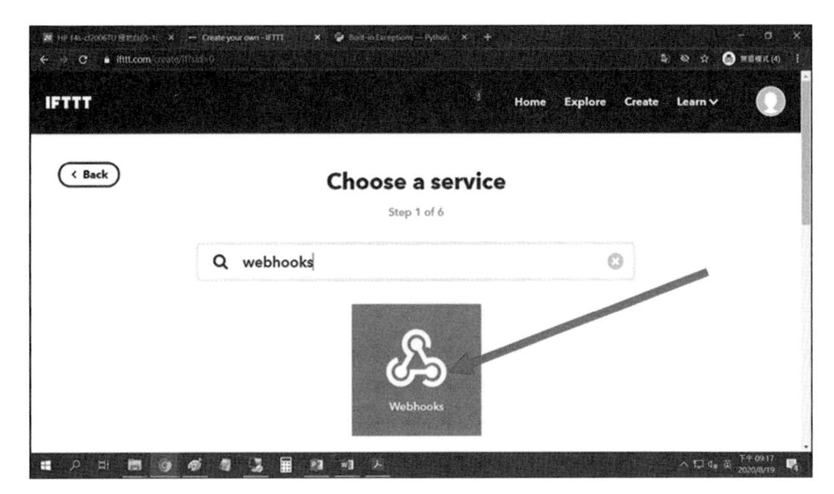

圖 5-47　搜尋 Webhooks (圖片來源：https://ifttt.com)

下個畫面則再按下 Receive a web request，然後輸入事件名稱”CPU_TEMP 於 Event Name 欄位中，然後按下 Trigger，再點選加號如圖 5-48 所示。

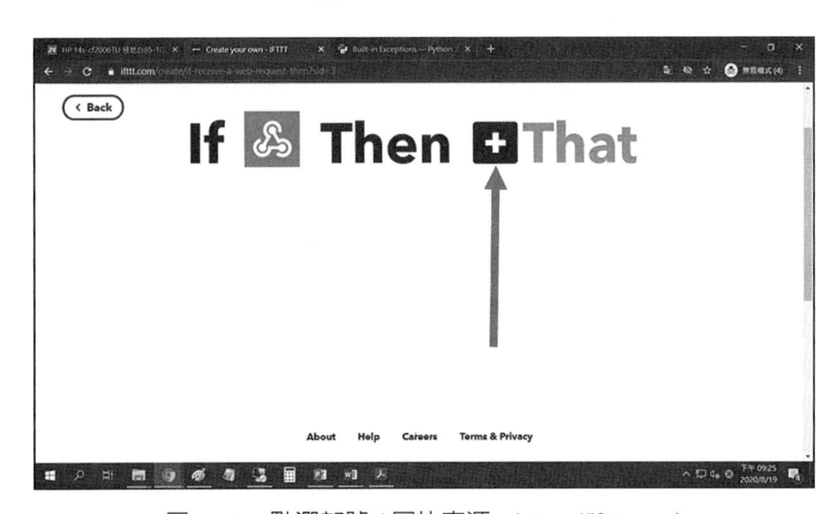

圖 5-48　點選加號 (圖片來源：https://ifttt.com)

搜尋文字輸入盒處輸入 LINE 如圖 5-49 所示，點選 LINE 圖示。

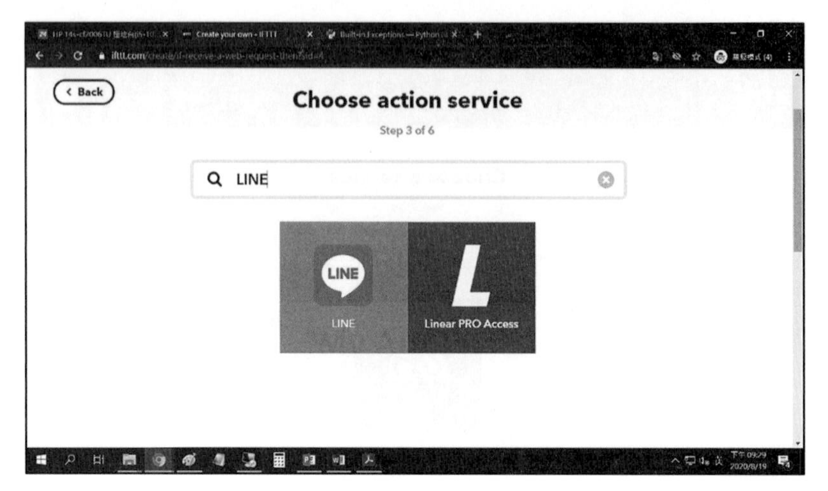

圖 5-49　LINE 服務 (圖片來源：https://ifttt.com)

按下 Send message，在 message 欄位輸入”目前樹莓派 CPU 溫度：{{Value1}}”，再按下下方的 Create action，如圖 5-50 所示。

圖 5-50　修改 message 內容 (圖片來源：https://ifttt.com)

設定完成畫面如圖 5-51 所示，最後再按下下方的 Finish。

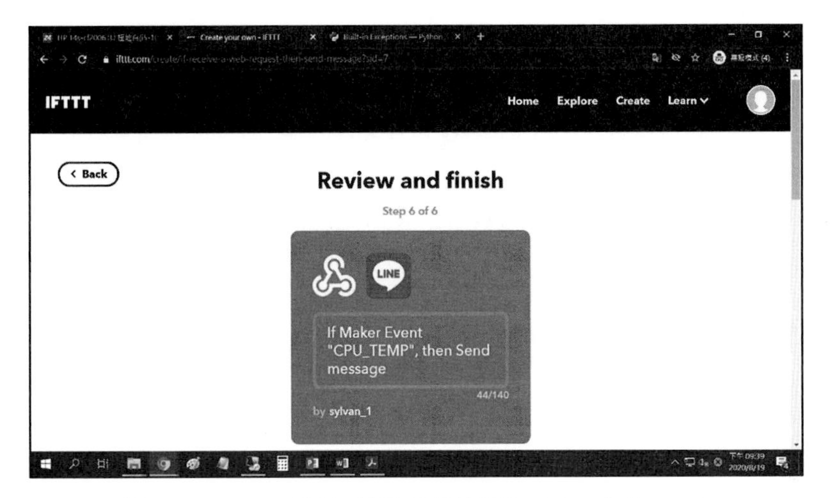

圖 5-51　IFTTT 設定完成 (圖片來源：https://ifttt.com)

欲取得自己設定的 IFTTT 超連結，可以先登入 IFTTT 帳號，點選右上方人頭，再選 My Services 如圖 5-52 所示，選擇 Webhooks，再按右上方的 Documentation 如圖 5-53 所示，將超連結中的 {event} 改爲 CPU_TEMP 如圖 5-54 所示，並將超連結拷貝至圖 5-55 程式中。

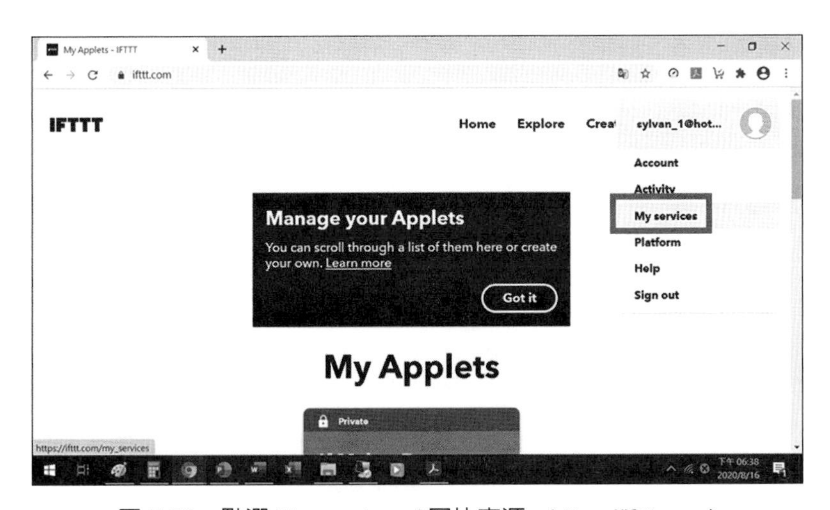

圖 5-52　點選 My services (圖片來源：https://ifttt.com)

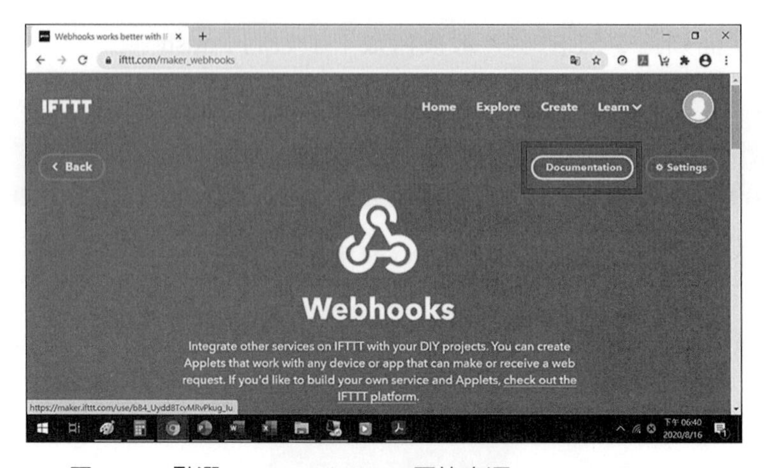

圖 5-53　點選 Documentation (圖片來源：https://ifttt.com)

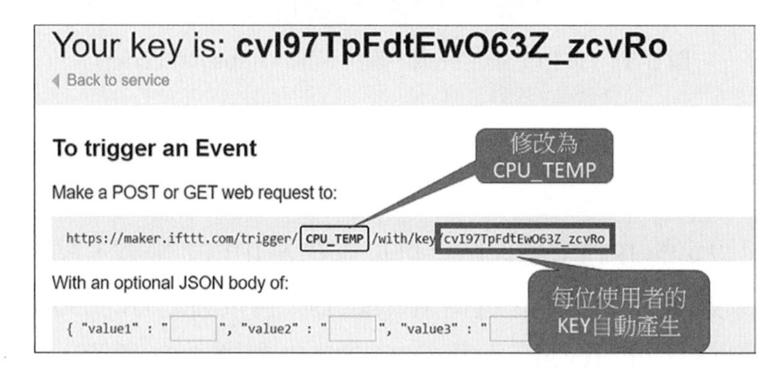

圖 5-54　樹莓派 CPU 溫度顯示 Webhooks 超連結 (圖片來源：https://ifttt.com)

Python 程式如圖 5-55 所示。

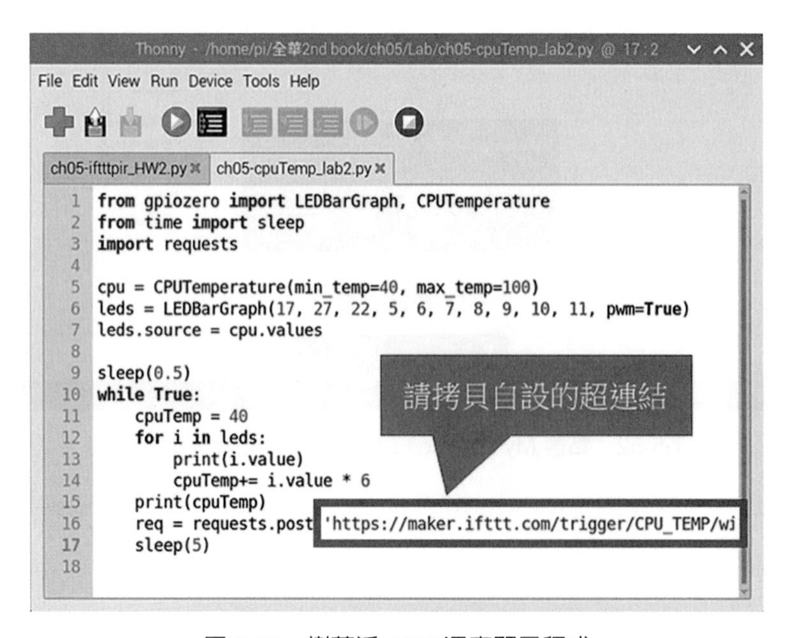


```
from gpiozero import LEDBarGraph, CPUTemperature
from time import sleep
import requests

cpu = CPUTemperature(min_temp=40, max_temp=100)
leds = LEDBarGraph(17, 27, 22, 5, 6, 7, 8, 9, 10, 11, pwm=True)
leds.source = cpu.values

sleep(0.5)
while True:
    cpuTemp = 40
    for i in leds:
        print(i.value)
        cpuTemp+= i.value * 6
    print(cpuTemp)
    req = requests.post('https://maker.ifttt.com/trigger/CPU_TEMP/wi
    sleep(5)
```

圖 5-55　樹莓派 CPU 溫度顯示程式

程式解說如下：程式設定偵測的溫度範圍為攝氏 40~100 度，共使用了 10 個 GPIO，所以每個 GPIO 代表最高 6 度，若該 GPIO 測得的數據是 0.5 則代表 3 度，測得的數據是 1 則代表 6 度。例如前 3 個 GPIO 均為 1，第 4 個 GPIO 為 0.963833，則實際溫度為 40 + 3*6 + 0.963833*6 = 63.783 度。

from gpiozero import LEDBarGraph, CPUTemperature	◆ 從 gpiozero 程式庫呼叫 LEDBarGraph 及 CPUTemperature 函數模組。
from time import sleep	◆ 從 time 程式庫輸入 sleep 函數模組。
import requests	◆ 輸入 requests 函數模組。
cpu = CPUTemperature(min_temp=40, max_temp=100)	◆ CPUTemperature 函數可以測試 CPU 的溫度，min_temp 是用來設定最低可測溫度，max_temp 是用來設定最高可測溫度。
leds = LEDBarGraph(17, 27, 22, 5, 6, 7, 8, 9, 10, 11, pwm=True)	◆ GPIO17~GPIO11 的 10 個腳位均設為具有 PWM 功能，並以 LEDBarGraph 函數打包後指定給 leds。
leds.source = cpu.values	◆ 將 CPUTemperature 測得的溫度數值存到 leds.source。
sleep(0.5)	◆ 維持原狀 0.5 秒。
while True	◆ 以 while 迴圈持續偵測樹莓派 CPU 溫度並將溫度訊息傳給手機
cpuTemp = 40	◆ 設定 cpuTemp 值為 40 度
for i in leds:	◆ 對所有 GPIO
print(i.value)	◆ 螢幕顯示 GPIO 值
cpuTemp+= i.value * 6	◆ 累加所有的 GPIO 溫度值
print(cpuTemp)	◆ 螢幕顯示樹莓派 CPU 溫度
req = requests.post('https://maker.ifttt.com/trigger/CPU_TEMP/with/key/cvI97TpFdtEwO63Z_zcvRo', params={"value1":cpuTemp,"value2":"none", "value3":"none"})	◆ 依使用者設定 IFTTT 超連結，發送溫度資料給手機的 LINE 軟體接收
sleep(5)	◆ 延遲 5 秒鐘

3. 功能驗證：

將樹莓派電源開啓，需有下列輸出才算執行成功：

將自己帳號所設定的超連結 https://maker.ifttt.com/trigger..... 取代圖 5-55 程式中的超連結後執行程式，此時 shell 會出現每個 GPIO 所測得的值，如圖 5-56 所示。

手機的 LINE 軟體每 5 秒會出現" 樹莓派 CPU 溫度 :xx.xxx"，如圖 5-57 所示。

Thonny - /home/pi/全華2nd book/ch05/Lab/ch05-cpuTemp_lab2.py @ 9 : 1

File Edit View Run Device Tools Help

ch05-iftttpir_HW2.py ch05-cpuTemp_lab2.py

```
1 from gpiozero import LEDBarGraph, CPUTemperature
2 from time import sleep
3 import requests
4
5 cpu = CPUTemperature(min_temp=40, max_temp=100)
6 leds = LEDBarGraph(17, 27, 22, 5, 6, 7, 8, 9, 10, 11, pwm=True)
7 leds.source = cpu.values
```

Shell

```
1.0
1.0
1.0
0.9638333333333335
0.0
0.0
0.0
0.0
0.0
0.0
63.783
```

圖 5-56　樹莓派 CPU 溫度顯示程式執行結果

圖 5-57　LINE 訊息

5-5 實驗三 亮度監測

● 實驗摘要：

使用光敏電阻模組偵測環境溫度，經由 IFTTT 機制於亮度改變時，發出目前亮度訊息至手機的 LINE 軟體。

● 實驗步驟：

1. 實驗材料如表 5-3 所示。

表 5-3　亮度監測實驗材料清單

實驗材料名稱	數量	規格	圖片
樹莓派 pi4	1	已安裝好作業系統的樹莓派	
光敏電阻模組	1	NA	

2. 硬體接線圖如圖 5-58 所示，VCC 接到 3.3V，DO 接 GPIO27，GND 則接到樹莓派的地。

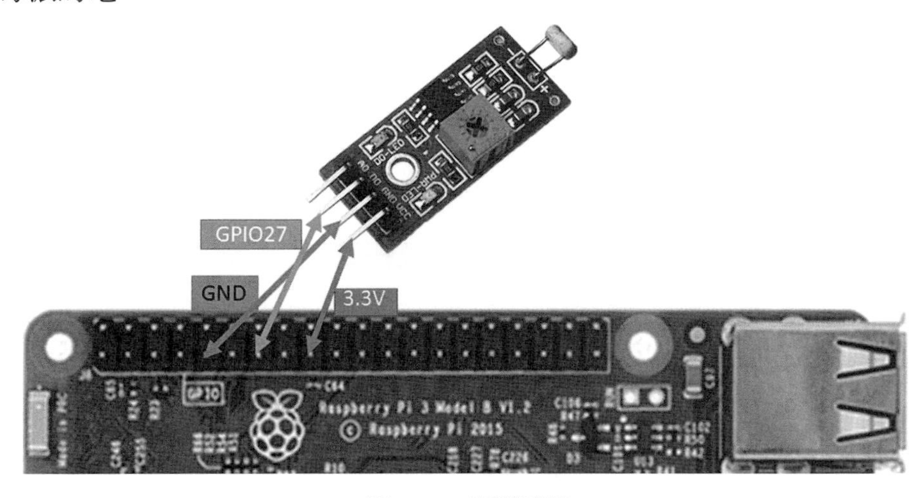

圖 5-58　硬體連線

3. 程式設計：

新增 IFTTT 專案：

登入 IFTTT 網站後，點選右上方選項 Create，如圖 5-59 所示。

圖 5-59　Create 新 IFTTT 專案 (圖片來源：https://ifttt.com)

輸入 Webhooks 如圖 5-60 所示，再點選藍色區域。

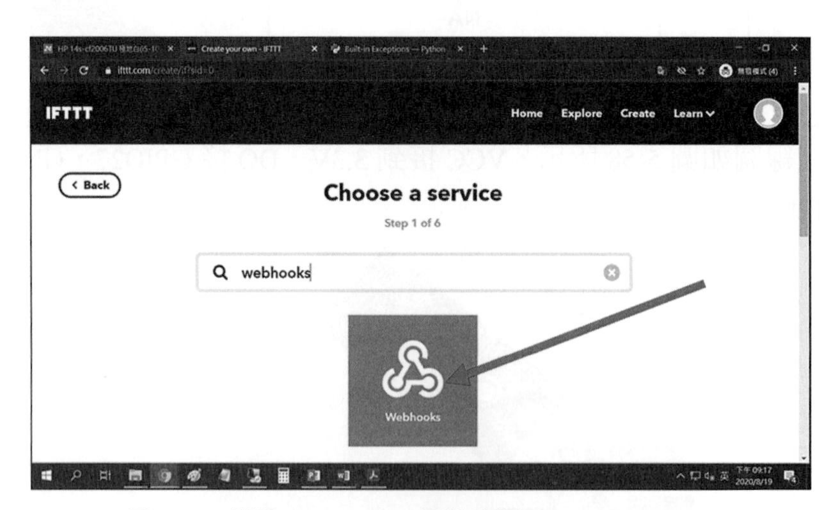

圖 5-60　搜尋 Webhooks (圖片來源：https://ifttt.com)

下個畫面則再按下 Receive a web request，然後輸入事件名稱”lightSensor”於 Event Name 欄位中，然後按下 Trigger，再點選加號如圖 5-61 所示。

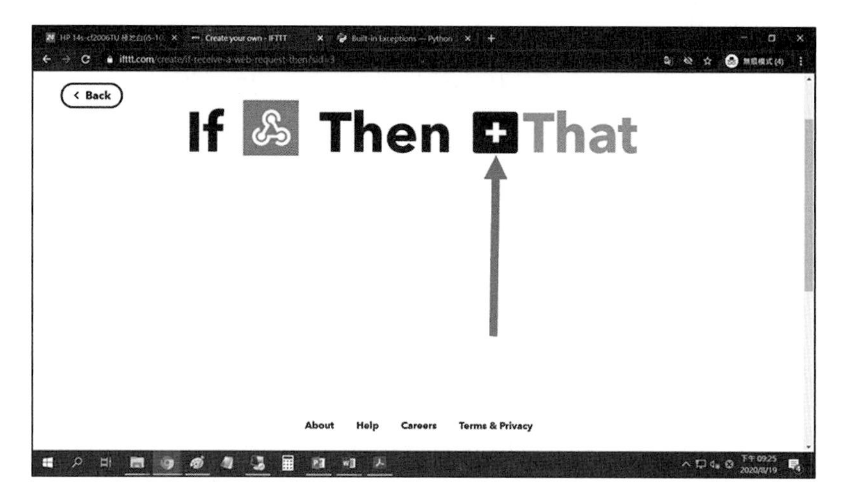

圖 5-61　點選加號 (圖片來源：https://ifttt.com)

搜尋文字輸入盒處輸入 LINE 如圖 5-62 所示，點選 LINE 圖示。

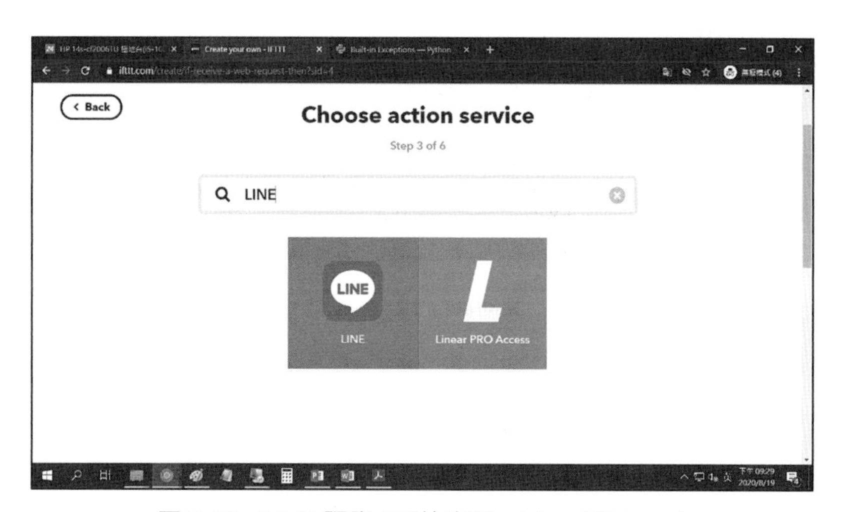

圖 5-62　LINE 服務 (圖片來源：https://ifttt.com)

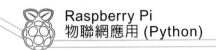

按下 Send message，在 message 欄位輸入” 目前光線亮度：{{Value1}}” ，再按下下方的 Create action，如圖 5-63 所示。

圖 5-63　修改 message 內容 (圖片來源：https://ifttt.com)

設定完成畫面如圖 5-64 所示，最後再按下下方的 Finish。

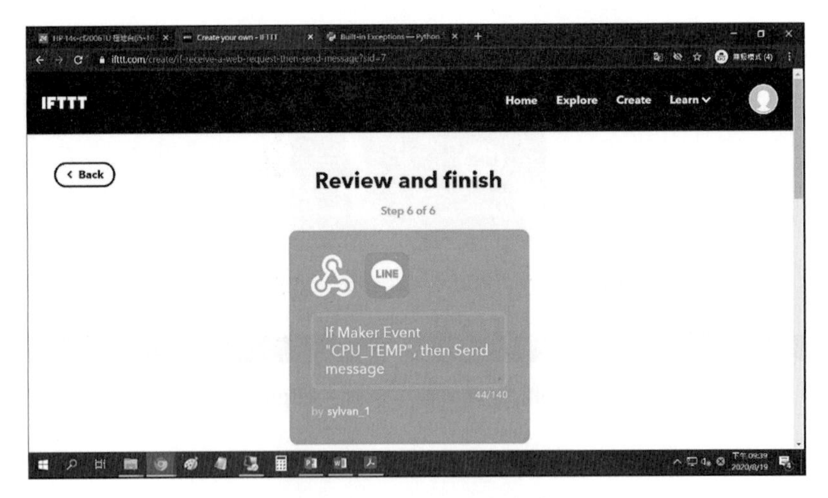

圖 5-64　IFTTT 設定完成

欲取得自己設定的 IFTTT 超連結，可以先登入 IFTTT 帳號，點選右上方人頭，再選 My Services 如圖 5-65 所示，選擇 Webhooks，再按右上方的 Documentation 如圖 5-66 所示，將超連結中的 {event} 改爲 lightSensor，如圖 5-67 所示，並將超連結拷貝至圖 5-68 所示程式中。

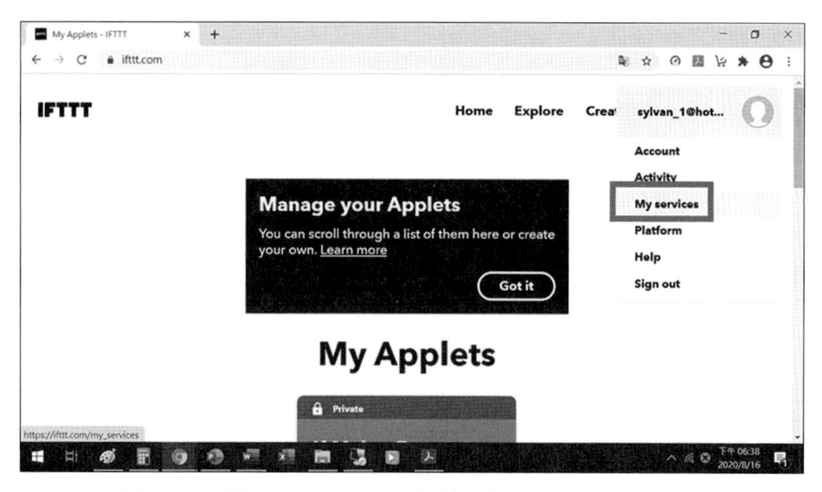

圖 5-65　選 My Services (圖片來源：https://ifttt.com)

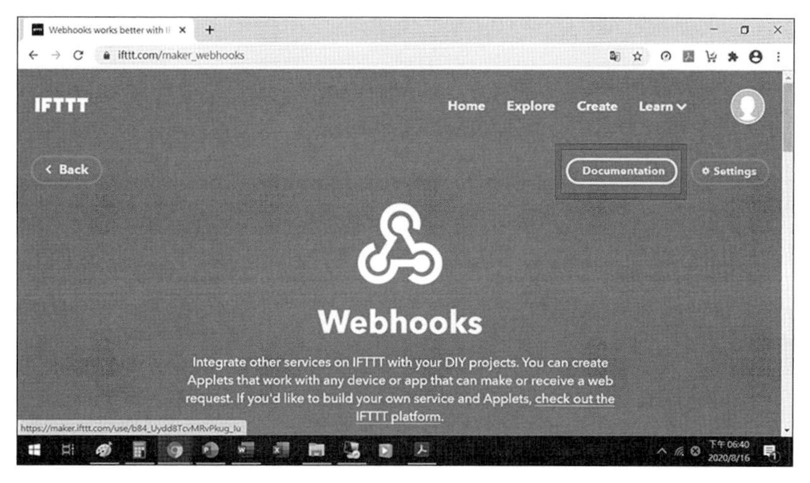

圖 5-66　點選 Documentation (圖片來源：https://ifttt.com)

Your key is: **cvI97TpFdtEwO63Z_zcvRo**

Back to service

To trigger an Event

Make a POST or GET web request to:

https://maker.ifttt.com/trigger/ lightSensor /with/key/cvI97TpFdtEwO63Z_zcvRo

With an optional JSON body of:

{ "value1" : " ", "value2" : " ", "value3" : " " }

圖 5-67　Webhooks 超連結

Python 程式如圖 5-68 所示。

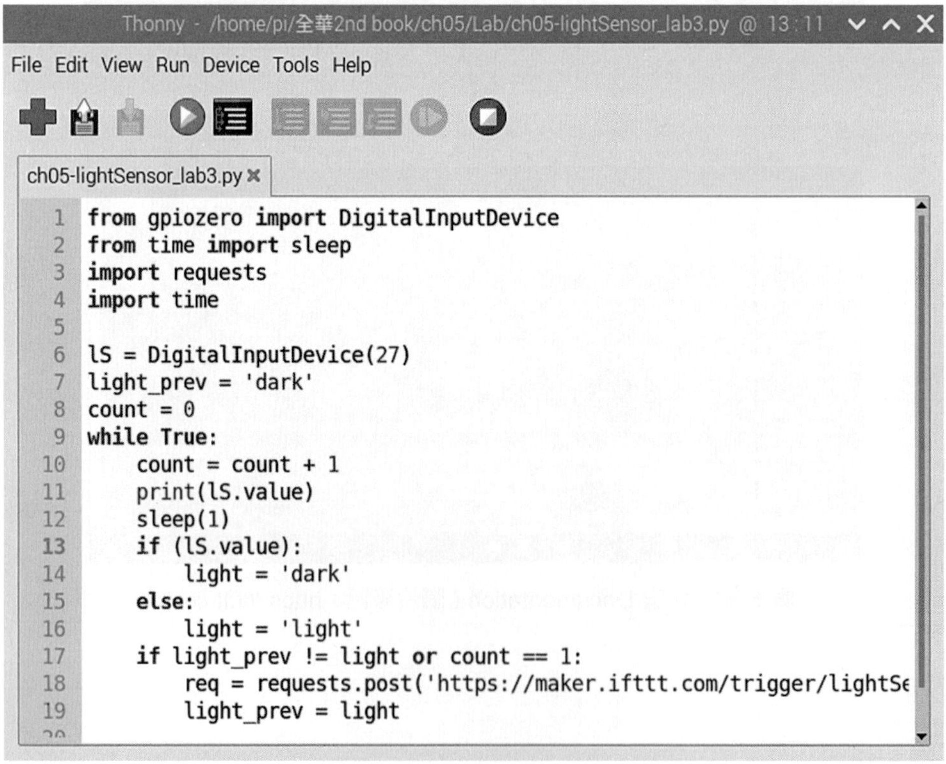

Thonny - /home/pi/全華2nd book/ch05/Lab/ch05-lightSensor_lab3.py @ 13 : 11

File Edit View Run Device Tools Help

ch05-lightSensor_lab3.py

```
1  from gpiozero import DigitalInputDevice
2  from time import sleep
3  import requests
4  import time
5
6  lS = DigitalInputDevice(27)
7  light_prev = 'dark'
8  count = 0
9  while True:
10     count = count + 1
11     print(lS.value)
12     sleep(1)
13     if (lS.value):
14         light = 'dark'
15     else:
16         light = 'light'
17     if light_prev != light or count == 1:
18         req = requests.post('https://maker.ifttt.com/trigger/lightSe
19         light_prev = light
```

圖 5-68　亮度監測程式

程式解說如下：光敏電阻模組於偵測到環境爲亮時，會輸出低電位，偵測到環境爲暗時，會輸出高電位，當光線由亮轉暗或是由案轉亮，IFTTT 才會發出訊息至手機的 LINE。

程式	說明
from gpiozero import DigitalInputDevice	◆ 從 gpiozero 程式庫呼叫 DigitalInputDevice 模組
from time import sleep	◆ 從 time 程式庫輸入 sleep 函數模組
import requests	◆ 輸入 requests 函數模組
import time	◆ 輸入 requests 函數模組
IS = DigitalInputDevice(27)	◆ GPIO27 腳的電位值設定給 IS 變數
light_prev = 'dark'	◆ 設定 light_prev 值為 dark
count = 0	◆ 設定 count 值為 0
while True:	◆ 以 while 迴圈持續偵測亮度並於亮度有變化時，將亮度訊息傳給手機
count = count + 1	◆ count 值加 1
print(IS.value)	◆ 螢幕顯示 IS 值
sleep(1)	◆ 維持原狀 1 秒
if (IS.value):	◆ 如果 IS.value 是高電位，
light = 'dark'	◆ 設定 light 變數值為 dark 文字串
else:	◆ 否則
light = 'light'	◆ 設定 light 變數值為 light 文字串
if light_prev != light or count == 1:	◆ 如果 light_prev 變數值不等於 light 文字串或是 count 值為 1(第一次執行 while loop)
req= requests.post('https://maker.ifttt .com/trigger/lightSensor/with/key/ cvl97TpFdtEwO63Z_zcvRo',params={"value1 ":light,"value2":"none","value3":"none"})	◆ 依使用者設定 IFTTT 超連結，發送亮度資料給手機的 LINE 軟體接收
light_prev = light	◆ 將 light_prev 變數值設定為 light 文字串

4. 功能驗證：

將樹莓派電源開啓，需有下列輸出才算執行成功：

★ 將自己帳號所設定的超連結 https://maker.ifttt.com/trigger..... 取代圖 5-68 程式中的超連結後執行程式，此時 shell 會出現 GPIO27 每秒所測得的值，如圖 5-69 所示。

★ 亮度有變化時，將亮度訊息傳給手機的 LINE 軟體，由亮轉暗時會出現”現在光線亮度：dark”， 由暗轉亮時會出現”現在光線亮度：light”，如圖 5-70 所示。

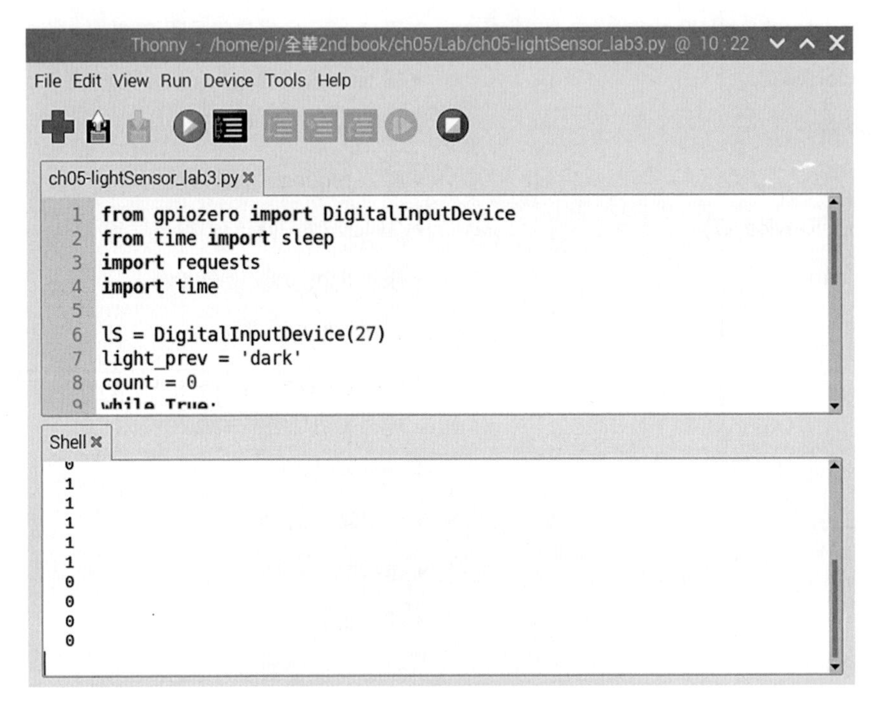

圖 5-69　亮度監測程式執行結果

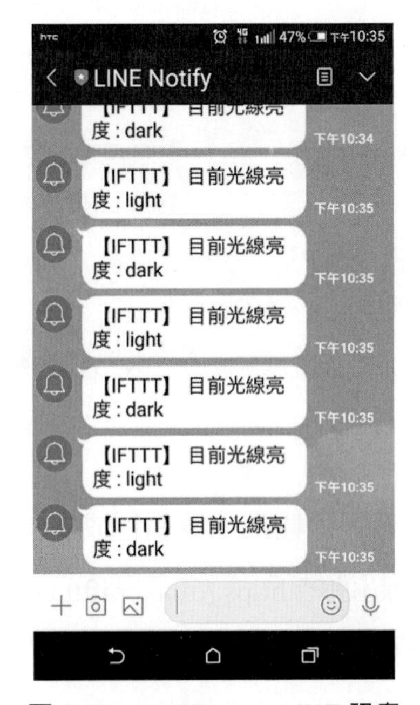

圖 5-70　lightSensor LINE 訊息

課後評量

程式題：

1. 於偵測到入侵事件時，送出訊息到手機的 LINE 軟體上：參考實驗一，登入 IFTTT 網站，點選藍色區塊如圖 5-71 所示，再點選右上角 Settings 如圖 5-72 所示，將 {{value1}} 加入 Message 欄位中，更改文字爲”有人入侵第 {{Value1}} 次” 如圖 5-73 所示， requests.post 函數則須修改爲 requests.post('https://maker.ifttt.com/trigger/PIR/with/key/cvI97TpFdtEwO63Z_zcvRo', params={"value1":A,"value2":"none","value3":"none"})，(此處 A 是變數)，使得執行時 shell 輸出如圖 5-74 所示，手機輸出如圖 5-75 所示 (再次提醒：https://maker.ifttt.com/trigger/... 的超連結一定要是自己的 IFTTT 設定)。

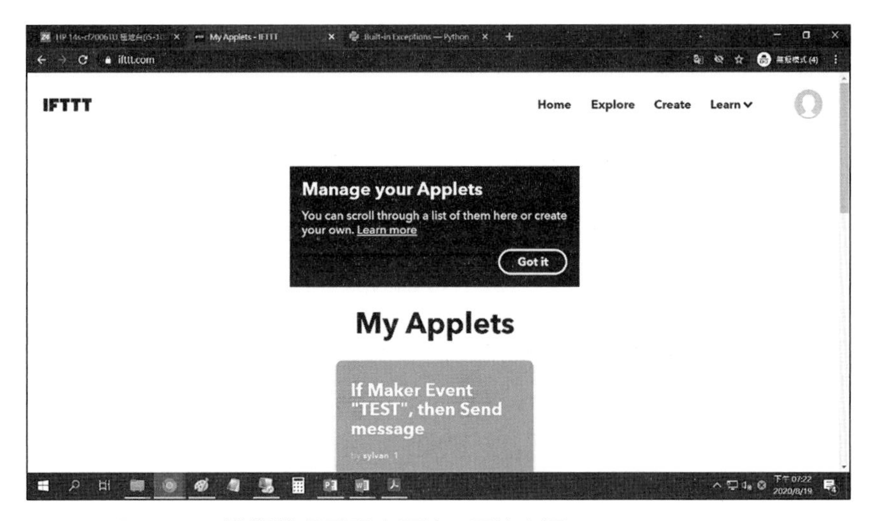

圖 5-71　點選藍色已設定區塊 (圖片來源：https://ifttt.com)

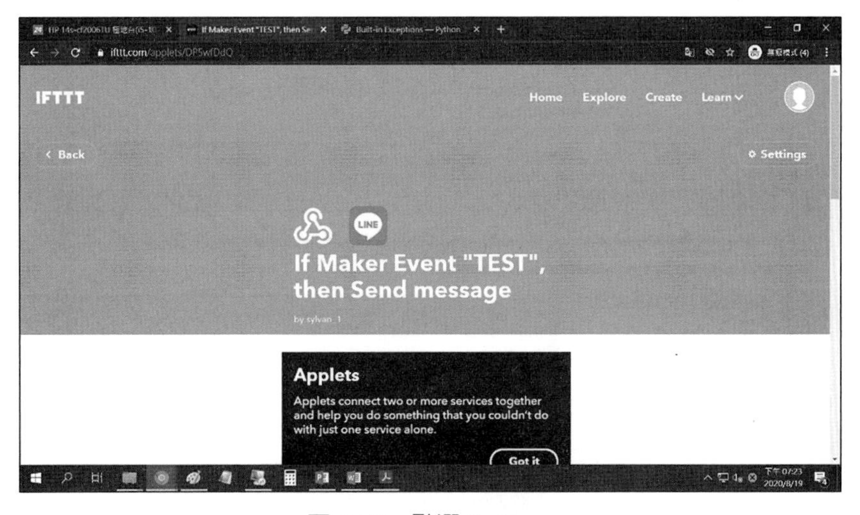

圖 5-72　點選 Settings

圖 5-73　IFTTT 增加 {{value1}} 於 Message 欄位

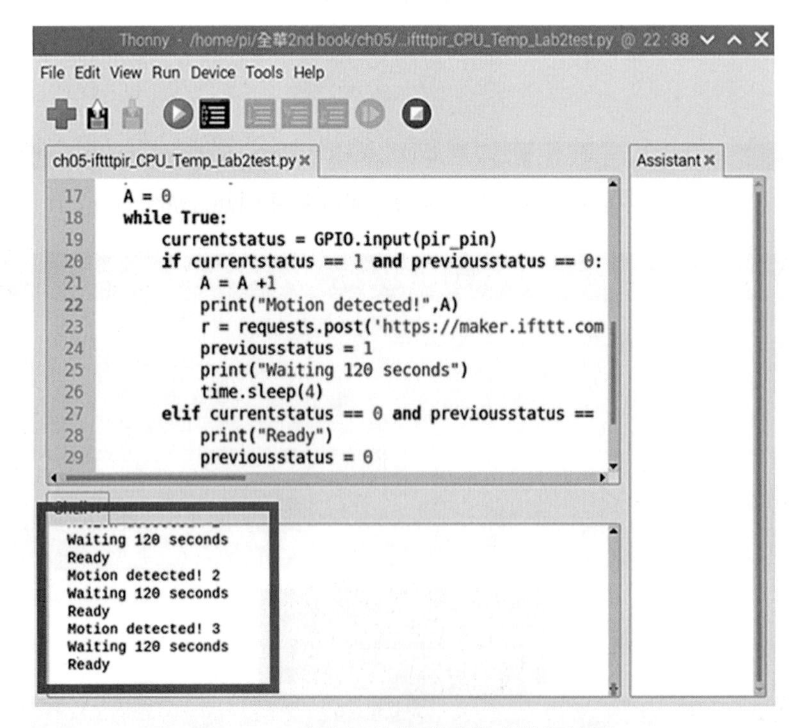

圖 5-74　被動紅外線感測程式執行結果

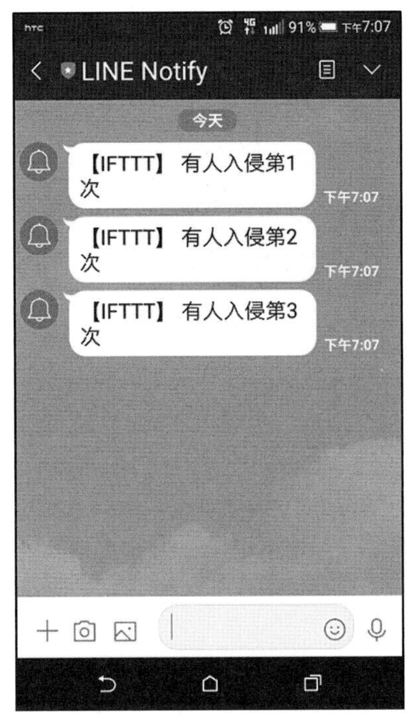

圖 5-75　LINE 訊息

2. 每 5 秒偵測樹莓派 CPU 溫度，送出時間及溫度訊息到手機的 LINE 軟體上：參考實驗二，登入 IFTTT 網站，點選藍色區塊如圖 5-76 所示，再點選右上角 Settings 如圖 5-77 所示，將 {{value2}} 加入 Message 欄位中如圖 5-78，更改文字 Message 為"現在時間：{{Value1}}"及"CPU 溫度：{{Value2}}"，按下下方的 Save 按鈕，如圖 5-79 所示。 requests.post 函數則須至人頭圖示選 My Services 如圖 5-80 所示，選 Webhooks，再選右上角 Documentation 如圖 5-81 所示，requests.post() 的超連結則須將 {event} 改為 CPU_TEMP 如圖 5-82，使得執行時 shell 輸出如圖 5-83 所示，手機訊息如圖 5-84 所示 (再次提醒：https://maker.ifttt.com/trigger/... 的超連結一定要是自己的 IFTTT 設定)。

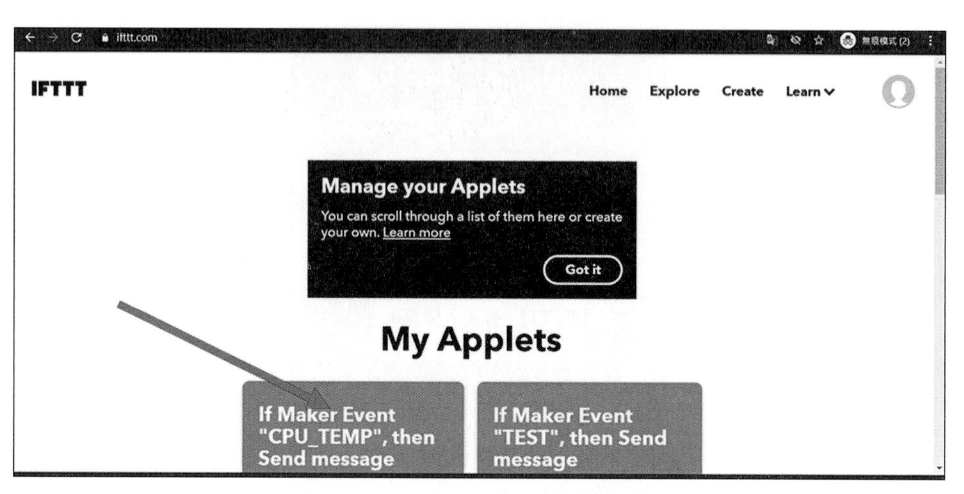

圖 5-76　點選藍色已設定區塊

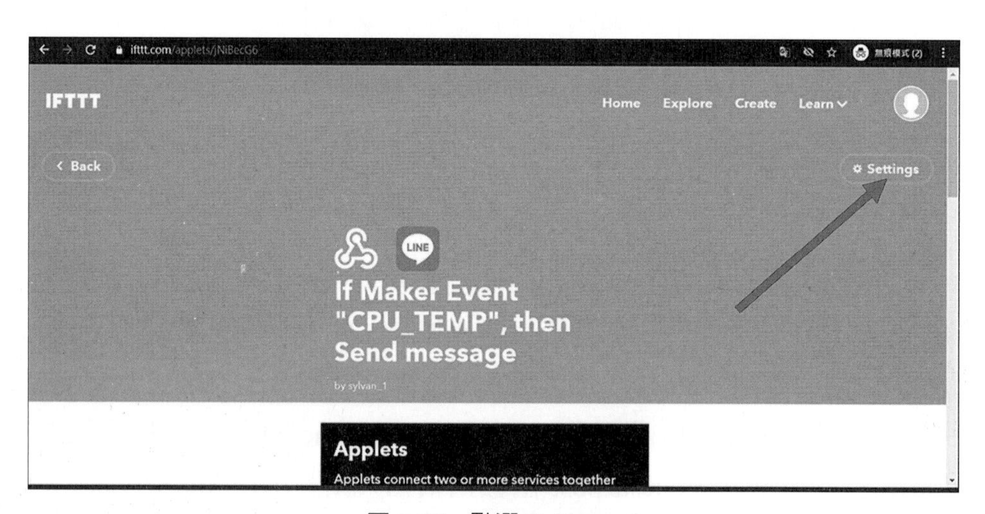

圖 5-77　點選 Settings

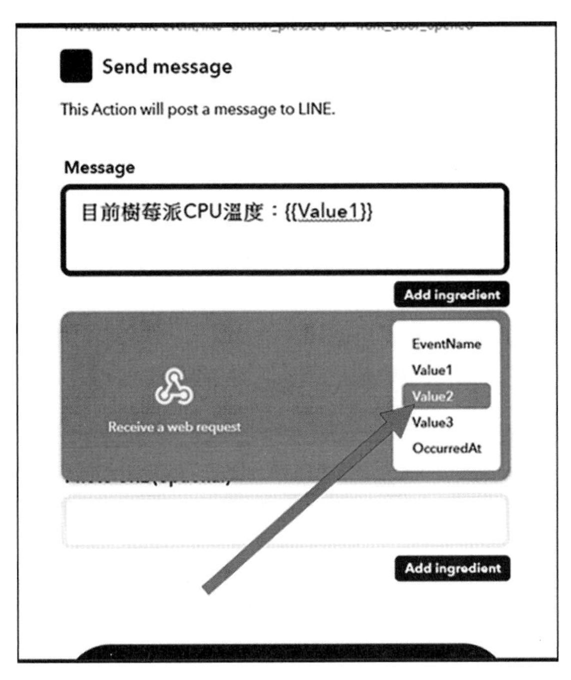

圖 5-78　增加 value2

圖 5-79　修改 Message 內容

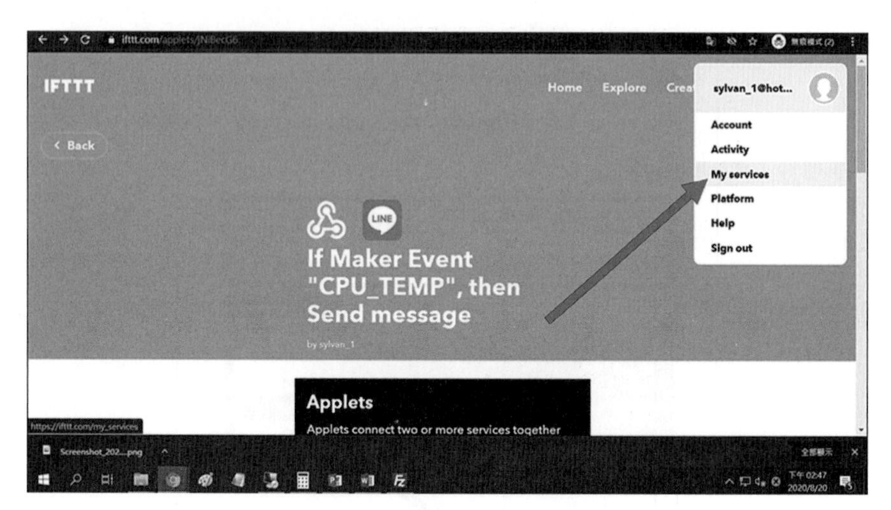

圖 5-80　點選 My services

圖 5-81　點選 Documentation (圖片來源：https://ifttt.com)

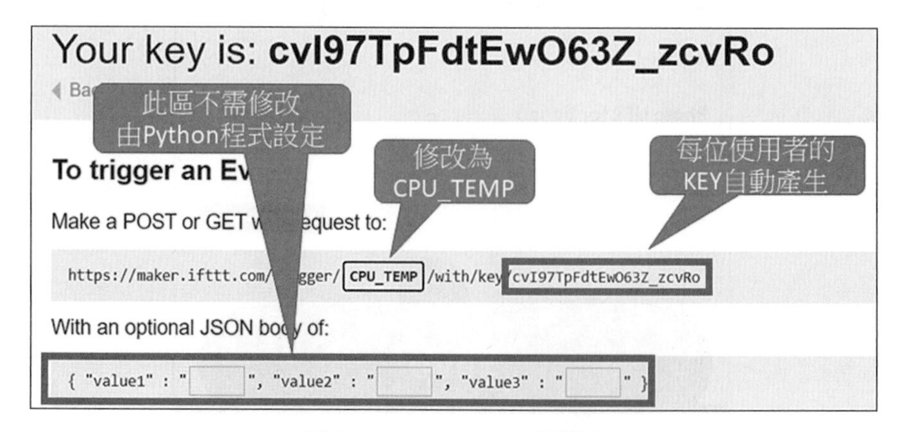

圖 5-82　Webhooks 超連結

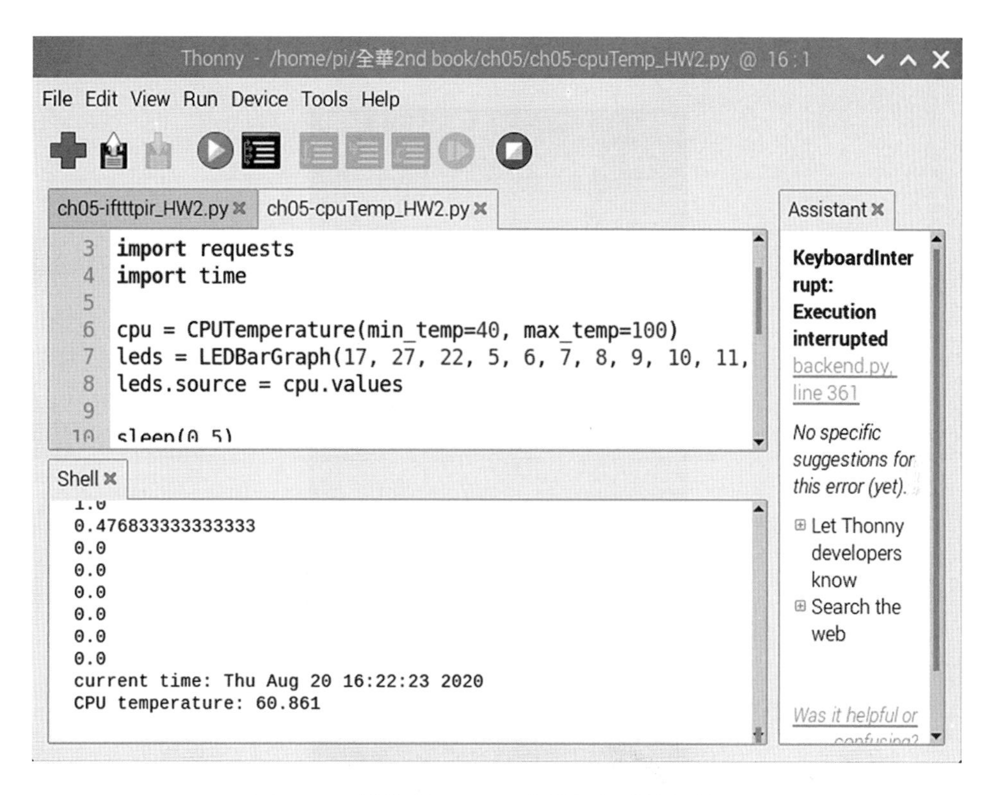

圖 5-83　樹莓派 CPU 溫度顯示程式執行結果

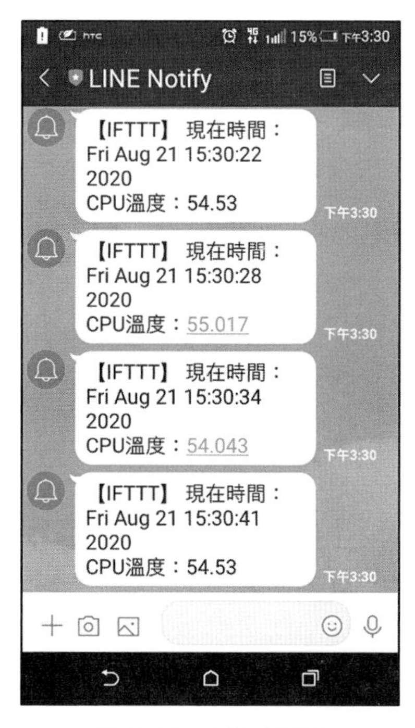

圖 5-84　LINE 訊息

3. 修改第二題，溫度超過攝氏 50 度則發出 LINE 警示訊息，如圖 5-85 所示。

圖 5-85　LINE 訊息

6
CHAPTER

IFTTT 應用二

本章重點

本章將繼續以 Python 結合 IFTTT 介紹以下的實驗專案：

6-1 實驗一 瓦斯偵測

MQ2 氣體偵測模組 (gas sensor)，可應用於家中液化石油氣 (LPG)、一氧化碳 (CO) 及煙 (smoke) 的濃度偵測，具有快速偵測的特性，使用電導率較低的二氧化錫 (SnO2) 作為偵測材料，當可燃氣體濃度的增大，MQ2 氣體偵測模組電導率則會增加。

MQ2 氣體偵測模組輸出的訊號有類比與數位兩種，本實驗將使用數位訊做為警示的觸發訊號。

實驗摘要：

若 LPG(液化石油氣)，CO(一氧化碳) 及 SMOKE(煙) 的濃度過高，MQ2 的數位觸發訊號會傳送到樹莓派 GPIO17，經由 IFTTT 機制發出氣體濃度過高訊息至手機的 LINE 軟體。

實驗步驟：

1. 實驗材料如表 6-1 所示。

表 6-1　氣體偵測實驗材料清單

實驗材料名稱	數量	規格	圖片
樹莓派 pi4	1	已安裝好作業系統的樹莓派	
氣體偵測模組	1	MQ-2 氣體偵測模組	
電平轉換器	1	T74 邏輯電平轉換器	

表 6-1　氣體偵測實驗材料清單 (續)

實驗材料名稱	數量	規格	圖片
打火機	1	打火機	
跳線	10	彩色杜邦雙頭線 (母 / 母)/20 cm	

2. 硬體接線圖如圖 6-1 及 6-2 所示，MQ-2 氣體偵測模組的 DO 接到 T74 邏輯電平轉換器左半部的 TX0，VCC 接到 5V，GND 則接到樹莓派的地，T74 邏輯電平轉換器的 HV 接 5V，GND 接地，T74 邏輯電平轉換器左半部的 TXI 接到樹莓派的 GPIO17，LV 接到 3.3V，GND 則接到樹莓派的地。

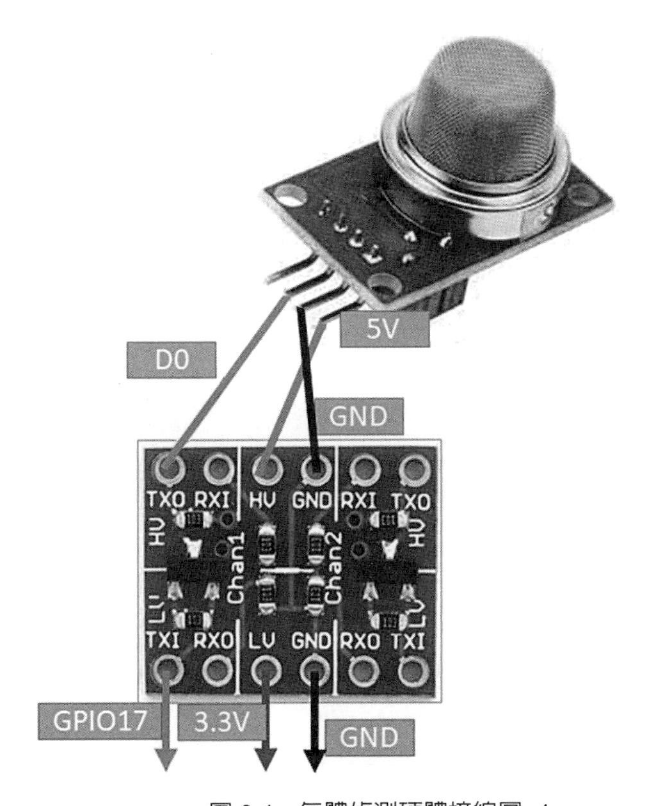

圖 6-1　氣體偵測硬體接線圖 -1

圖 6-2　氣體偵測硬體接線圖 -2

3. 程式設計：

新增 IFTTT 專案：

登入 IFTTT 網站後，點選右上方選項 Create，如圖 6-3 所示。

圖 6-3　Create 新 IFTTT 專案 (圖片來源：https://ifttt.com)

輸入 Webhooks 如圖 6-4 所示，再點選藍色區域。

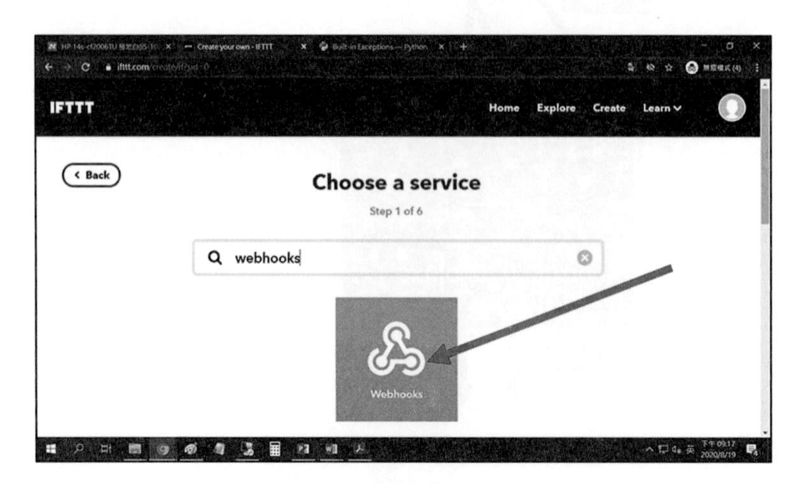

圖 6-4　搜尋 Webhooks

下個畫面則再按下 Receive a web request，然後輸入事件名稱”gasSensor”於 Event Name 欄位中，然後按下 Create Trigger，再點選加號如圖 6-5 所示。

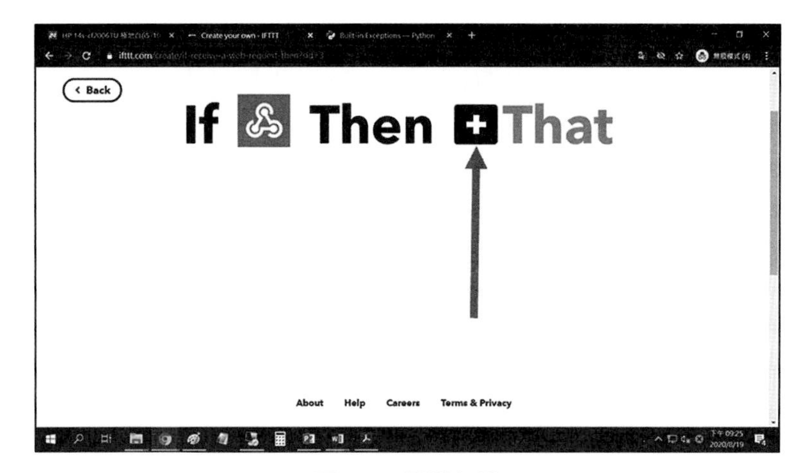

圖 6-5　點選加號

搜尋文字輸入盒處輸入 LINE 如圖 6-6 所示，點選 LINE 圖示。

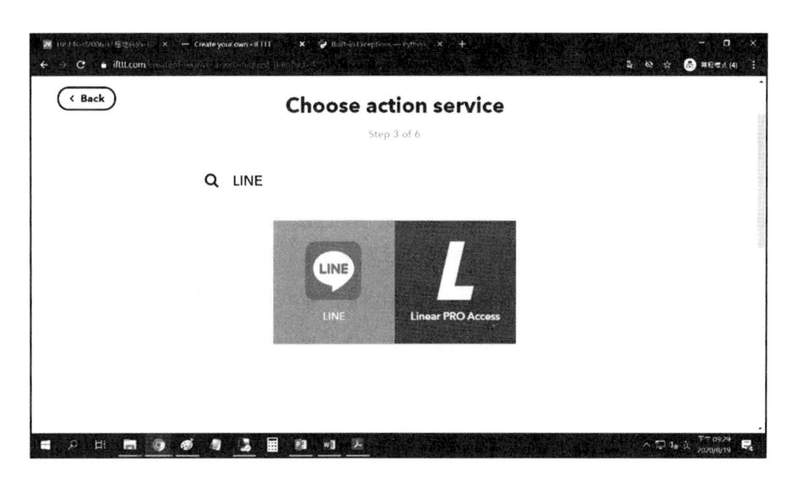

圖 6-6　LINE 服務

按下 Send message，在 message 欄位輸入”警告：有害氣體濃度過高”，再按下下方的 Create action，如圖 6-7 所示。

圖 6-7　修改 message 內容

設定完成畫面如圖 6-8 所示，最後再按下下方的 Finish。

圖 6-8　IFTTT 設定完成

欲取得自己設定的 IFTTT 超連結，可以先登入 IFTTT 帳號，點選右上方人頭，再選 My Services 如圖 6-9 所示，選擇 Webhooks，再按右上方的 Documentation 如圖 6-10 所示，將超連結中的 {event} 改爲 gasSensor，如圖 6-11 所示，並將超連結拷貝至圖 6-12 程式中。

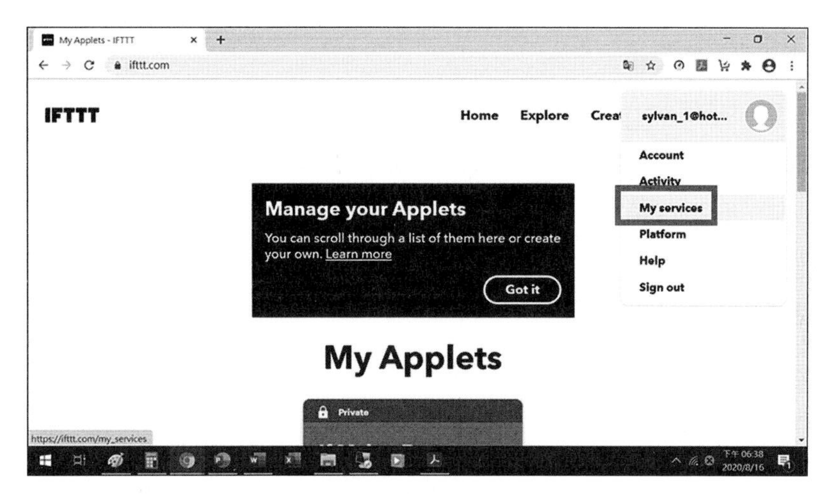

圖 6-9　點選 My services

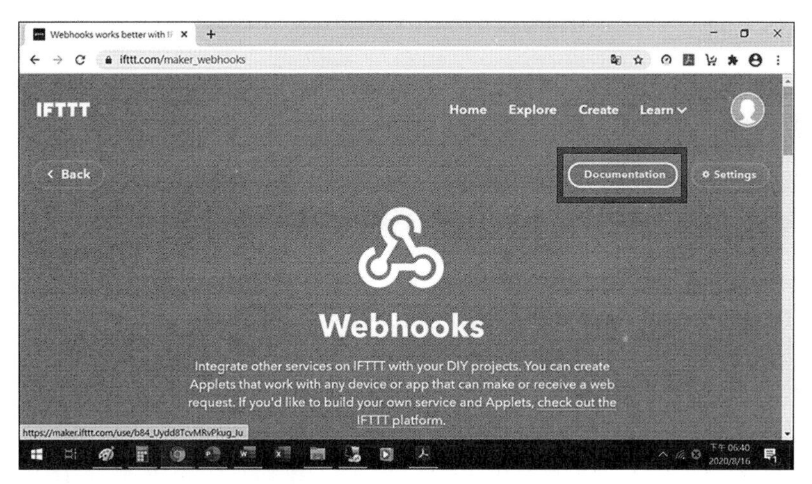

圖 6-10　點選 Documentation

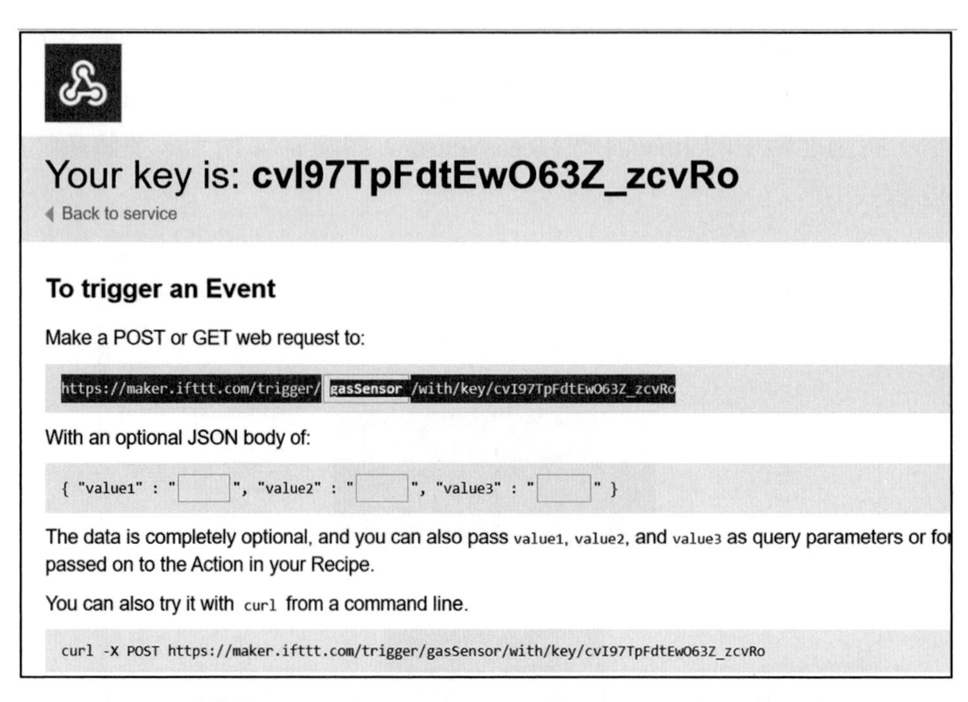

圖 6-11　樹莓派 gasSensor Webhooks 超連結 (圖片來源：https://ifttt.com)

Python 程式如圖 6-12 所示。

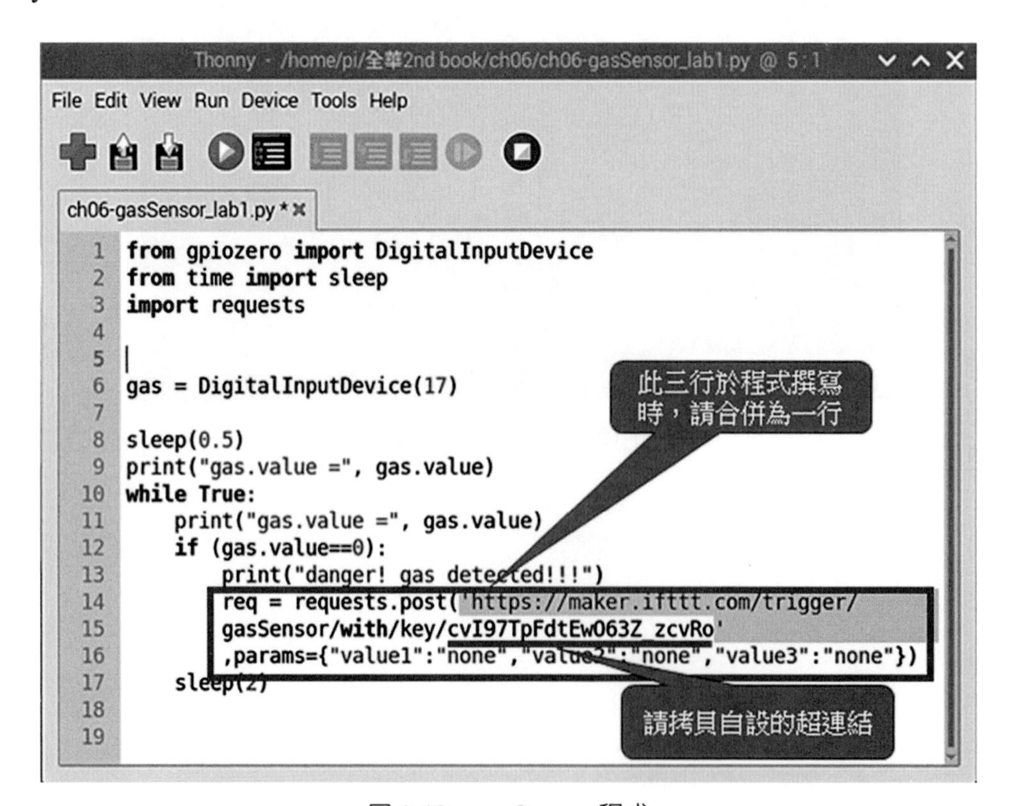

圖 6-12　gasSensor 程式

程式解說如下：

from gpiozero import DigitalInputDevice	◆ 從 gpiozero 程式庫載入 DigitalInputDevice 模組。
from time import sleep	◆ 從 time 程式庫輸入 sleep 函數模組。
import requests	◆ 輸入 requests 函數模組。
gas = DigitalInputDevice(17)	◆ GPIO17 腳的電位值設定給 gas 變數
sleep(0.5)	◆ 維持原狀 0.5 秒
print("gas.value =", gas.value)	◆ 螢幕顯示 gas.value 值
while True:	◆ 以 while 迴圈持續偵測樹莓派氣體濃度，濃度過高時傳訊息給手機
print("gas.value =", gas.value)	◆ 螢幕顯示 gas.value 值
if (gas.value==0):	◆ 如果 gas.value 值為低電位
print("danger! gas detected!!!")	◆ 螢幕顯示 danger! gas detected!!!
req= requests.post('https:// maker.ifttt.com/trigger/gasSensor/with/key/cvl97TpFdtEwO63Z_zcvRo',params={"value1":"none","value2":"none","value3":"none"})	◆ 依使用者設定 IFTTT 超連結，發送溫度資料給手機的 LINE 軟體接收
sleep(2)	◆ 延遲 2 秒鐘

4. 功能驗證：

將樹莓派電源開啓，並確認硬體連線，需有下列輸出才算執行成功：

★ 將自己帳號所設定的超連結 https://maker.ifttt.com/trigger..... 取代圖 6-13 程式中的超連結後執行程式，此時 shell 會出現每個 GPIO 所測得的值，如圖 6-13 所示。

★ 若氣體濃度過高時，傳訊息給手機的 LINE 軟體，手機畫面顯示” 警告：有害氣體濃度過高 !!!”，如圖 6-14 所示。

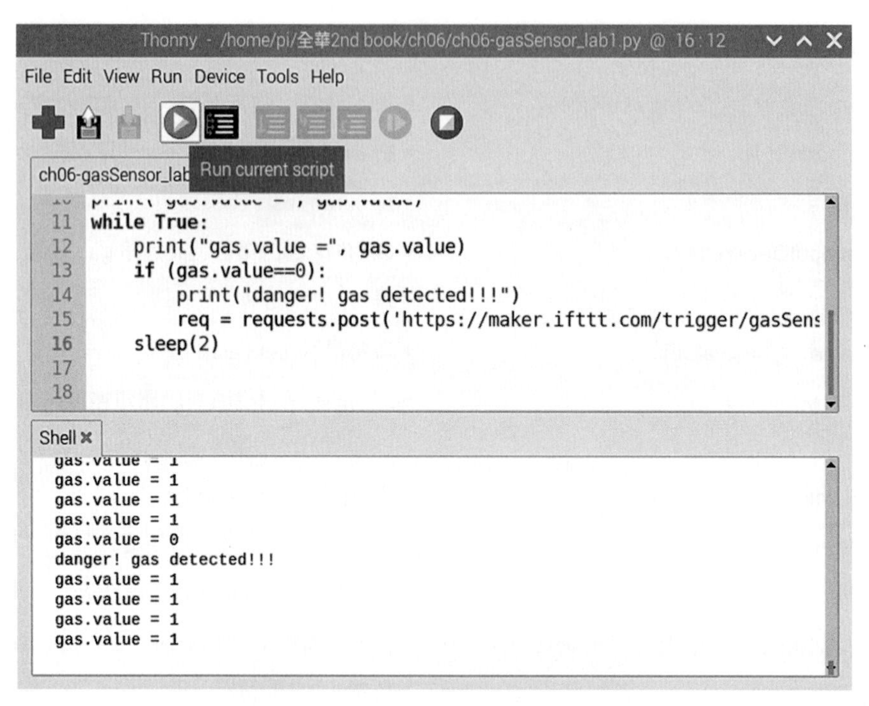

圖 6-13 gasSensor 程式執行結果

圖 6-14 手機警示畫面

6-2 實驗二 火焰偵測

可以檢測火焰或者波長在 760nm ～ 1100nm 範圍內的光源，探測角度 60 度左右，對火焰光譜特別靈敏，工作電壓 3.3V-5V，所以若電源使用 3.3V，則不需 T74 電平轉換模組，輸出的訊號有類比與數位兩種，本實驗將使用數位訊做爲火焰偵測警示的觸發訊號。

實驗摘要：

若偵測到火焰事件，火焰感測器的數位觸發訊號會傳送到樹莓派 GPIO27，經由 IFTTT 機制發出偵測火焰訊息至手機的 LINE 軟體。

實驗步驟：

1. 實驗材料如表 6-2 所示。

表 6-2 火焰偵測實驗材料清單

實驗材料名稱	數量	規格	圖片
樹莓派 pi4	1	已安裝好作業系統的樹莓派	
火焰偵測模組	1	火焰偵測模組	
打火機	1	打火機	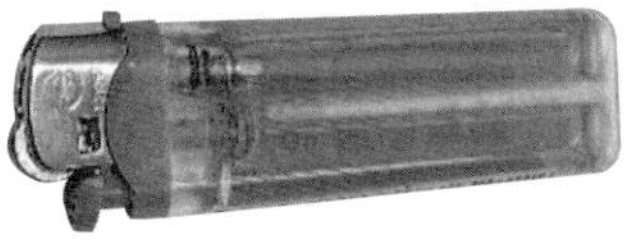
跳線	10	彩色杜邦雙頭線 (母 / 母)/20 cm	

2. 硬體接線圖如圖 6-15 所示，火焰偵測模組的 DO 接到 GPIO27，VCC 接到 3.3V，GND 則接到樹莓派的地。

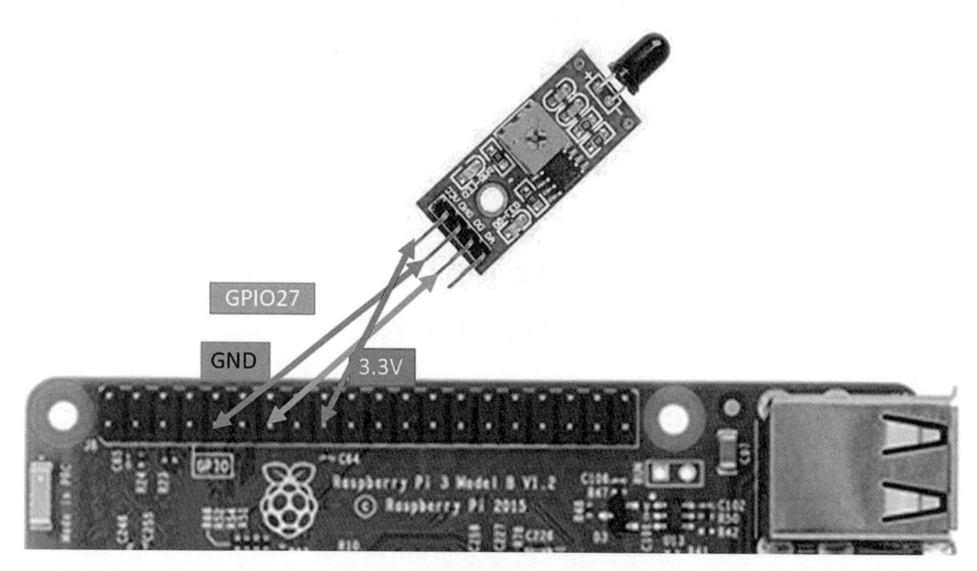

圖 6-15　火焰偵測實驗硬體連線

3. 程式設計：

新增 IFTTT 專案：

登入 IFTTT 網站後，點選右上方選項 Create，如圖 6-16 所示。

圖 6-16　Create 新 IFTTT 專案 (圖片來源：https://ifttt.com)

輸入 Webhooks 如圖 6-17 所示，再點選藍色區域。

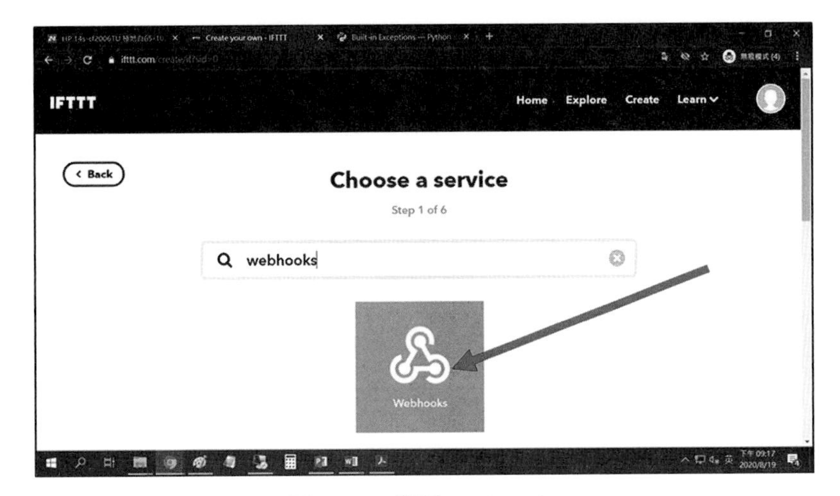

圖 6-17　搜尋 Webhooks

下個畫面則再按下 Receive a web request，然後輸入事件名稱” gasSensor” 於 Event Name 欄位中，然後按下 Trigger，再點選加號如圖 6-18 所示。

圖 6-18　點選加號

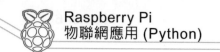

搜尋文字輸入盒處輸入 LINE 如圖 6-19 所示，點選 LINE 圖示。

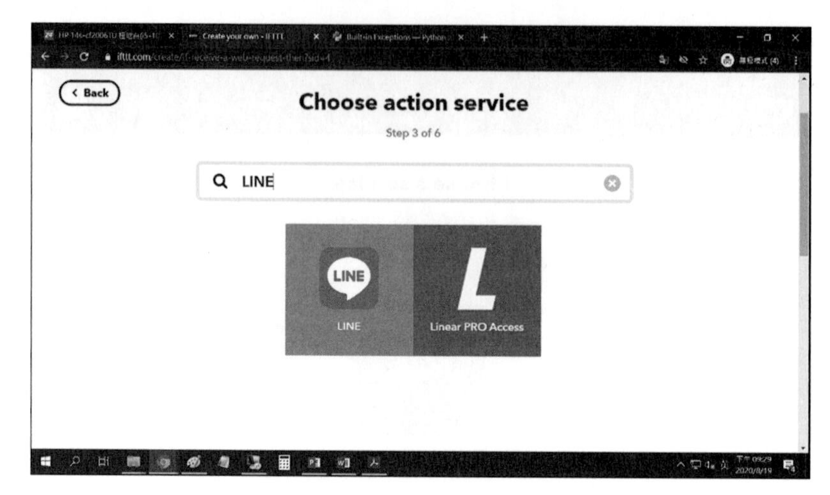

圖 6-19　LINE 服務

按下 Send message，在 message 欄位輸入" 警告：有害氣體濃度過高" ，再按下下方的 Create action，如圖 6-20 所示。

圖 6-20　修改 message 內容

設定完成畫面如圖 6-21 所示，最後再按下下方的 Finish。

圖 6-21　IFTTT 設定完成

欲取得自己設定的 IFTTT 超連結，可以先登入 IFTTT 帳號，點選右上方人頭，再選 My Services 如圖 6-22 所示，選擇 Webhooks，再按右上方的 Documentation 如圖 6-23 所示，將超連結中的 {event} 改為 flameSensor，如圖 6-24 所示，並將超連結拷貝至圖 6-25 程式中。

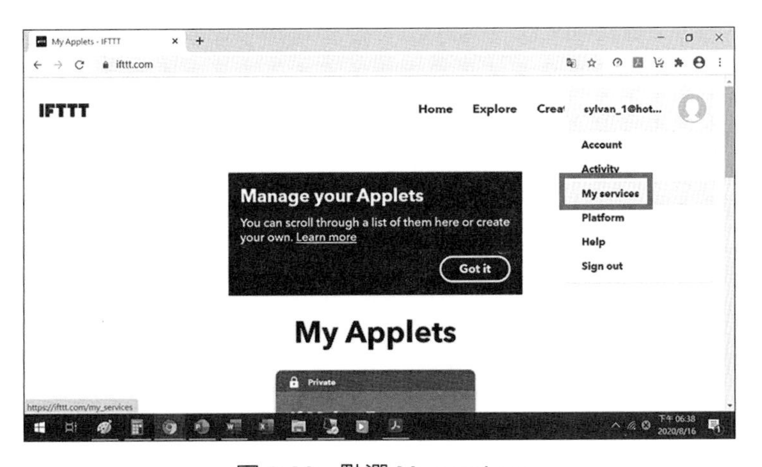

圖 6-22　點選 My services

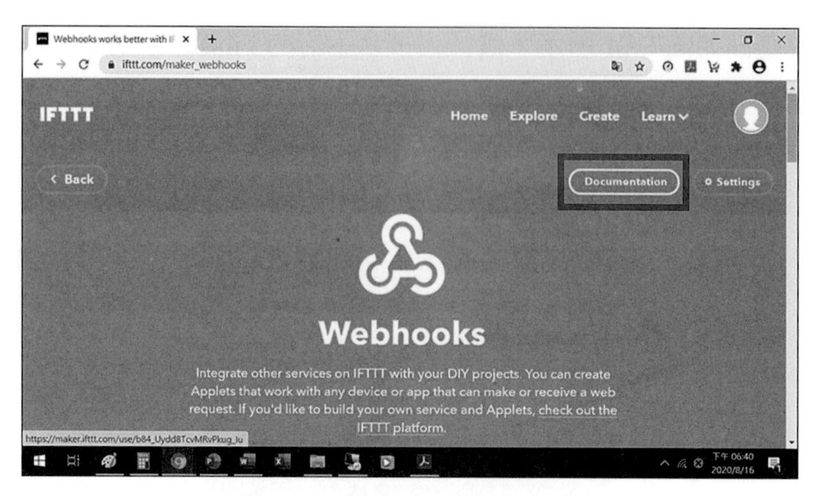

圖 6-23　點選 Documentation

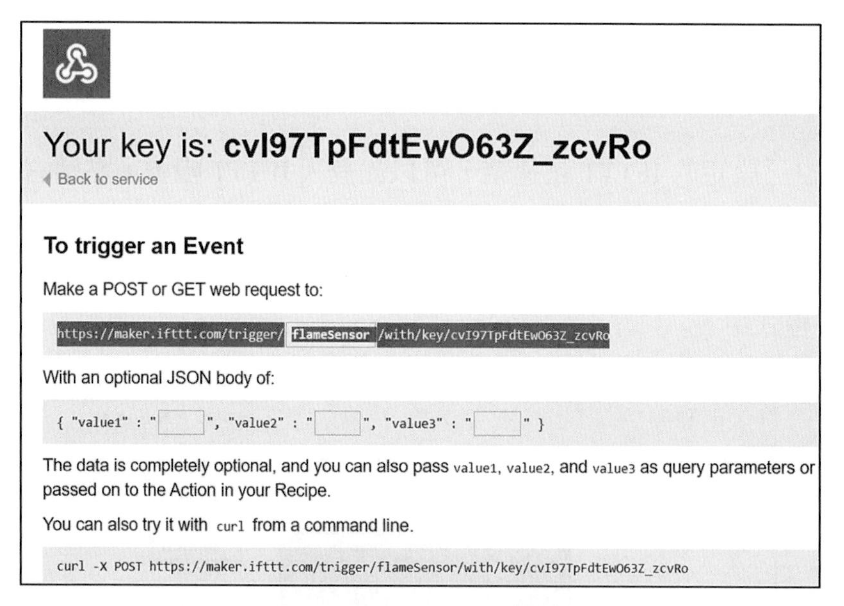

圖 6-24　樹莓派 flameSensor Webhooks 超連結

Python 程式如圖 6-25 所示。

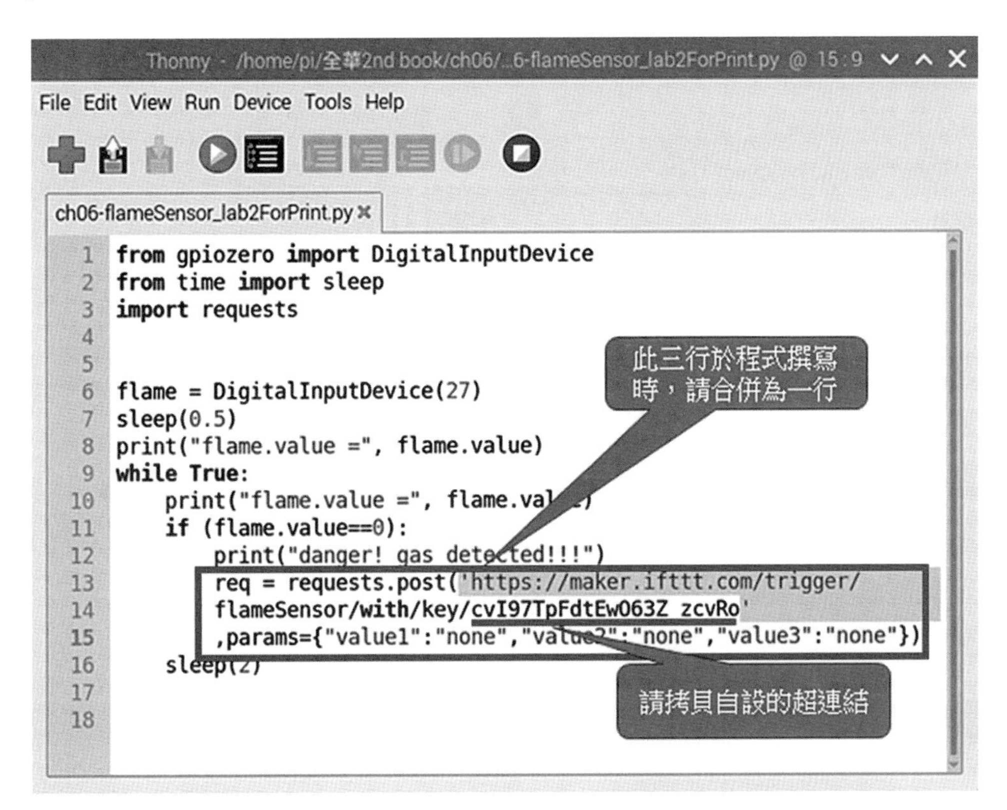


```
1  from gpiozero import DigitalInputDevice
2  from time import sleep
3  import requests
4
5
6  flame = DigitalInputDevice(27)
7  sleep(0.5)
8  print("flame.value =", flame.value)
9  while True:
10     print("flame.value =", flame.value)
11     if (flame.value==0):
12         print("danger! gas detected!!!")
13         req = requests.post('https://maker.ifttt.com/trigger/
14         flameSensor/with/key/cvI97TpFdtEw063Z_zcvRo'
15         ,params={"value1":"none","value2":"none","value3":"none"})
16     sleep(2)
17
18
```

圖 6-25　flameSensor 程式

程式解說如下：

from gpiozero import DigitalInputDevice	◆ 從 gpiozero 程式庫載入 DigitalInputDevice 模組。
from time import sleep	◆ 從 time 程式庫輸入 sleep 函數模組。
import requests	◆ 輸入 requests 函數模組。
flame = DigitalInputDevice(27)	◆ GPIO27 腳的電位值設定給 flame 變數
sleep(0.5)	◆ 維持原狀 0.5 秒
print("flame.value =", flame.value)	◆ 螢幕顯示 flame.value 值
while True:	◆ 以 while 迴圈持續偵測樹莓派氣體濃度，濃度過高時傳訊息給手機
print("flame.value =", flame.value)	◆ 螢幕顯示 flame.value 值
if (flame.value==0):	◆ 如果 flame.value 值為低電位
print("danger! flame detected!!!")	◆ 螢幕顯示 danger! flame detected!!!

req= requests.post('https:// maker.ifttt.com/trigger/flameSensor/with/key/cvl97TpFdtEwO63Z_zcvRo',params={"value1":"none","value2":"none","value3":"none"})	◆ 依使用者設定 IFTTT 超連結，發送溫度資料給手機的 LINE 軟體接收
sleep(2)	◆ 延遲 2 秒鐘

4. 功能驗證：

將樹莓派電源開啓，並確認硬體連線，需有下列輸出才算執行成功：

將自己帳號所設定的超連結 https://maker.ifttt.com/trigger..... 取代圖 6-25 程式中的超連結後執行程式，此時 shell 會出現每個 GPIO 所測得的值如圖 6-26 所示。

若氣體濃度過高時，傳訊息給手機的 LINE 軟體，手機畫面顯示" 警告：有害氣體濃度過高 !!!"，如圖 6-27 所示。

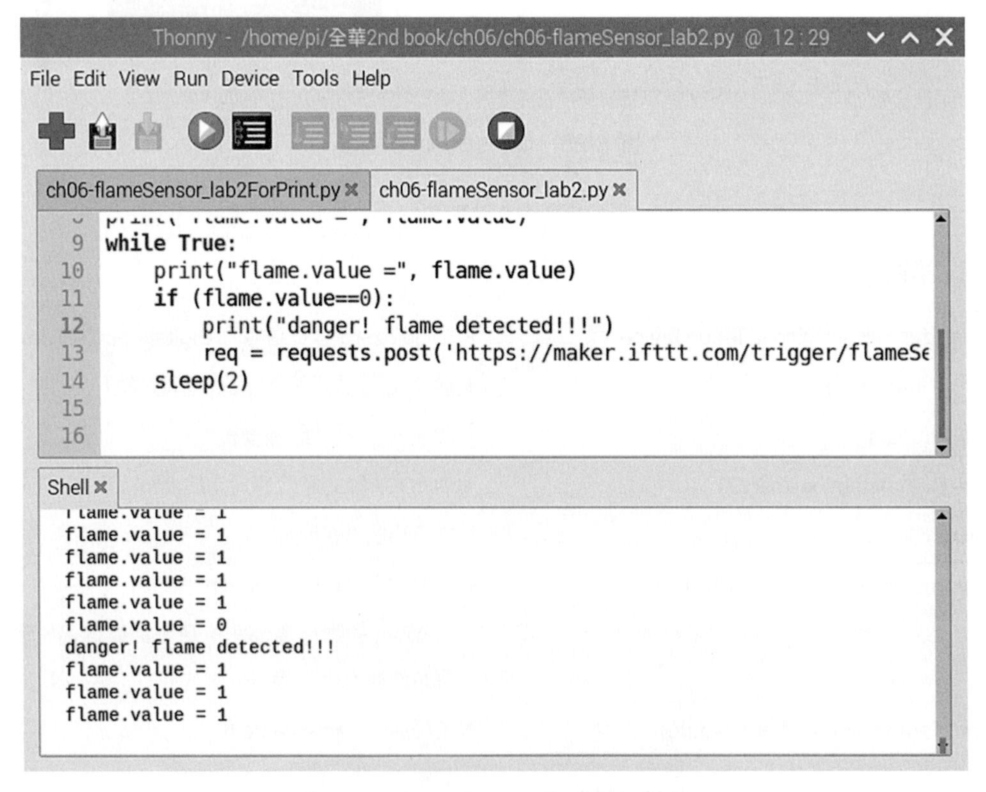

圖 6-26 flameSensor 程式執行結果

圖 6-27 手機警示畫面

6-3 實驗三 聯網裝置監測

實驗摘要：

聯網裝置開機與關機時，均會經由 IFTTT 機制發出監測訊息至手機的 LINE 軟體。

實驗步驟：

1. 實驗材料如表 6-3 所示。

表 6-3 聯網裝置監測實驗材料清單

實驗材料名稱	數量	規格	圖片
樹莓派 pi4	2	已安裝好作業系統的樹莓派	

2. 程式設計：

新增 IFTTT 專案：

登入 IFTTT 網站後，點選右上方選項 Create，如圖 6-28 所示。

圖 6-28　Create 新 IFTTT 專案 (圖片來源：https://ifttt.com)

輸入 Webhooks 如圖 6-29 所示，再點選藍色區域。

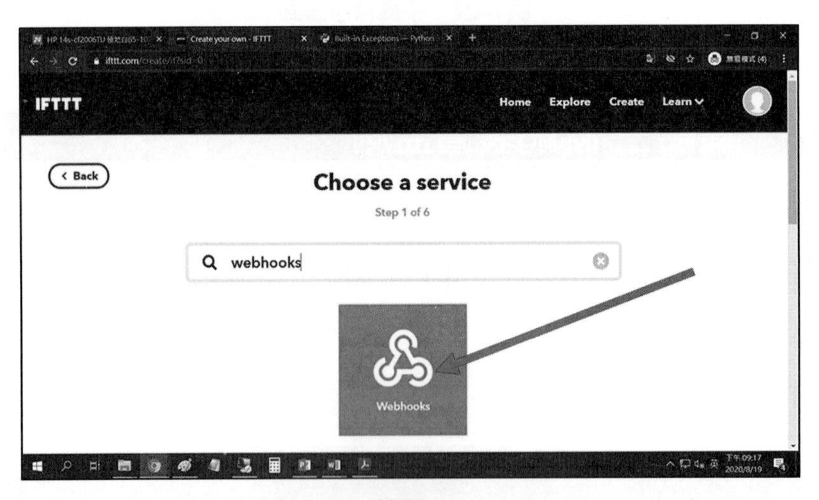

圖 6-29　搜尋 Webhooks

下個畫面則再按下 Receive a web request，然後輸入事件名稱”siteAlive”於 Event Name 欄位中，然後按下 Create Trigger，如圖 6-30 所示，偵測到開機動作會觸發 siteAlive 事件。

圖 6-30　siteAlive 事件名稱設定 (圖片來源：https://ifttt.com)

再點選加號，如圖 6-31 所示。

圖 6-31　點選加號 (圖片來源：https://ifttt.com)

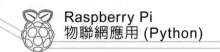

搜尋文字輸入盒處輸入 LINE，如圖 6-32 所示，點選 LINE 圖示。

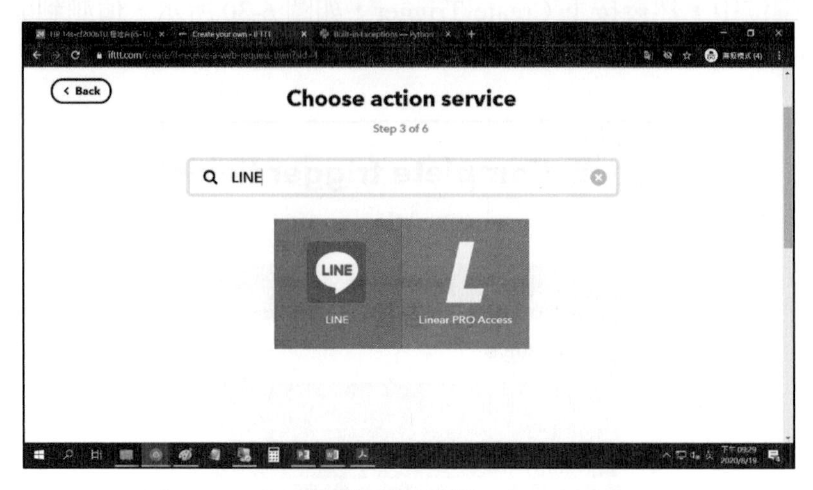

圖 6-32　LINE 服務 (圖片來源：https://ifttt.com)

按下 Send message，在 message 欄位輸入" 開機囉 !"，再按下下方的 Create action，如圖 6-33 所示。

圖 6-33　修改 message 內容 (圖片來源：https://ifttt.com)

設定完成畫面如圖 6-34 所示，最後再按下下方的 Finish。

圖 6-34　siteAlive IFTTT 設定完成 (圖片來源：https://ifttt.com)

重複圖 6-28～圖 6-34，建立 siteDown 事件如圖 6-35 所示，並修改事件的 message 爲”關機囉 !”如圖 6-36 所示，siteDown IFTTT 設定完成如圖 6-37 所示，將用以偵測關機事件。

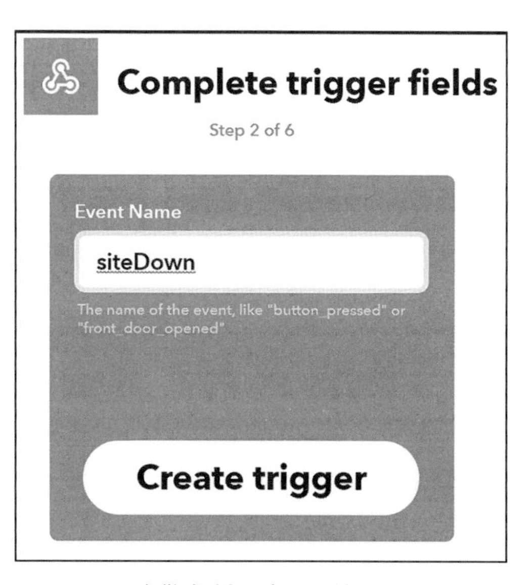

圖 6-35　siteDown 事件名稱設定 (圖片來源：https://ifttt.com)

圖 6-36　修改 message 內容

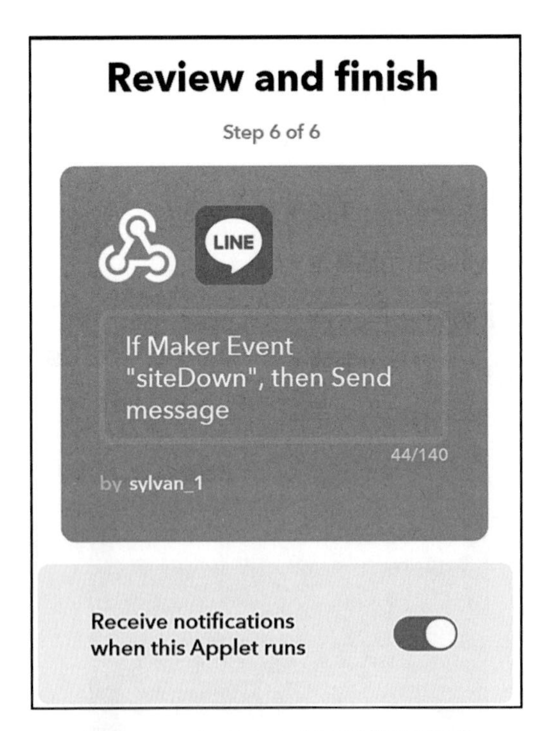

圖 6-37　siteDown IFTTT 設定完成

欲取得自己設定的 IFTTT 超連結，可以先登入 IFTTT 帳號，點選右上方人頭，再選 My Services 如圖 6-38 所示，選擇 Webhooks，再按右上方的 Documentation 如圖 6-39 所示，將超連結中的 {event} 改爲 siteAlive，如圖 6-40 所示，並將超連結拷貝至圖 6-41 程式，此爲開機偵測部份的超連結，接下來再將圖 6-39 中 siteAlivw 改爲 siteDown，如圖 6-40 所示，並將超連結拷貝至圖 6-41 程式。

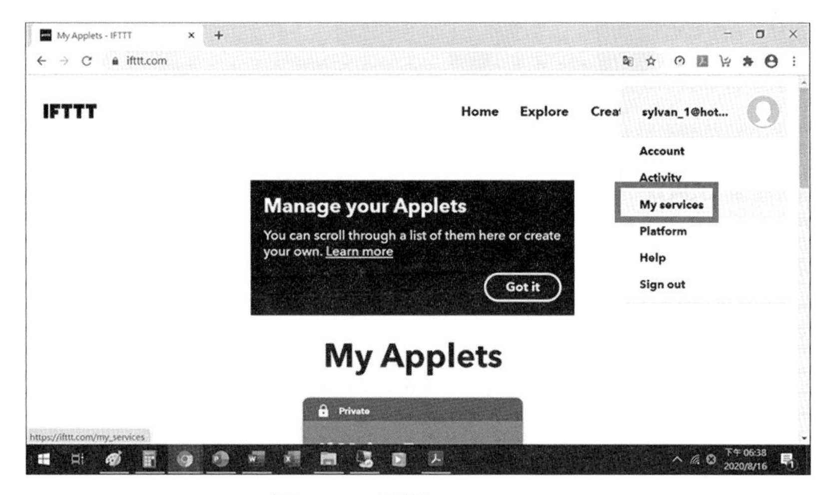

圖 6-38　點選 My services

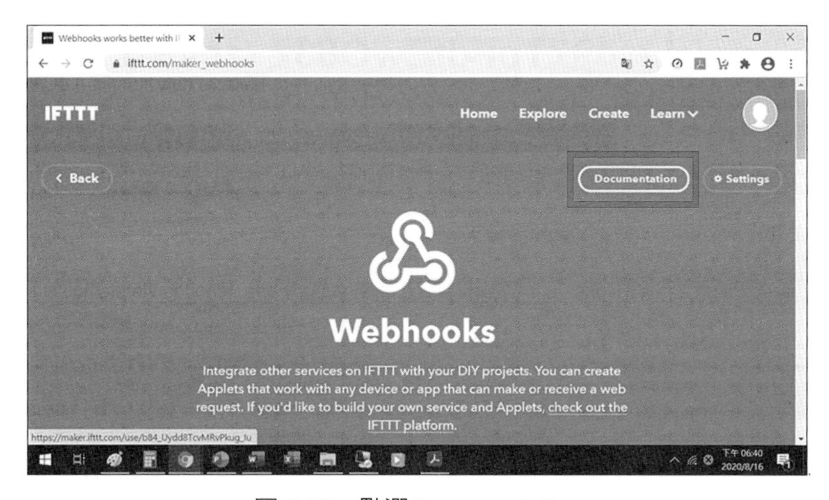

圖 6-39　點選 Documentation

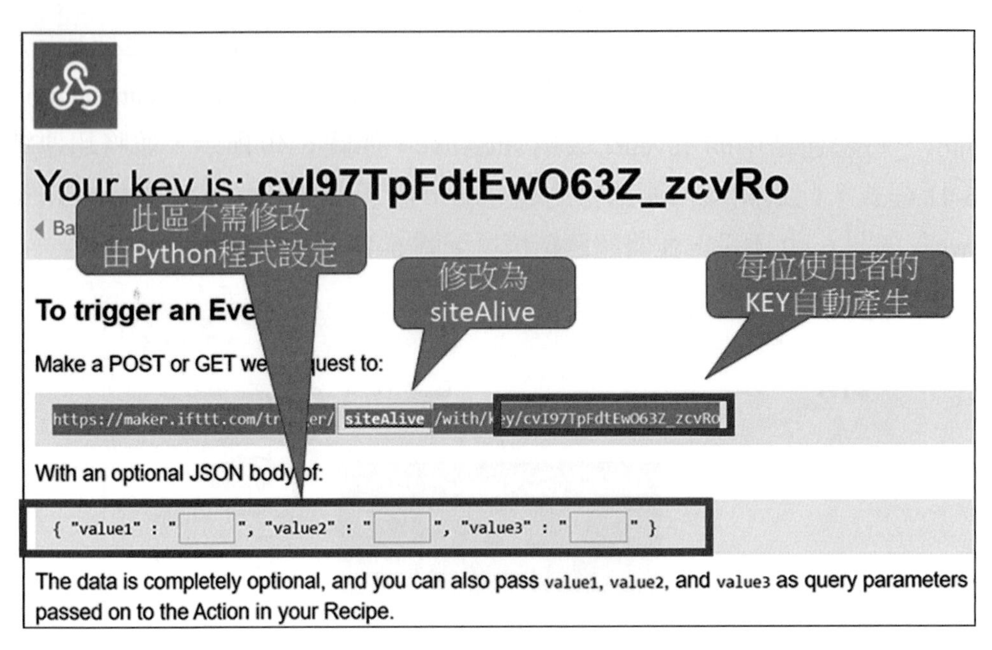

圖 6-40　樹莓派 siteAlive Webhooks 超連結

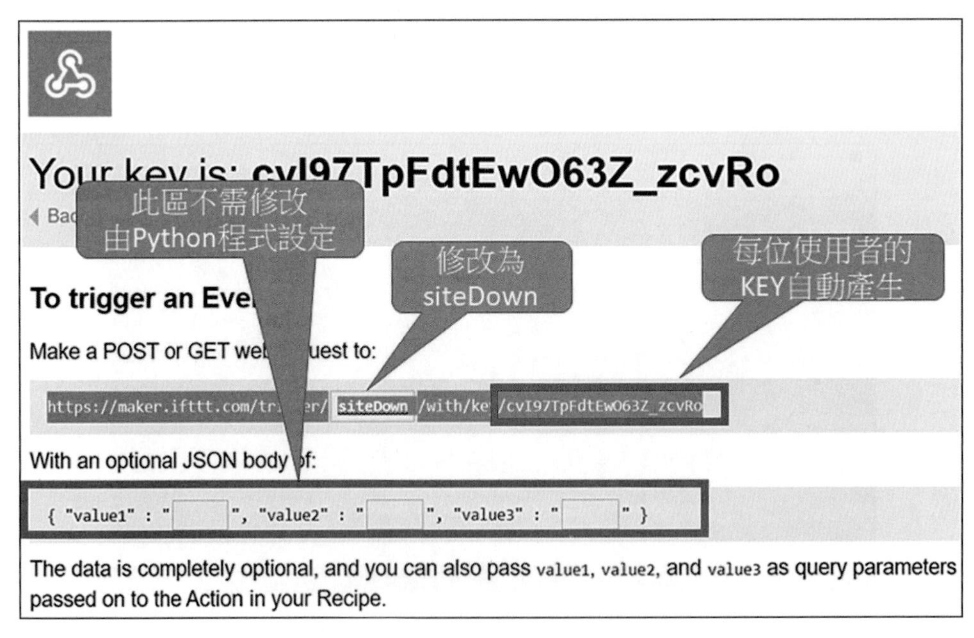

圖 6-41　樹莓派 siteDown Webhooks 超連結

Python 程式如圖 6-42 所示。

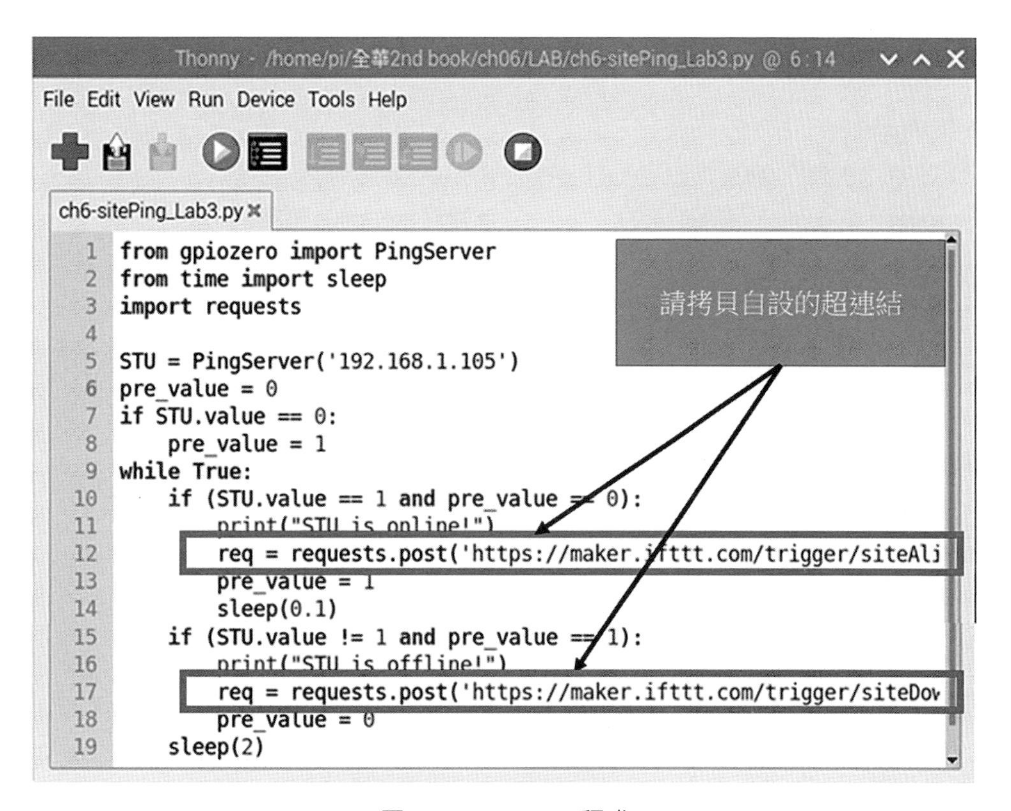

圖 6-42　sitePing 程式

程式解說如下：

程式	說明
from gpiozero import PingServer	◆ 從 gpiozero 程式庫載入 PingServer 模組
from time import sleep	◆ 從 time 程式庫輸入 sleep 函數模組
import requests	◆ 輸入 requests 函數模組。
STU = PingServer('192.168.128.32')	◆ ping 192.1268.128.32 的結果存到 STU 變數
pre_value = 0	◆ 設 pre_value 值等於 0
if STU.value == 0:	◆ 若 STU.value 值等於 0:
pre_value = 1	◆ 設 pre_value 值等於 1
while True:	◆ 以 while 迴圈持續偵測 192.168.128.32 是否開機
if (STU.value == 1 and pre_value == 0):	◆ 如果是開機狀態：
print("STU is online!")	◆ 螢幕顯示 STU is online!

req = requests.post('https://maker.ifttt.com/ trigger/siteAlive/with/key/cvl97TpFdtEwO63Z_zcvRo' ,params={"value1":"none", "value2":"none","value3":"none"})	◆ 依使用者設定 IFTTT 超連結，發送”開機囉 ! 文字”給手機的 LINE 軟體
pre_value = 1	◆ 設定 pre_value 値為 1
sleep(0.1)	◆ 維持原狀 0.1 秒
if (STU.value != 1 and pre_value == 1):	◆ 如果是關機狀態：
print("STU is offline!")	◆ 螢幕顯示 STU is offline!
req = requests.post('https://maker.ifttt.com/trigger/siteDown/with/key/cvl97TpFdtEwO63Z_zcvRo' ,params={"value1":"none", "value2":"none","value3":"none"})	◆ 依使用者設定 IFTTT 超連結，發送”關機囉 ! 文字”給手機的 LINE 軟體
pre_value = 0	◆ 設定 pre_value 値為 1
sleep(2)	◆ 維持原狀 2 秒

3. 功能驗證：

將 2 套樹莓派電源開啓，其中一套安裝測試程式 sitePing.py，另一套樹莓派則爲被測試裝置，需有下列輸出才算執行成功：

開機後，螢幕需顯示出 STU is online!!!，被測試裝置關機後，螢幕需顯示出 STU is offline!!!，再次開機，螢幕顯示出 STU is online!!!，如圖 6-43 所示。

對應手機的 LINE 訊息，如果偵測到開機，手機畫面顯示”開機囉 !”， 如果偵測到是關機狀態，手機畫面顯示”關機囉 !”，如圖 6-44 所示。

Thonny - /home/pi/全華2nd book/ch06/LAB/ch6-ping_Lab3.py @ 12:19

File Edit View Run Device Tools Help

ch6-ping_Lab3.py * ch06-flameSensor_lab2.py

```
 8      if (STU.value == 1 and pre_value == 0):
 9          print("STU is online!")
10          req = requests.post('https://maker.ifttt.com/trigger/siteAli
11          pre_value = 1
12          sleep(0.1)
13      if (STU.value != 1 and pre_value == 1):
14          print("STU is offline!")
15          req = requests.post('https://maker.ifttt.com/trigger/siteDov
```

Shell

```
Python 3.7.3 (/usr/bin/python3)
>>> %cd '/home/pi/全華2nd book/ch06/LAB'
>>> %Run ch6-ping_Lab3.py
  STU is online!
  STU is offline!
  STU is online!
```

圖 6-43　聯網裝置監測程式執行結果

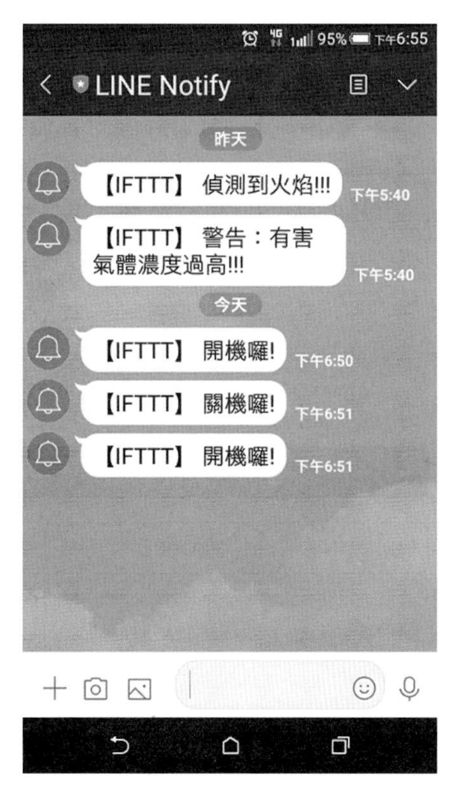

圖 6-44　手機畫面

6-4 實驗四 冰庫安全監測

冰庫安全監測裝置，在工作人員進入冰庫十五分鐘後，若仍未離開冰庫，則會發送警告訊息到預設的 line 群組，通知群組內的成員。

冰庫安全監測裝置使用雙重偵測機制，以 PIR(被動式紅外線偵測器) 及都普勒雷達同時偵測是否有人員被反鎖於冰庫中。

實驗摘要：

當 PIR(被動式紅外線偵測器) 或都普勒雷達偵測到有人還在冰庫內時，樹莓派經由 IFTTT 機制發出冰庫內有人訊息至手機的 LINE 軟體。

實驗步驟：

1. 實驗材料如表 6-4 所示。

表 6-4 冰庫安全監測實驗材料清單

實驗材料名稱	數量	規格	圖片
樹莓派 pi4	1	已安裝好作業系統的樹莓派	
人體紅外線感應模組	1	HC-SR501 人體紅外線感應模組	
都卜勒微波雷達模組	1	RCWL-0516 都卜勒微波雷達模組	
跳線	10	彩色杜邦雙頭線 (母 / 母)/20 cm	

2. 冰庫安全監測硬體接線圖如圖 6-45 所示，人體紅外線感應模組的 DO 接到 GPIO17，VCC 接到 5V，GND 則接到樹莓派的地，都卜勒微波雷達模組的 DO 接到 GPIO27，VCC 接到 5V，GND 則接到樹莓派的地。

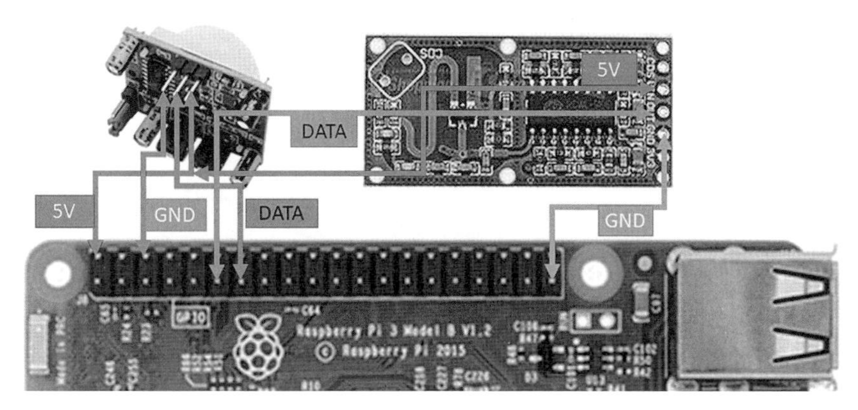

圖 6-45　冰庫安全監測硬體接線圖

3. 程式設計：

新增 IFTTT 專案：

登入 IFTTT 網站後，點選右上方選項 Create，如圖 6-46 所示。

圖 6-46　Create 新 IFTTT 專案 (圖片來源：https://ifttt.com)

輸入 Webhooks 如圖 6-47 所示，再點選藍色區域。

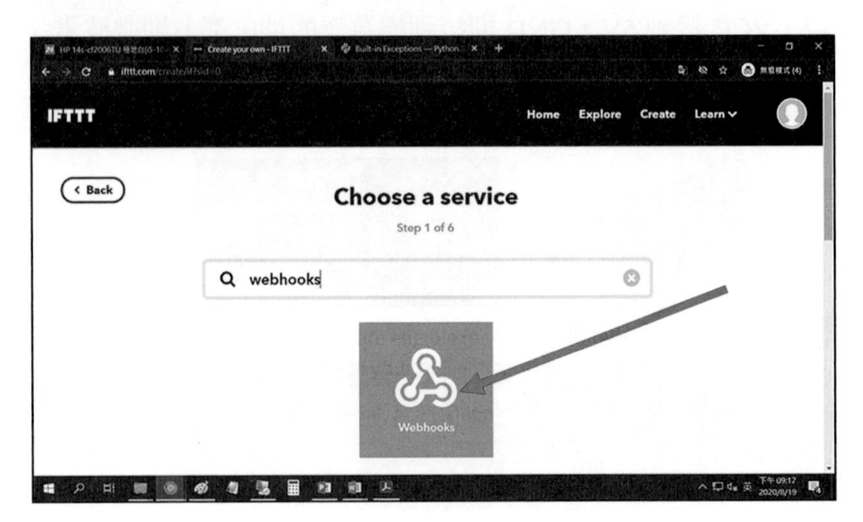

圖 6-47　搜尋 Webhooks

下個畫面則再按下 Receive a web request，然後輸入事件名稱”coldStorageMon”於 Event Name 欄位中，然後按下 Trigger，再點選加號如圖 6-48 所示。

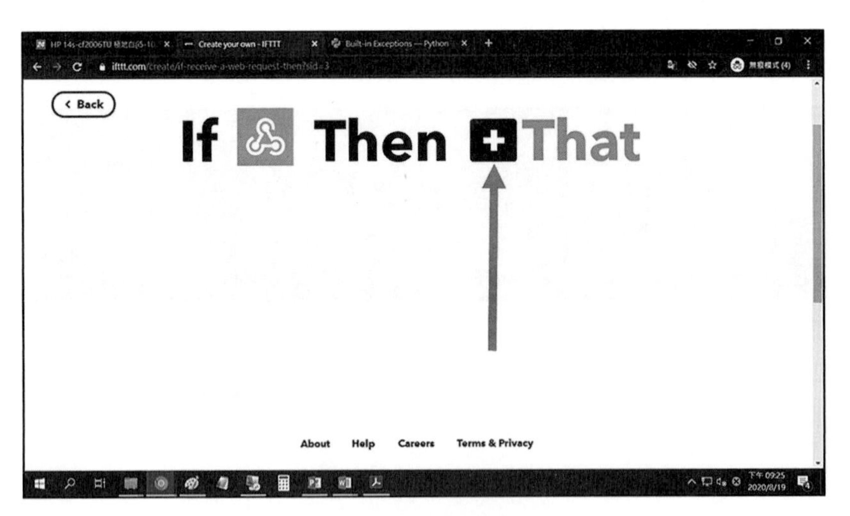

圖 6-48　點選加號

搜尋文字輸入盒處輸入 LINE，如圖 6-49 所示，點選 LINE 圖示。

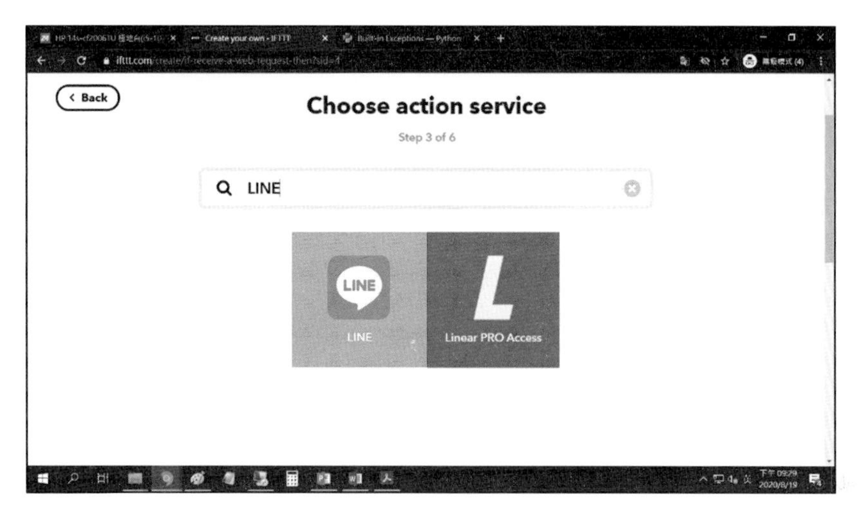

圖 6-49　LINE 服務

按下 Send message，下一個畫面點選 Connect 按鈕，出現下一個畫面後，輸入 LINE 的帳號和密碼，在 message 欄位輸入” 警告：冰庫內有人”，再按下方的 Create action，如圖 6-50 所示。

圖 6-50　修改 message 內容

設定完成畫面如圖 6-51，最後再按下下方的 Finish。

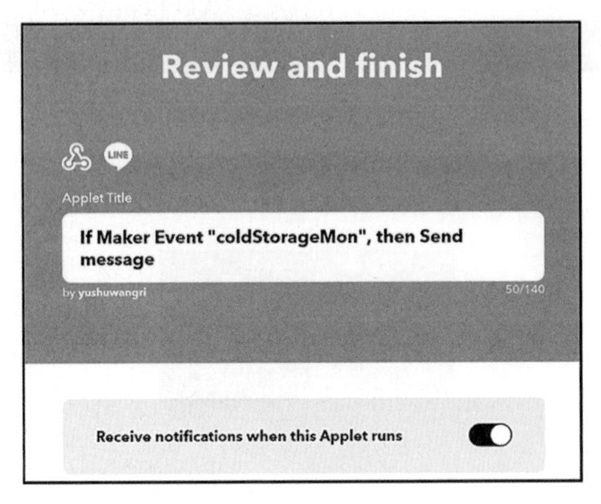

圖 6-51　IFTTT 設定完成

欲取得自己設定的 IFTTT 超連結，可以先登入 IFTTT 帳號，點選右上方人頭，再選 My Services 如圖 6-52 所示，選擇 Webhooks，再按右上方的 Documentation 如圖 6-53 所示，將超連結中的 {event} 改爲 coldStorageMon 如圖 6-54，並將超連結拷貝至圖 6-55 程式中。

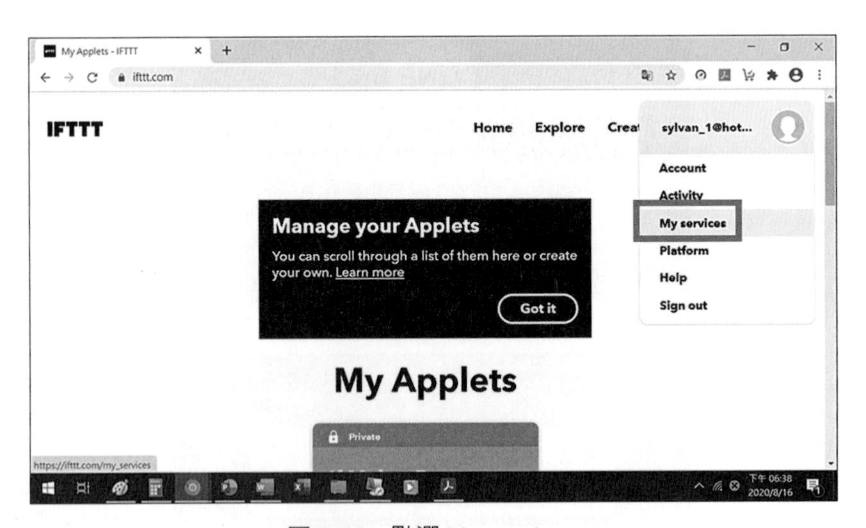

圖 6-52　點選 My services

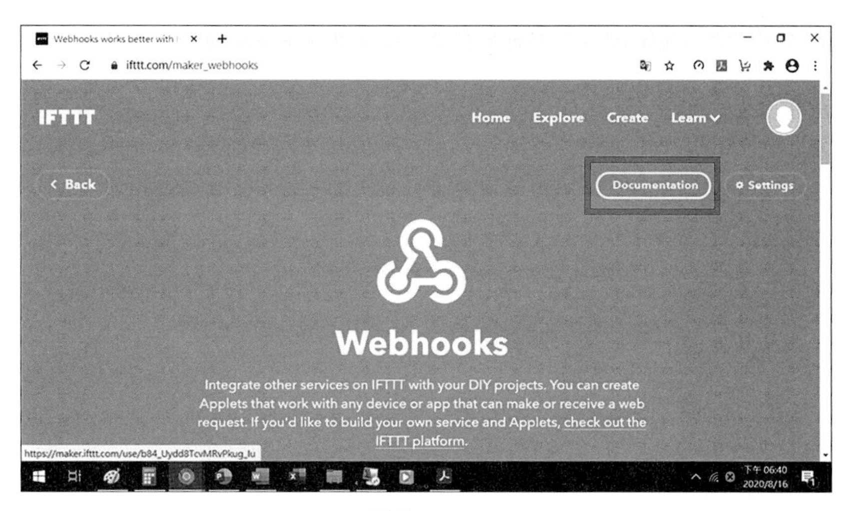

圖 6-53　點選 Documentation

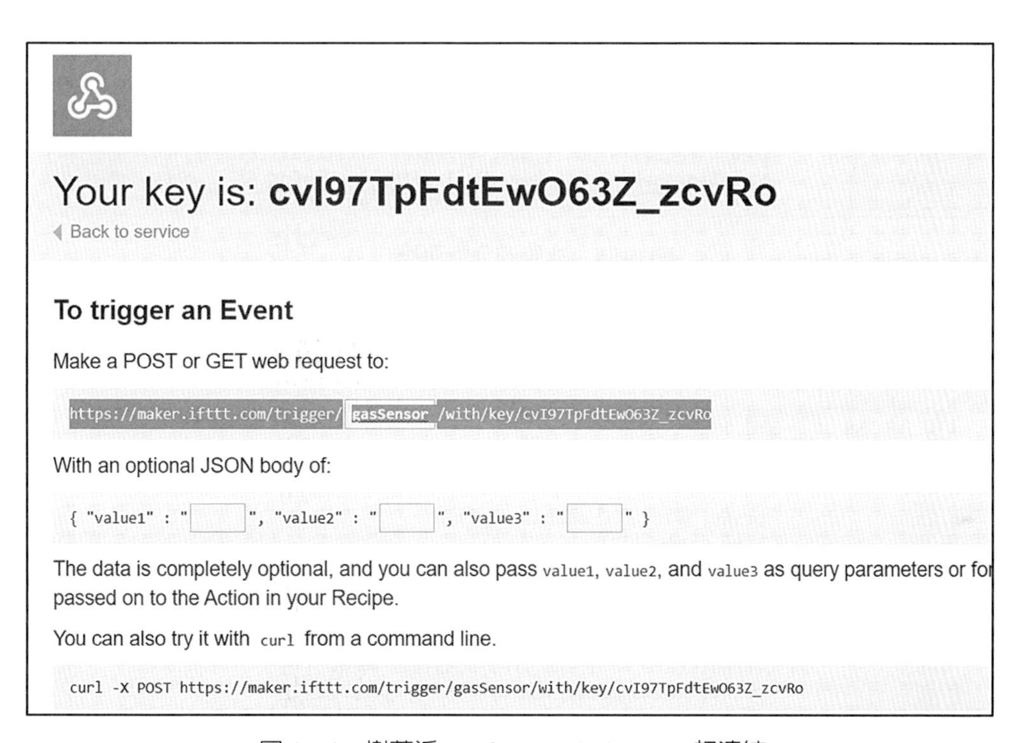

圖 6-54　樹莓派 gasSensor Webhooks 超連結

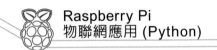

Python 程式如圖 6-55 ～圖 6-56 所示。

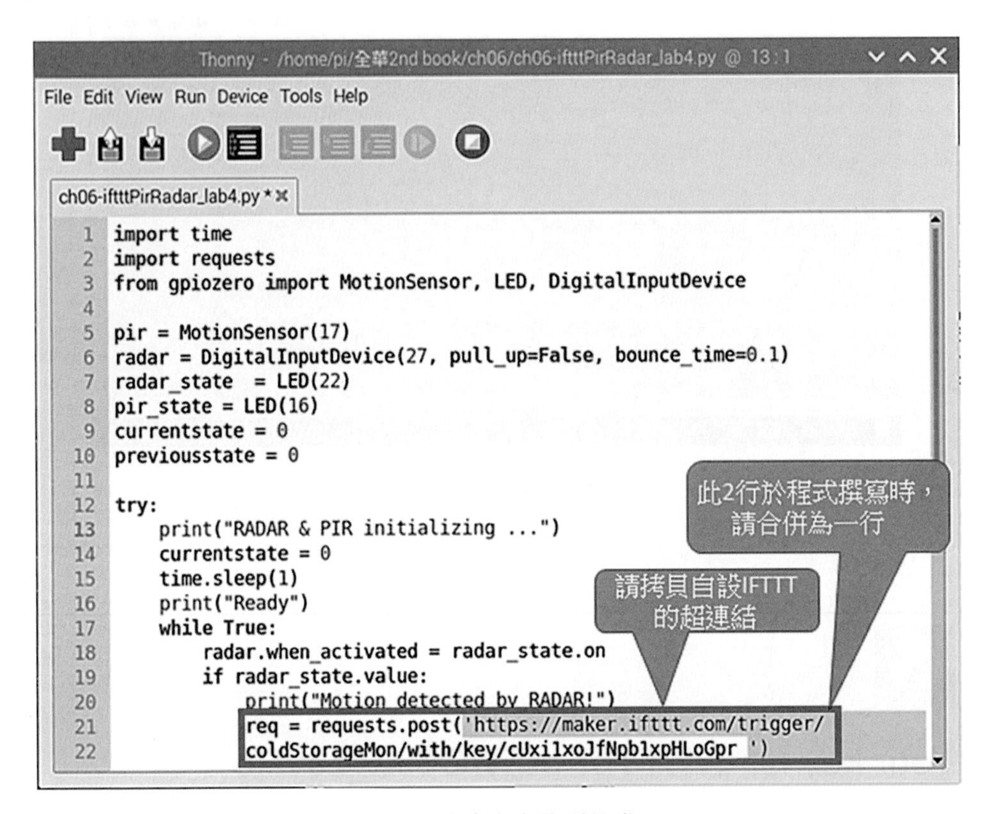

圖 6-55　冰庫安全監測程式 -1

```
Thonny - /home/pi/全華2nd book/ch06/ch06-iftttPirRadar_lab4.py @ 44 : 1
File Edit View Run Device Tools Help
ch06-iftttPirRadar_lab4.py *

23                 print("Wait 120 seconds...")
24                 time.sleep(120)
25             radar.when_deactivated = radar_state.off
26             pir.when_motion = pir_state.on
27             pir.when_no_motion = pir_state.off
28             currentstate = pir_state.value
29             if currentstate == 1 and previousstate == 0:
30                 print("Motion detected by PIR!")
31                 req = requests.post('https://maker.ifttt.com/trigger/coldStora
32                 previousstate = 1
33                 print("Wait 120 seconds...")
34                 time.sleep(120)
35             elif currentstate == 0 and previousstate == 1:
36                 print("Ready")
37                 previousstate = 0
38             time.sleep(0.02)
39     except KeyboardInterrupt:
40         print("Quit")
41
42
43
44
```

圖 6-56　冰庫安全監測程式 -2

程式解說如下：

程式	說明
import time	◆ 輸入 time 時間模組
import requests	◆ 輸入 requests 模組
from gpiozero import MotionSensor, LED , DigitalInputDevice	◆ 從 gpiozero 模組中呼叫 MotionSensor, LED 及 DigitalInputDevice 模組
pir = MotionSensor(17)	◆ MotionSensor 函數使用 GPIO17 測得的結果，儲存到 pir。
radar = DigitalInputDevice(27, pull_up=False, bounce_time=0.1)	◆ 將連接到 GPIO17 的 DigitalInputDevice 函數指定給 radar，pull_up=False 設定 GPIO17 內定值為 LOW，bounce_time=0.1 設定進入穩態時間為 0.1 秒
radar_state = LED(22)	◆ LED 函數使用 GPIO22 測得的結果，儲存到 radar_state
pir_state = LED(16)	◆ LED 函數使用 GPIO16 測得的結果，儲存到 pir_state
currentstate = 0	◆ 設 currentstate 値為 0
previousstate = 0	◆ 設 previousstate 値為 0
try:	◆ 嘗試：
print("RADAR & PIR initializing ...")	◆ 螢幕顯示 " RADAR & PIR initializing ..."
currentstate = 0	◆ 設 currentstate 値為 0
time.sleep(1)	◆ 延遲 1 秒
print("Ready")	◆ 螢幕顯示 "Ready"
while True:	◆ 以 while 迴圈持續偵測都卜勒雷達及紅外線訊號
radar.when_activated = radar_state.on	◆ 若都卜勒雷達偵測事件成立，pir_state 設定為 on (此時 GPIO22 的電位為高電位)。
if radar_state.value:	◆ 若 GPIO22 的電位為高電位：
print("Motion detected by RADAR!")	◆ 螢幕顯示：Motion detected by RADAR!
req = requests.post('https://maker .ifttt.com/trigger/coldStorageMon/with/key/ cUxi1xoJfNpb1xpHLoGpr_')	◆ 使用 requests.post() 函數與 IFTTT 連結並將結果存到 req，參數為圖 5-58 所設定的超連結，IFTTT 提供給每個使用者的連結不同，請勿拷貝課本提供的連結，必需使用自己的設定。
print("Wait 120 seconds...")	◆ 螢幕顯示 "Waiting 120 seconds"
time.sleep(120)	◆ 延遲 120 秒

radar.when_deactivated = radar_state.off pir.when_motion = pir_state.on	◆ 若都卜勒雷達偵測事件不成立，pir_state 設定為 off(此時 GPIO22 的電位為低電位)。
pir.when_no_motion = pir_state.off	◆ 若 pir 偵測事件成立，pir_state 設定為 on (此時 GPIO16 的電位為高電位)。 若 pir 偵測事件不成立，pir_state 設定為 off (此時 GPIO16 的電位為低電位)。
currentstate = pir_state.value	◆ 設 currentstate 值為 pir_state.value(GPIO16 值)
if currentstate == 1 and previousstate == 0:	◆ 如果 currentstate 是 1(高電位)， 而且 previousstate 是 0(低電位)
print("Motion detected by PIR!")	◆ 螢幕顯示” Motion detected by PIR!"
req=requests.post('https://maker .ifttt.com/trigger/coldStorageMon/with/key/ cUxi1xoJfNpb1xpHLoGpr_')	◆ 使用 requests.post() 函數與 IFTTT 連結並將結果存到 req，參數為圖 5-58 所設定的超連結，IFTTT 提供給每個使用者的連結不同，請勿拷貝課本提供的連結，必需使用自己的設定。
previousstate = 1	◆ 設 previousstate 值為 1
print("Wait 120 seconds...")	◆ 螢幕顯示 "Waiting 120 seconds"
time.sleep(120)	◆ 延遲 120 秒
elif currentstate == 0 and previousstate == 1:	◆ 如果 currentstate 是 0 而且 previousstate 是 1
print("Ready")	◆ 螢幕顯示 "Ready"
previousstate = 0	◆ 設 previousstate 值為 0
time.sleep(0.02)	◆ 延遲 0.02 秒
except KeyboardInterrupt: print("Quit")	◆ 若按下 ctrl-c 則螢幕顯示 "Quit"，並結束程式

4. 功能驗證：

將樹莓派電源開啓，並確認硬體連線，需有下列輸出才算執行成功：

★ 將自己帳號所設定的超連結 https://maker.ifttt.com/trigger..... 取代圖 6-55 程式中的超連結後執行程式，此時若有物體於冰庫中移動 shell 會出現，Motion detected by RADAR! 或 Motion detected by PIR! 等訊息，如圖 6-57 所示。

★ 程式會先執行都卜勒雷達偵測，若都卜勒雷達偵測到冰庫內有人，發出 LINE 訊息”警告：冰庫內有人”，如圖 6-58 所示，程式會暫停 2 分鐘，以避免手機不斷收到 LINE 訊息。若都卜勒雷達沒偵測到冰庫內有人，則再執行 PIR 偵測，若 PIR 偵測到冰庫內有人，發出 LINE 訊息”警告：冰庫內有人”，程式會暫停 2 分鐘，以避免手機不斷收到 LINE 訊息。

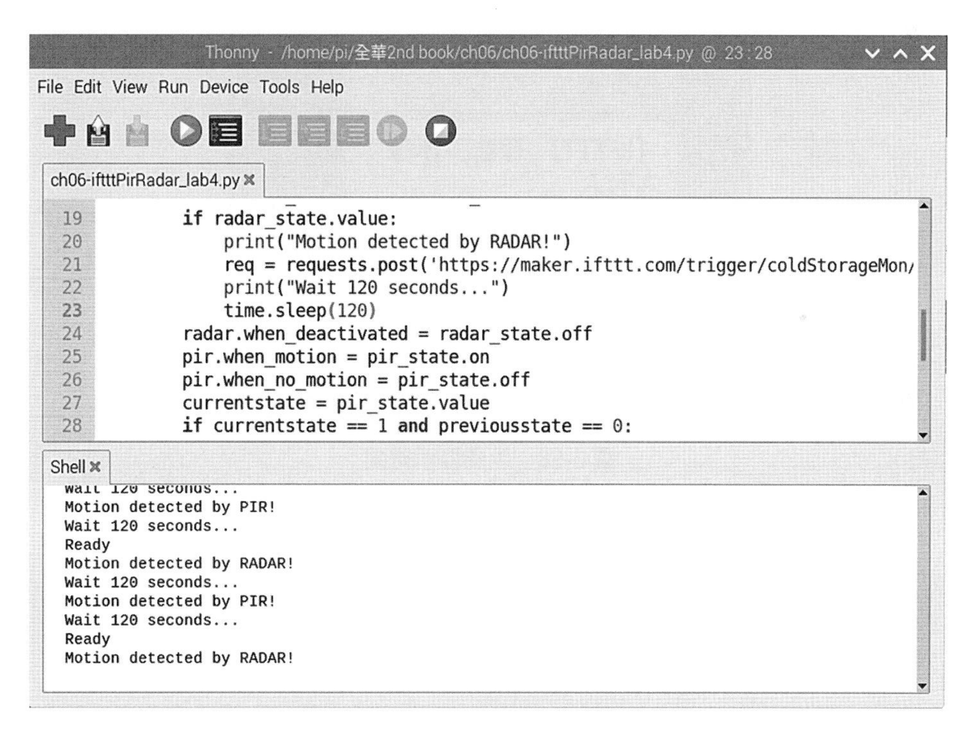

圖 6-57　冰庫安全監測程式執行結果

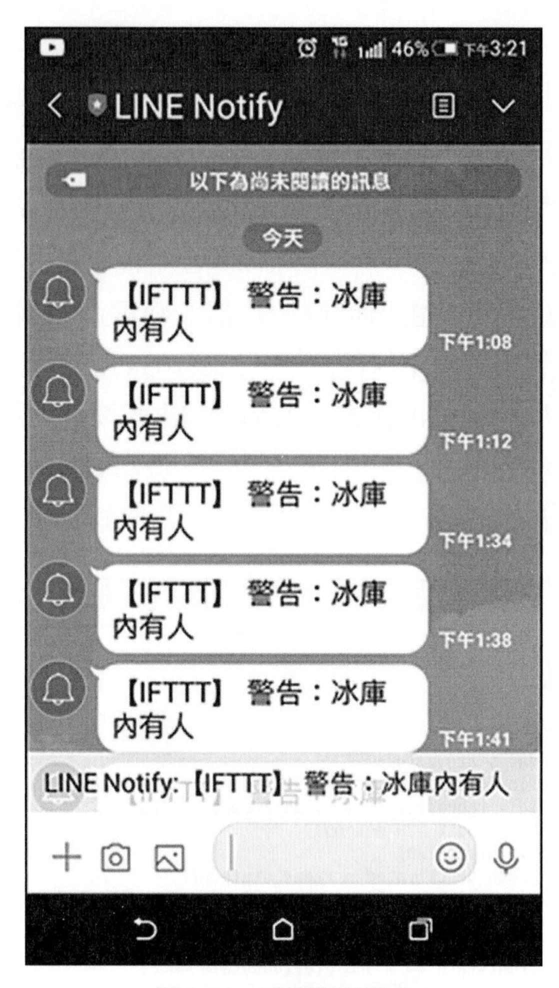
下午3:21
LINE Notify
以下為尚未閱讀的訊息
今天
【IFTTT】 警告：冰庫內有人
下午1:08
【IFTTT】 警告：冰庫內有人
下午1:12
【IFTTT】 警告：冰庫內有人
下午1:34
【IFTTT】 警告：冰庫內有人
下午1:38
【IFTTT】 警告：冰庫內有人
下午1:41
LINE Notify: 【IFTTT】 警告：冰庫內有人

圖 6-58　手機警示畫面

課後評量

程式題：

1. 結合實驗一及實驗二，新增 IFTTT 專案 gasFlameSensor 當氣體濃度過高或偵測到火焰時，程式執行結果如圖 6-59 所示，均會發出 LINE 警報如圖 6-60 所示。

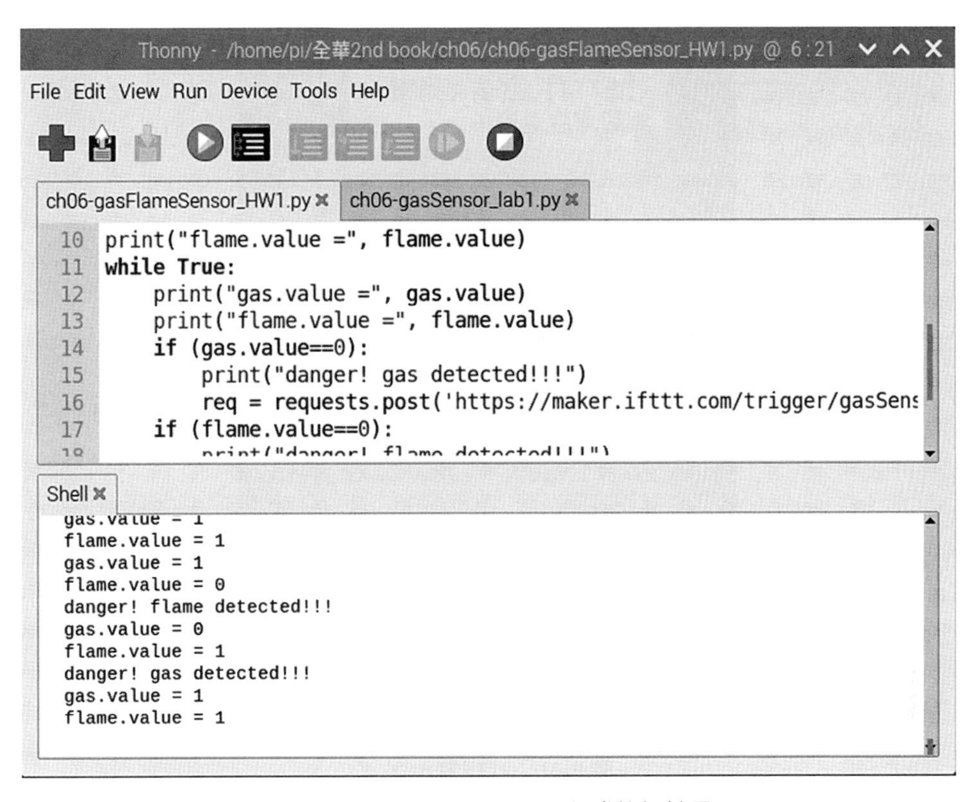

圖 6-59 gasFlameSensor 程式執行結果

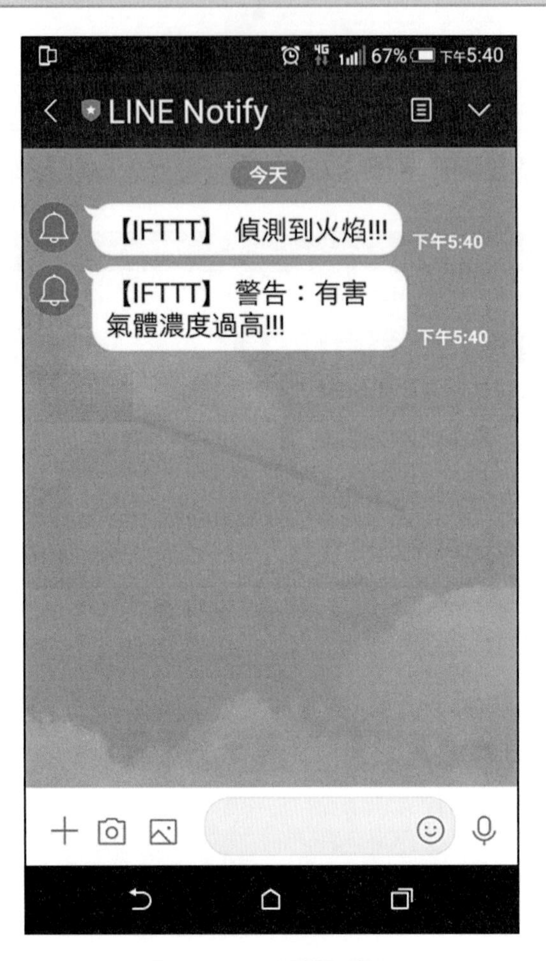

圖 6-60　手機警示畫面

2. 參考實驗三，同時偵測兩個網站，程式執行結果如圖 6-61 所示，發出 LINE 通知如圖 6-62 所示。

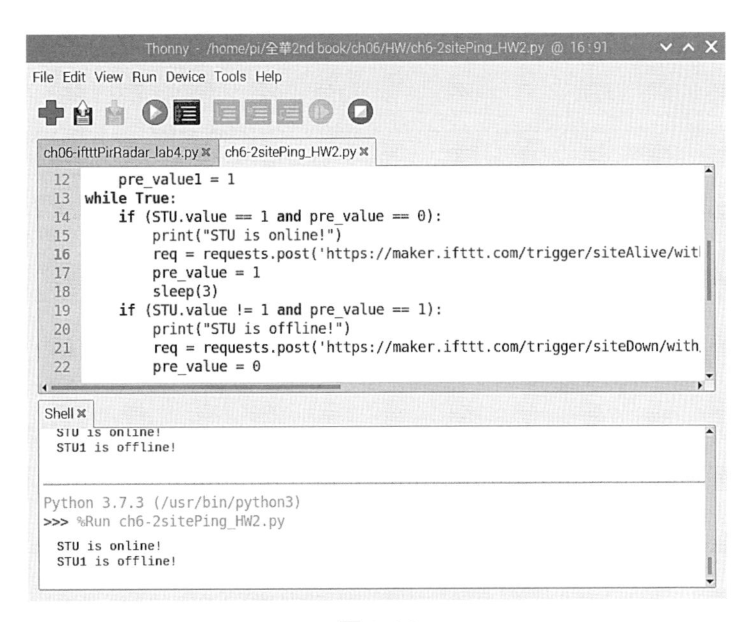

圖 6-61

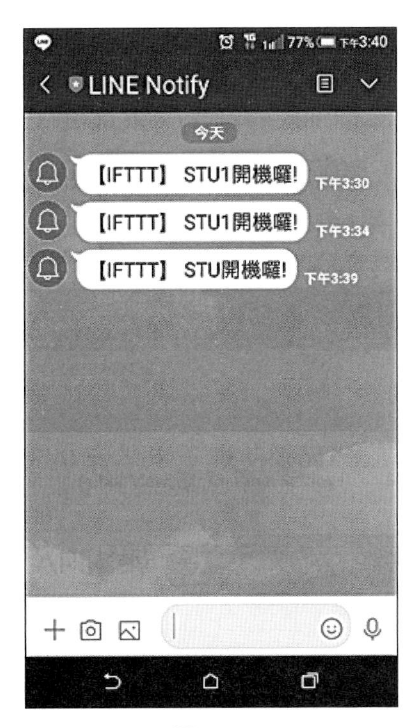

圖 6-62

NOTE

7

CHAPTER

THINKSPEAK 應用

本章重點

第五、六章介紹的 IFTTT 非常方便又好用，但是無法將所測得的大量數據以圖形方式顯示出來，THINKSPEAK 這套物連網平台，則可以接收連續的數據以圖形方式顯示出來。THINKSPEAK 是一套免費軟體，使用者可以利用 THINKSPEAK 經由 HTTP 或 MQTT 機制來儲存與讀取資料，例如記錄各種不同感測器的資料或追蹤物體的位置。

本章將以 Python 結合 ThingSpeak 介紹以下的實驗專案：

7-1 帳號設定

使用 ThingSpeak 前必須先申請帳號，進入 ThingSpeak (https://thingspeak.com/) 網站，點選網站右上方人像圖示開始註冊，如圖 7-1 所示。

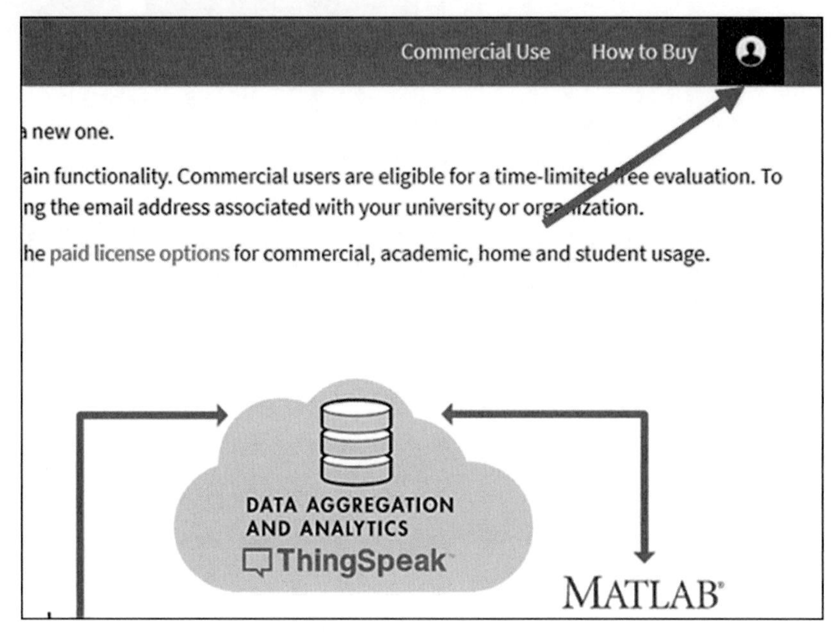

圖 7-1　網站註冊 (圖片來源：https://thingspeak.com/)

點選網站左下方 Create one! 開始註冊，如圖 7-2 所示。

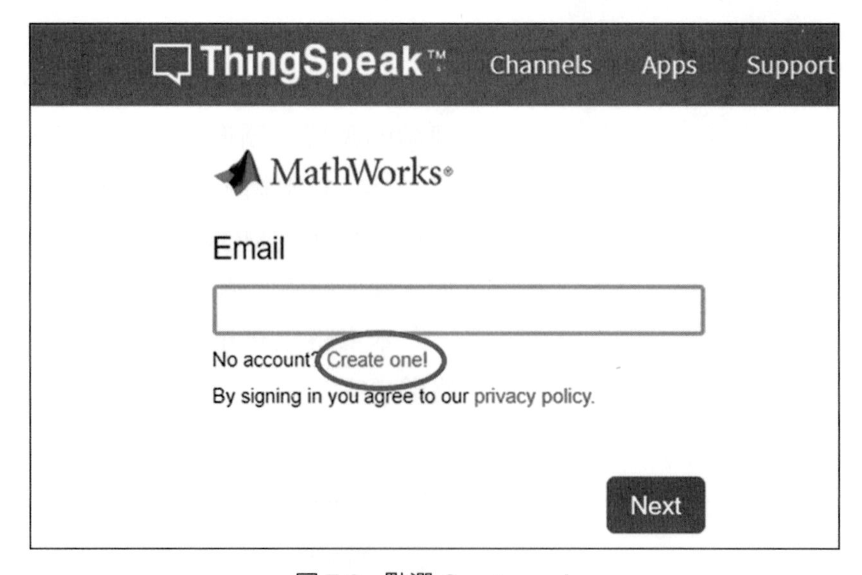

圖 7-2　點選 Create one!

輸入個人資料後按下 Continue，如圖 7-3 所示，此畫面所有欄位均不接受中文輸入。

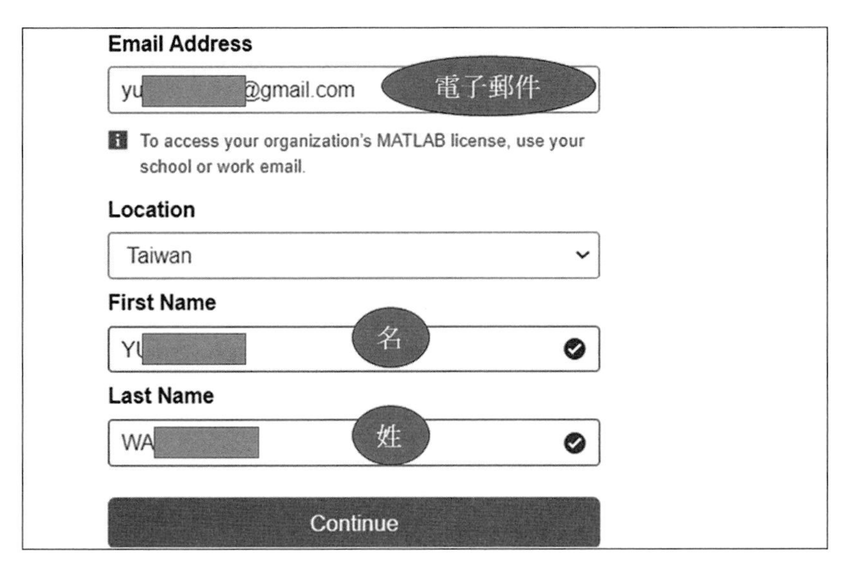

圖 7-3　輸入個人資料

確認與 MathWorks 帳號連結之 EMAIL，如圖 7-4 所示。

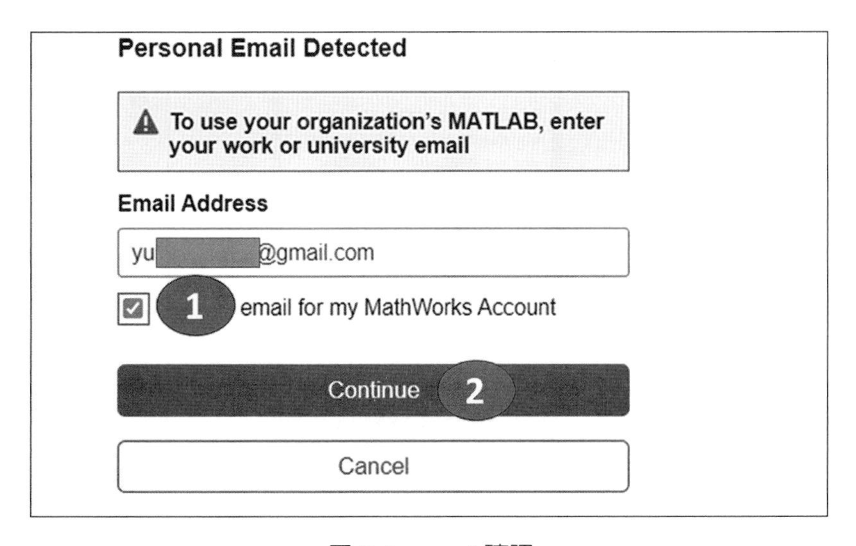

圖 7-4　email 確認

出現訊息如圖 7-5 後，至所綁定的電子郵箱做確認動作如圖 7-6 ～ 7-8 所示，再按下 Continue 如圖 7-9 所示。

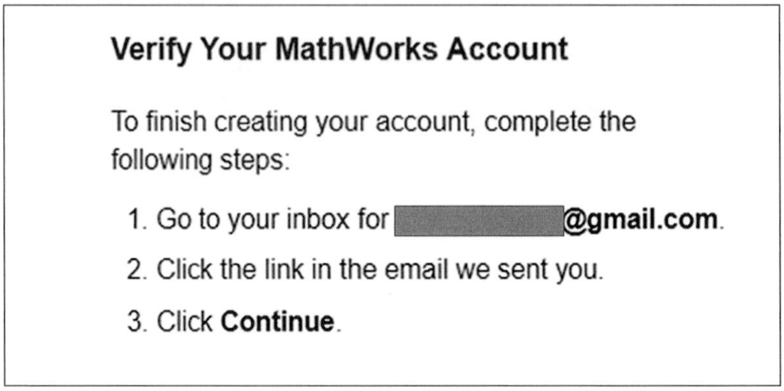

Verify Your MathWorks Account

To finish creating your account, complete the following steps:

1. Go to your inbox for ██████████**@gmail.com**.
2. Click the link in the email we sent you.
3. Click **Continue**.

圖 7-5　email 再確認

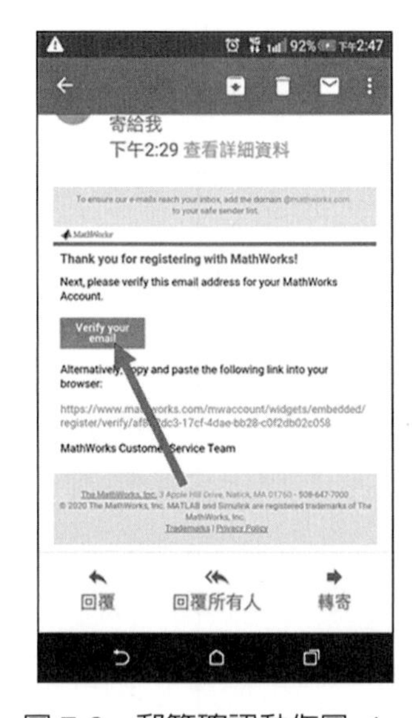

圖 7-6　郵箱確認動作圖 -1

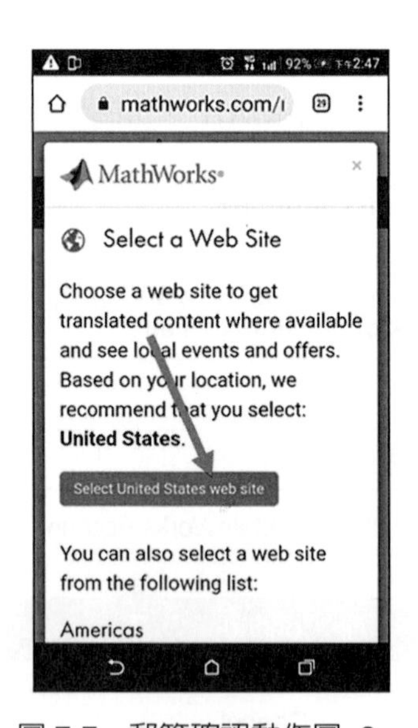

圖 7-7　郵箱確認動作圖 -2

圖 7-8　郵箱確認動作圖 -3

於圖 7-9 中輸入 ThingSpeak 密碼，請注意字數需介於 8-50 字，必須至少有一個大寫英文字母、小寫英文字母和一個數字，勾選 I accept the Online Services Agreement 按下 Continue，如圖 7-10 顯示註冊成功訊息。

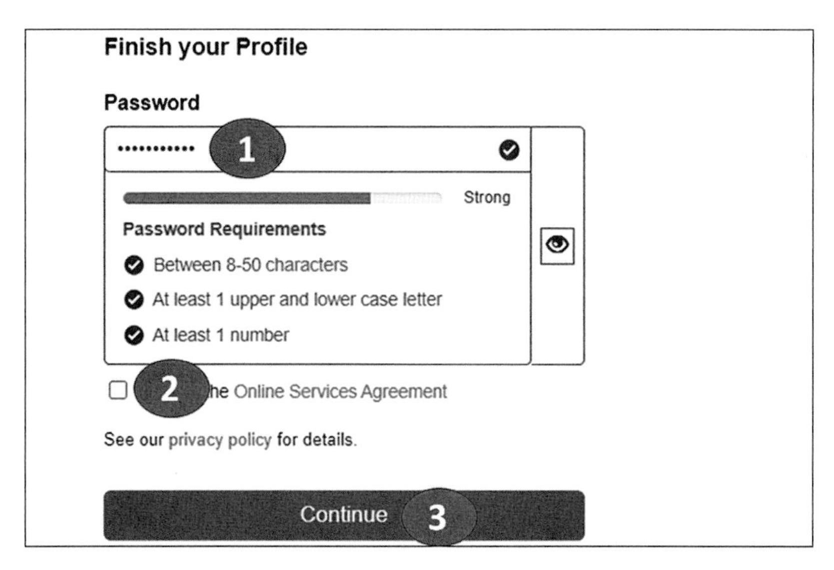

圖 7-9　輸入 ThingSpeak 密碼

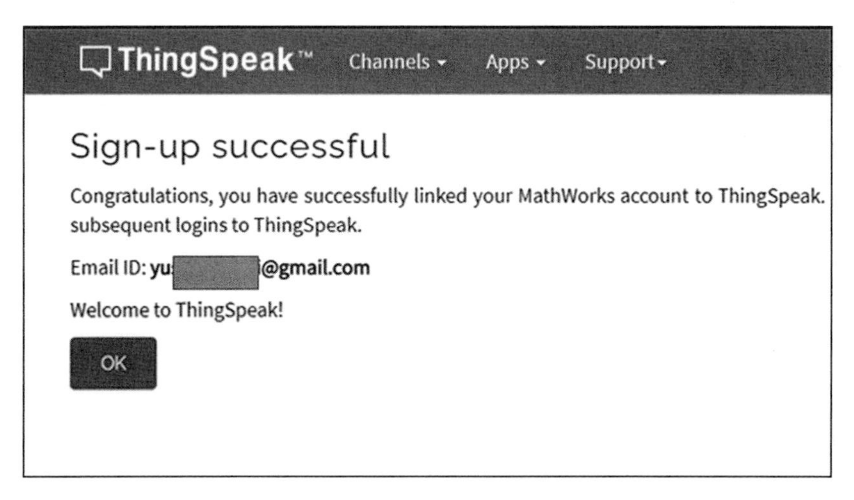

圖 7-10　註冊成功

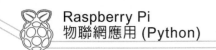

按下圖 7-10 註冊成功的 OK 按鍵後，ThingSpeak 詢問用途，依使用者應用勾選，再按下圖 7-11 的 OK 按鍵。

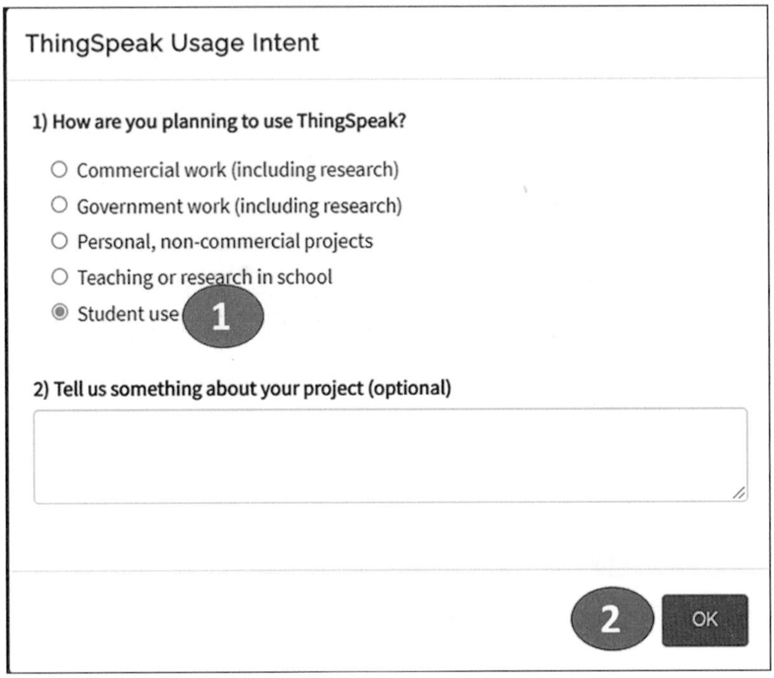

ThingSpeak Usage Intent

1) How are you planning to use ThingSpeak?

- Commercial work (including research)
- Government work (including research)
- Personal, non-commercial projects
- Teaching or research in school
- Student use (1)

2) Tell us something about your project (optional)

(2) OK

圖 7-11　使用 ThingSpeak 用途調查

7-2 ThingSpeak 設定

申請帳號成功後，登入 ThingSpeak(https://thingspeak.com) 網站，點選右上方人頭如圖 7-12 所示，接著我們要設定一個樹莓派 CPU 溫度監測的 ThingSpeak Channel。

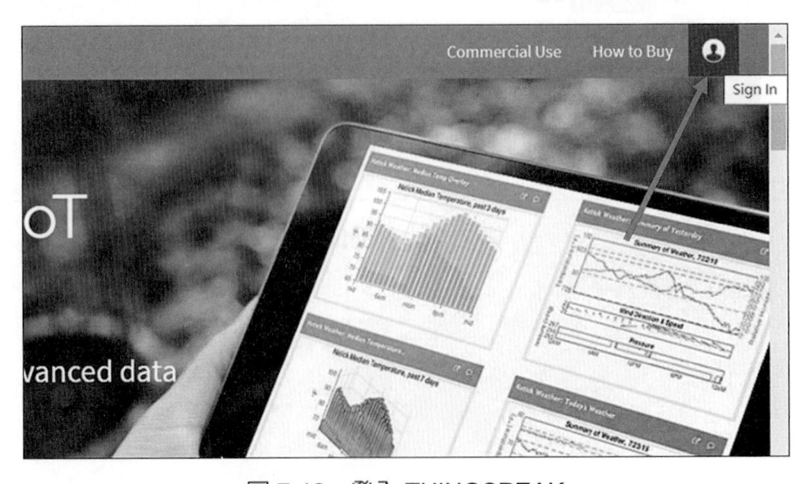

圖 7-12　登入 THINGSPEAK

輸入帳號設定的 EMAIL，如圖 7-13 所示。

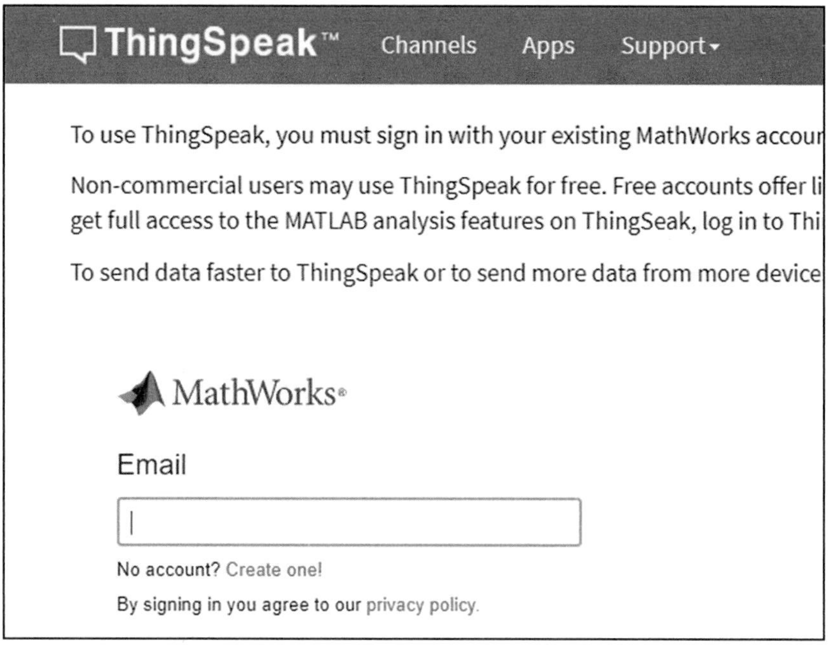

ThingSpeak™ Channels Apps Support▾

To use ThingSpeak, you must sign in with your existing MathWorks accou

Non-commercial users may use ThingSpeak for free. Free accounts offer li
get full access to the MATLAB analysis features on ThingSeak, log in to Thi

To send data faster to ThingSpeak or to send more data from more device

MathWorks®

Email

No account? Create one!

By signing in you agree to our privacy policy.

圖 7-13　輸入註冊的 EMAIL

輸入帳號設定的密碼，如圖 7-14 所示。

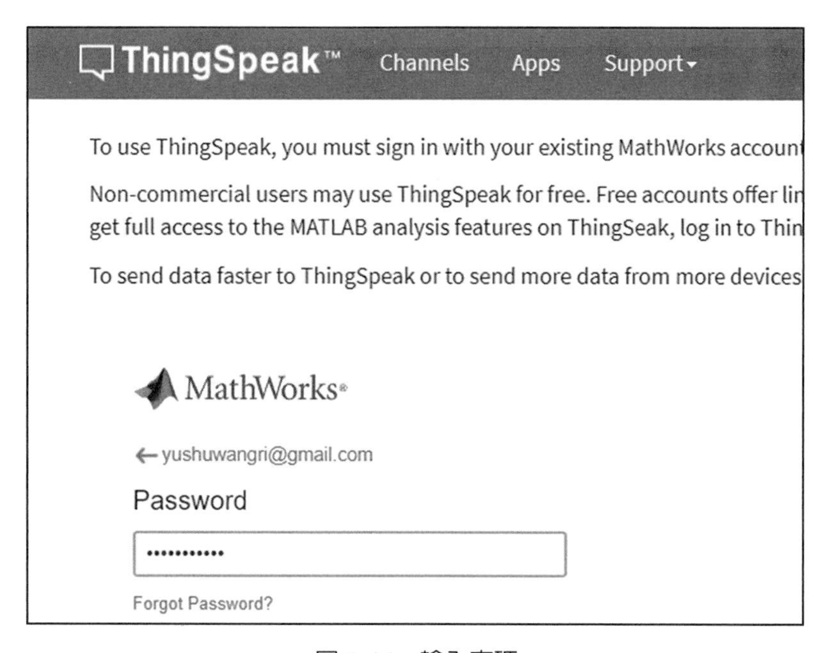

圖 7-14　輸入密碼

點選 New Channels，如圖 7-15 所示。

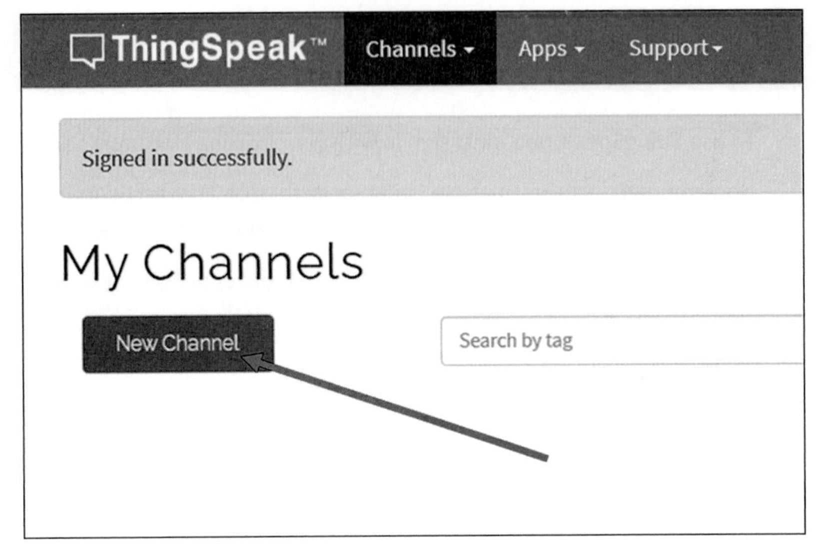

圖 7-15　My Channel

填寫 Name，Description 如圖 7-16 所示，然後按下 Save Channel。

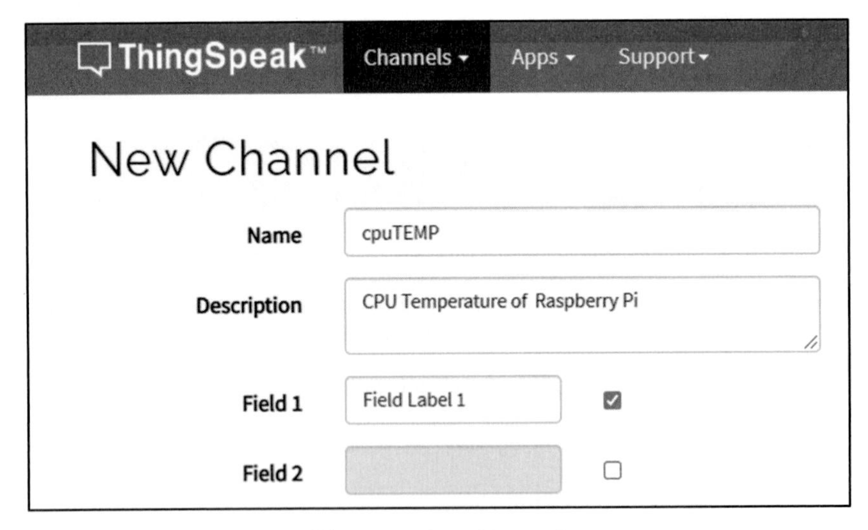

圖 7-16　New Channel

設定完成畫面，如圖 7-17 所示。

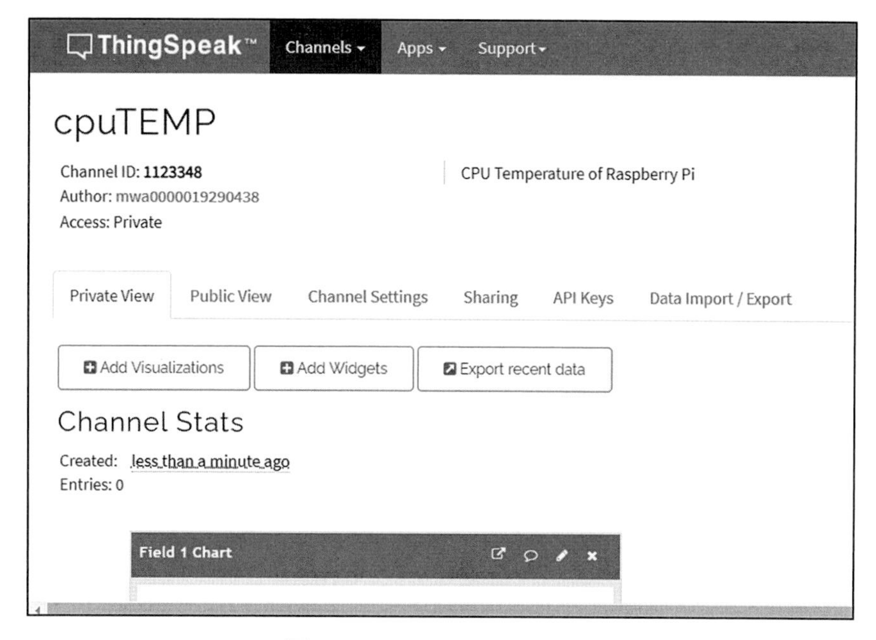

圖 7-17 cpuTEMP Channel

點選圖 7-17 的 API Keys 選項，會顯示寫及讀的鍵值圖 7-18 所示，這些鍵值將用於 Python 程式中與 ThingSpeak 連線的通關密碼。

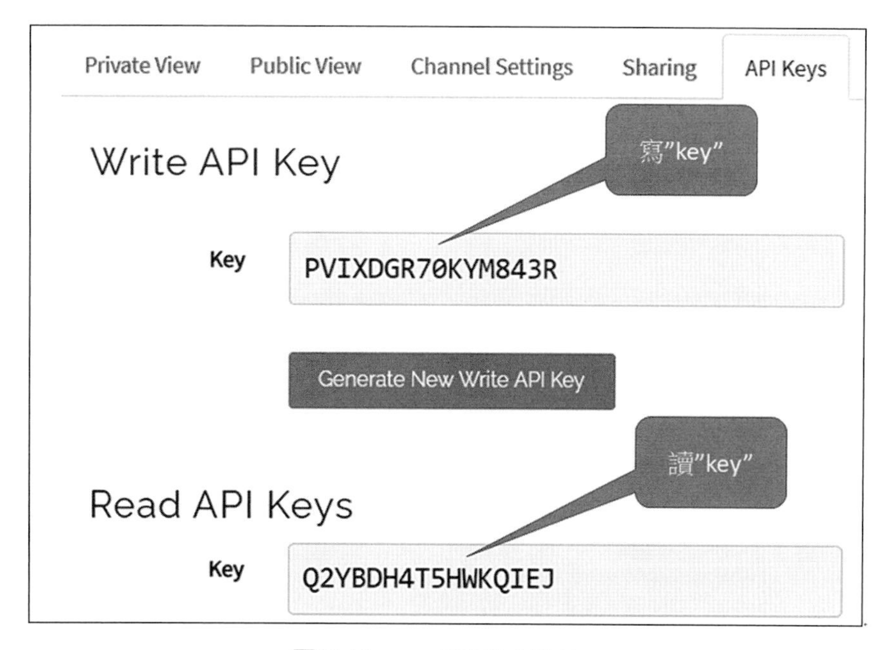

圖 7-18 cpuTEMP API Key

7-3 實驗一 樹莓派 CPU 溫度統計

首先需安裝必要的應用模組 requests，在安裝應用模組前需先將樹莓派作業系統做更新，開啓 LX 終端機輸入指令：

1. sudo apt-get update：取得更新清單。
2. sudo apt-get upgrade：執行更新。
3. sudo apt-get install http.client：安裝 http.client 模組。
4. sudo apt-get install urllib：安裝 urllib 模組。

樹莓派 CPU 溫度統計 ThingSpeak 專案 cpuTEMP 的設定已於 7-2 節設定完成。

實驗摘要：

樹莓派的 CPU 溫度數據，每 1.5 秒上傳到 ThingSpeak 網站的 cpuTEMP Channel，繪製樹莓派的 CPU 溫度數據統計圖。

實驗步驟：

1. 實驗材料如表 7-1 所示。

表 7-1 樹莓派 CPU 溫度統計實驗材料清單

實驗材料名稱	數量	規格	圖片
樹莓派 pi4	1	已安裝好作業系統的樹莓派	

2. 程式設計：

Python 程式碼如圖 7-19 所示。

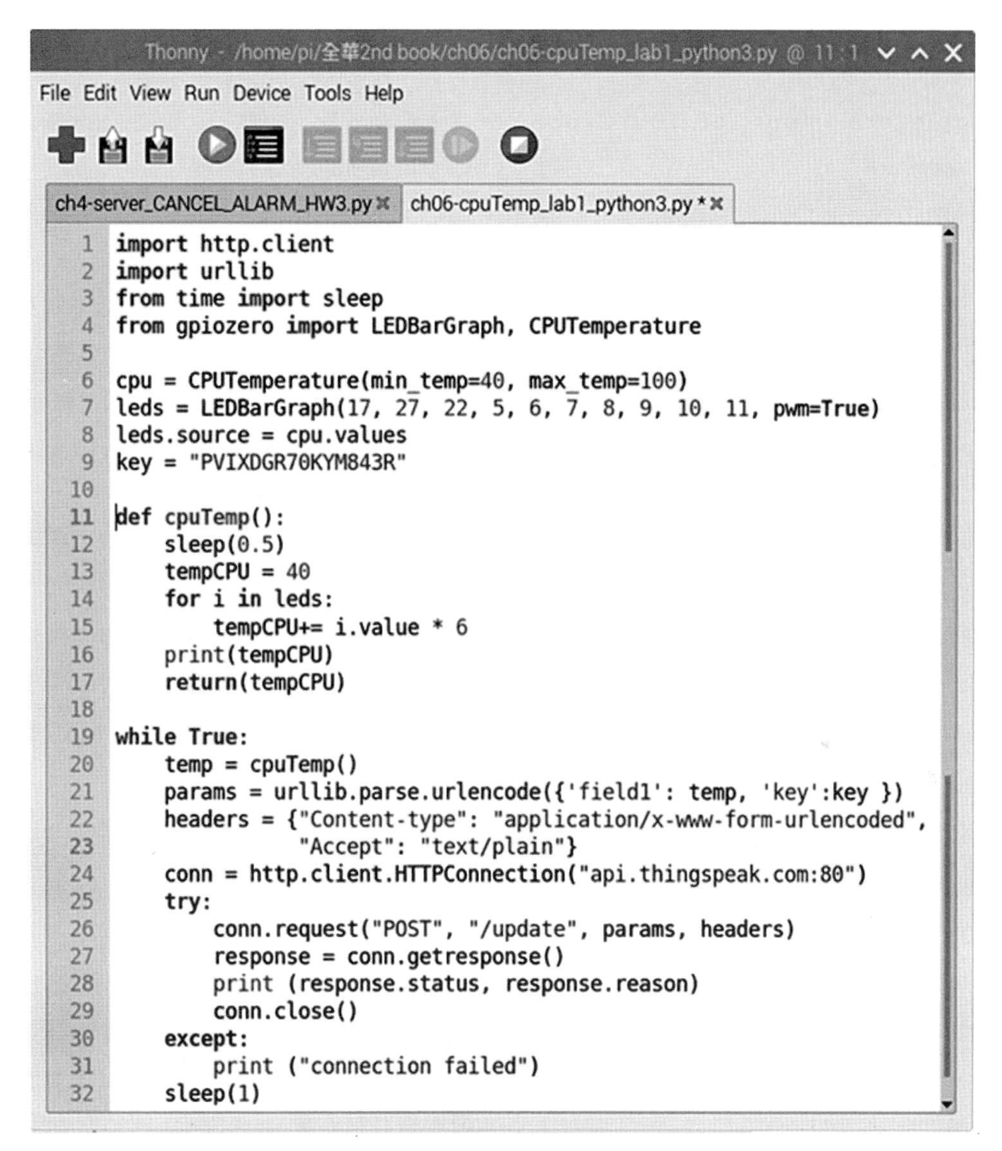

圖 7-19 樹莓派 CPU 溫度統計程式

程式解說如下：

程式	說明
import http.client	◆ 載入 http.client 模組
import urllib	◆ 載入 urllib 模組
from time import sleep	◆ 從 time 時間模組中呼叫 sleep 模組
from gpiozero import LEDBarGraph, CPUTemperature	◆ 從 gpiozero 程式庫呼叫 LEDBarGraph 及 CPUTemperature 函數模組
cpu = CPUTemperature(min_temp=40, max_temp=100)	◆ CPUTemperature 函數可以測試 CPU 的溫度，min_temp 是用來設定最低可測溫度，max_temp 是用來設定最高可測溫度，此處設定最低可測溫度是攝氏 40 度，最高可測溫度是 100 度
leds = LEDBarGraph(17, 27, 22, 5, 6, 7, 8, 9, 10, 11, pwm=True)	◆ GPIO17~GPIO11 的 10 個腳位均設為具有 PWM 功能，並以 LEDBarGraph 函數打包後指定給 leds
leds.source = cpu.values	◆ 將 CPUTemperature 測得的溫度數值存到 leds.source
key = "PVIXDGR70KYM843R"	◆ 設定 ThingSpeak 寫入數據資料的通關密碼給 key
def cpuTemp():	◆ 定義 cpuTemp 函數 (計算樹莓派 CPU 溫度)
sleep(0.5)	◆ 維持原狀 0.5 秒
tempCPU = 40	◆ 設定 cpuTemp 值為 40 度
for i in leds:	◆ 對所有 GPIO
tempCPU+= i.value * 6	◆ 累加所有的 GPIO 溫度值
print(tempCPU)	◆ 螢幕顯示樹莓派 CPU 溫度
return(tempCPU)	◆ 執行完 cpuTemp 函數後回傳 tempCPU 變數
while True:	◆ 以 while 迴圈持續偵測樹莓派 CPU 溫度並將溫度數據資料上傳 ThingSpeak 網站的 cpuTEMP Channel
temp = cpuTemp()	◆ 設定 temp 變數為 cpuTemp 函數執行結果
params = urllib.parse.urlencode ({'field1': temp, 'key':key })	◆ 上傳參數 params：以 urllib.parse.urlencode 函數打包" field1 第一欄位值為 temp 變數，通關密碼為 key 變數"
headers = {"Content-type": "application/x-www-form-urlencoded","Accept": "text/plain"}	◆ 上傳標頭：提交數據內容形式：application/x-www-form-urlencoded(通常這是內定的方式)，回應的接受方式：文字 / 純文字

conn = http.client.HTTPConnection ("api.thingspeak.com:80")	◆ 以 http.client.HTTPConnection 函數連結 api. thingspeak. com:80 網址
try:	◆ 嘗試：
conn.request("POST", "/update", params, headers)	◆ 以 POST 方式執行 conn.request 請求函數，數據需更新，傳輸參數及標頭分別是 params 及 headers
response = conn.getresponse()	◆ conn.getresponse 函數取得的結果，設定給 response
print (response.status, response.reason)	◆ 顯示回應的狀態及原因
conn.close()	◆ 結束連結
except:	◆ 若連線請求不成功：
print ("connection failed")	◆ 印出 connection failed
sleep(1)	◆ 維持原狀 1 秒

3. 功能驗證：

將樹莓派電源開啓，需有下列輸出才算執行成功：

登入 ThingSpeak 網站，將自己帳號所設定的通關密碼 (圖 7-20)，取代圖 7-21 程式中的通關密碼後執行程式，此時 shell 樹莓派溫度及 200 OK 兩行字如圖 7-22 所示。

點選 My Channels 及 cpuTEMP，如圖 7-23 所示，ThingSpeak 的網站會出現上傳的樹莓派 CPU 溫度統計圖，如圖 7-24 所示。

圖 7-20　ThingSpeak 通關密碼

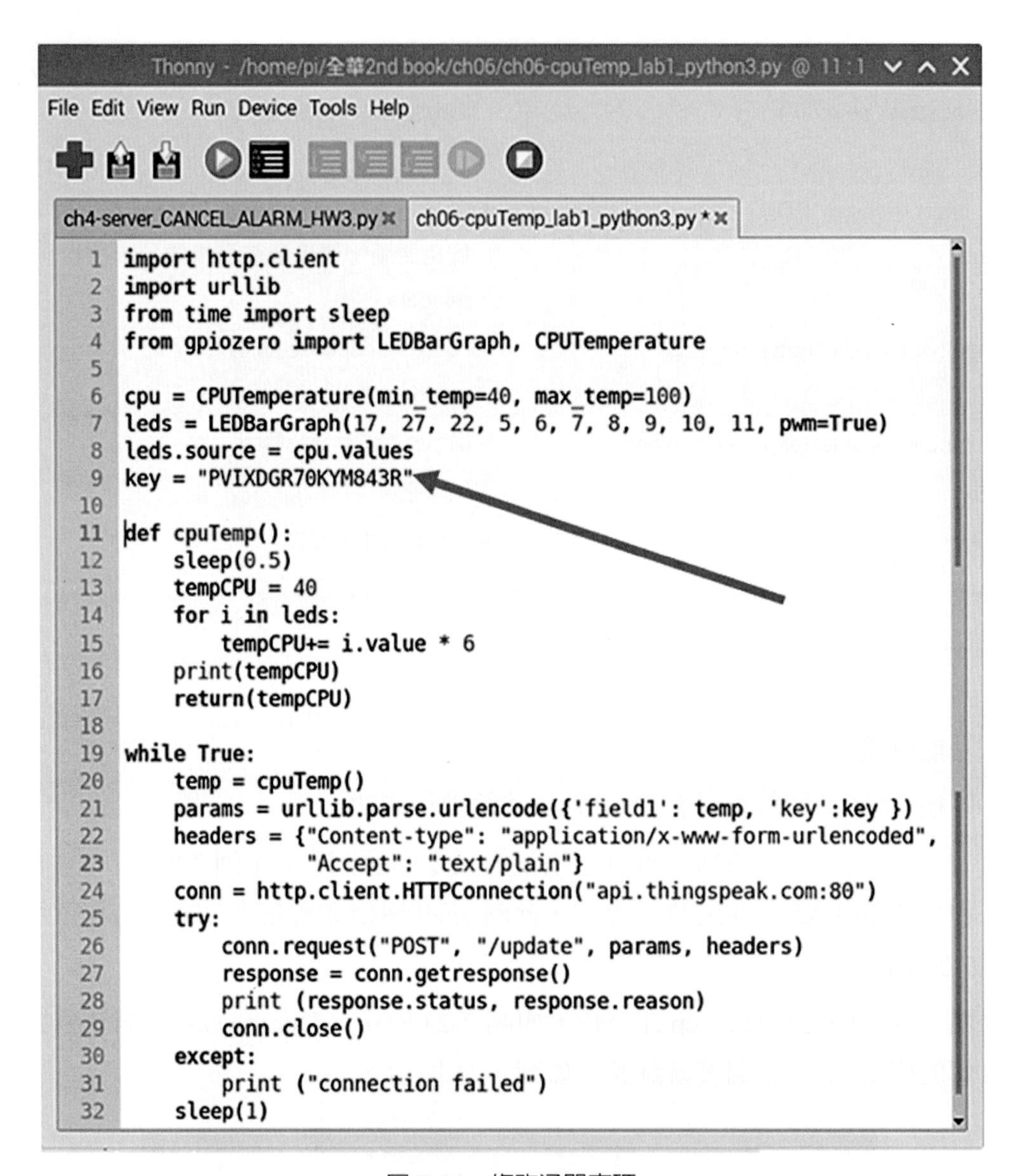
Thonny - /home/pi/全華2nd book/ch06/ch06-cpuTemp_lab1_python3.py @ 11 : 1
File Edit View Run Device Tools Help
ch4-server_CANCEL_ALARM_HW3.py
ch06-cpuTemp_lab1_python3.py *
import http.client
import urllib
from time import sleep
from gpiozero import LEDBarGraph, CPUTemperature
cpu = CPUTemperature(min_temp=40, max_temp=100)
leds = LEDBarGraph(17, 27, 22, 5, 6, 7, 8, 9, 10, 11, pwm=True)
leds.source = cpu.values
key = "PVIXDGR70KYM843R"
def cpuTemp():
sleep(0.5)
tempCPU = 40
for i in leds:
tempCPU+= i.value * 6
print(tempCPU)
return(tempCPU)
while True:
temp = cpuTemp()
params = urllib.parse.urlencode({'field1': temp, 'key':key })
headers = {"Content-type": "application/x-www-form-urlencoded",
"Accept": "text/plain"}
conn = http.client.HTTPConnection("api.thingspeak.com:80")
try:
conn.request("POST", "/update", params, headers)
response = conn.getresponse()
print (response.status, response.reason)
conn.close()
except:
print ("connection failed")
sleep(1)

圖 7-21 修改通關密碼

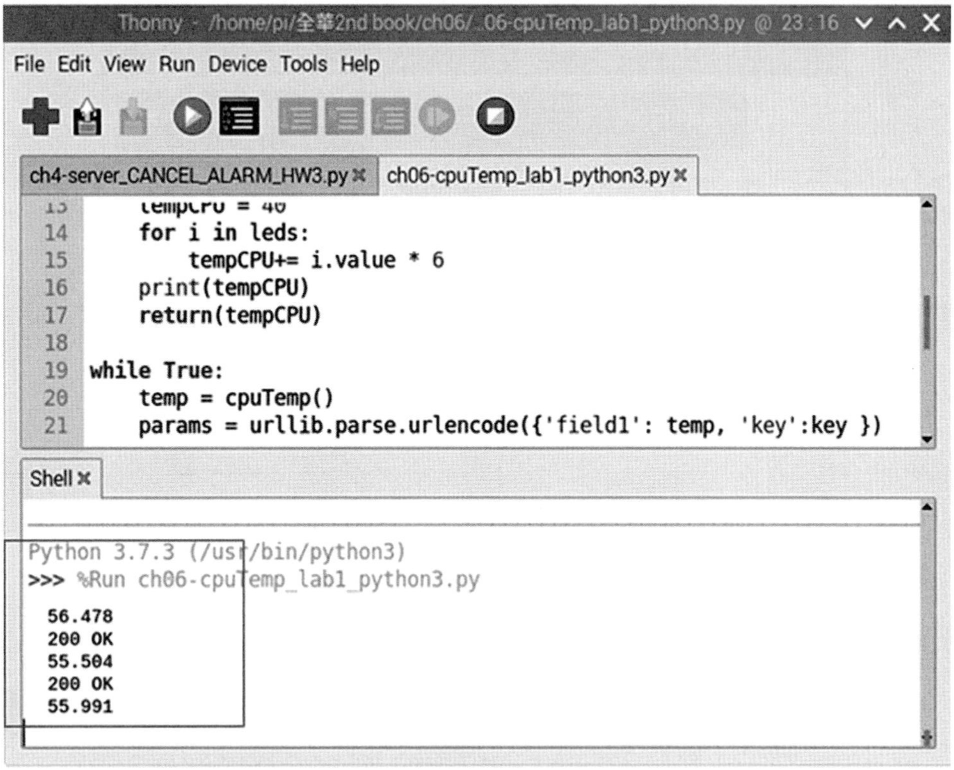

```
Thonny - /home/pi/全華2nd book/ch06/...06-cpuTemp_lab1_python3.py @ 23 : 16
File Edit View Run Device Tools Help
ch4-server_CANCEL_ALARM_HW3.py   ch06-cpuTemp_lab1_python3.py
13      tempCPU = 40
14      for i in leds:
15          tempCPU+= i.value * 6
16      print(tempCPU)
17      return(tempCPU)
18
19  while True:
20      temp = cpuTemp()
21      params = urllib.parse.urlencode({'field1': temp, 'key':key })

Shell
Python 3.7.3 (/usr/bin/python3)
>>> %Run ch06-cpuTemp_lab1_python3.py
  56.478
  200 OK
  55.504
  200 OK
  55.991
```

圖 7-22　樹莓派 CPU 溫度統計程式執行結果

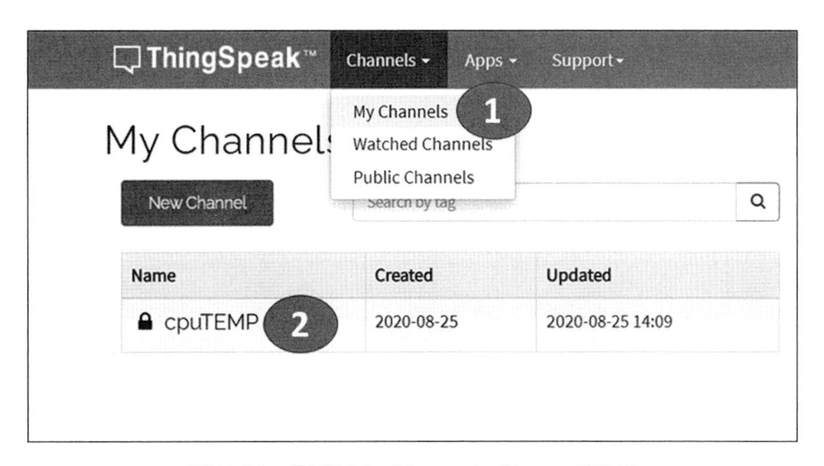

圖 7-23　點選 My Channels 及 cpuTEMP

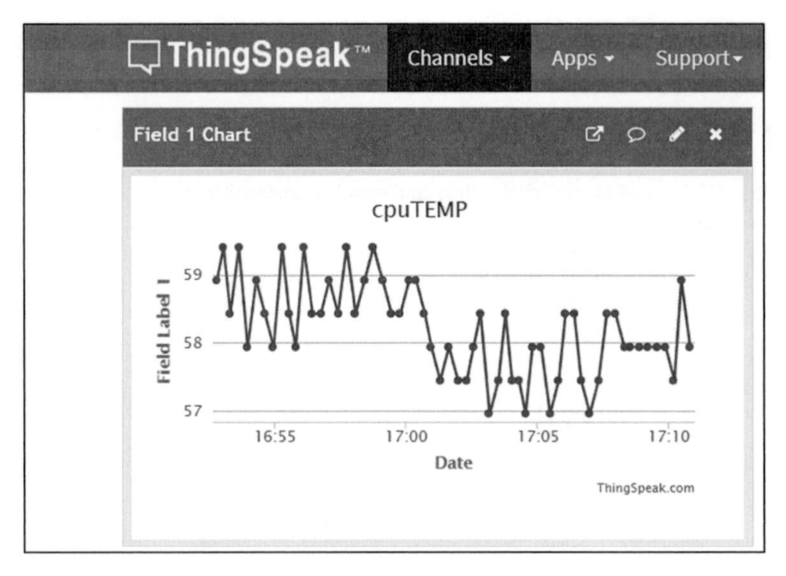

圖 7-24　ThingSpeak 樹莓派 CPU 溫度統計圖 (圖片來源：https://thingspeak.com/)

7-4 實驗二 環境溫溼度顯示

實驗摘要：

樹莓派 GPIO 連接的溫溼度感測器，所測得的環境溫溼度數據，每 5 秒上傳到 ThingSpeak 網站的 TEMP_HUMY Channel，繪製環境溫溼度數據統計圖。

實驗步驟：

1. 實驗材料如表 7-2 所示。

表 7-2　樹莓環境溫溼度顯示實驗材料清單

實驗材料名稱	數量	規格	圖片
樹莓派 pi4	1	已安裝好作業系統的樹莓派	
溫溼度感測模組	1	DHT11 溫溼度感測模組	

表 7-2　樹莓環境溫溼度顯示實驗材料清單 (續)

實驗材料名稱	數量	規格	圖片
跳線	3	彩色杜邦雙頭線 (母 / 母)/20 cm	

2. 硬體接線圖如圖 7-25 所示，DHT11 溫溼度模組的 VCC 接到 3.3V，DATA 接 GPIO4，GND 則接到樹莓派的地。

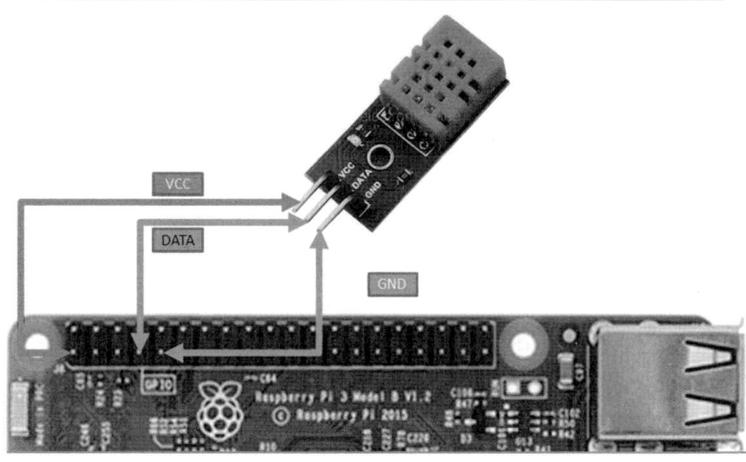

圖 7-25　環境溫溼度顯示硬體接線圖

3. ThingSpeak 設定 tempHumy Channel：

   登入 https://thingspeak.com/ 網站，點選右上角人頭圖示，輸入登記的 EMAIL 後按 Next 按鍵，輸入密碼後再按 Sign in 按鍵，按綠色的 New Channel 按鍵如圖 7-26 所示。

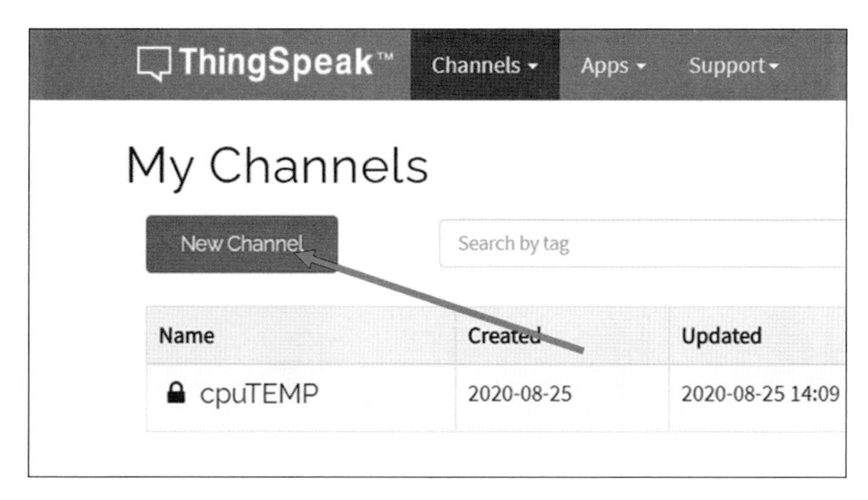

圖 7-26　New Channel

依序填入 Channel 名稱 tempHumy、Description、欄位一及欄位二，如圖 7-27 所示。設定完成後，再按下最下方的綠色 Save Channel 按鍵儲存設定。

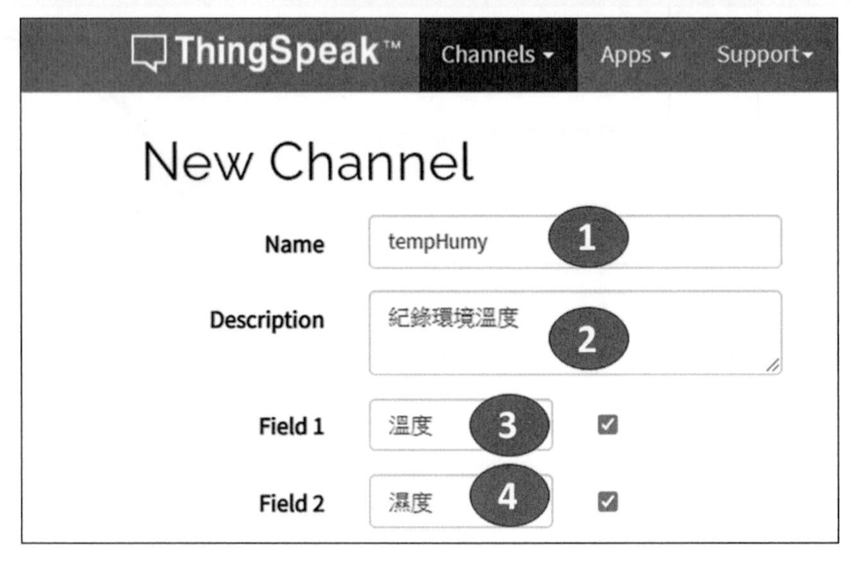

圖 7-27　tempHumy Channel 設定

設定完成畫面如圖 7-28 所示，點選 API KEYS 則可以顯示 tempHumy Channel 的通關密碼，如圖 7-29 所示。

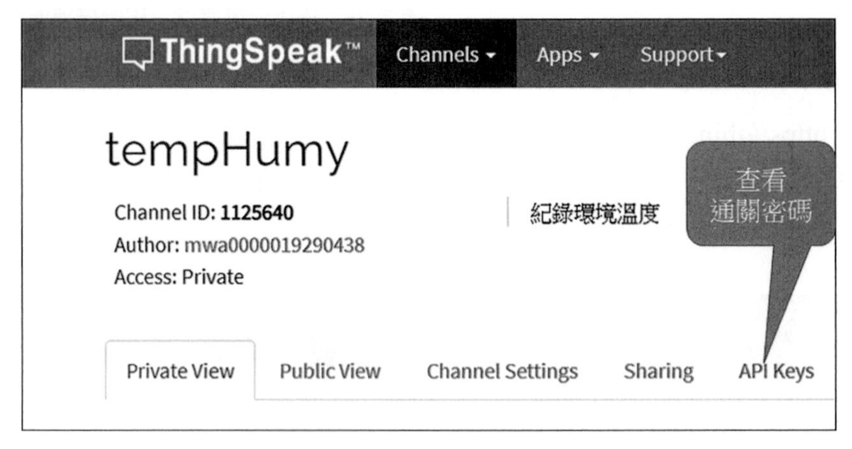

圖 7-28　tempHumy Channel 設定完成

圖 7-29　tempHumy 通關密碼

4. 程式設計：Python 程式碼如圖 7-30 所示。

```
import http.client
import urllib
import RPi.GPIO as GPIO
import dht11
from time import sleep

GPIO.setwarnings(True)
GPIO.setmode(GPIO.BCM)
instance = dht11.DHT11(pin=4)
key = "4QFMKCBBUTBIMS5N"
sleep(0.5)
def postData(temp, humy):
    print(temp, humy)
    params = urllib.parse.urlencode({'field1': temp, 'field2':
                                     humy, 'key':key })
    headers = {"Content-type": "application/x-www-form-urlencoded",
               "Accept": "text/plain"}
    conn = http.client.HTTPConnection("api.thingspeak.com:80")
    try:
        conn.request("POST", "/update", params, headers)
        response = conn.getresponse()
        print (response.status, response.reason)
        conn.close()
    except:
        print ("connection failed")
    sleep(5)
while True:
    if instance != None:
        result = instance.read()
        if result.is_valid():
            temp = result.temperature
            humy = result.humidity
            postData(temp, humy)
GPIO.cleanup()
```

圖 7-30　tempHumy 程式

程式解說如下：

程式	說明
import http.client	◆ 載入 http.client 模組
import urllib	◆ 載入 urllib 模組
import RPi.GPIO as GPIO	◆ 呼叫 GPIO 所需的程式庫，因為名稱較長，所以改命名為 GPIO。
import dht11	◆ 呼叫 dht11
from time import sleep	◆ 從 time 時間模組中呼叫 sleep 模組
GPIO.setwarnings(True)	◆ 設定 GPIO 警告訊息為”顯示”
GPIO.setmode(GPIO.BCM)	◆ GPIO 腳位編號模式設定為 GPIO 編號方式。
instance = dht11.DHT11(pin=4)	◆ 指定 GPIO4 為 DATA 腳位，並將 dht11.DHT11 函數指定給 instance。
key = "4QFMKCBBUTBIMS5N"	◆ ThingSpeak 網站通關密碼為 4QFMKCBBUTBIMS5N
sleep(0.5)	◆ 維持原狀 0.5 秒
def postData(temp, humy):	◆ 定義上傳溫溼度資料的 postData 函數：
print(temp, humy)	◆ 螢幕顯示 temp 及 humy
params = urllib.parse.urlencode({'field1': temp, 'field2': humy, 'key':key })	◆ 上傳參數 params：以 urllib.parse.urlencode 函數打包”field1 第一欄位值為 temp 變數，field2 第二欄位值為 temp 變數，通關密碼為 key 變數”
headers = {"Content-type": "application/x-www-form-urlencoded", "Accept": "text/plain"}	◆ 上傳標頭：提交數據內容形式：application/x-www-form-urlencoded(通常這是內定的方式)，回應的接受方式：文字 / 純文字
conn = http.client.HTTPConnection ("api.thingspeak.com:80")	◆ 以 http.client.HTTPConnection 函數連結 api.thingspeak. com:80 網址
try:	◆ 嘗試：
conn.request("POST", "/update", params, headers)	◆ 以 POST 方式執行 conn.request 請求函數，數據需更新，傳輸參數及標頭分別是 params 及 headers
response = conn.getresponse()	◆ conn.getresponse 函數取得的結果，設定給 response
print(response.status, response.reason)	◆ 顯示回應的狀態及原因
conn.close()	◆ 結束連結
except:	◆ 若連線請求不成功：
print ("connection failed")	◆ 印出 connection failed

sleep(5)	◆ 維持原狀 5 秒
while True:	◆ 以 while 迴圈持續擷取樹莓派連結的 DHT11 溫溼度資料並將溫溼度數據上傳 ThingSpeak 網站的 tempHumy Channel
if instance != None:	◆ 當有溫溼度資料回傳時。
result = instance.read()	◆ 溫溼度資料指定給 result。
if result.is_valid():	◆ 如果溫溼度資料格式是對的。
temp = result.temperature	◆ 設定 temp 變數值為 DHT11 模組所測得溫度
humy = result.humidity	◆ 設定 humy 變數值為 DHT11 模組所測得濕度
postData(temp, humy)	◆ 呼叫 postData 定義函數，並將 temp，humy 當作參數傳遞至 ThingSpeak 網站
GPIO.cleanup()	◆ 清除所有 GPIO 值，回復預設值

5. 功能驗證：

將 DHT11 溫溼度模組連接樹莓派 GPIO 後，開啓電源，需有下列輸出才算執行成功：

登入 ThingSpeak 網站 (https://thingspeak.com)，點選右上方人頭登入，將自己帳號所設定的通關密碼 (圖 7-31)，取代圖 7-32 程式中的通關密碼後執行程式，此時 shell 樹莓派溫度及 200 OK 兩行字，如圖 7-33 所示。

點選 My Channels 及 tempHumy，如圖 7-34 所示，ThingSpeak 的網站會出現上傳的樹莓派溫溼度統計圖，如圖 7-35 及 7-36 所示。

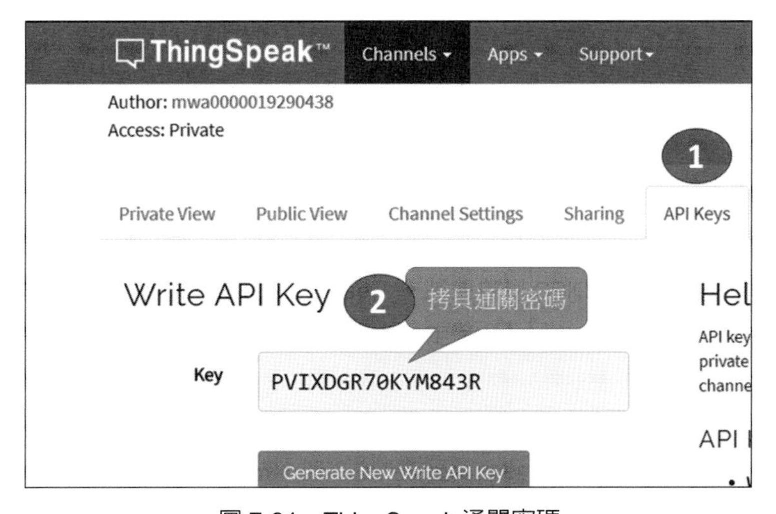

圖 7-31　ThingSpeak 通關密碼

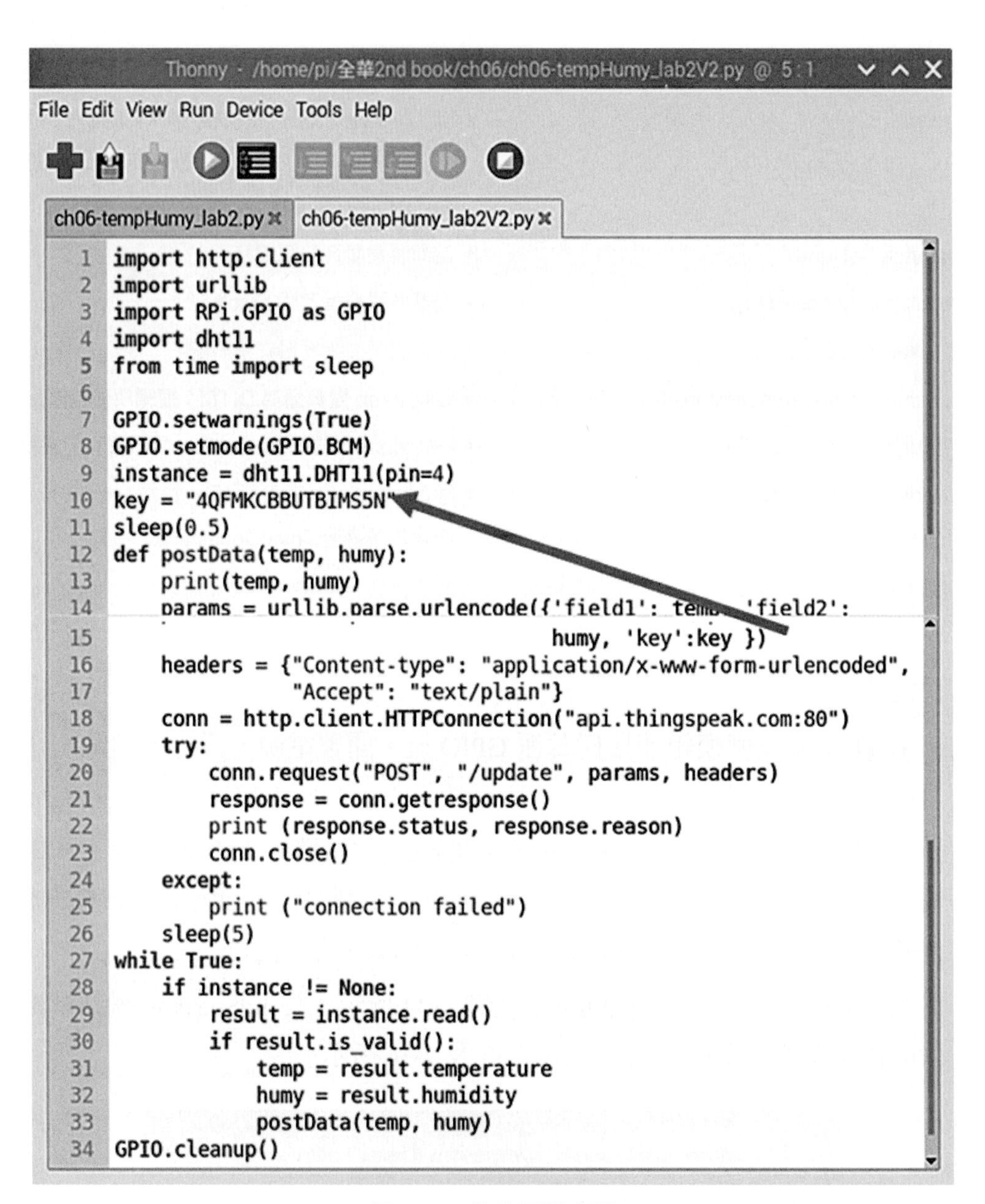
Thonny - /home/pi/全華2nd book/ch06/ch06-tempHumy_lab2V2.py @ 5 : 1
File Edit View Run Device Tools Help
ch06-tempHumy_lab2.py
ch06-tempHumy_lab2V2.py
import http.client
import urllib
import RPi.GPIO as GPIO
import dht11
from time import sleep
GPIO.setwarnings(True)
GPIO.setmode(GPIO.BCM)
instance = dht11.DHT11(pin=4)
key = "4QFMKCBBUTBIMS5N"
sleep(0.5)
def postData(temp, humy):
print(temp, humy)
params = urllib.parse.urlencode({'field1':
'field2':
humy, 'key':key })
headers = {"Content-type": "application/x-www-form-urlencoded",
"Accept": "text/plain"}
conn = http.client.HTTPConnection("api.thingspeak.com:80")
try:
conn.request("POST", "/update", params, headers)
response = conn.getresponse()
print (response.status, response.reason)
conn.close()
except:
print ("connection failed")
sleep(5)
while True:
if instance != None:
result = instance.read()
if result.is_valid():
temp = result.temperature
humy = result.humidity
postData(temp, humy)
GPIO.cleanup()

圖 7-32　修改通關密碼

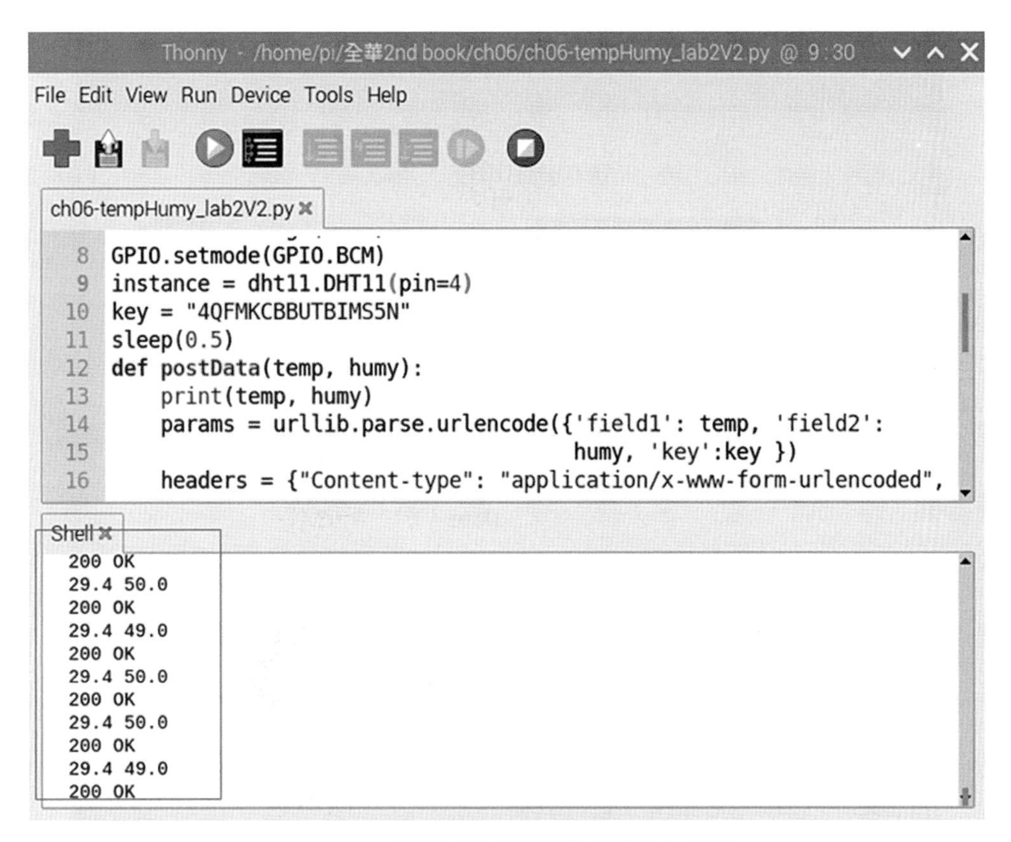

圖 7-33　樹莓派溫度濕統計程式執行結果

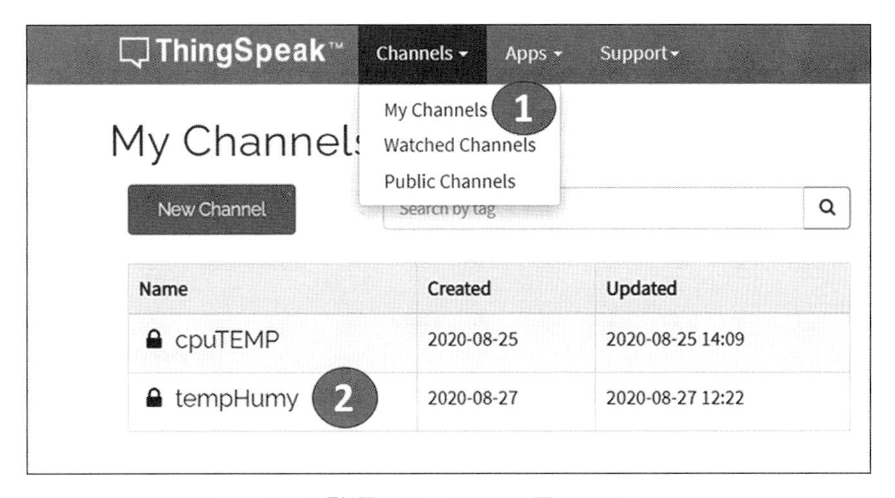

圖 7-34　點選 My Channels 及 tempHumy

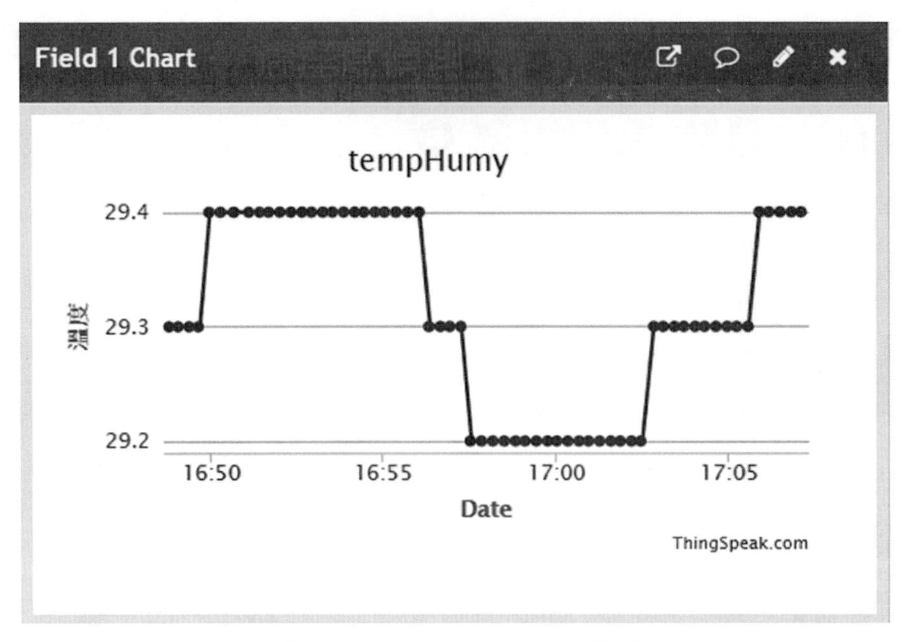

圖 7-35　ThingSpeak 溫度統計圖

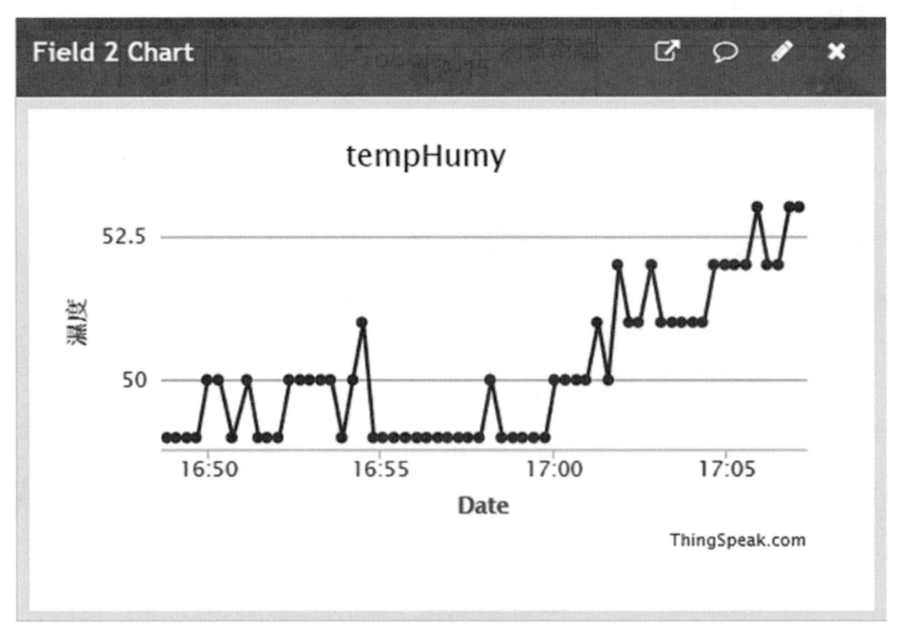

圖 7-36　ThingSpeak 濕度統計圖

7-5 實驗三 氣體偵測實驗

MQ2 氣體偵測模組 (gas sensor)，可應用於家中液化石油氣 (LPG)、一氧化碳 (CO) 及煙 (smoke) 的濃度偵測，具有快速偵測的特性，使用電導率較低的二氧化錫 (SnO2) 作爲偵測材料，當可燃氣體濃度的增大，MQ2 氣體偵測模組電導率則會增加。

MQ2 氣體偵測模組輸出的訊號有類比與數位兩種，類比訊號必須經過轉換爲數位訊號後樹莓派才能處理，MCP3008 是類比轉數位 IC，共有 14 個腳位，第 1~8 腳位分別爲 CH0~CH7，這八組通道可以輸入類比訊號，這些類比訊號經過處理後，以 SPI 通訊方式 (10 腳：CS，11 腳：Din，12 腳：Dout，13 腳：CLK) 送出數位化的訊號至樹莓派。

實驗摘要：

樹莓派 GPIO(SPI) 連接至 MCP3008 IC(圖 7-37) 將 MQ2 的類比訊號轉換爲數位訊號，所測得的 LPG(液化石油氣)，CO(一氧化碳) 及 SMOKE(煙) 的濃度環境溫溼度數據，每 5 秒上傳到 ThingSpeak 網站的 gasMON Channel，繪製氣體濃度數據統計圖。

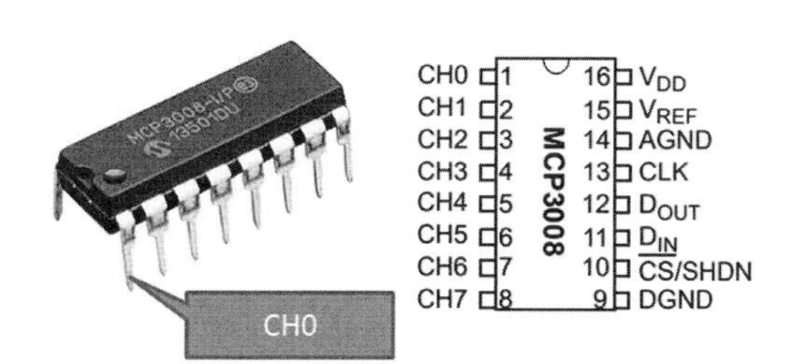

圖 7-37　MCP3008 (圖片來源：MCP3008 Datasheet)

實驗步驟：

1. 實驗材料如表 7-3 所示。

表 7-3　氣體偵測實驗材料清單

實驗材料名稱	數量	規格	圖片
樹莓派 pi4	1	已安裝好作業系統的樹莓派	
氣體偵測模組	1	MQ-2 氣體偵測模組	
類比數位轉換器	1	MCP3008 類比數位轉換器 - ADC	
打火機	1	打火機	
跳線	10	彩色杜邦雙頭線 (母 / 母)/20 cm	

2. 硬體接線圖如圖 7-38 及 7-39 所示，MQ-2 氣體偵測模組的 AO 接到 MCP3008 的第 1 腳，VCC 接到 5V，GND 則接到樹莓派的地，MCP3008 的 10 腳：CS，11 腳：Din，12 腳：Dout，13 腳：CLK 分別接到 T74 邏輯電平轉換器的 HV(5V) 端，CS，Din，Dout 及 CLK 對應的 3.3V 腳位則分別接到樹莓派的 GPIO8、GPIO10、GPIO9 及 GPIO11。

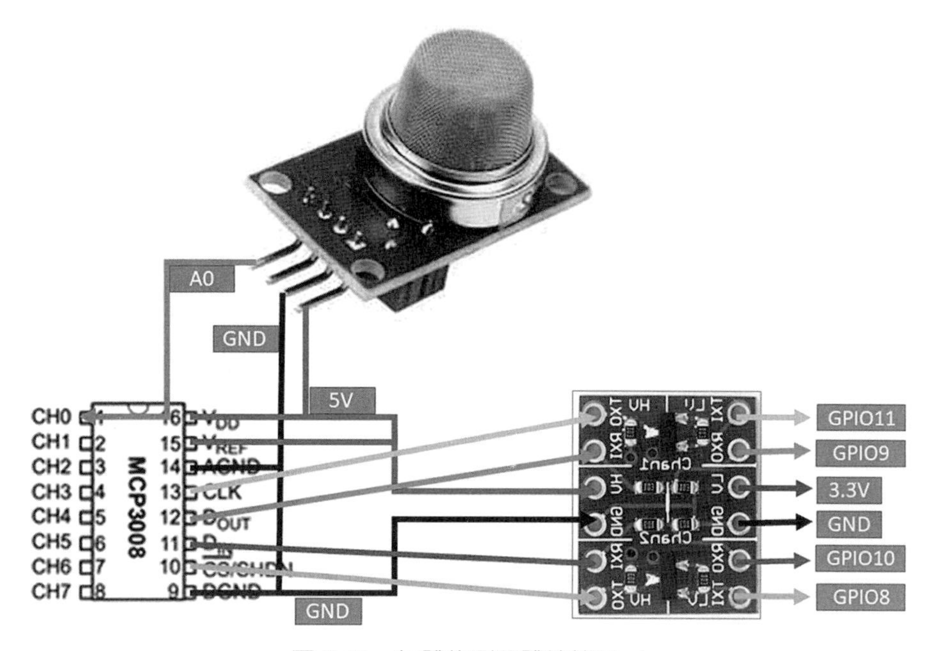

圖 7-38　氣體偵測硬體接線圖 -1

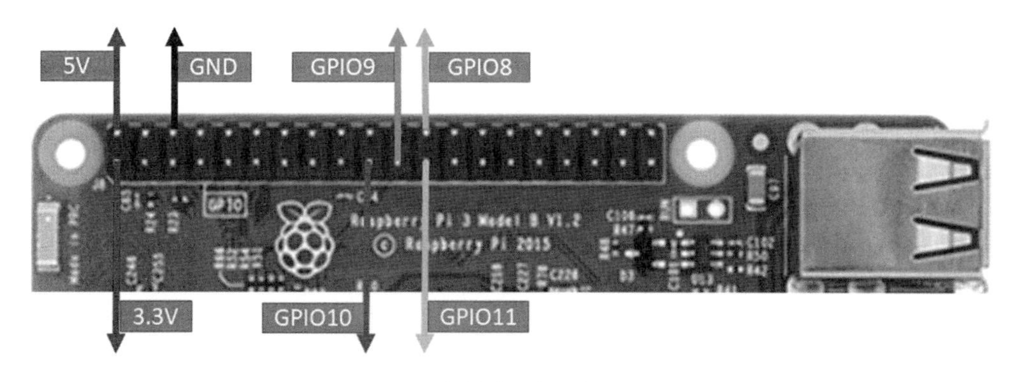

圖 7-39　氣體偵測硬體接線圖 -2

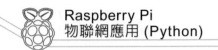

3. ThingSpeak 設定 gasMON Channel：

登入 https://thingspeak.com/ 網站，點選右上角人頭圖示，輸入登記的 EMAIL 後按 Next 按鍵，輸入密碼後再按 Sign in 按鍵，按綠色的 New Channel 按鍵，如圖 7-40 所示。

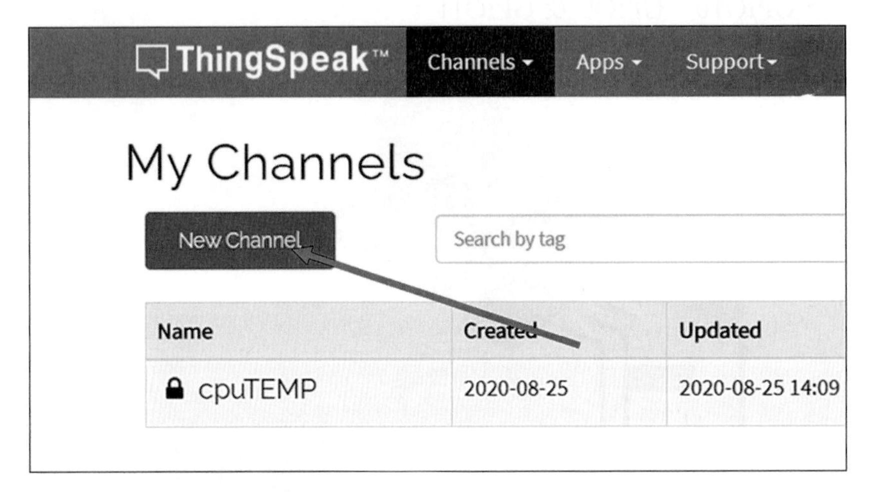

圖 7-40　New Channel (圖片來源：https://thingspeak.com/)

依序填入 gasMON Channel 名稱、Description、欄位一、欄位二及欄位三，如圖 7-41 所示。設定完成後，再按下最下方的綠色 Save Channel 按鍵儲存設定。

New Channel

Name	gasMON
Description	MQ-2氣體感測器數值
Field 1	LPG
Field 2	CO
Field 3	SMOKE

圖 7-41　gasMON Channel 設定

記下自設 gasMON Channel 的通關密碼，如圖 7-42 所示。

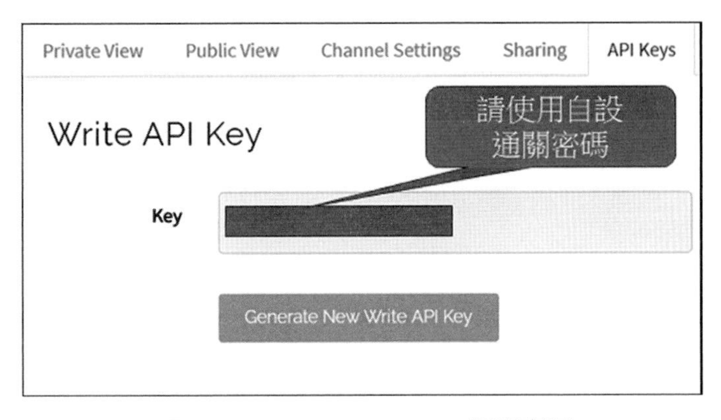

圖 7-42　gasMON channel 通關密碼

4. 程式設計：

主程式是 gasMON.py，需要參考到 mcp3008.py 及 mq2s.py 這兩個程式，所以必須將這 3 個程式放在同一個資料夾下。

Python 程式碼，如圖 7-43 所示。

```
Thonny - /home/pi/全華2nd book/ch06/gasMONLab3.py @ 5:15
File Edit View Run Device Tools Help
gasMONLab3.py × IR.py × ch05-flameSensor_lab4.py * ×

import http.client
import urllib
from mq2 import *
import time
key = "8RFMNIFBWSSS8F9F"
time.sleep(0.05)

def postData(LPG, CO, SMOKE):
    print(LPG, CO, SMOKE)
    params = urllib.parse.urlencode({'field1': LPG, 'field2':
                                    CO, 'field3': SMOKE,'key':key })
    headers = {"Content-type": "application/x-www-form-urlencoded",
               "Accept": "text/plain"}
    conn = http.client.HTTPConnection("api.thingspeak.com:80")
    try:
        conn.request("POST", "/update", params, headers)
        response = conn.getresponse()
        print (response.status, response.reason)
        conn.close()
    except:
        print ("connection failed")
    time.sleep(0.1)

try:
    mq2s = MQ();
    while True:
        perc = mq2s.MQPercentage()
        postData(perc["GAS_LPG"], perc["CO"], perc["SMOKE"])

except:
    print("\nAbort by user")
```

圖 7-43　gasMON 程式

程式解說如下：

程式	說明
import http.client	◆ 載入 http.client 模組
import urllib	◆ 載入 urllib 模組
from mq2 import *	◆ 從 mq2 模組輸入所有函數。
import time	◆ 載入 time 模組
key = "8RFMNIFBWSSS8F9F"	◆ ThingSpeak 網站通關密碼為 8RFMNIFBWSSS8F9F
time.sleep(0.05)	◆ 維持原狀 0.05 秒
def postData(LPG, CO, SMOKE):	◆ 定義上傳 LPG(液化石油氣)，CO(一氧化碳) 及 SMOKE(煙) 資料的 postData 函數：
print(LPG, CO, SMOKE)	◆ 螢幕顯示 LPG(液化石油氣)，CO(一氧化碳) 及 SMOKE(煙)
params = urllib.parse.urlencode({'field1': LPG, 'field2': CO, 'field3': SMOKE,'key':key })	◆ 上傳參數 params：以 urllib.parse.urlencode 函數打包” field1 第一欄位值為 LPG 變數，field2 第二欄位值為 CO 變數，field3 第三欄位值為 SMOKE 變數，通關密碼為 key 變數”
headers = {"Content-type": "application/x-www-form-urlencoded", "Accept": "text/plain"}	◆ 上傳標頭：提交數據內容形式：application/x-www-form-urlencoded(通常這是內定的方式)，回應的接受方式：文字 / 純文字
conn = http.client.HTTPConnection	◆ 以 http.client.HTTPConnection 函數連結
("api.thingspeak.com:80")	◆ api.thingspeak. com:80 網址
try:	◆ 嘗試：
conn.request("POST", "/update", params, headers)	◆ 以 POST 方式執行 conn.request 請求函數，數據需更新，傳輸參數及標頭分別是 params 及 headers
response = conn.getresponse()	◆ conn.getresponse 函數取得的結果，設定給 response
print (response.status, response. reason)	◆ 顯示回應的狀態及原因
conn.close()	◆ 結束連結
except:	◆ 若連線請求不成功：
print ("connection failed")	◆ 印出 connection failed
time.sleep(0.1)	◆ 維持原狀 0.1 秒
try:	◆ 嘗試：
mq2s = MQ();	◆ Mq2s.py 的 MQ 定義函數指定給 mq2s

while True:	◆ 以 while 迴圈持續擷取樹莓派連結的 MQ-2 模組並將 LPG(液化石油氣)，CO(一氧化碳) 及 SMOKE(煙) 數據上傳 ThingSpeak 網站的 tempHumy Channel
perc = mq2s.MQPercentage()	◆ Mq2s.py 的 MQPercentage 定義函數指定給 perc
postData(perc["GAS_LPG"], perc["CO"], perc["SMOKE"])	◆ 呼叫 postData 定義函數，並將 perc["GAS_LPG"], perc["CO"], perc["SMOKE"] 當作參數傳遞至 TihngSpeak 網站
except:	◆ 若使用者按下 ctrl-c：
print("\nAbort by user")	◆ 顯示 "Abort by user"

5. 功能驗證：

將樹莓派電源開啓，並開啓樹莓派系統組態內的 SPI 功能，如圖 7-44 ～ 7-47 所示，需有下列輸出才算執行成功：

★ 登入 ThingSpeak 網站 (https://thingspeak.com)，點選右上方人頭登入，將自己帳號所設定的通關密碼 (圖 7-48)，取代圖 7-49 程式中的通關密碼後執行程式，此時 shell 樹莓派顯示 LPG，CO 及 SMOKE 數值及 200 OK 兩行字，如圖 7-50 所示。

★ 點選 My Channels 及 gasMON，如圖 7-51 所示，ThingSpeak 的網站會出現上傳的樹莓派 LPG，CO 及 SMOKE 統計圖，如圖 7-52 ～ 7-53 所示。

注意一 **打火機測試時，請勿點火，直接釋放氣體，別持續超過 2 秒，請保持通風環境，避免中毒。**

注意二 **打火機與 MQ-2 保持 5 公分左右距離，否則會因濃度太高，而導致程式停止執行。**

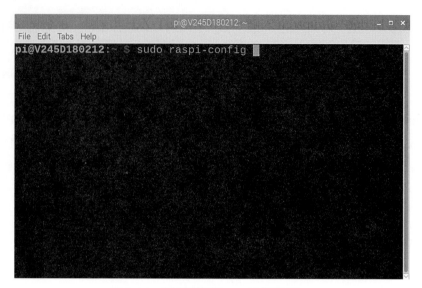

圖 7-44　開啓樹莓派 SPI 功能步驟 -1

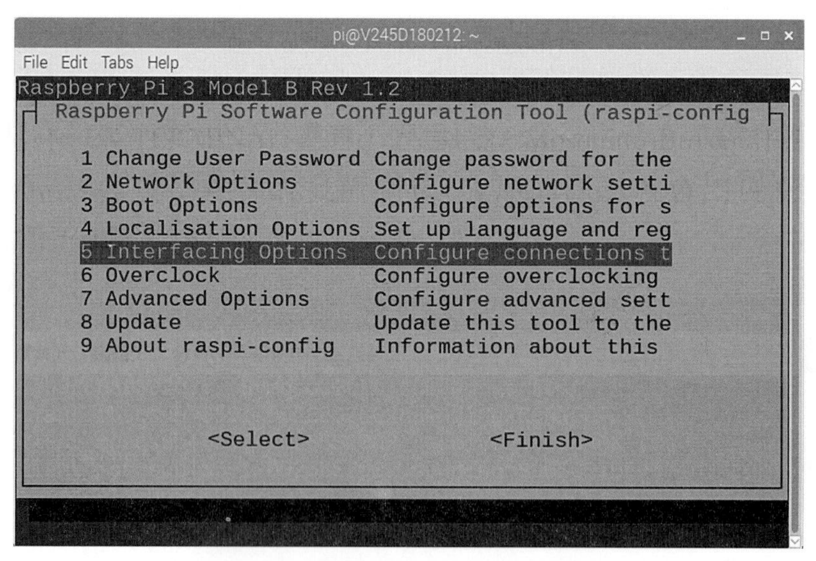

圖 7-45　開啓樹莓派 SPI 功能步驟 -2

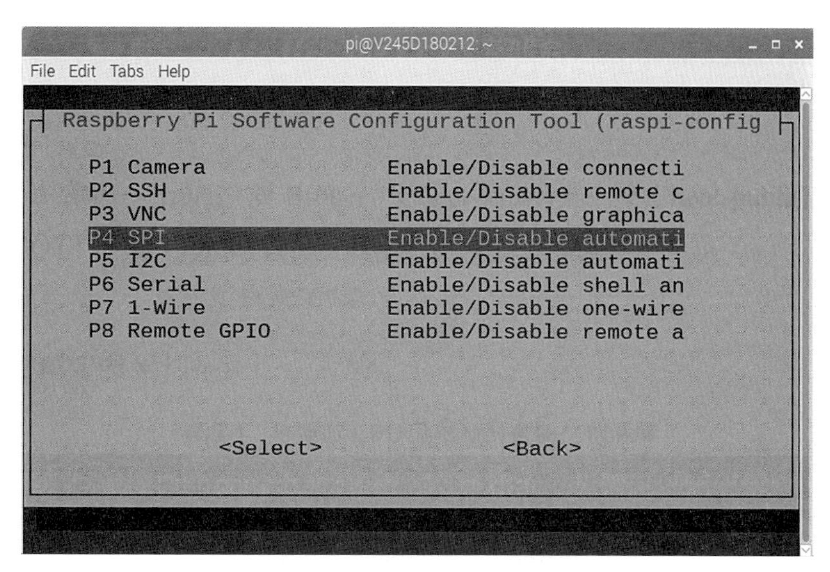

圖 7-46　開啓樹莓派 SPI 功能步驟 -3

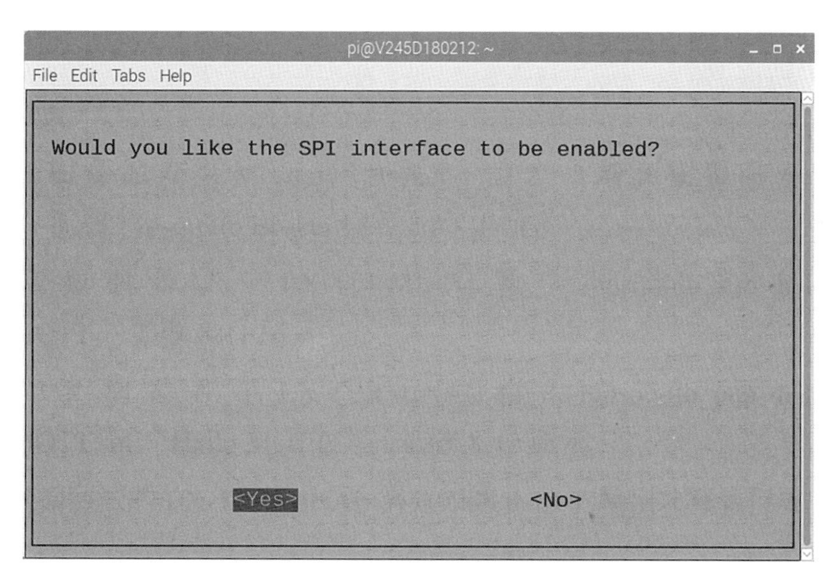

圖 7-47　開啓樹莓派 SPI 功能步驟 -4

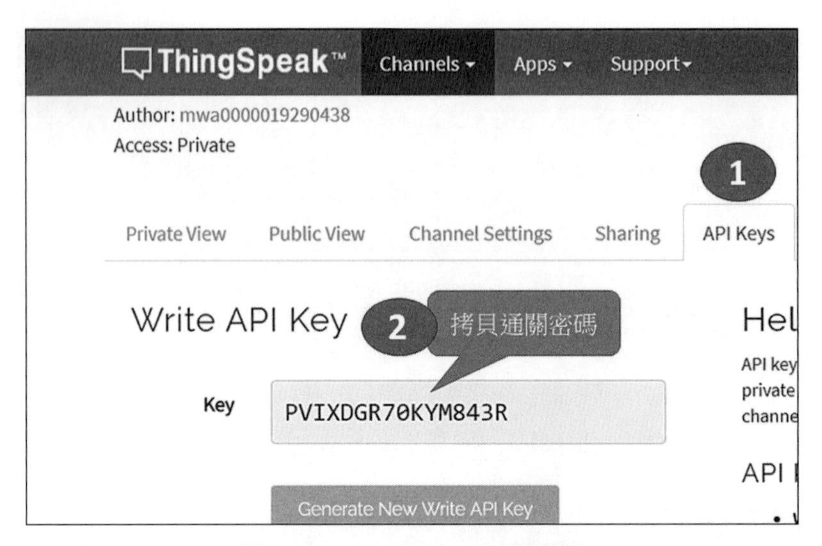

圖 7-48　ThingSpeak 通關密碼

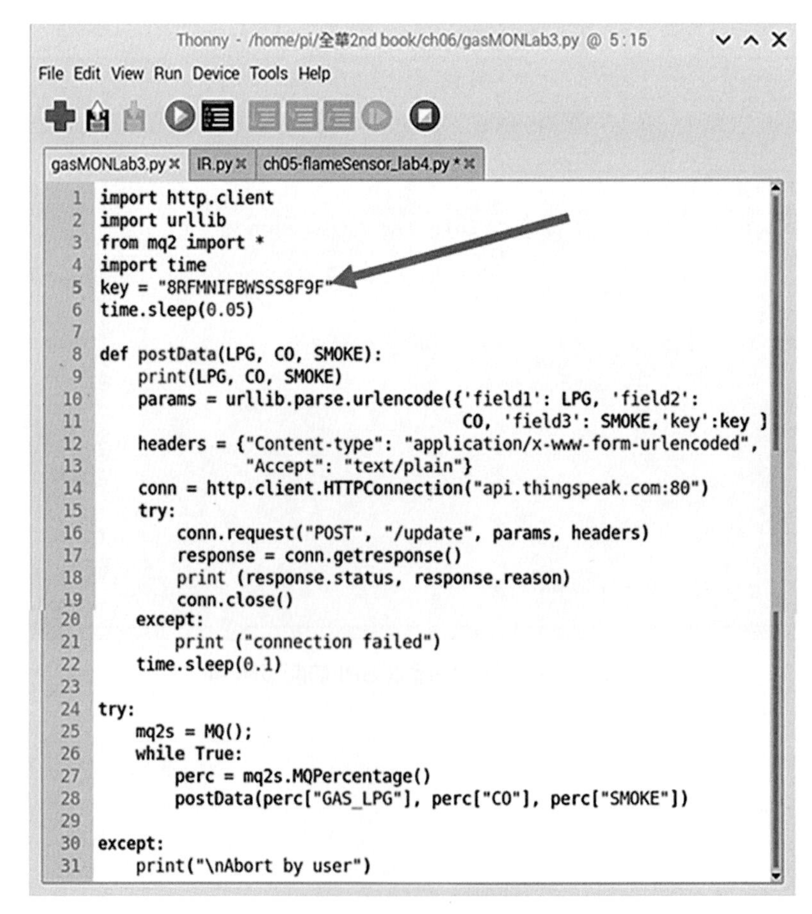


```
import http.client
import urllib
from mq2 import *
import time
key = "8RFMNIFBWSSS8F9F"
time.sleep(0.05)

def postData(LPG, CO, SMOKE):
    print(LPG, CO, SMOKE)
    params = urllib.parse.urlencode({'field1': LPG, 'field2':
                                    CO, 'field3': SMOKE,'key':key })
    headers = {"Content-type": "application/x-www-form-urlencoded",
               "Accept": "text/plain"}
    conn = http.client.HTTPConnection("api.thingspeak.com:80")
    try:
        conn.request("POST", "/update", params, headers)
        response = conn.getresponse()
        print (response.status, response.reason)
        conn.close()
    except:
        print ("connection failed")
    time.sleep(0.1)

try:
    mq2s = MQ();
    while True:
        perc = mq2s.MQPercentage()
        postData(perc["GAS_LPG"], perc["CO"], perc["SMOKE"])

except:
    print("\nAbort by user")
```

圖 7-49　修改通關密碼

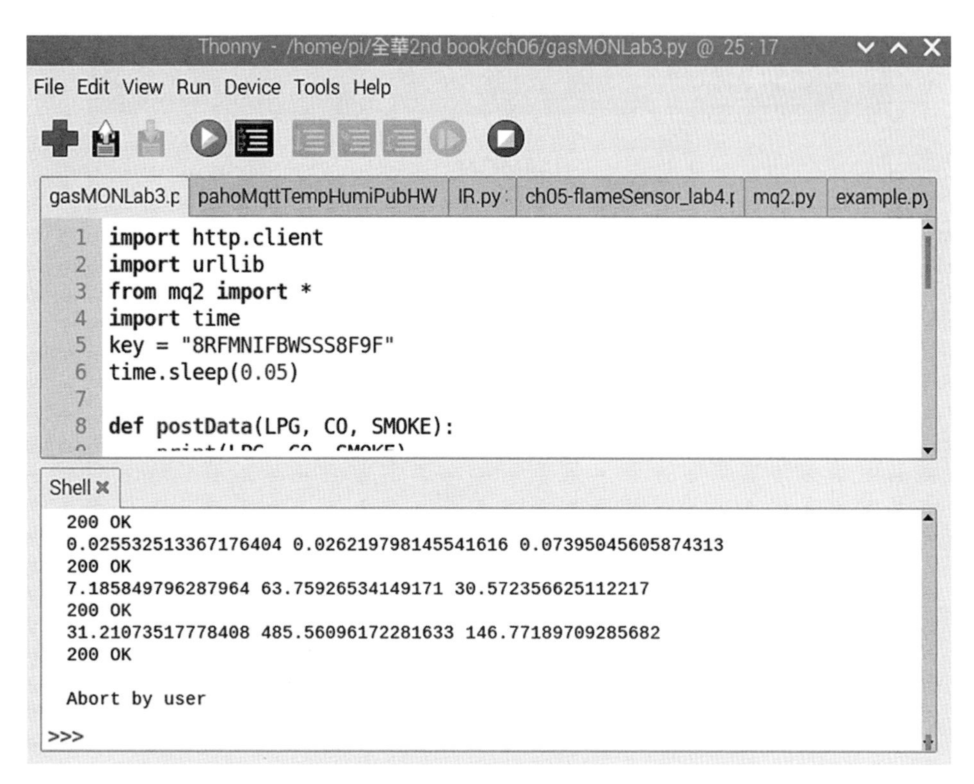

圖 7-50 gasMON 程式執行結果

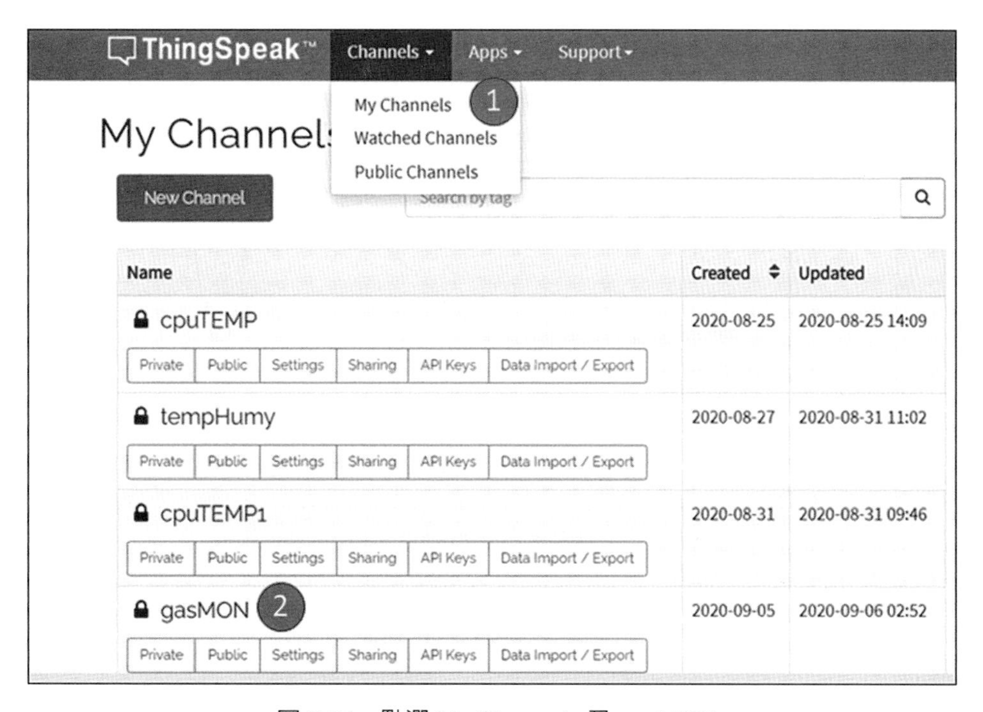

圖 7-51 點選 My Channels 及 gasMON

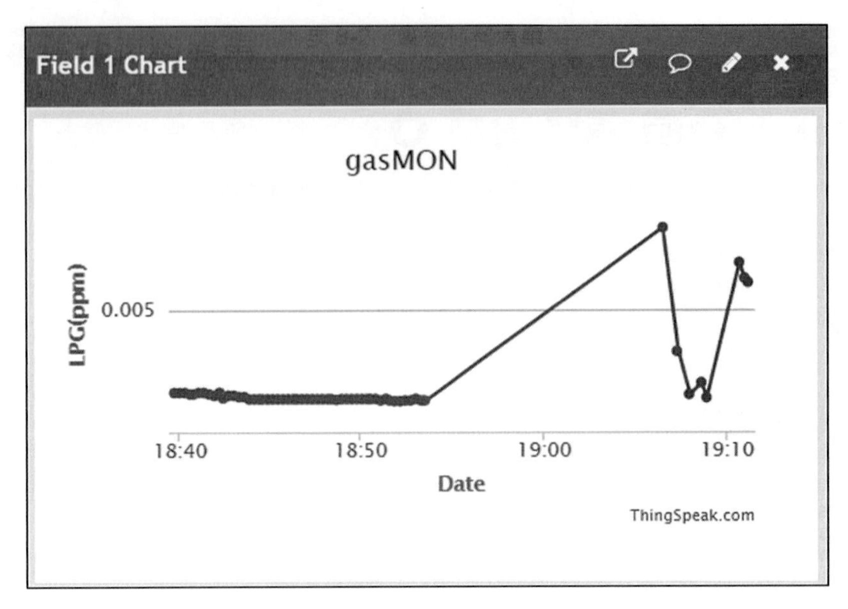

圖 7-52　LPG 濃度

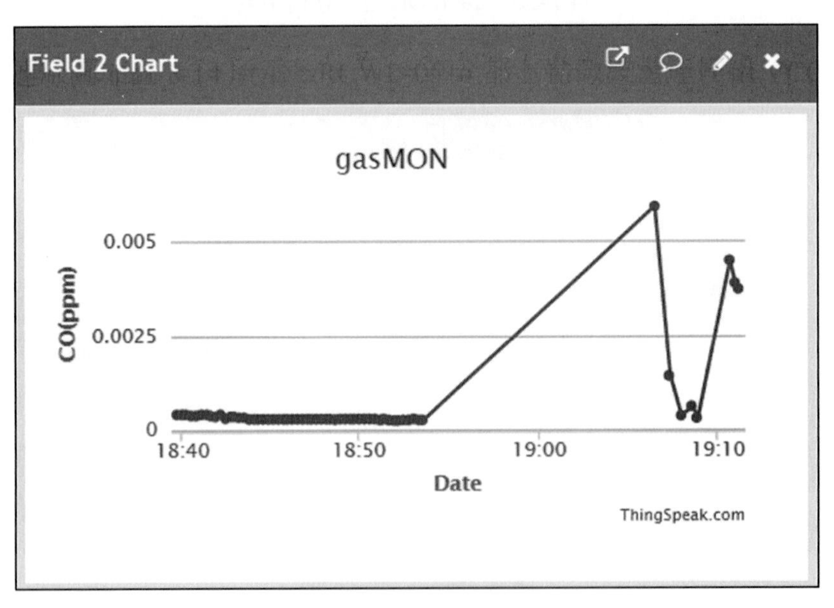

圖 7-53　CO 濃度

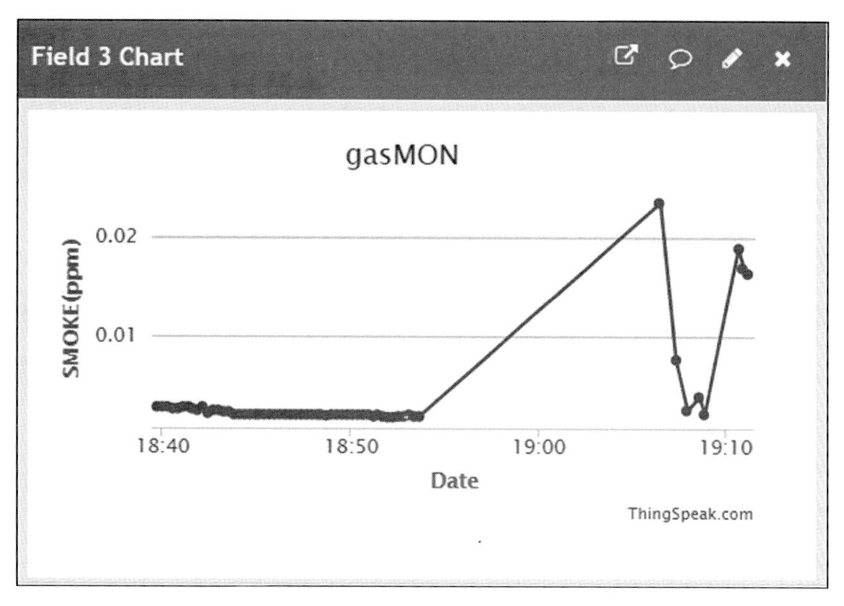

圖 7-54　SMOKE 濃度

課後評量

程式題：

1. 登入 ThingSpeak 網站 (https://thingspeak.com)，新增 test_delete channel，新增完畢後，再將此 test_delete channel 刪除。

2. 參考實驗一，增加 CPU 溫度量測的精準度，額外使用 GPIO13 及 GPIO19 爲量測的腳位，所以共有 12 個 GPIO 做爲量測的腳位，最高測溫仍是攝氏 100 度，最低測溫仍是攝氏 40 度，所以每個 GPIO 代表的溫度是攝氏 5 度。登入 ThingSpeak 網站 (https://thingspeak.com)，新增 cpuTEMP1 channel(圖 7-55) 將量測的樹莓派 CPU 溫度上傳 ThingSpeak 網站，Python 程式執行結果如圖 7-56，CPU 溫度統計圖，如圖 7-57 所示。

圖 7-55　ThingSpeak Channel 設定

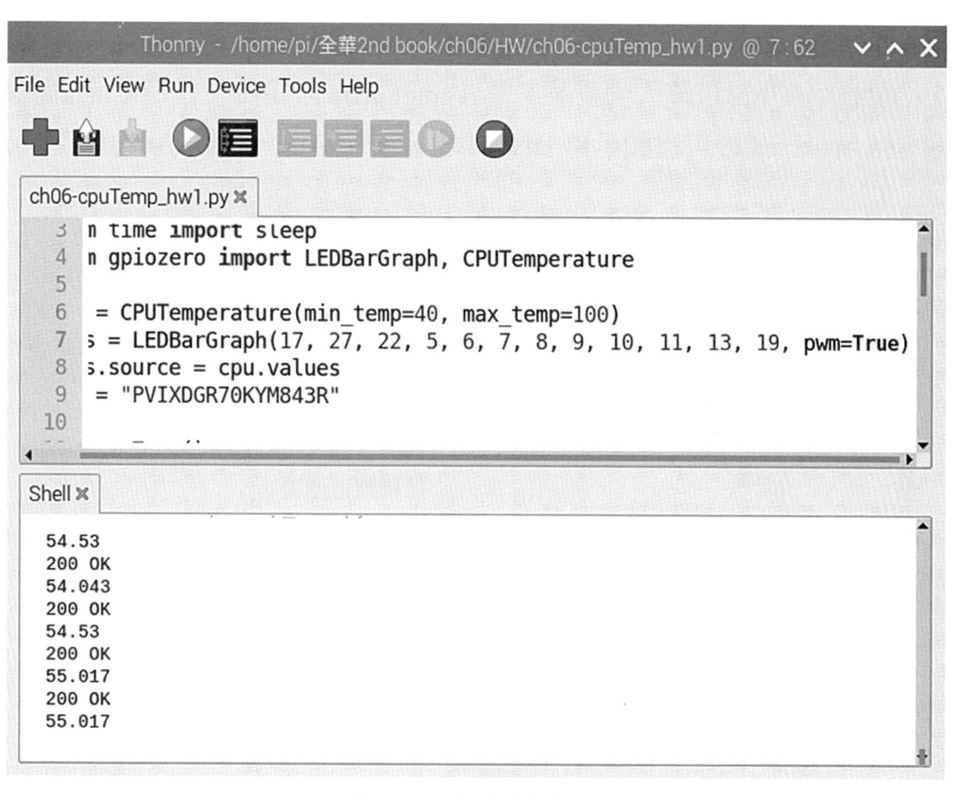

圖 7-56　程式執行結果

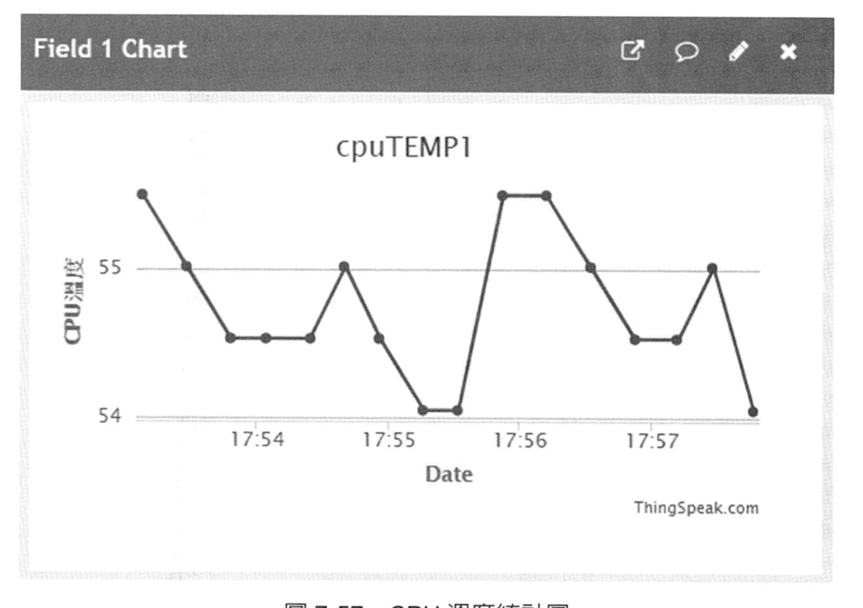

圖 7-57　CPU 溫度統計圖

3. 請至 google map 網站 (maps.google.com.tw)，輸入所在地址，在地址標示圖示上以右鍵點選如圖 7-58 所示，再選”這是哪裡 ?”，會出現該地點的經緯度資訊如圖 7-59，將此經緯度資訊輸入到實驗二的 ThingSpeak 設定中，修改 Channel Settings 如圖 7-60 所示，最後可以顯示出 DHT11 模組安裝位置，如圖 7-61 所示。

圖 7-58　地圖選項

圖 7-59　經緯度資訊

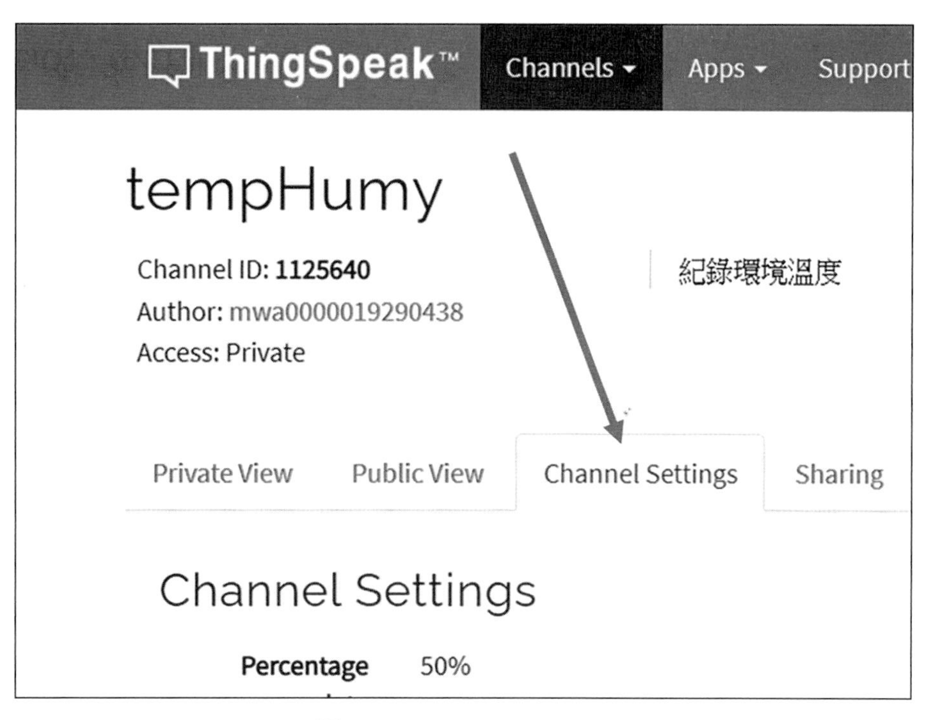

圖 7-60　Channel Settings

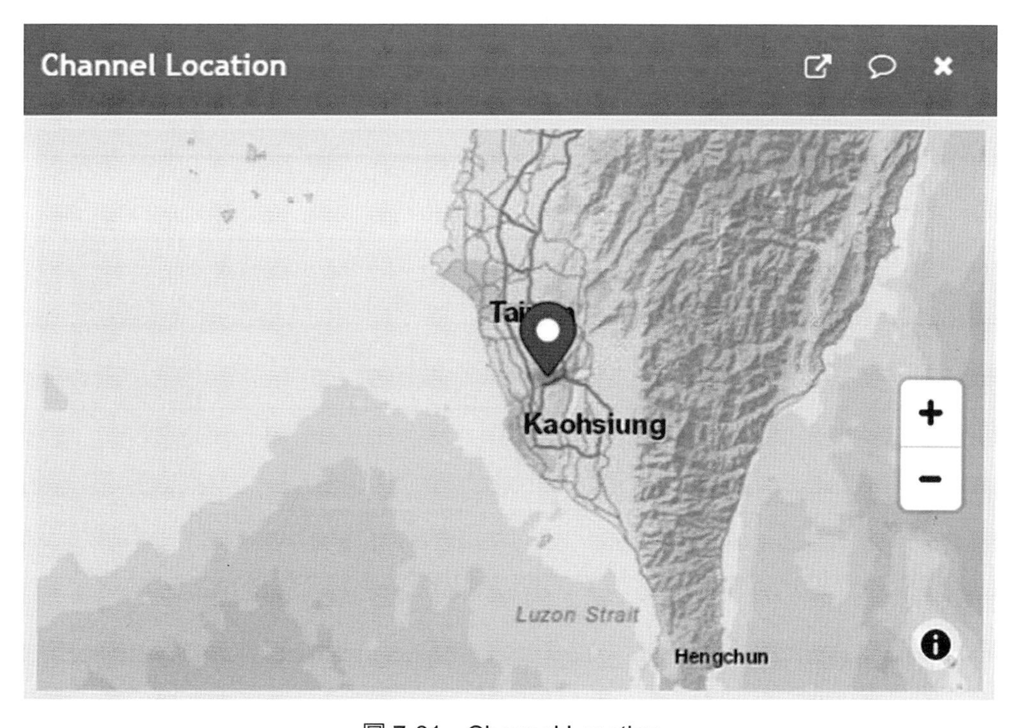

圖 7-61　Channel Location

NOTE

8 CHAPTER

MQTT 應用

本章重點

IBM 公司的安迪·斯坦福 - 克拉克及 Arcom 公司的阿蘭·尼普於 1999 年撰寫了 MQTT 協定的第一個版本。MQTT 與 HTTP 都是網路應用層的通訊協定，但 MQTT 所需使用資源較少，所以傳輸效率較高。其通訊協定是屬於 broker/client 架構，client 端則又有 subscriber 與 publisher 兩種不同身分，broker 有點像房屋仲介，賣房子的客戶則類似 publisher，將要賣房的訊息告知房仲 broker，要買房的客戶則類似 subscriber，可以到房仲 broker 處取得賣房子的資訊。

例如我們有 3 個 publisher 分別提供溫度、濕度及 PM2.5 的資訊給 Broker，而 2 個 subscriber 則可以經由 subscribe 到 Broker 後取得溫度、濕度或 PM2.5 的資訊如圖 8-1 所示。MQTT 有許多不同的 Broker，本章將為大家介紹 MOSQUITTO Broker 樹莓派的安裝與實驗應用，章節的安排如下：

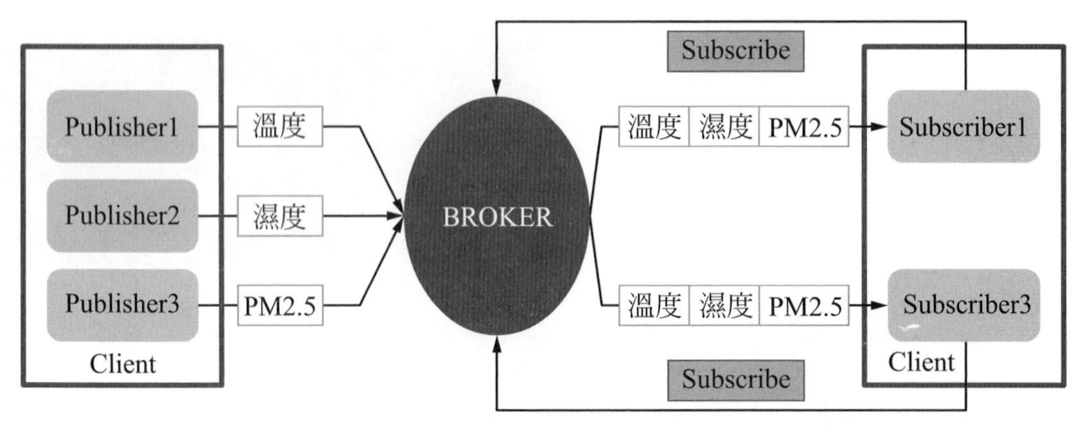

圖 8-1 Broker 與 Client

8-1 樹莓派 *MOSQUITTO Broker* 與 *client* 安裝

依照下列幾個步驟進行安裝：

1. 登入樹莓派，打開 LX-TERMINAL，使用 wget 指令下載相關檔案，輸入 wget http://repo.mosquitto.org/debian/mosquitto-repo.gpg.key 按 ENTER 後系統回應，如圖 8-2 所示。

圖 8-2 wget 下載檔案

2. 輸入 sudo apt-key add mosquitto-repo.gpg.key，按 ENTER 後系統回應 OK，如圖 8-3 所示。

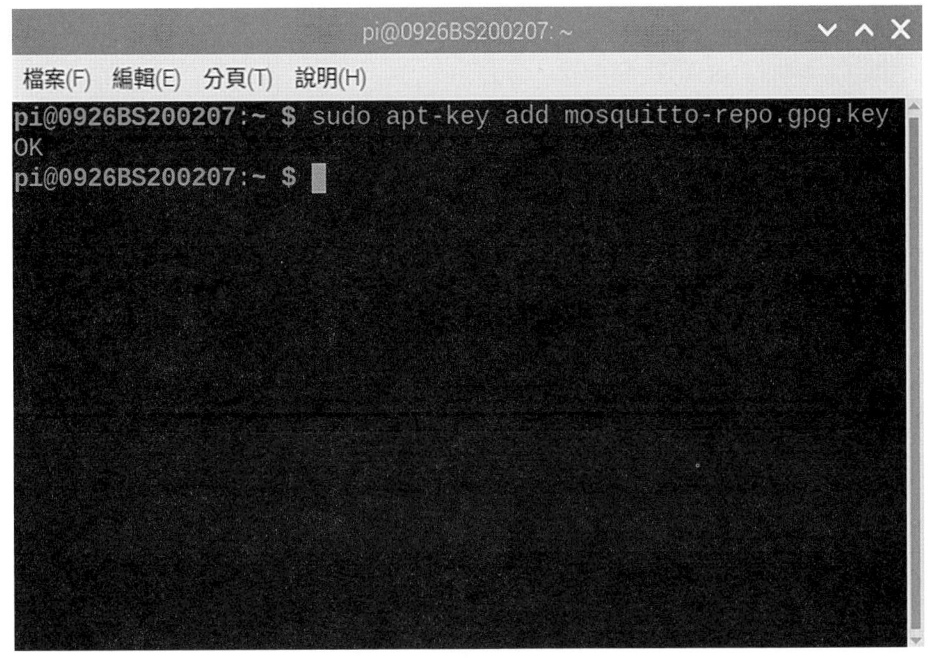

圖 8-3　新增 apt-key 值

3. 執行 cd /etc/apt/sources.list.d/ ，如圖 8-4 所示。

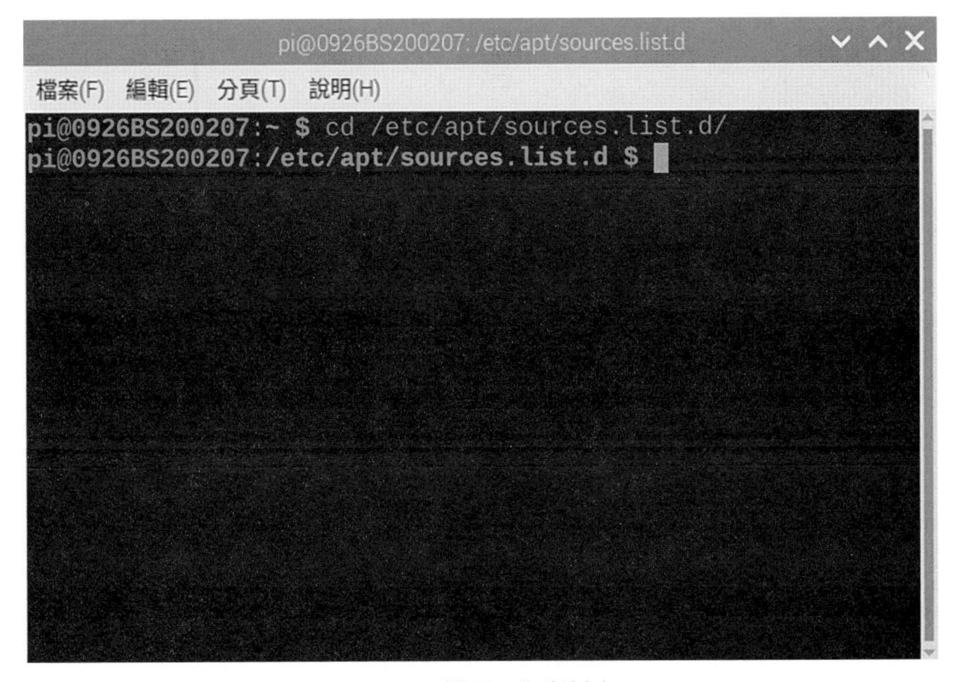

圖 8-4　變更工作資料夾

4. 以 sudo wget http://repo.mosquitto.org/debian/mosquitto-jessie.list 指令下載 mosquitto 安裝檔，如圖 8-5 所示。

圖 8-5　wget 下載 mosquitto 安裝檔

5. 以 sudo apt-get install mosquitto 指令安裝 mosquitto broker，如圖 8-6 所示。

圖 8-6　安裝 mosquitto Broker

6. 步驟 1 ～步驟 5 安裝 mosquitto Broker，接著輸入 sudo apt-get install mosquitto-clients 安裝 mosquitto Client，如圖 8-7 所示。

圖 8-7　安裝 mosquitto Client

7. 測試：

於樹莓派開啓一個新的 LX-TERMINAL，輸入 mosquitto_sub -d -t test，此處 mosquitto_sub 是向 mosquitto 註冊 test 這個主題 (topic)，如圖 8-8 所示。

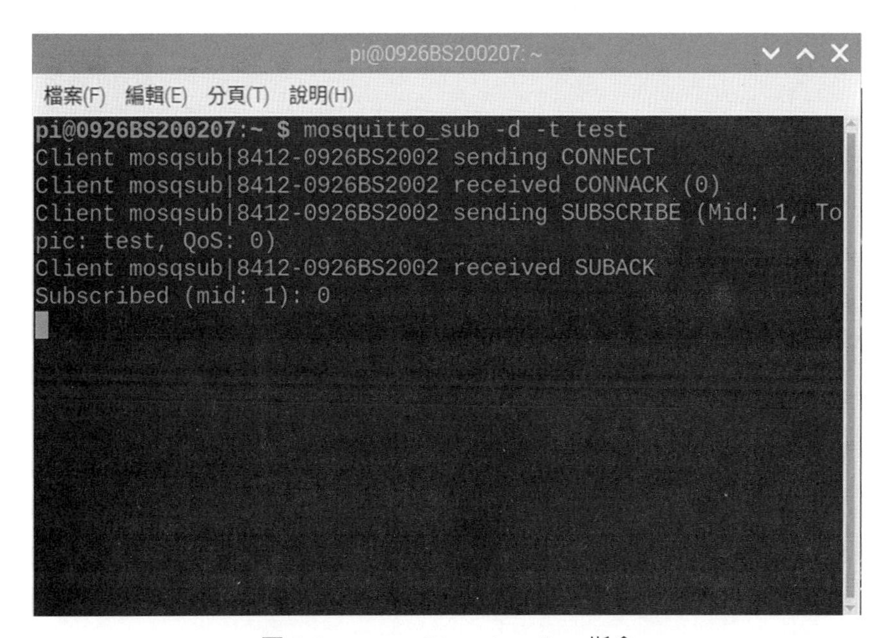

圖 8-8　mosquitto subscriber 指令

於樹莓派開啓第二個新的LX-TERMINAL，輸入 mosquitto_pub -d -t test -m “This is a test!” ，此處 mosquitto_pub 是向 mosquitto 表明是發佈者，要發佈訊息” This is a test!” 到 test 這個主題 (topic) ，如圖 8-9 所示。

圖 8-9 mosquitto publisher 指令

回到第一個 LX-TERMINAL 查看，因爲已在 Mosquitto Broker 註冊 test 主題，所以 Mosquitto client 端的發佈者發佈到 test 主題的訊息就會出現在第一個 LX-TERMINAL 上，如圖 8-10 所示。

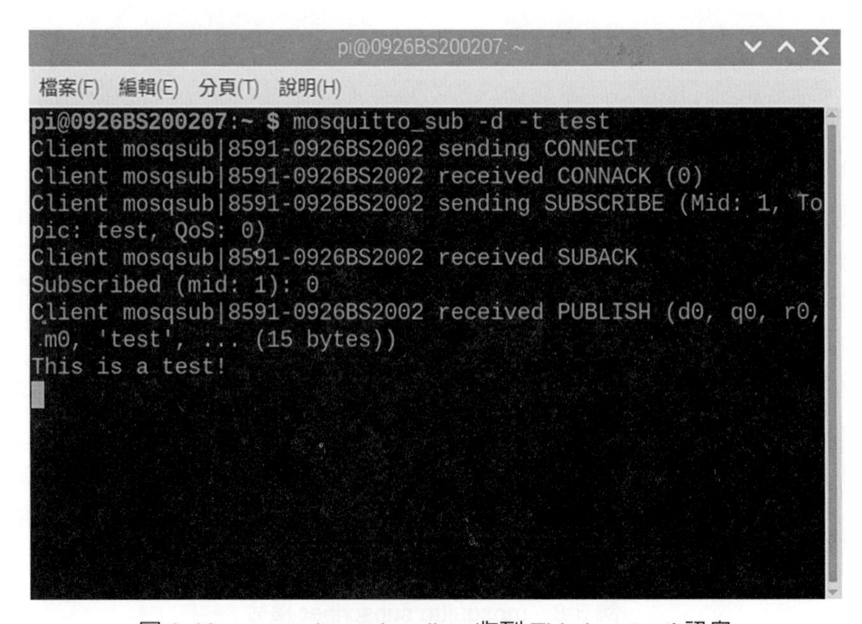

圖 8-10 mosquitto subscriber 收到 This is a test! 訊息

8-2 實驗一 Hello MQTT! 實驗

實驗摘要：

使用 3 套樹莓派，分別扮演 Broker、Client-subscriber 及 Client-publisher 的角色，於 helloMQTT 主題 (Topic) 發佈" Hello MQTT" 訊息。

實驗步驟：

1. 實驗材料如表 8-1 所示。

表 8-1 樹莓派 CPU 溫度統計實驗材料清單

實驗材料名稱	數量	規格	圖片
樹莓派 pi4	3	已安裝好作業系統的樹莓派	

2. 功能驗證：

第 1 套樹莓派安裝 Mosquitto Broker，第 2，3 兩套樹莓派安裝 Mosquitto Client，記錄 Mosquitto Broker 樹莓派的 IP 址。

於第 2 套樹莓派的 LX-TERMINAL 輸入 mosquitto_sub -h 192.168.1.5 -t helloMQTT ，如圖 8-11 所示。

於第 3 套樹莓派的 LX-TERMINAL 輸入 mosquitto_pub -h 192.168.1.5 -t helloMQTT -m "Hello MQTT!" ，如圖 8-12 所示。

第 2 套樹莓派的 LX-TERMINAL 需有如圖 8-13 的輸出才算執行成功。

圖 8-11　mosquitto subscriber 指令

圖 8-12　mosquitto publisher 指令

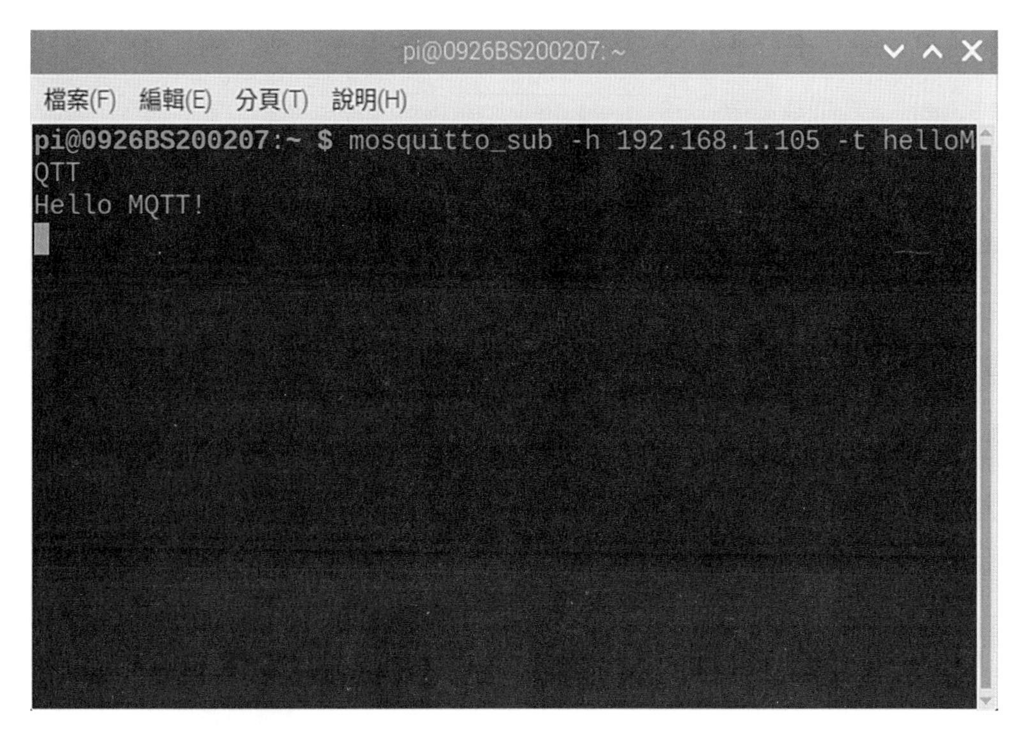

圖 8-13　mosquitto subscriber 收到 Hello MQTT! 訊息

8-3 實驗二 物體移動偵測

RCWL-0516 都卜勒微波雷達模組，使用都卜勒微波雷達模組以微波進行偵測，所以所有的物體移動都可以偵測到，受前方障礙物的影響也較小。

實驗摘要：

當有人進入 RCWL-0516 都卜勒微波雷達模組感應範圍時，Publisher 會上傳通知到 Mosquitto Broker 的 dpMotion 主題，Subscriber 註冊 dpMotion 主題，若有偵測到任何移動動作則 Subscriber 上的警示 LED 會點亮。

實驗步驟：

1. 實驗材料清單如表 8-2 所示

表 8-2　實驗材料清單

實驗材料名稱	數量	規格	圖片
樹莓派 pi3B	1	已安裝好作業系統的樹莓派	
都卜勒微波 雷達模組	1	RCWL-0516 都卜勒微波雷達模組	
跳線	3	彩色杜邦雙頭線 (母 / 母)/20 cm	

2. 硬體連線圖如圖 8-14 所示，RCWL-0516 都卜勒微波雷達模組 VCC 接到 5V，DATA 接 GPIO17，GND 則接到樹莓派的地。

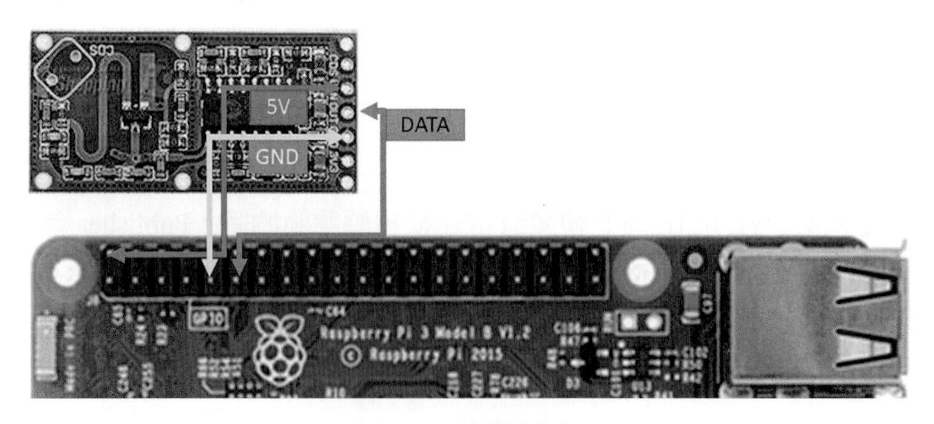

圖 8-14　硬體連線圖

3. 程式設計：

Python 程式碼如圖 8-15 所示。

```
Thonny - /home/pi/全華2nd book/ch08/radarDetectorLab2.py @ 5 : 1
File Edit View Run Device Tools Help
<untitled>  radarDetectorLab2.py *
 1 from gpiozero import DigitalInputDevice
 2 from gpiozero import LED
 3 from time import sleep
 4 import os
 5 
 6 led = LED(16)
 7 radar = DigitalInputDevice(17, pull_up=False, bounce_time=0.1)
 8 
 9 while True:
10     radar.when_activated = led.on
11     if led.value:
12         myCmd = 'mosquitto_pub -t dpMotion -m "motion detected!"'
13         os.system(myCmd)
14         print("led.value",led.value)
15     sleep(2)
16     radar.when_deactivated = led.off
17 
```

圖 8-15　dpMotion 程式

程式解說如下：

程式	說明
from gpiozero import DigitalInputDevice	◆ 從 gpiozero 程式庫呼叫 DigitalInputDevice 函數模組
from gpiozero import LED	◆ 從 gpiozero 程式庫呼叫 LED 函數模組
from time import sleep	◆ 從 time 程式庫呼叫 sleep 函數模組
import os	◆ 呼叫 os 模組
led = LED(16)	◆ 將連接到 GPIO16 的 LED 函數指定給 led
radar = DigitalInputDevice(17, pull_up=False, bounce_time=0.1)	◆ 將連接到 GPIO17 的 DigitalInputDevice 函數指定給 radar，pull_up=False 設定 GPIO17 內定值為 LOW，bounce_time=0.1 設定進入穩態時間為 0.1 秒
while True: radar.when_activated = led.on	◆ 當感應到有物體移動時，點亮連結 GPIO16 的 LED(GPIO16 為高電位)

if led.value:	◆ 如果 led.value 的值為”1”
myCmd = 'mosquitto_pub -t dpMotion -m "motion detected!"' os.system(myCmd) print("led.value",led.value)	◆ 設定 myCMD 變數值為 'mosquitto_pub -t dpMotion -m "motion detected!"' 字串
sleep(2)	◆ 延遲 2 秒
radar.when_deactivated = led.off	◆ 當無人移動時，連結到 GPIO16 的 LED 為熄滅狀態 ((GPIO16 為低電位))

4. 功能驗證：

將樹莓派電源開啓，確認已安裝 Mosquitto Broker 及 Client 除了測試人員，其他人暫時保持距離在 7 米外，執行程式後需有下列輸出才算執行成功：

開啓樹莓派的 LX-TERMINAL，輸入 mosquitto_sub -t dpMotion 註冊 dpMotion 主題，如圖 8-16 所示。

執行 dpMotion 程式，如圖 8-17 所示。

RCWL-0516 都卜勒微波雷達模組偵測到測試人員，LED 發亮，同時發布 motion detected! 訊息給 Broker。

圖 8-17 會出現 motion detected!，訊息如圖 8-18 所示。

圖 8-16　註冊 dpMtion 主題

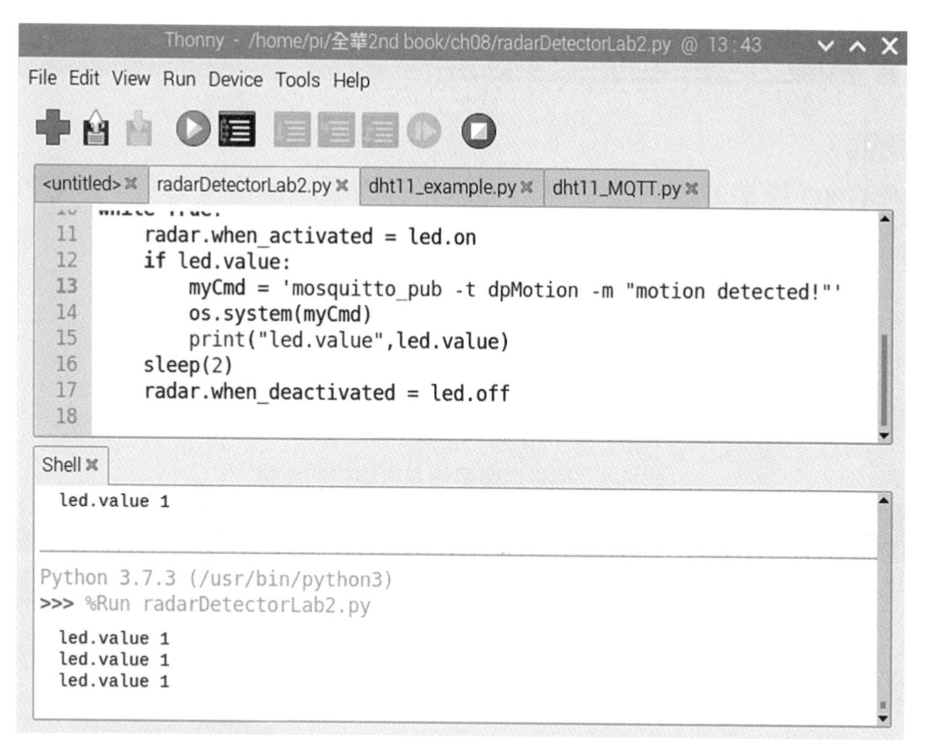

圖 8-17 dpMtion 程式執行結果

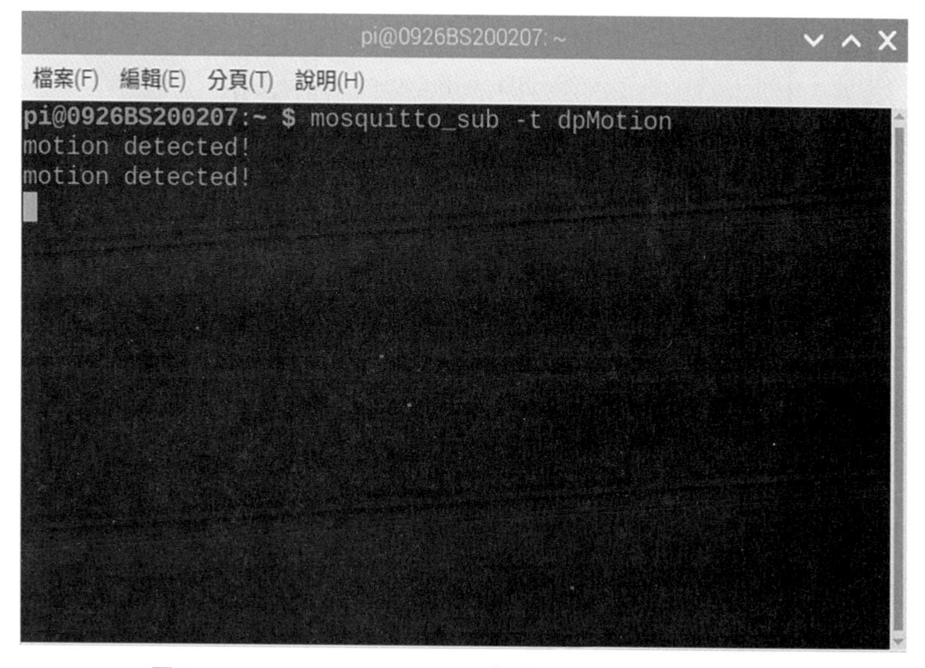

圖 8-18 mosquitto subscriber 收到 motion detected! 訊息

8-4 實驗三 溫溼度偵測

實驗摘要：

樹莓派 GPIO 連接的溫溼度感測器，所測得的環境溫溼度數據，每 5 秒上傳到 Mosquitto Broker 的 tempHumy 主題，再以 Mosquitto Client 的 Subscriber 讀出溫濕度值。

實驗步驟：

1. 實驗材料如表 8-3 所示。

表 8-3 環境溫溼度偵測實驗材料清單

實驗材料名稱	數量	規格	圖片
樹莓派 pi4	1	已安裝好作業系統的樹莓派	
溫溼度感測模組	1	DHT11 溫溼度感測模組	
跳線	3	彩色杜邦雙頭線 (母 / 母)/20 cm	

2. 硬體接線圖如圖 8-19 所示，DHT11 溫溼度模組的 VCC 接到 3.3V，DATA 接 GPIO4，GND 則接到樹莓派的地。

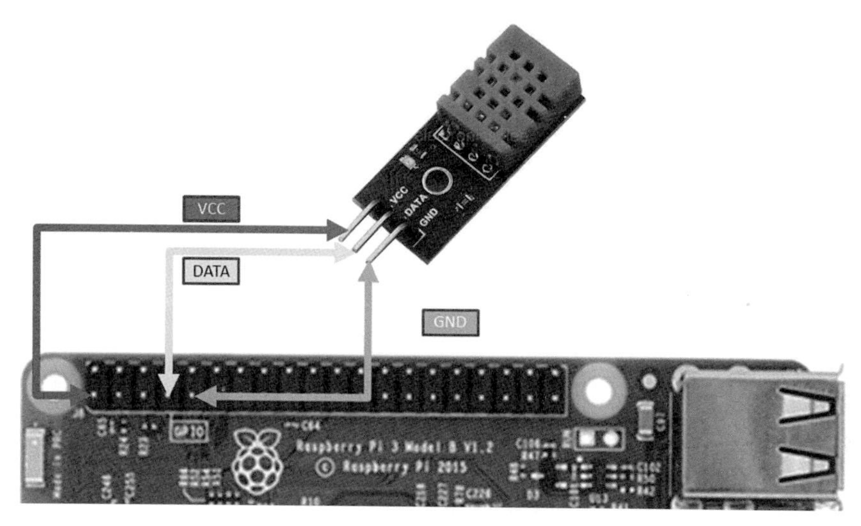

圖 8-19　環境溫溼度偵測硬體接線圖

3. 程式設計：

Python 程式需使用到 paho.mqtt 模組，需先以 pip3 install paho-mqtt 進行安裝，如圖 8-20 所示。

圖 8-20　安裝 paho-mqtt 模組

Python 程式碼如圖 8-21 所示。

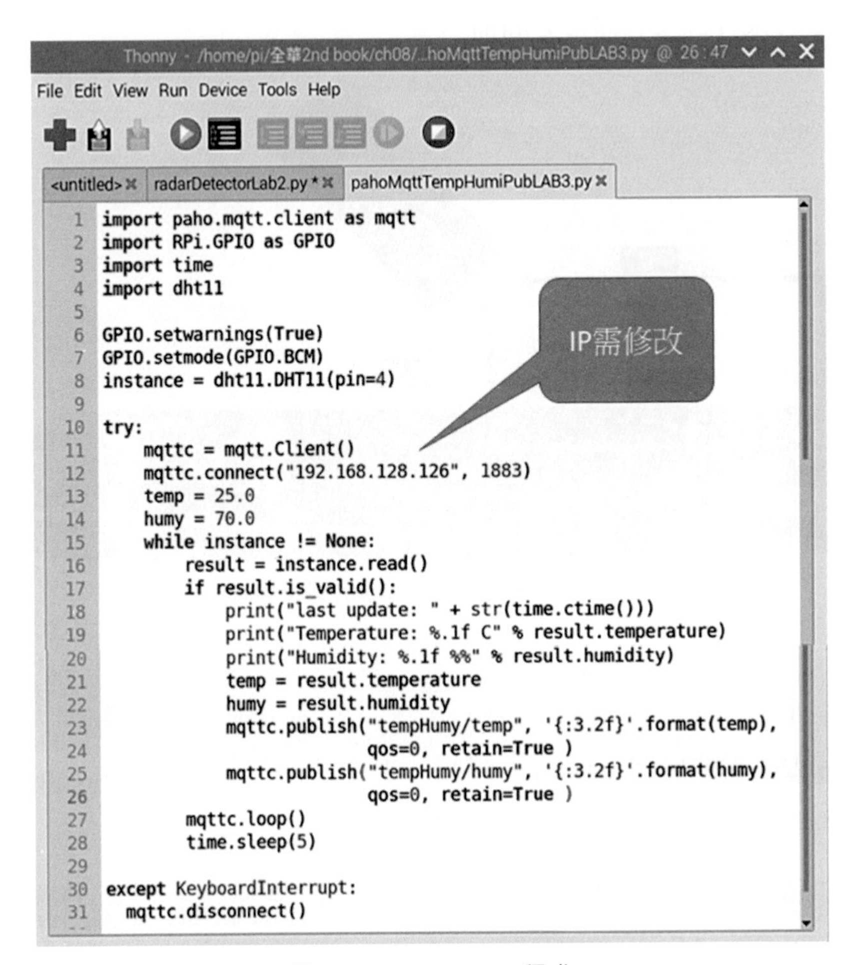

圖 8-21　tempHumy 程式

程式解說如下：

import paho.mqtt.client as mqtt	◆ 輸入 paho.mqtt.client 模組，改名為 mqtt 模組
import RPi.GPIO as GPIO	◆ 輸入 GPIO 所需的程式庫，因為名稱較長，所以改命名為 GPIO
import time	◆ 輸入 time 模組
import dht11	◆ 輸入 dht11 模組
GPIO.setwarnings(True)	◆ 設定 GPIO 警告訊息為" 顯示"
GPIO.setmode(GPIO.BCM)	◆ GPIO 腳位編號模式設定為 GPIO 編號方式

程式碼	說明
instance = dht11.DHT11(pin=4)	◆ 指定 GPIO4 為 DATA 腳位，並將 dht11.DHT11 函數指定給 instance
try:	◆ 嘗試：
mqttc = mqtt.Client()	◆ 執行 mqtt.Client 函數，並設定給 mqttc 變數
mqttc.connect("192.168.128.126", 1883)	◆ 以 mqtt.Client 函數連接 IP 為 192.168.128.126 樹莓派的 1883 號埠
temp = 25.0	◆ 設定初始溫度為攝氏 25.0 度
humy = 70.0	◆ 設定初始濕度為攝氏 70.0 度
while instance != None:	◆ 當有溫溼度資料回傳時
result = instance.read()	◆ 溫溼度資料指定給 result
if result.is_valid():	◆ 如果溫溼度資料格式是對的
print("last update: " + str(time.ctime()))	◆ 顯示最近一次更新溫溼度時間
print("Temperature: %.1f C" % result.temperature)	◆ 顯示溫度
print("Humidity: %.1f %%" % result.humidity)	◆ 顯示濕度
temp = result.temperature	◆ 設定 temp 變數值為 DHT11 模組所測得溫度
humy = result.humidity	◆ 設定 humy 變數值為 DHT11 模組所測得濕度
mqttc.publish("tempHumy/temp", '{:3.2f}'.format(temp),qos=0, retain=True)	◆ 使用 mqttc.publish 函數發佈 temp 溫度訊息到 tempHumy/temp 主題
mqttc.publish("tempHumy/humy", '{:3.2f}'.format(humy),qos=0, retain=True)	◆ 使用 mqttc.publish 函數發佈 temp 溫度訊息到 tempHumy/humy 主題
mqttc.loop()	◆ Mqttc 迴圈函數
time.sleep(5)	◆ 維持原狀 5 秒
except KeyboardInterrupt:	◆ 鍵盤中斷：
mqttc.disconnect()	◆ Mqttc 函數中斷連線

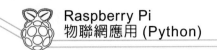

4. 功能驗證：

   將 DHT11 溫溼度模組連接樹莓派 GPIO4 後，開啓電源，需有下列輸出才算執行成功：

   執行 tempHumy 程式，如圖 8-22 所示。

   開啓樹莓派的 LX-TERMINAL，輸入 mosquitto_sub -t tempHumy/temp 註冊 tempHumy/temp 主題，會顯示溫度如圖 8-23 所示。

   開啓樹莓派的 LX-TERMINAL，輸入 mosquitto_sub -t tempHumy/humy 註冊 tempHumy/humy 主題，會顯示溼度如圖 8-24 所示。

   開啓樹莓派的 LX-TERMINAL，輸入 mosquitto_sub -t tempHumy/# 註冊 tempHumy/# 主題，會同時顯示溫溼度，如圖 8-25 所示。

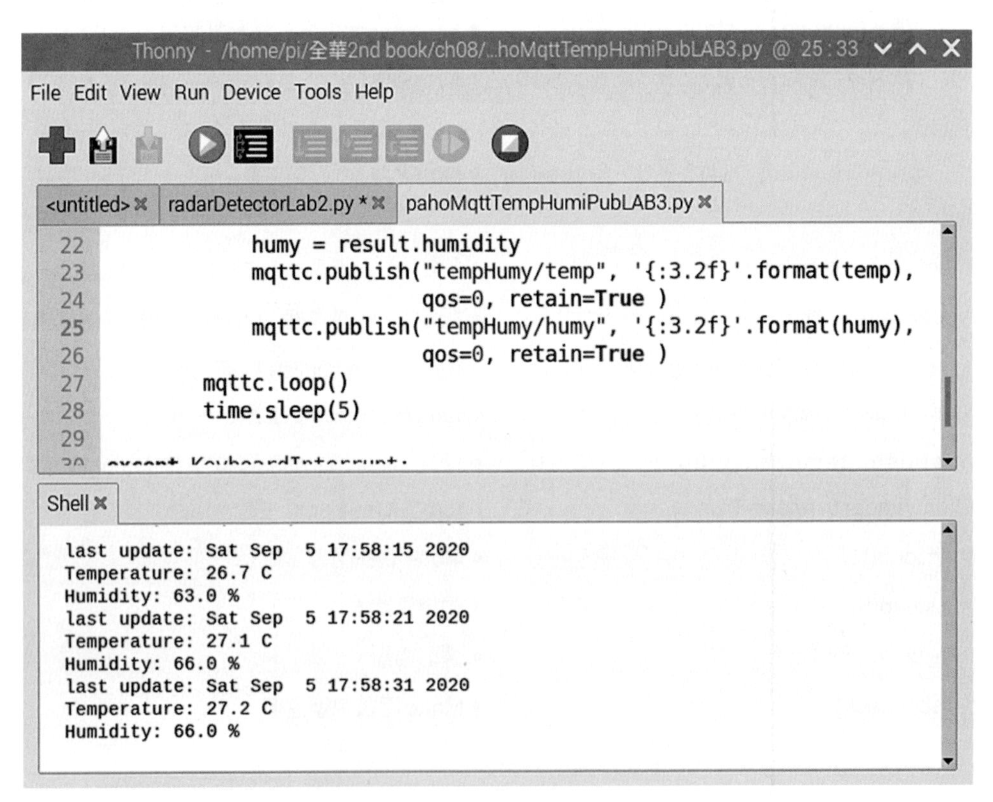

圖 8-22 tempHumy 程式執行結果

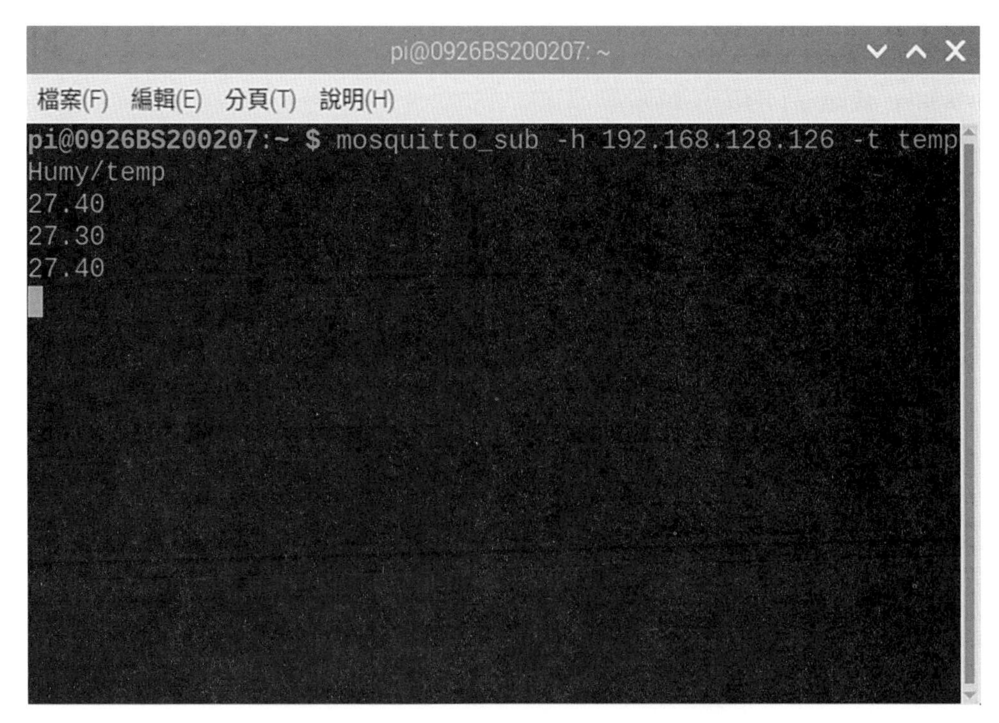

圖 8-23　mosquitto subscriber 收到溫度訊息

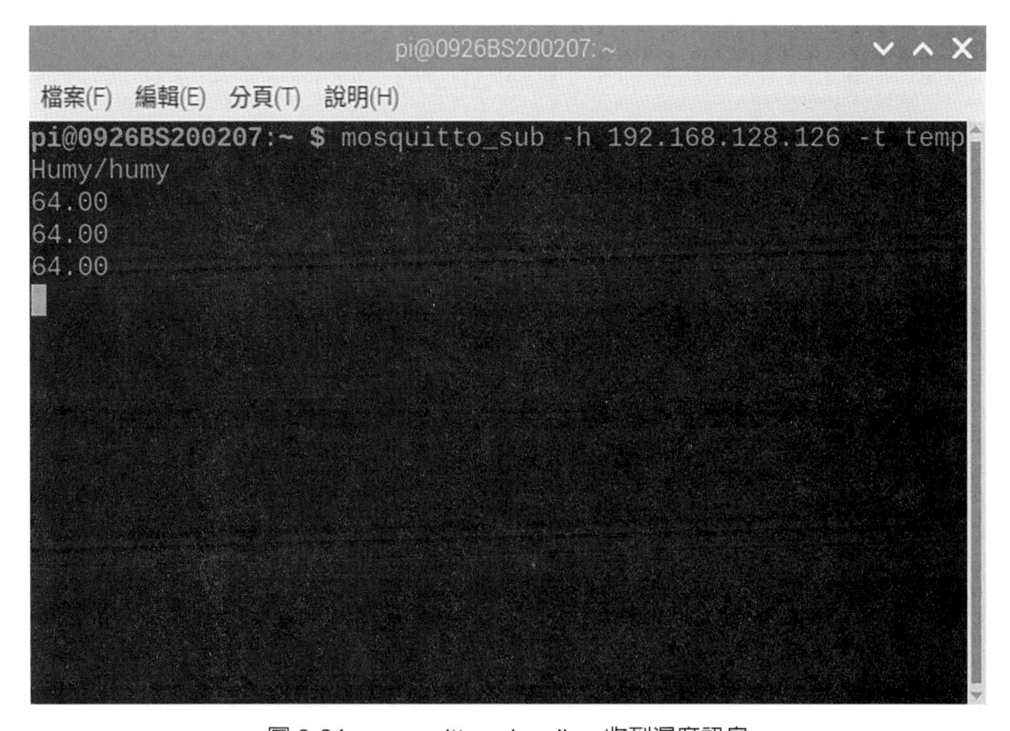

圖 8-24　mosquitto subscriber 收到濕度訊息

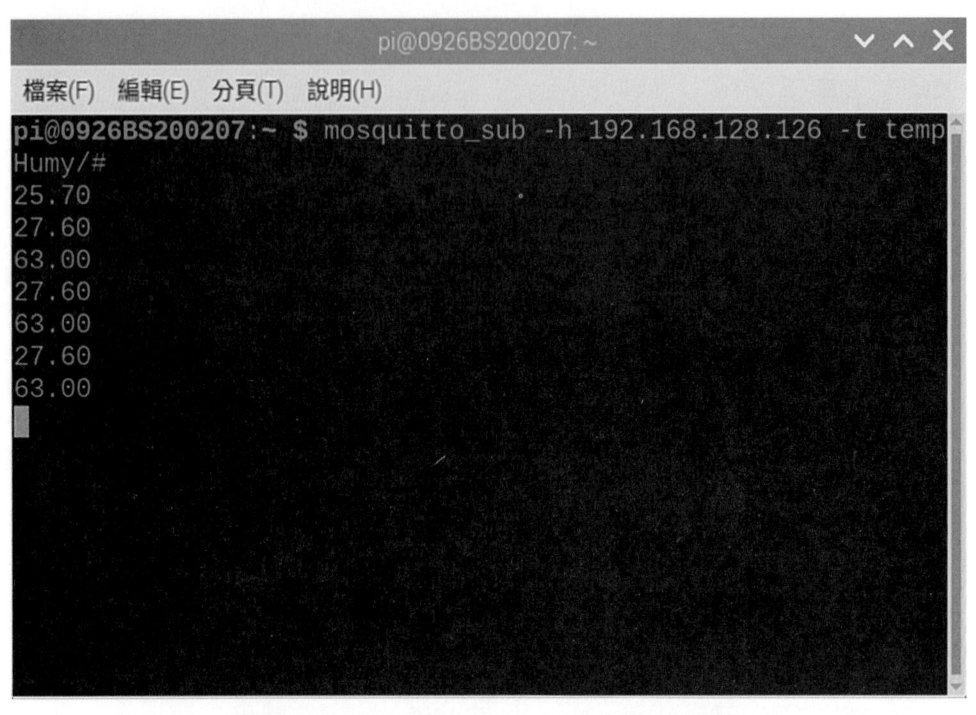

圖 8-25 mosquitto subscriber 收到溫濕度訊息

程式題：

1. 參考實驗二，在溫度數據前加註”temp=”， 在溼度數據前加註”humy=”，Python 程式執行結果如圖 8-26，Subscriber 註冊 mosquitto_sub -t tempHumy/temp 後，畫面如圖 8-27 所示，註冊 mosquitto_sub -t tempHumy/humy 後，畫面如圖 8-28 所示。

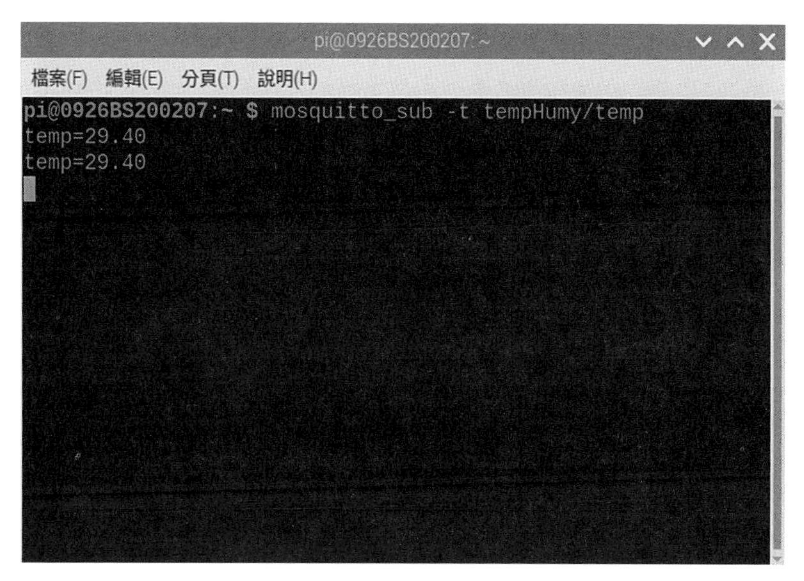

圖 8-26　tempHumy 程式執行結果

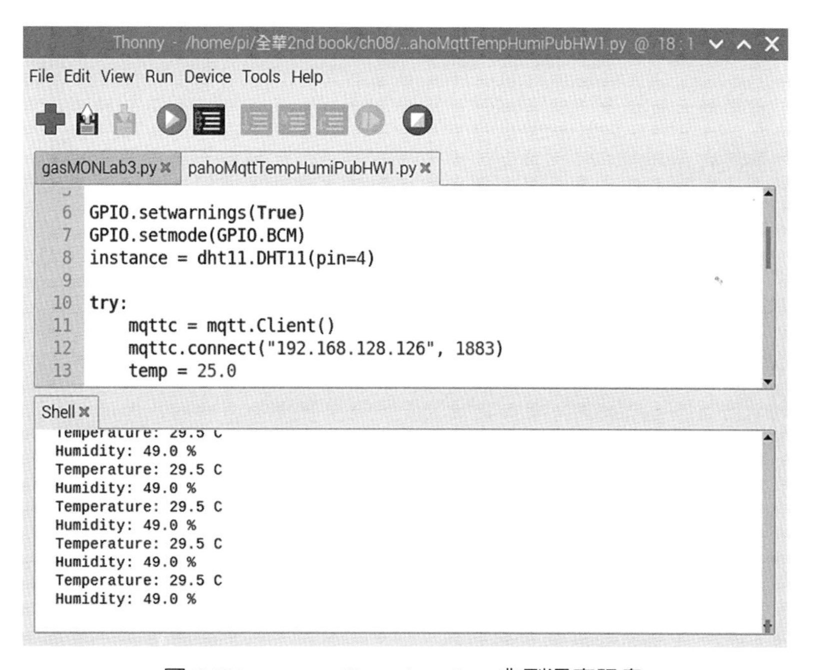

圖 8-27　mosquitto subscriber 收到溫度訊息

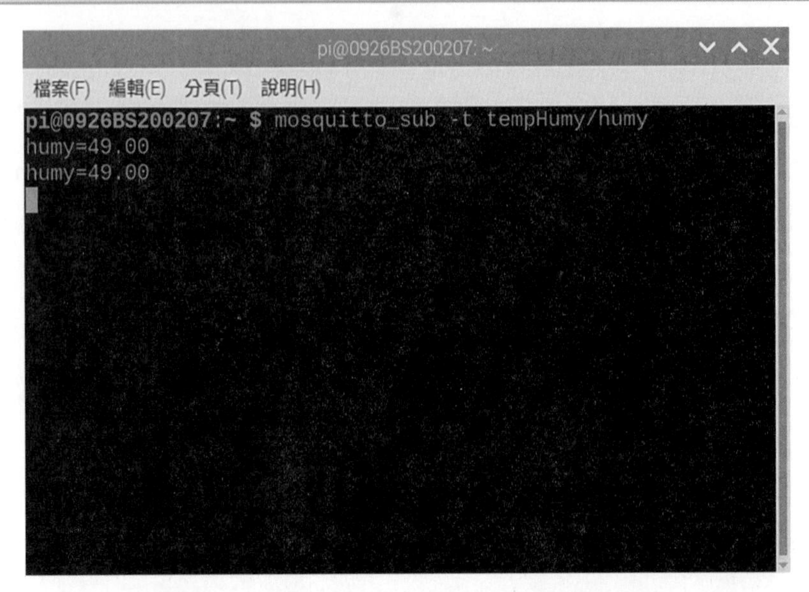

圖 8-28　mosquitto subscriber 收到濕度訊息

2. 參考實驗二，除了溫溼度外，增加量測的時間上傳到 Broker， Python 程式執行結果如圖 8-29 所示，Subscriber 註冊 mosquitto_sub -t tempHumy/time 後，畫面如圖 8-30 所示，註冊 mosquitto_sub -t tempHumy/# 後，畫面如圖 8-31 所示。

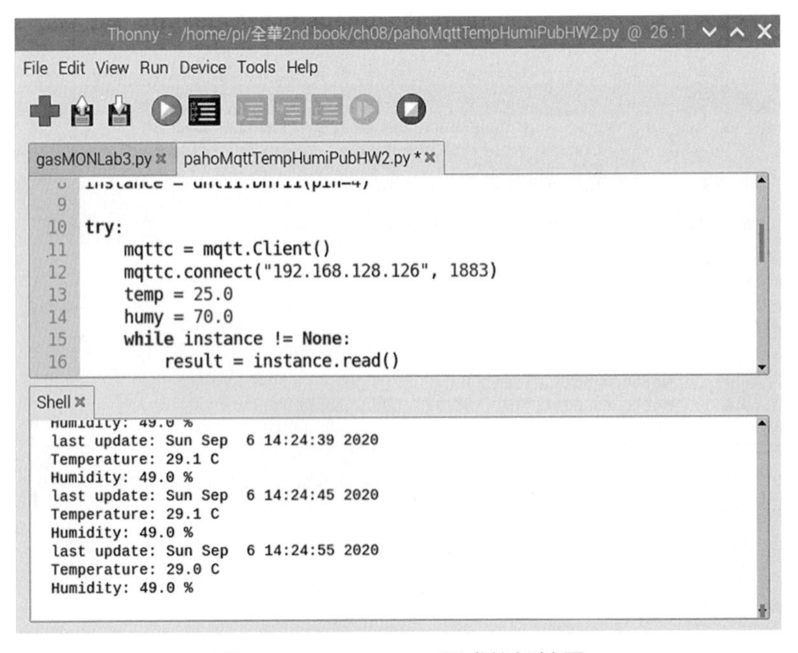

圖 8-29　tempHumy 程式執行結果

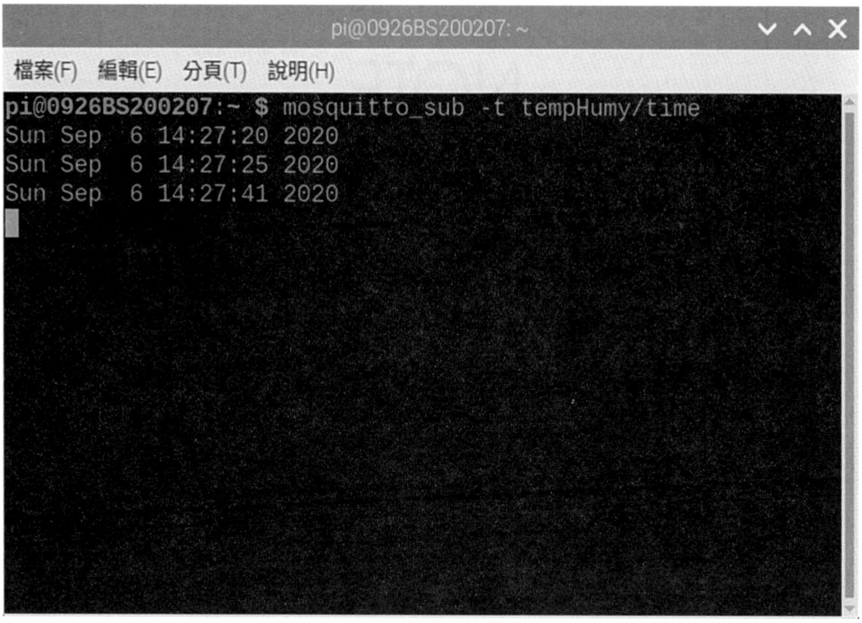

```
pi@0926BS200207: ~
檔案(F)  編輯(E)  分頁(T)  說明(H)
pi@0926BS200207:~ $ mosquitto_sub -t tempHumy/time
Sun Sep  6 14:27:20 2020
Sun Sep  6 14:27:25 2020
Sun Sep  6 14:27:41 2020
```

圖 8-30　mosquitto subscriber 收到時間訊息

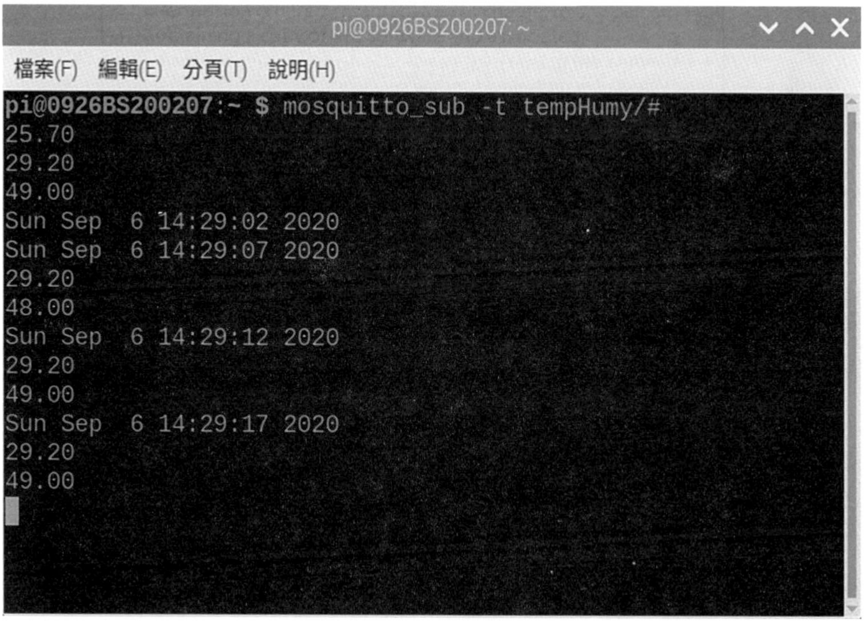

```
pi@0926BS200207: ~
檔案(F)  編輯(E)  分頁(T)  說明(H)
pi@0926BS200207:~ $ mosquitto_sub -t tempHumy/#
25.70
29.20
49.00
Sun Sep  6 14:29:02 2020
Sun Sep  6 14:29:07 2020
29.20
48.00
Sun Sep  6 14:29:12 2020
29.20
49.00
Sun Sep  6 14:29:17 2020
29.20
49.00
```

圖 8-31　mosquitto subscriber 收到溫濕度及時間訊息

NOTE

CHAPTER

附錄

本章重點

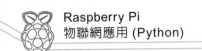

附錄 A1　實作材料清單

第 1 章　樹莓派 Tkinter 圖形介面設計

項次	組件名稱	規格	數量	網址
1	Raspberry Pi 4 Model B (4GB) 全配套件包	1. Raspberry Pi4 Model B x1 2. 樹莓派 Pi 4 專用散熱片 (三入) x1 3. 透明壓克力帶風扇外殼 x1 4. 4.5V 3A Type-C 電源 x1	1	https://www.icshop.com.tw/product-page.php?27760
2	SD 卡	SanDisk Ultra microSDHC UHS-I (A1)16GB 記憶卡 (公司貨)98MB/s	1	https://24h.pchome.com.tw/prod/DGAG0H-A900A09NV?fq=/S/DGAG0H
3	HDMI 轉 VGA	樹莓派 Raspberry Pi 4B Micro HDMI 母口轉 VGA 公口轉接線 (帶音頻)	1	https://www.icshop.com.tw/product-page.php?27762

第 2 章　Tkinter 應用一

項次	組件名稱	規格	數量	網址
1	Raspberry Pi 4 Model B (4GB) 全配套件包	1. Raspberry Pi4 Model B x1 2. 樹莓派 Pi 4 專用散熱片 (三入) x1 3. 透明壓克力帶風扇外殼 x1 4. 4.5V 3A Type-C 電源 x1	1	https://www.icshop.com.tw/product-page.php?27760
2	SD 卡	SanDisk Ultra microSDHC UHS-I (A1)16GB 記憶卡 (公司貨)98MB/s	1	https://24h.pchome.com.tw/prod/DGAG0H-A900A09NV?fq=/S/DGAG0H
3	HDMI 轉 VGA	樹莓派 Raspberry Pi 4B Micro HDMI 母口轉 VGA 公口轉接線 (帶音頻)	1	https://www.icshop.com.tw/product-page.php?27762
4	跳線	彩色杜邦雙頭線 (公 / 母)/20 cm	20	https://www.icshop.com.tw/product_info.php/products_id/25401
5	麵包板	165x55x10mm	1	https://www.icshop.com.tw/product_info.php/products_id/11463
6	電阻	插件式 470 Ω，1/4W	20	https://www.icshop.com.tw/product-page.php?2287
7	LED	單色插件式，顏色不拘 5mm LED 紅色 / 圓頭	10	https://www.icshop.com.tw/product-page.php?23120
8	PIR	HC-SR501 人體紅外線感應模組	1	https://www.icshop.com.tw/product-page.php?11464

項次	組件名稱	規格	數量	網址
9	超音波感測器	HC-SR04P 超聲波測距模組	1	https://www.icshop.com.tw/product-page.php?7560
10	電阻	插件式 330Ω，1/4W	20	https://www.icshop.com.tw/product-page.php?85
11	全彩 LED	5mm RGB LED 4pin 共陰	1	https://www.icshop.com.tw/product-page.php?25358

第 3 章　Tkinter 應用二

項次	組件名稱	規格	數量	網址
1	Raspberry Pi 4 Model B (4GB) 全配套件包	1. Raspberry Pi4 Model B x1 2. 樹莓派 Pi 4 專用散熱片 (三入) x1 3. 透明壓克力帶風扇外殼 x1 4. 4.5V 3A Type-C 電源 x1	1	https://www.icshop.com.tw/product-page.php?27760
2	SD 卡	SanDisk Ultra microSDHC UHS-I (A1)16GB 記憶卡 (公司貨)98MB/s	1	https://24h.pchome.com.tw/prod/DGAG0H-A900A09NV?fq=/S/DGAG0H
3	HDMI 轉 VGA	樹莓派 Raspberry Pi 4B Micro HDMI 母口轉 VGA 公口轉接線 (帶音頻)	1	https://www.icshop.com.tw/product-page.php?27762
4	溫溼度感測器	DHT11 溫濕度傳感器模組 (送杜邦線)	1	https://www.icshop.com.tw/product-page.php?12418
5	邏輯電平轉換器	3.3V 到 5V 的雙通道 (2 channel) T74 Logic Level Converter	1	https://www.icshop.com.tw/product_info.php/products_id/25087
6	1 路繼電器模組 5V	輸入 5V DC 輸出 250VAC，10A	3	https://www.icshop.com.tw/product_info.php/products_id/25065
7	AC 插頭 + 母座	AC 公插頭 + 母座 10A 250V_110V	3	https://www.ruten.com.tw/item/show?21806675155163
8	AC 線	UL1015 PVC 安規電子線，棕 / 藍 50 公分各 1 條，18AWG 耐高溫 105˚C /600V	3	超連結過長，請以 GOOGLE 搜尋 " UL1015 PVC 安規電子線，棕 / 藍 50 公分各 1 條，18AWG 耐高溫 105˚C /600V"
9	跳線	彩色杜邦雙頭線 (公 / 母)/20 cm	1	https://www.icshop.com.tw/product_info.php/products_id/25401
10	麵包板	165x55x10mm	1	https://www.icshop.com.tw/product_info.php/products_id/11463

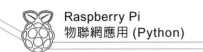

第 5 章　IFTTT 應用一

項次	組件名稱	規格	數量	網址
1	Raspberry Pi 4 Model B (4GB) 全配套件包	1. Raspberry Pi4 Model B x1 2. 樹莓派 Pi 4 專用散熱片 (三入) x1 3. 透明壓克力帶風扇外殼 x1 4. 4.5V 3A Type-C 電源 x1	1	https://www.icshop.com.tw/product-page.php?27760
2	SD 卡	SanDisk Ultra microSDHC UHS-I (A1)16GB 記憶卡 (公司貨)98MB/s	1	https://24h.pchome.com.tw/prod/DGAG0H-A900A09NV?fq=/S/DGAG0H
3	HDMI 轉 VGA	樹莓派 Raspberry Pi 4B Micro HDMI 母口轉 VGA 公口轉接線 (帶音頻)	1	https://www.icshop.com.tw/product-page.php?27762
4	PIR	HC-SR501 人體紅外線感應模組	1	https://www.icshop.com.tw/product-page.php?11464
5	光敏電阻模組	光敏電阻模組	1	https://www.icshop.com.tw/product-page.php?26405
6	跳線	彩色杜邦雙頭線 (公 / 母)/20 cm	1	https://www.icshop.com.tw/product_info.php/products_id/25401
7	麵包板	165x55x10mm	1	https://www.icshop.com.tw/product_info.php/products_id/11463

第 6 章　IFTTT 應用二

項次	組件名稱	規格	數量	網址
1	Raspberry Pi 4 Model B (4GB) 全配套件包	1. Raspberry Pi4 Model B x1 2. 樹莓派 Pi 4 專用散熱片 (三入) x1 3. 透明壓克力帶風扇外殼 x1 4. 4.5V 3A Type-C 電源 x1	1	https://www.icshop.com.tw/product-page.php?27760
2	SD 卡	SanDisk Ultra microSDHC UHS-I (A1)16GB 記憶卡 (公司貨)98MB/s	1	https://24h.pchome.com.tw/prod/DGAG0H-A900A09NV?fq=/S/DGAG0H
3	HDMI 轉 VGA	樹莓派 Raspberry Pi 4B Micro HDMI 母口轉 VGA 公口轉接線 (帶音頻)	1	https://www.icshop.com.tw/product-page.php?27762
4	氣體傳感器	MQ-2 氣體傳感器	1	https://www.icshop.com.tw/product-page.php?12486
5	火焰偵測模組	Flame Sensor	1	https://www.icshop.com.tw/product-page.php?23908

項次	組件名稱	規格	數量	網址
6	跳線	彩色杜邦雙頭線 (公 / 母)/20 cm	1	https://www.icshop.com.tw/product_info.php/products_id/25401
7	麵包板	165x55x10mm	1	https://www.icshop.com.tw/product_info.php/products_id/11463
8	PIR	HC-SR501 人體紅外線感應模組	1	https://www.icshop.com.tw/product-page.php?11464
9	微波雷達感應開關模組	RCWL-0516 微波雷達感應開關模組	1	https://www.icshop.com.tw/product-page.php?26297

第 7 章　THINK SPEAK 應用

項次	組件名稱	規格	數量	網址
1	Raspberry Pi 4 Model B (4GB) 全配套件包	1. Raspberry Pi4 Model B x1 2. 樹莓派 Pi 4 專用散熱片 (三入) x1 3. 透明壓克力帶風扇外殼 x1 4. 4.5V 3A Type-C 電源 x1	1	https://www.icshop.com.tw/product-page.php?27760
2	SD 卡	SanDisk Ultra microSDHC UHS-I (A1)16GB 記憶卡 (公司貨)98MB/s	1	https://24h.pchome.com.tw/prod/DGAG0H-A900A09NV?fq=/S/DGAG0H
3	HDMI 轉 VGA	樹莓派 Raspberry Pi 4B Micro HDMI 母口轉 VGA 公口轉接線 (帶音頻)	1	https://www.icshop.com.tw/product-page.php?27762
4	氣體傳感器	MQ-2 氣體傳感器	1	https://www.icshop.com.tw/product-page.php?12486
5	溫溼度感測器	DHT11 溫濕度傳感器模組 (送杜邦線)	1	https://www.icshop.com.tw/product-page.php?12418
6	跳線	彩色杜邦雙頭線 (公 / 母)/20 cm	1	https://www.icshop.com.tw/product_info.php/products_id/25401
7	麵包板	165x55x10mm	1	https://www.icshop.com.tw/product_info.php/products_id/11463

第 8 章　MQTT 應用

項次	組件名稱	規格	數量	網址
1	Raspberry Pi 4 Model B (4GB) 全配套件包	1. Raspberry Pi4 Model B x1 2. 樹莓派 Pi 4 專用散熱片 (三入) x1 3. 透明壓克力帶風扇外殼 x1 4. 4.5V 3A Type-C 電源 x1	1	https://www.icshop.com.tw/product-page.php?27760
2	SD 卡	SanDisk Ultra microSDHC UHS-I (A1)16GB 記憶卡 (公司貨)98MB/s	1	https://24h.pchome.com.tw/prod/DGAG0H-A900A09NV?fq=/S/DGAG0H
3	HDMI 轉 VGA	樹莓派 Raspberry Pi 4B Micro HDMI 母口轉 VGA 公口轉接線 (帶音頻)	1	https://www.icshop.com.tw/product-page.php?27762
4	微波雷達感應開關模組	RCWL-0516 微波雷達感應開關模組	1	https://www.icshop.com.tw/product-page.php?26297
5	溫溼度感測器	DHT11 溫濕度傳感器模組 (送杜邦線)	1	https://www.icshop.com.tw/product-page.php?12418
6	跳線	彩色杜邦雙頭線 (公 / 母)/20 cm	1	https://www.icshop.com.tw/product_info.php/products_id/25401
7	麵包板	165x55x10mm	1	https://www.icshop.com.tw/product_info.php/products_id/11463

附錄 A2　作業系統安裝

步驟 1：

在 google 瀏覽器中搜尋 raspberry pi os，如圖 A-1 所示。

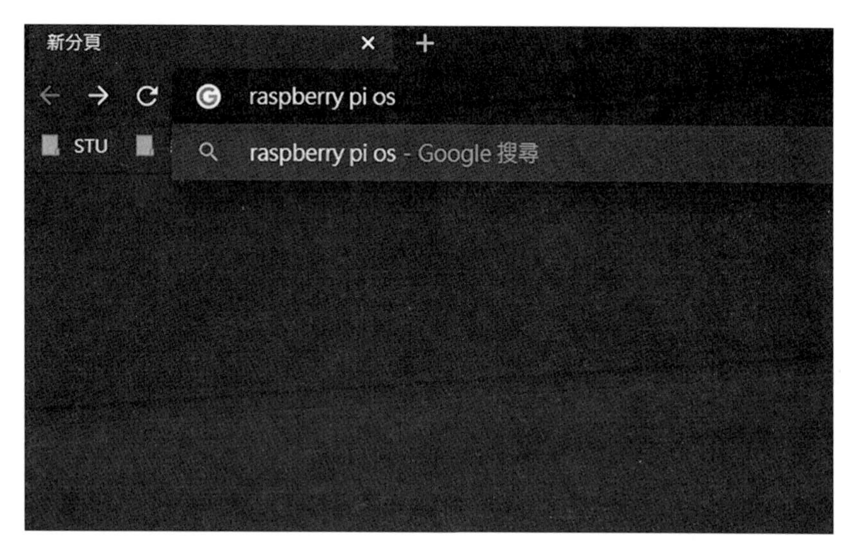

圖 A-1

步驟 2：

在 google 瀏覽器中點選第一個搜尋結果，如圖 A-2 所示。

圖 A-2

步驟 3：

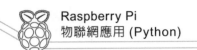

選擇 Download for windows，下載 pi4 image 安裝檔，如圖 A-3 所示。

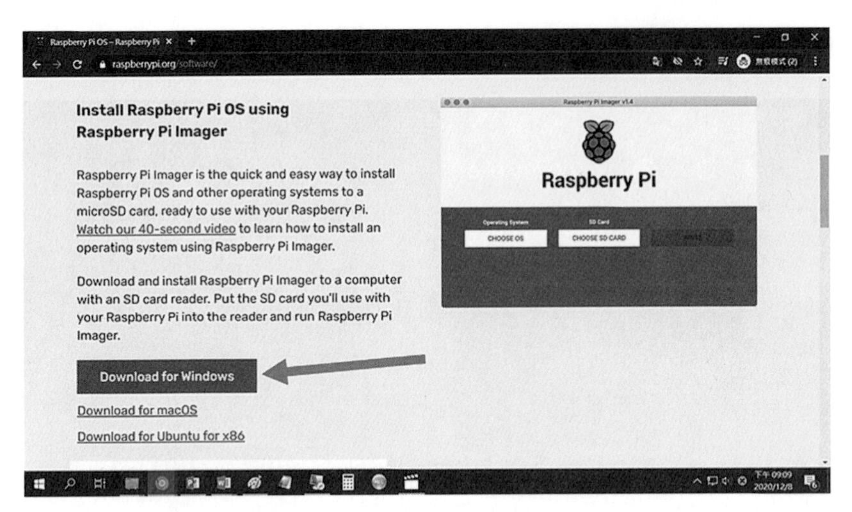

圖 A-3

步驟 4：

下載後執行安裝畫面，如圖 A-4 ～圖 A-5 所示。

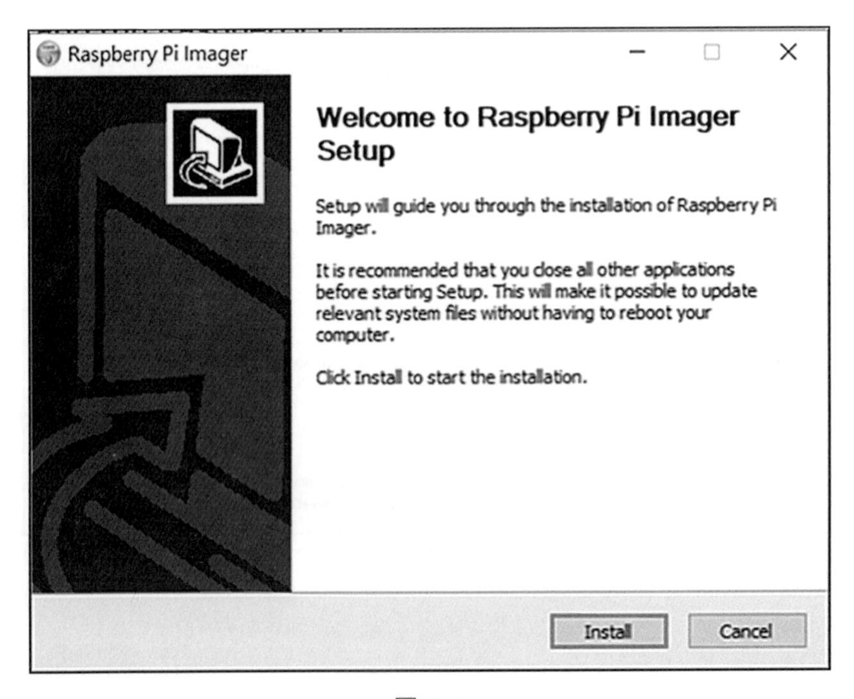

圖 A-4

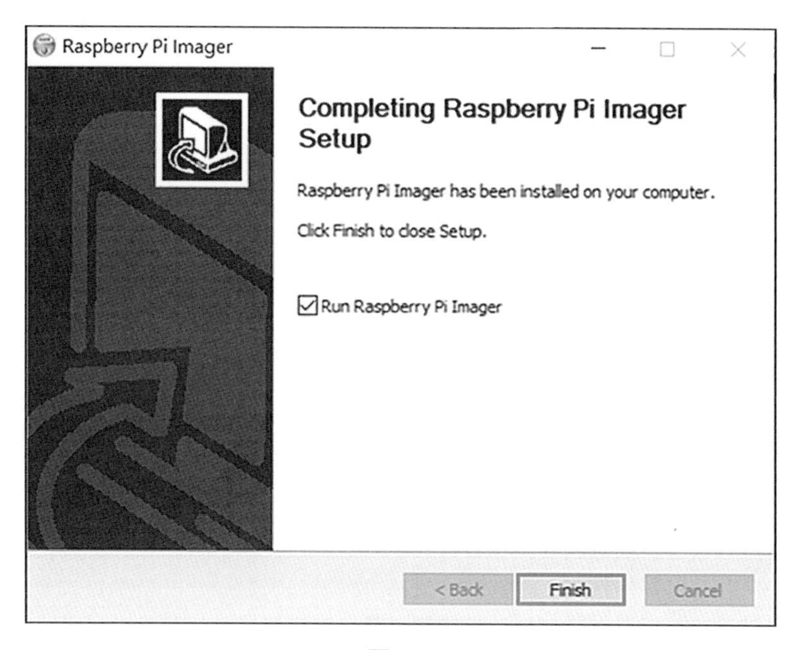

圖 A-5

步驟 5：

點選 Raspberry Pi Imager 如圖 A-6 所示，開啓後畫面如圖 A-7 所示。

圖 A-6

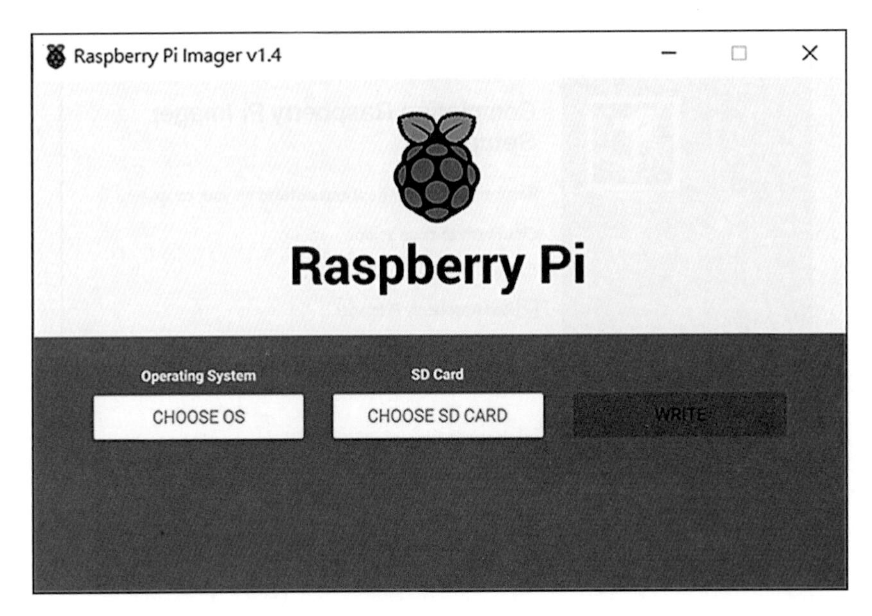

圖 A-7

步驟 6：

點選 CHOOSE OS 後，選擇第一個選項 Raspberry Pi OS (32-bit) 如圖 A-8 所示，選擇後畫面如圖 A-9 所示。

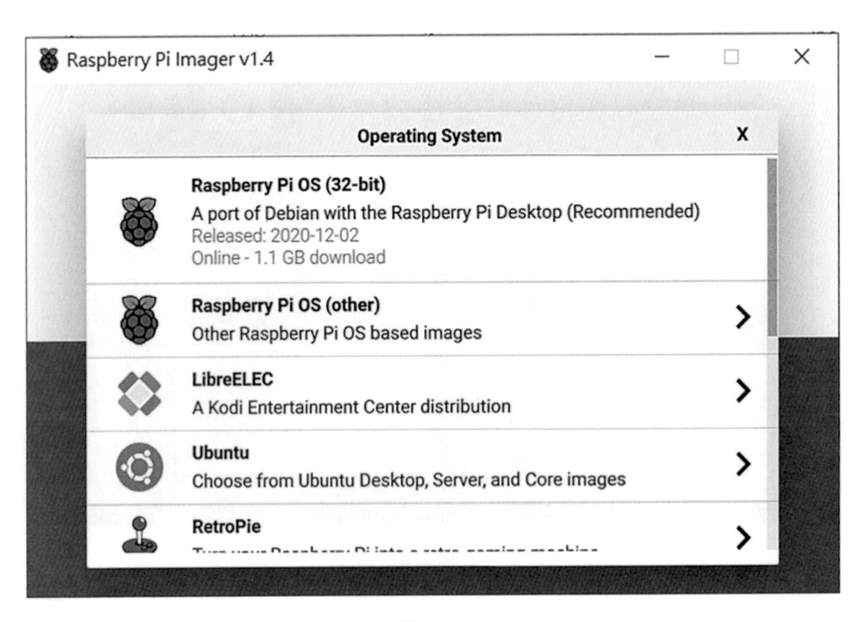

圖 A-8

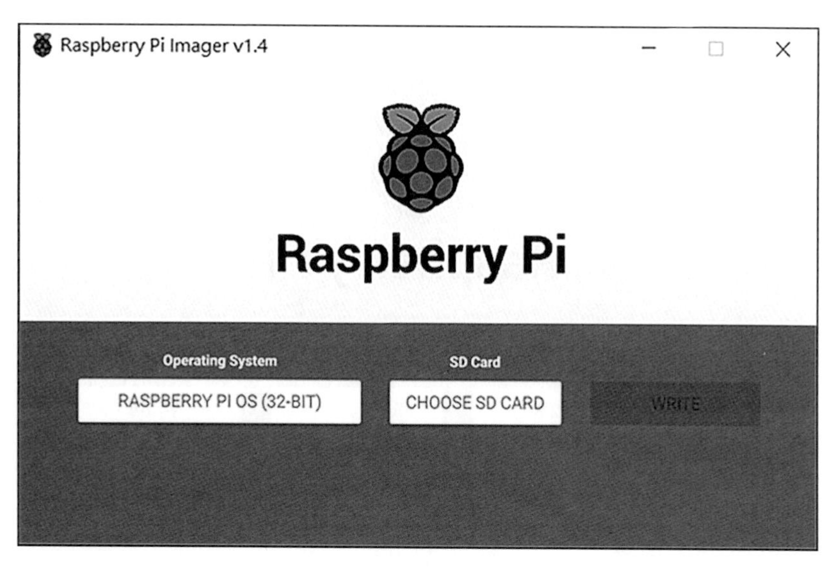

圖 A-9

步驟 7：

將 SD 卡插入 PC 中，點選 CHOOSE SD CARD 後，選擇要安裝 Raspberry Pi OS 的 SD 卡如圖 A-10 所示，選擇後畫面如圖 A-11 所示。

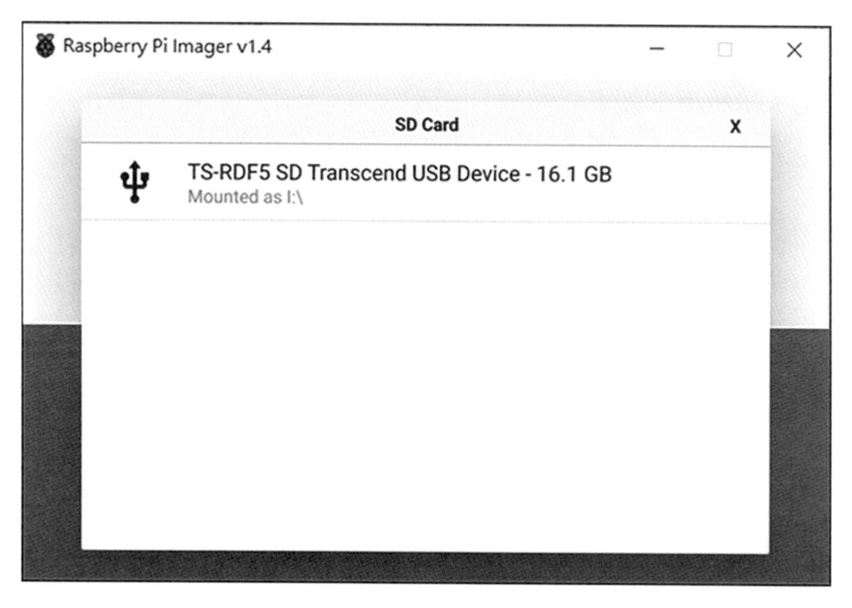

圖 A-10

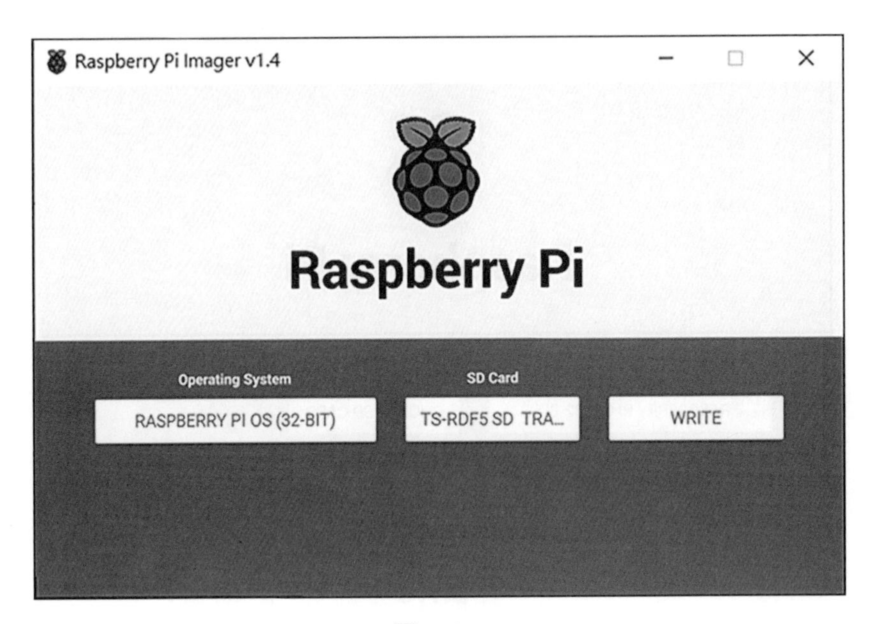

圖 A-11

步驟 8：

點選 WRITE 後，畫面如圖 A-12 所示，選擇 YES 後，畫面如圖 A-13 所示，安裝完成畫面如圖 A-14 所示。

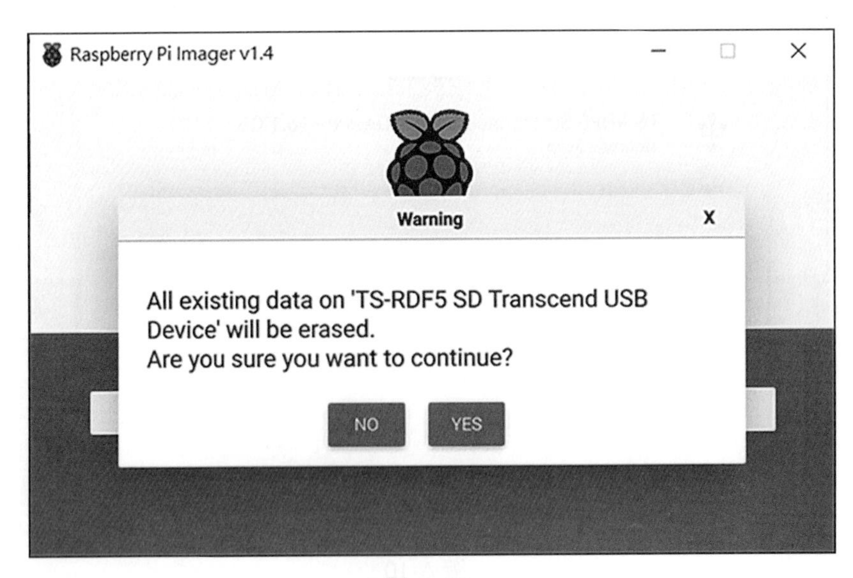

圖 A-12

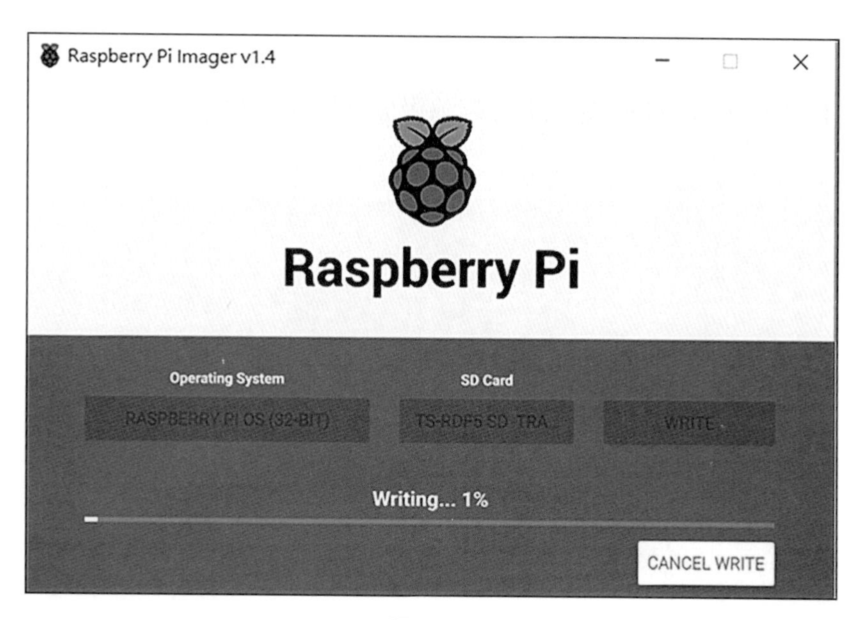
Raspberry Pi Imager v1.4
Raspberry Pi
Operating System
SD Card
RASPBERRY PI OS (32-BIT)
TS-RDF5 SD TRA...
WRITE
Writing... 1%
CANCEL WRITE

圖 A-13

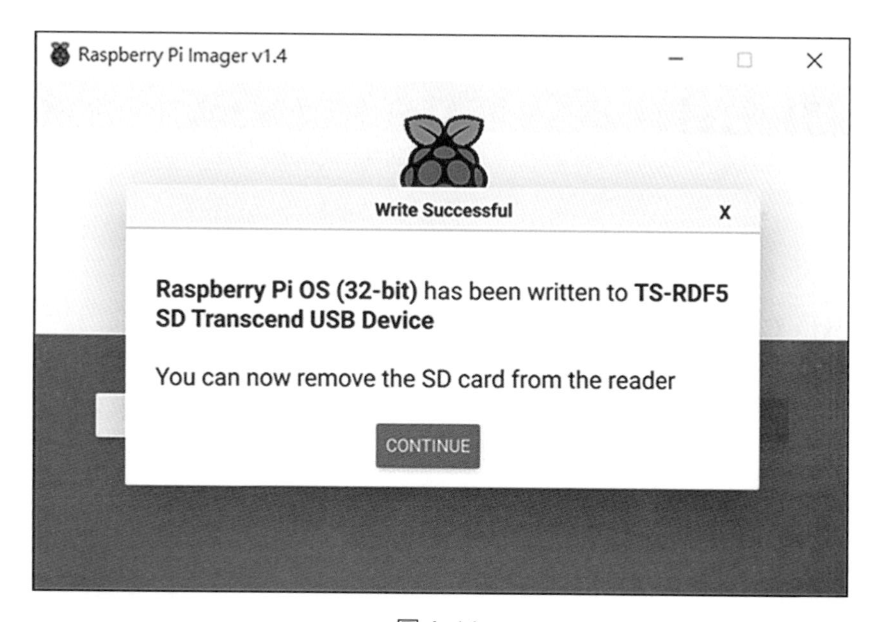
Raspberry Pi Imager v1.4
Write Successful
X
Raspberry Pi OS (32-bit) has been written to TS-RDF5 SD Transcend USB Device
You can now remove the SD card from the reader
CONTINUE

圖 A-14

步驟 9：

將 SD 卡放入 Pi4 的插槽後，開啓電源畫面如圖 A-15 所示。

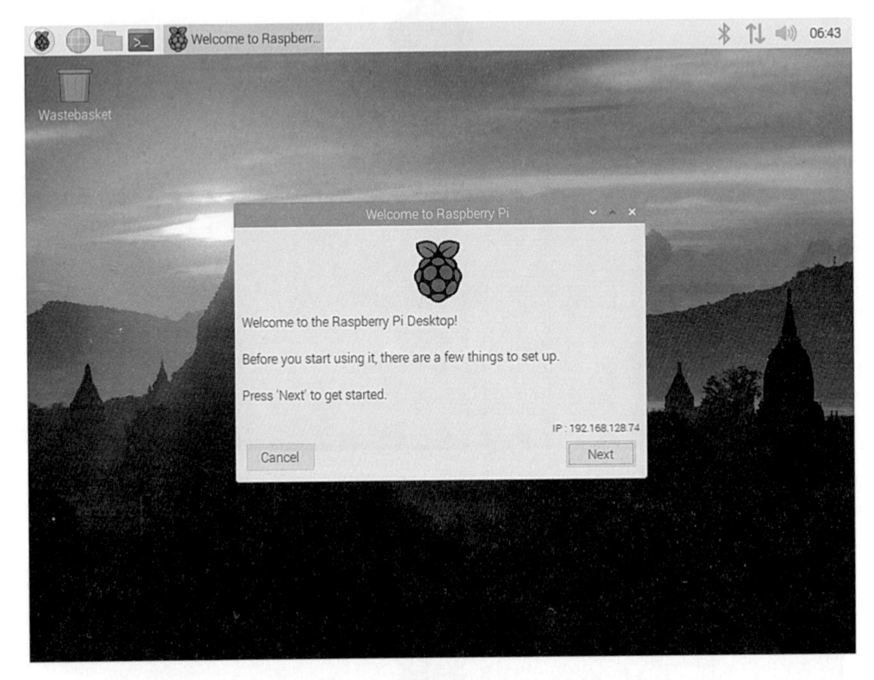

圖 A-15

步驟 10：

點選 next，Country 選 Taiwan 後畫面如圖 A-16 所示。

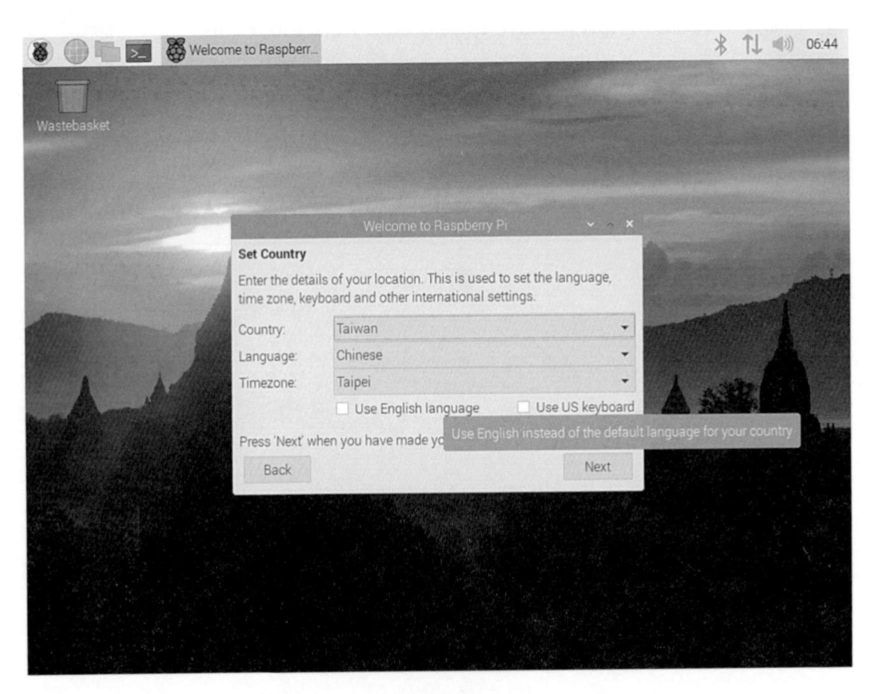

圖 A-16

步驟 11：

勾選 Use US keyboard 如圖 A-17 所示，點選 next 後，出現密碼設定畫面如圖 A-18 所示，再次點選 next。

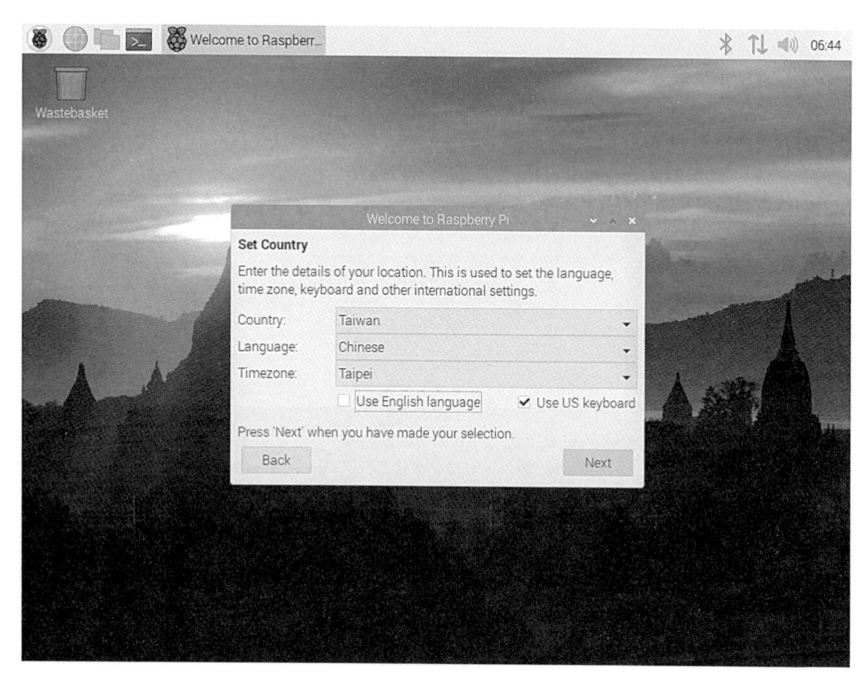

圖 A-17

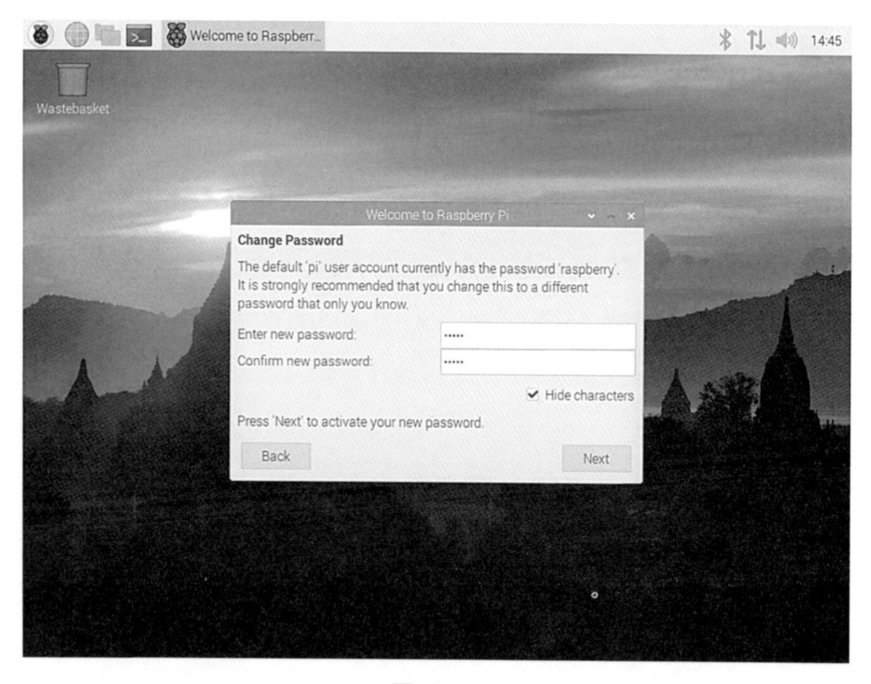

圖 A-18

步驟 12：

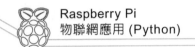

如果無法出現全螢幕，勾選圖 A-19 的 The Screen shows... 後點選 next。

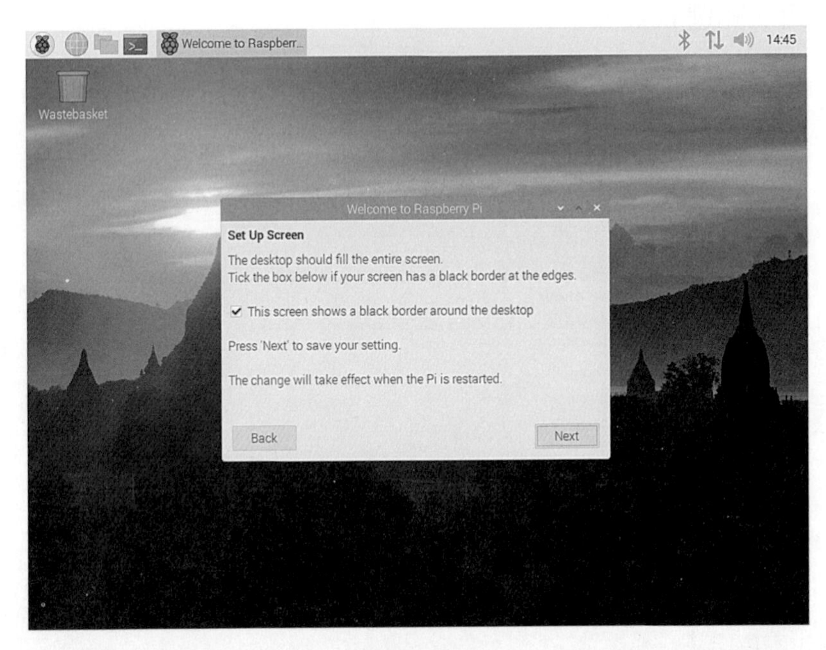

圖 A-19

步驟 13：

選 Skip 跳過 wifi 設定，如圖 A-20 所示。

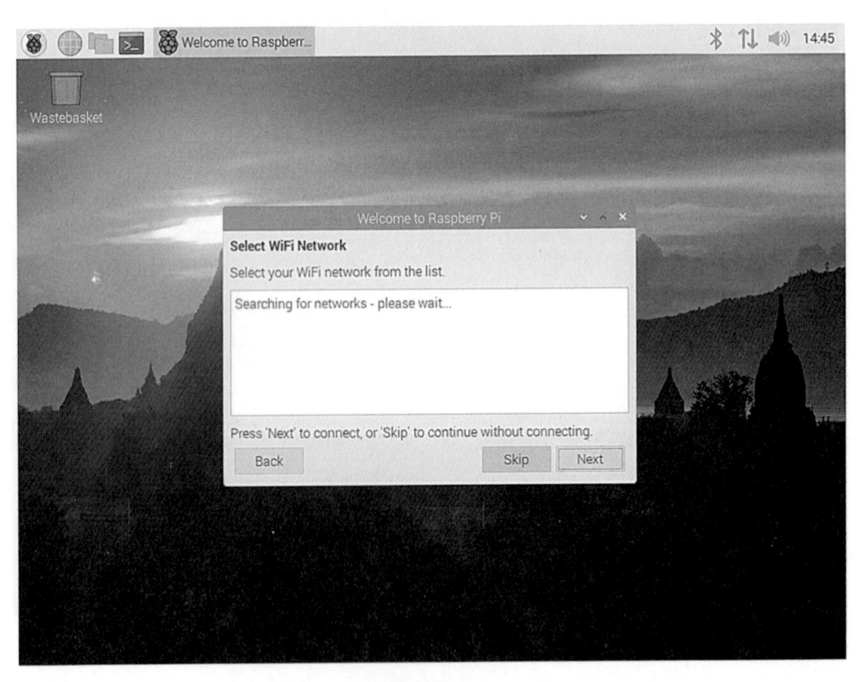

圖 A-20

步驟 14：

選 Next 進行軟體更新，如圖 A-21 ～ 23 所示。

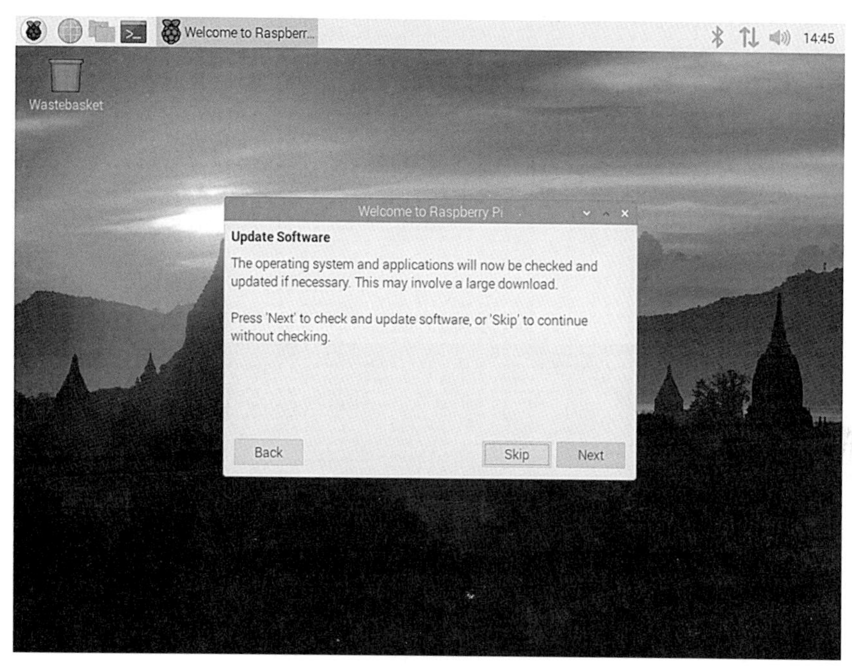

圖 A-21

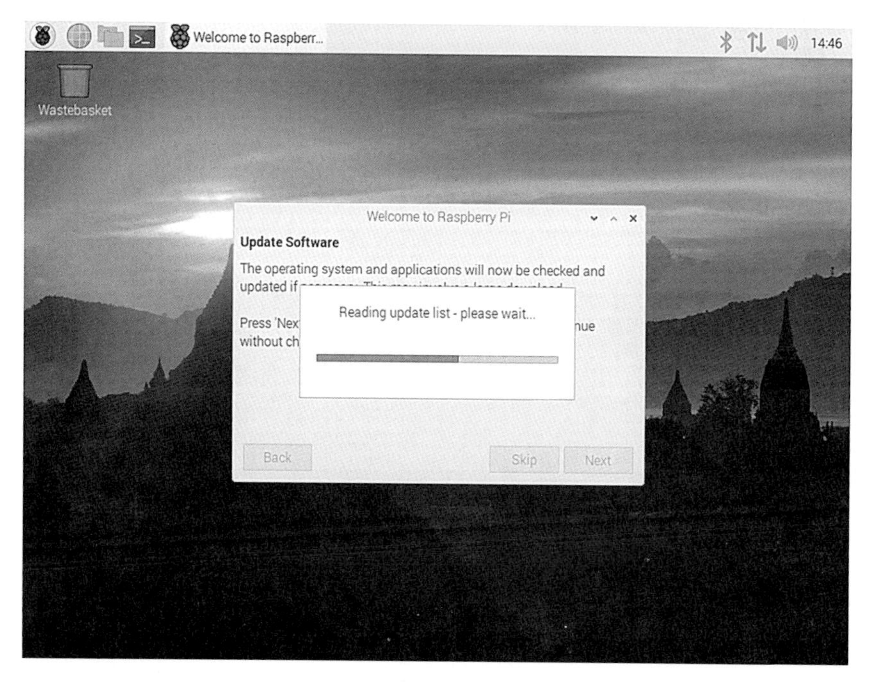

圖 A-22

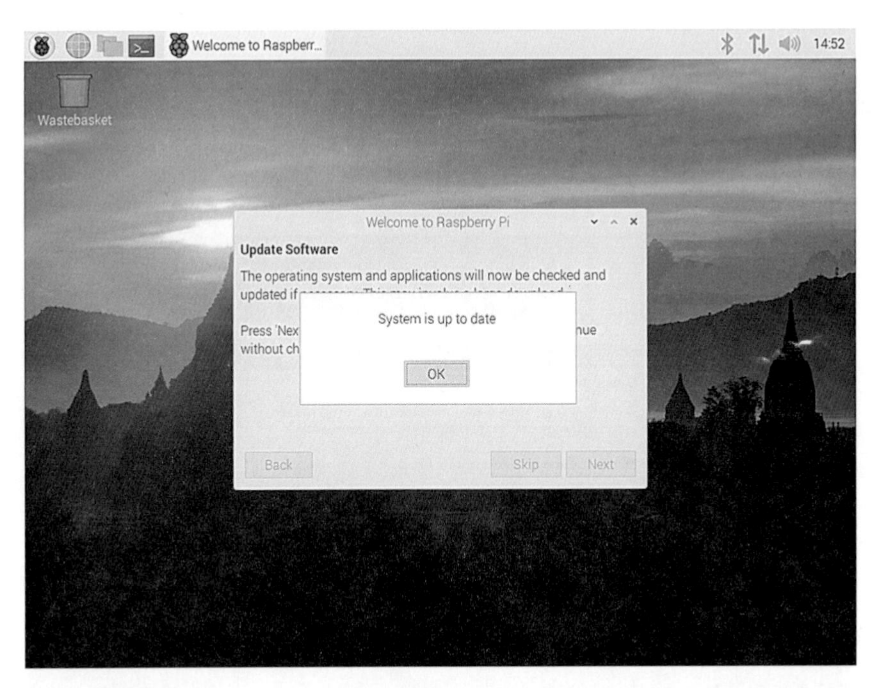

圖 A-23

步驟 15：

選 Reboot 重新開機，如圖 A-24 所示。

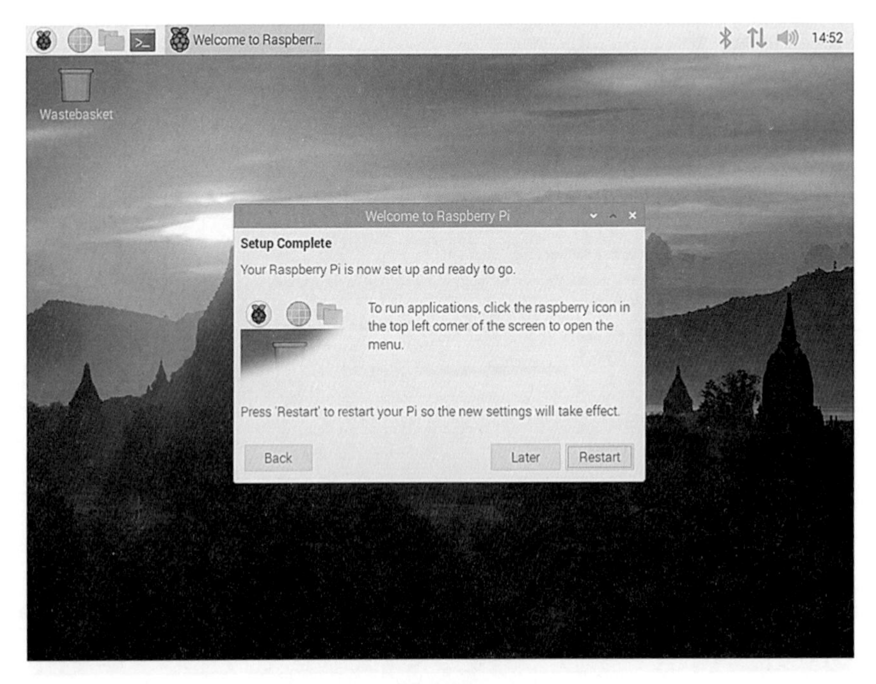

圖 A-24

步驟 16：

更改主機名稱爲自設名稱如圖 A-25 後，按下 Restart 按鈕如圖 A-26 所示。

圖 A-25

圖 A-26

步驟 17：

開啟 LX 終端機，設定 xrdp 遠端登入功能，輸入 sudo apt-get install xrdp，如圖 A-27 ～圖 A29 所示。

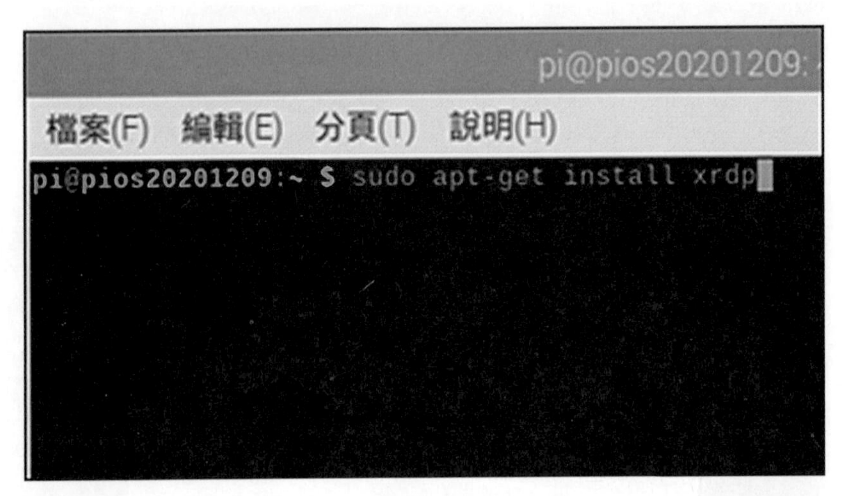

圖 A-27

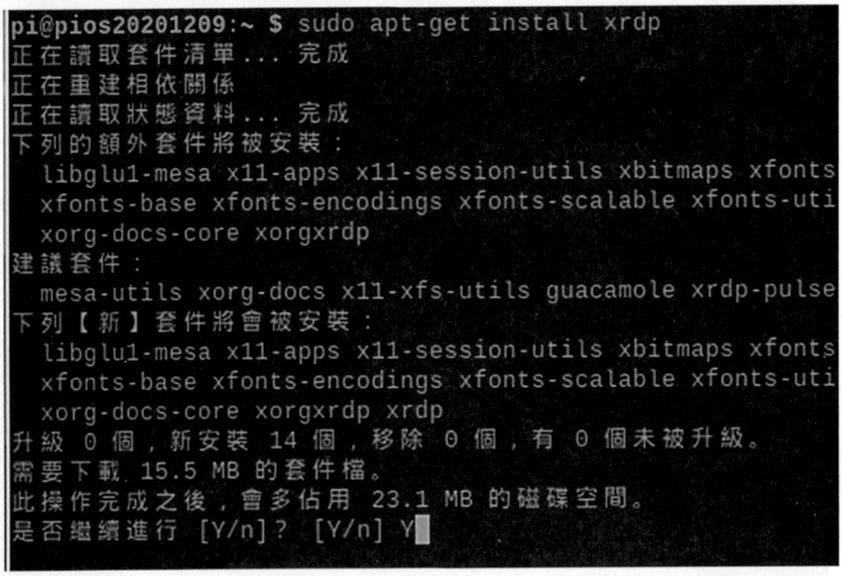

```
pi@pios20201209:~ $ sudo apt-get install xrdp
正在讀取套件清單... 完成
正在重建相依關係
正在讀取狀態資料... 完成
下列的額外套件將被安裝：
  libglu1-mesa x11-apps x11-session-utils xbitmaps xfonts
  xfonts-base xfonts-encodings xfonts-scalable xfonts-uti
  xorg-docs-core xorgxrdp
建議套件：
  mesa-utils xorg-docs x11-xfs-utils guacamole xrdp-pulse
下列【新】套件將會被安裝：
  libglu1-mesa x11-apps x11-session-utils xbitmaps xfonts
  xfonts-base xfonts-encodings xfonts-scalable xfonts-uti
  xorg-docs-core xorgxrdp xrdp
升級 0 個，新安裝 14 個，移除 0 個，有 0 個未被升級。
需要下載 15.5 MB 的套件檔。
此操作完成之後，會多佔用 23.1 MB 的磁碟空間。
是否繼續進行 [Y/n]? [Y/n] Y
```

圖 A-28

```
saving to /etc/xrdp/rsakeys.ini

Created symlink /etc/systemd/system/multi-user.target.wants/xrd
→ /lib/systemd/system/xrdp-sesman.service.
Created symlink /etc/systemd/system/multi-user.target.wants/xrd
systemd/system/xrdp.service.
設定 x11-apps (7.7+7) ...
設定 xorg-docs-core (1:1.7.1-1.1) ...
設定 xfonts-encodings (1:1.0.4-2) ...
設定 xorgxrdp (1:0.2.9-1) ...
設定 x11-session-utils (7.7+3) ...
設定 libglu1-mesa:armhf (9.0.0-2.1) ...
設定 xbitmaps (1.1.1-2) ...
設定 xfonts-utils (1:7.7+6) ...
設定 xfonts-base (1:1.0.5) ...
設定 xfonts-75dpi (1:1.0.4+nmu1) ...
設定 xfonts-scalable (1:1.0.3-1.1) ...
設定 xfonts-100dpi (1:1.0.4+nmu1) ...
設定 xorg (1:7.7+19+b8) ...
執行 libc-bin (2.28-10+rpi1) 的觸發程式......
執行 systemd (241-7~deb10u4+rpi1) 的觸發程式......
執行 man-db (2.8.5-2) 的觸發程式......
執行 fontconfig (2.13.1-2) 的觸發程式......
pi@pios20201209:~ $
```

圖 A-29

附錄 A3　作業系統及資料備份

作業系統及資料備份可以使用 dotNet Disk Imager 工具軟體座備份，這樣可以有效避免資料遺失，安裝步驟如下：

步驟 1：

在 google 瀏覽器中搜尋 dotnet disk imager，如圖 A-30 所示。

圖 A-30

步驟 2：

按下 download 按鈕，下載 dotnet disk imager 安裝檔，如圖 A-31 所示。

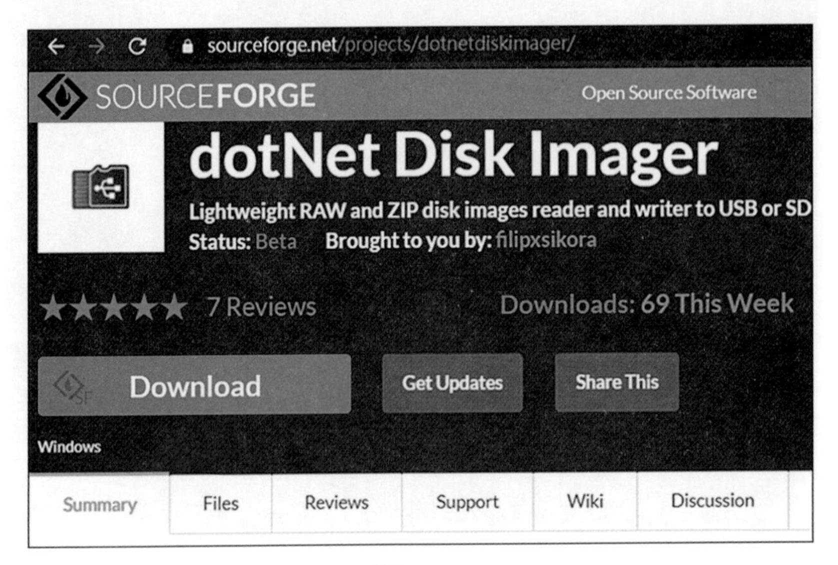

圖 A-31

步驟 3：

安裝 dotnet disk imager，如圖 A-32~ 圖 A-37 所示。

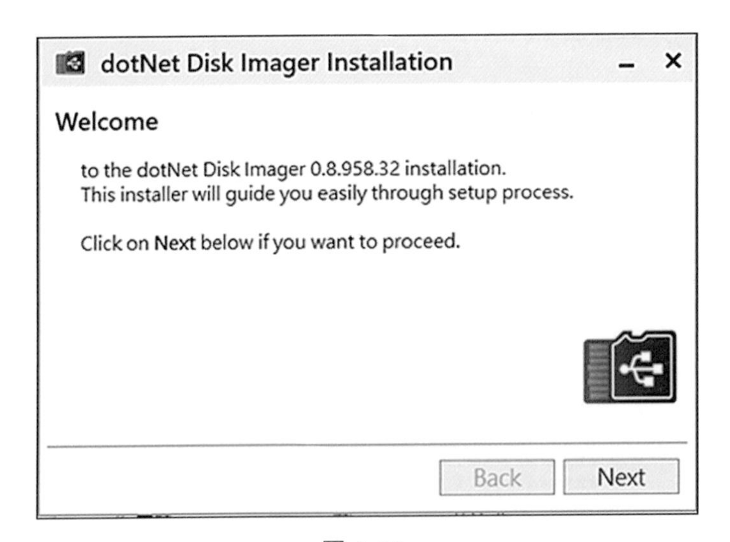

圖 A-32

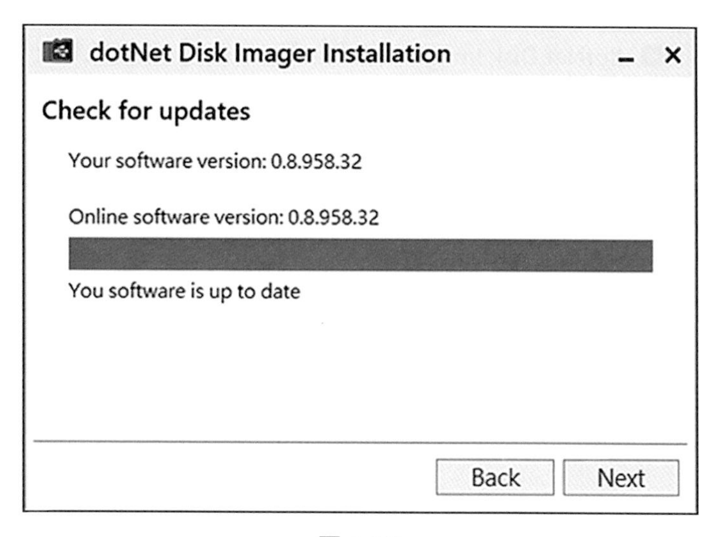
dotNet Disk Imager Installation
Check for updates
Your software version: 0.8.958.32
Online software version: 0.8.958.32
You software is up to date
Back
Next

圖 A-33

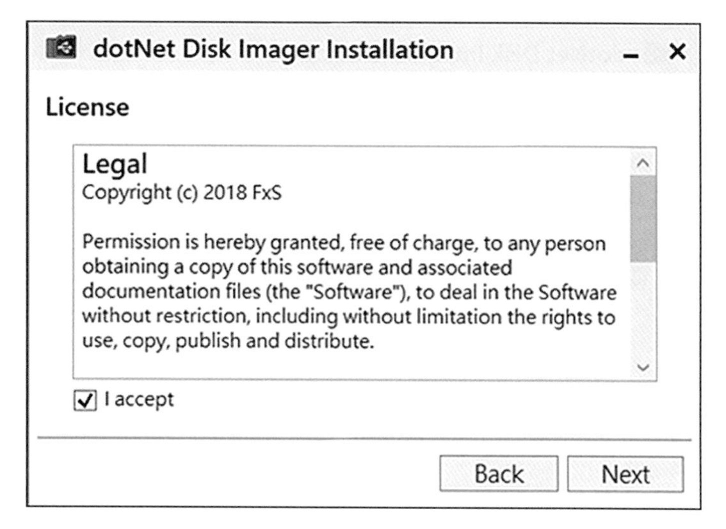
dotNet Disk Imager Installation
License
Legal
Copyright (c) 2018 FxS
Permission is hereby granted, free of charge, to any person obtaining a copy of this software and associated documentation files (the "Software"), to deal in the Software without restriction, including without limitation the rights to use, copy, publish and distribute.
I accept
Back
Next

圖 A-34

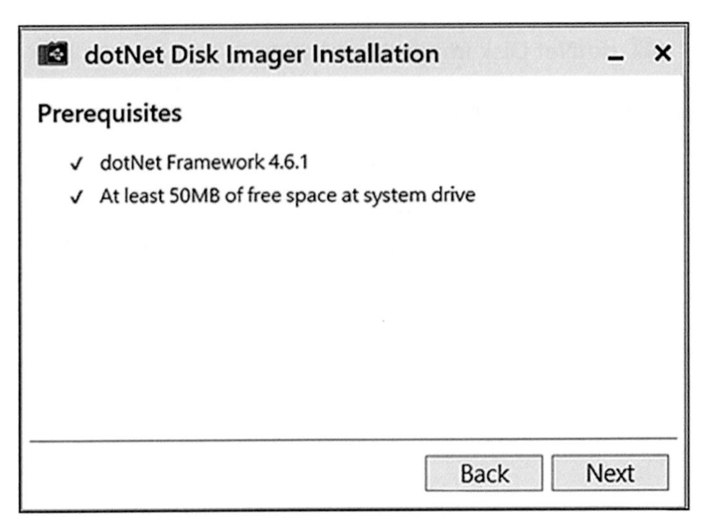

圖 A-35

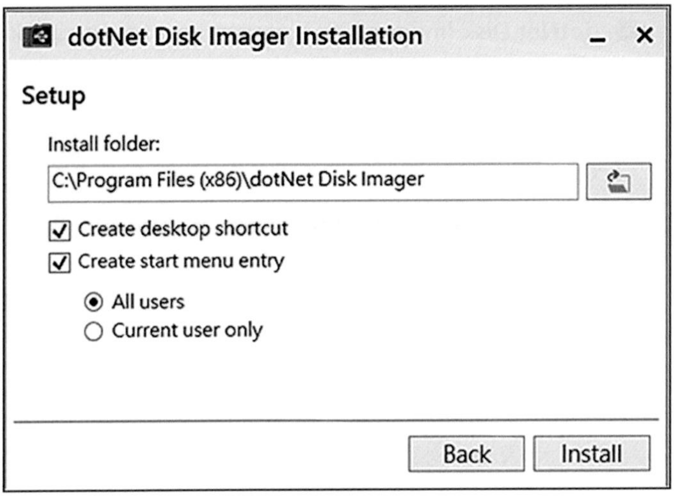

dotNet Disk Imager Installation

Setup

Install folder:

C:\Program Files (x86)\dotNet Disk Imager

☑ Create desktop shortcut

☑ Create start menu entry

◉ All users

○ Current user only

Back Install

圖 A-36

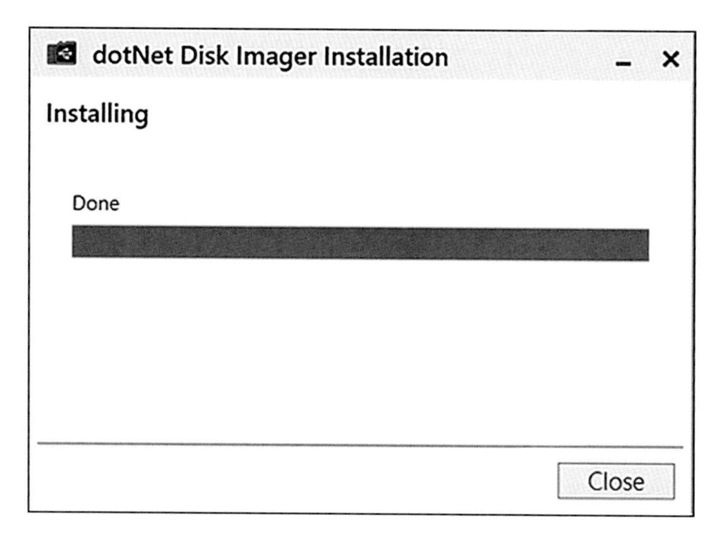

圖 A-37

步驟 4：

備份資料映像檔：點選 PC 上 dotNet Disk Imager 圖示，開啟軟體，如圖 A-38 所示，插入 SD 卡，給予路徑並命名備份資料映像檔例如 D:\pios20201209.img。

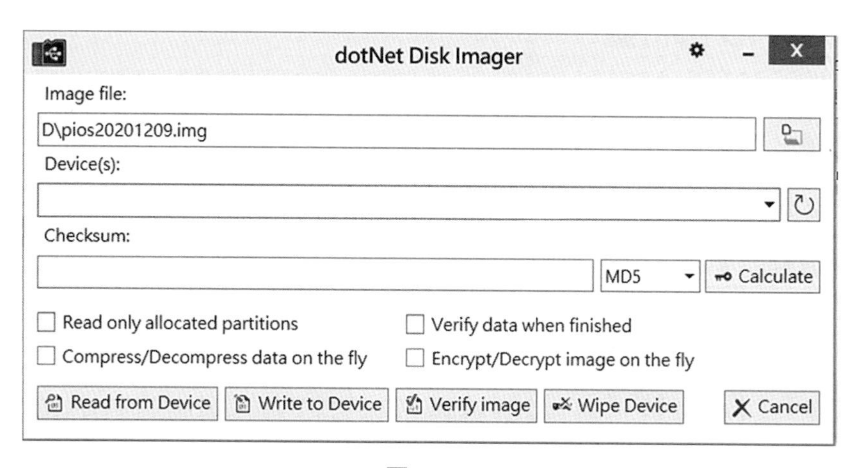

圖 A-38

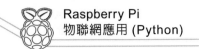

步驟 5：

勾選被備份的 SD 卡如圖 A-39 所示，按下 Read from Device 按鈕。

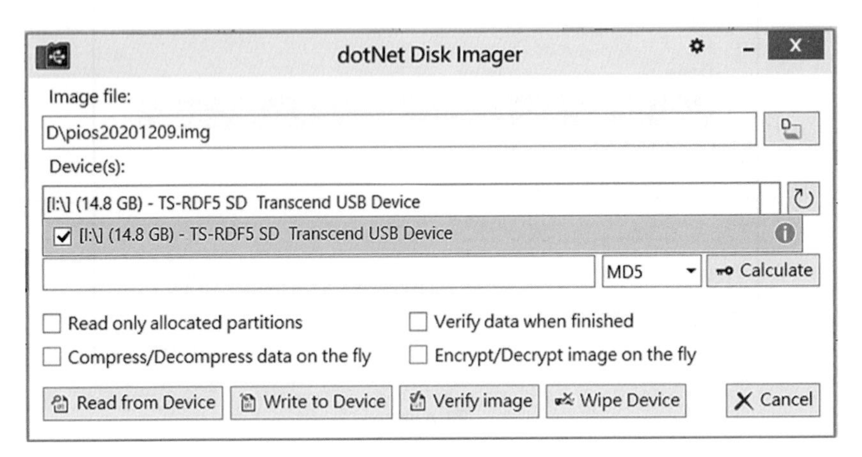

圖 A-39

步驟 6：

復原備份的 SD 卡時，於圖 A-39 按下 Write to Device 按鈕。

附錄 A4　GPIO 腳位圖

呼叫 LX 終端機，輸入 pinout 指令，可於螢幕上顯示 GPIO 編號與位置及樹莓派開發板所有埠的名稱與位置，如圖 A-40~ 圖 A-42 所示。

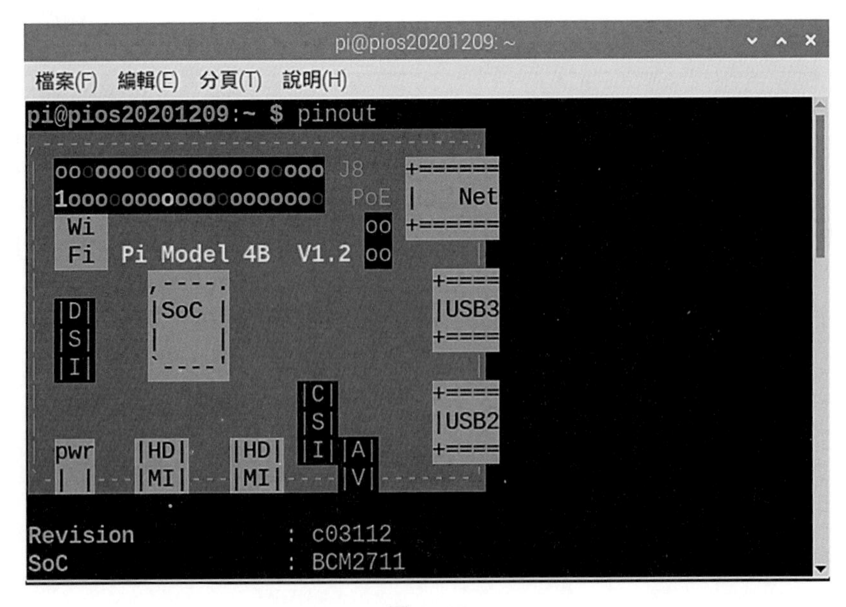

圖 A-40

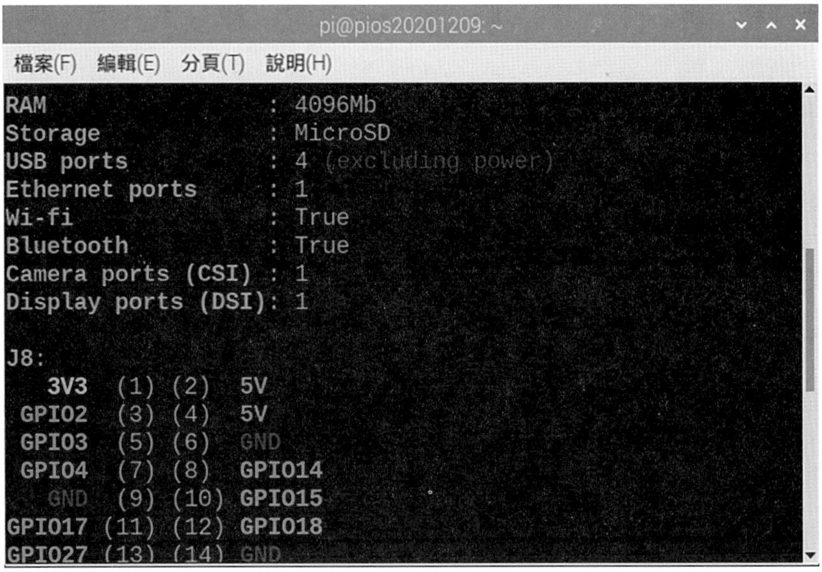

```
pi@pios20201209: ~
檔案(F)  編輯(E)  分頁(T)  說明(H)
RAM                  : 4096Mb
Storage              : MicroSD
USB ports            : 4 (excluding power)
Ethernet ports       : 1
Wi-fi                : True
Bluetooth            : True
Camera ports (CSI)   : 1
Display ports (DSI)  : 1

J8:
   3V3  (1) (2)  5V
 GPIO2  (3) (4)  5V
 GPIO3  (5) (6)  GND
 GPIO4  (7) (8)  GPIO14
   GND  (9) (10) GPIO15
GPIO17 (11) (12) GPIO18
GPIO27 (13) (14) GND
```

圖 A-41

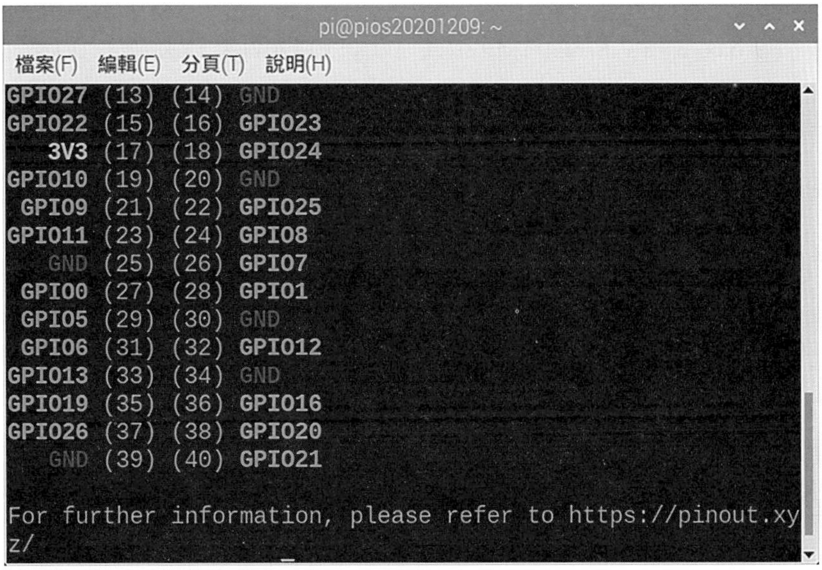

```
pi@pios20201209: ~
檔案(F)  編輯(E)  分頁(T)  說明(H)
GPIO27 (13) (14) GND
GPIO22 (15) (16) GPIO23
   3V3 (17) (18) GPIO24
GPIO10 (19) (20) GND
 GPIO9 (21) (22) GPIO25
GPIO11 (23) (24) GPIO8
   GND (25) (26) GPIO7
 GPIO0 (27) (28) GPIO1
 GPIO5 (29) (30) GND
 GPIO6 (31) (32) GPIO12
GPIO13 (33) (34) GND
GPIO19 (35) (36) GPIO16
GPIO26 (37) (38) GPIO20
   GND (39) (40) GPIO21

For further information, please refer to https://pinout.xy
z/
```

圖 A-42

（請由此線剪下）

歡迎加入 全華會員

● 會員獨享

會員享購書折扣、紅利積點、生日禮金、不定期優惠活動…等。

● 如何加入會員

掃 QRcode 或填妥讀者回函卡直接傳真（02）2262-0900 或寄回，將由專人協助登入會員資料，待收到 E-MAIL 通知後即可成為會員。

如何購買 全華書籍

1. 網路購書

全華網路書店「http://www.opentech.com.tw」，加入會員購書更便利，並享有紅利積點回饋等各式優惠。

2. 實體門市

歡迎至全華門市（新北市土城區忠義路 21 號）或各大書局選購。

3. 來電訂購

(1) 訂購專線：(02) 2262-5666 轉 321-324

(2) 傳真專線：(02) 6637-3696

(3) 郵局劃撥（帳號：0100836-1　戶名：全華圖書股份有限公司）

※ 購書未滿 990 元者，酌收運費 80 元。

全華網路書店 www.opentech.com.tw
E-mail: service@chwa.com.tw

※ 本會員制如有變更則以最新修訂制度為準，造成不便請見諒。

廣告回信
板橋郵局登記證
板橋廣字第540號

行銷企劃部　收

23671 新北市土城區
全華圖書股份有限公司

(請由此線剪下)

讀者回函卡

掃 QRcode 線上填寫 ▶▶▶

姓名：＿＿＿＿＿＿ 生日：西元＿＿＿年＿＿＿月＿＿＿日 性別：□男 □女

電話：( )＿＿＿＿＿＿ 手機：＿＿＿＿＿＿

e-mail：(必填)＿＿＿＿＿＿

註：數字零，請用 Φ 表示，數字 1 與英文 L 請另註明並書寫端正，謝謝。

通訊處：□□□□□＿＿＿＿＿＿

學歷：□高中・職 □專科 □大學 □碩士 □博士

職業：□工程師 □教師 □學生 □軍・公 □其他

學校／公司：＿＿＿＿＿＿ 科系／部門：＿＿＿＿＿＿

・需求書類：

□ A. 電子 □ B. 電機 □ C. 資訊 □ ... □ E. 汽車 □ F. 工管 □ G. 土木 □ H. 化工 □ I. 設計

□ J. 商管 □ K. 日文 □ L. 美... 餐飲 □ O. 其他

・本次購買圖書為：＿＿＿＿＿＿ 書號：＿＿＿＿＿＿

・您對本書的評價：

封面設計：□ ... 明

內容表...

版...

號21路臨...

親愛的讀者：

感謝您對全華圖書的支持與愛護，雖然我們很慎重的處理每一本書，但恐仍有疏漏之處，若您發現本書有任何錯誤，請填寫於勘誤表內寄回，我們將於再版時修正，您的批評與指教是我們進步的原動力，謝謝！

全華圖書 敬上

勘誤表

書號		書名		作者	
頁數	行數	錯誤或不當之詞句		建議修改之詞句	

我有話要說：(其它之批評與建議，如封面、編排、內容、印刷品質等・・・)